PowerDesigner 16 从入门到精通

李波 孙宪丽 关颖 编著

清華大學出版社
北京

内 容 简 介

PowerDesigner 是一款优秀的企业建模和设计解决方案，采用模型驱动的方法，将业务与 IT 结合起来，能够帮助企业解决大规模复杂信息系统分析设计问题。它集成了多种标准数据建模技术，包括 UML、业务流程建模以及市场领先的数据建模等等。

本书共 12 章，围绕进销存系统，详细讲解 PowerDesigner 16.5 建模基础知识、需求模型、业务处理模型、概念数据模型、物理数据模型以及逻辑数据模型、面向对象模型和生成报告文档等内容。最后给出两个综合实例，使读者进一步巩固所学的知识，提高综合实践能力。另外，本书还提供了详细的教学实践内容，供师生教学参考。

本书适合系统分析设计人员、数据库设计人员、信息系统规划人员，也可作为高等院校和培训学校相关专业师生的教学参考用书。

图书在版编目（CIP）数据

PowerDesigner 16 从入门到精通 / 李波，孙宪丽，关颖编著. - 北京：清华大学出版社，2016（2023.9重印）
ISBN 978-7-302-42324-9

I. ①P… II. ①李… ②孙… ③关… III. ①软件工具－数据库系统－程序设计 IV. ①TP311.56

中国版本图书馆 CIP 数据核字（2015）第 287079 号

责任编辑：夏非彼
封面设计：王　翔
责任校对：闫秀华
责任印制：宋　林

出版发行：清华大学出版社
网　　址：http://www.tup.com.cn，http://www.wqbook.com
地　　址：北京清华大学学研大厦 A 座　　邮　　编：100084
社 总 机：010-83470000　　邮　　购：010-62786544
投稿与读者服务：010-62776969，c-service@tup.tsinghua.edu.cn
质量反馈：010-62772015，zhiliang@tup.tsinghua.edu.cn

印 装 者：涿州市般润文化传播有限公司
经　　销：全国新华书店
开　　本：190mm×260mm　　**印　张**：27.25　　**字　数**：698 千字
版　　次：2016 年 1 月第 1 版　　**印　次**：2023 年 9 月第 9 次印刷
定　　价：79.00 元

产品编号：067443-02

前 言

PowerDesigner 经过二十几年的发展，已经成为一款优秀的、集成化的建模工具，能够帮助企业架构师、业务战略师、规划师解决大规模复杂信息系统设计问题，从企业层、应用层以及技术层的角度对一个企业的体系架构进行全方位的描述，包括业务流程、信息系统、人员和业务等等。在最新的 PowerDesigner 16.5 中完善了企业架构建模功能，通过扩展 PowerDesigner，提升业务与 IT 的一致性，帮助企业在内部实现清晰、统一的信息架构。使用 PowerDesigner 可以方便地对管理信息系统进行分析设计与建模。

本书共分 12 章，其中第 1 章介绍了 PowerDesigner 的发展历程、特点以及基本架构。主要目的是让读者对 PowerDesigner 有一个概括性的了解；第 2 章叙述了 PowerDesigner 建模环境的操作方法以及利用 PowerDesigner 进行模型设计的过程，目的是让读者熟悉建模环境，为后续建模工作打好基础；第 3 章到第 8 章是本书的重点内容，详细描述了 PowerDesigner 中常用模型的建立方法和过程，主要包括需求模型（RQM）、业务处理模型（BPM）、概念数据模型（CDM）、逻辑数据模型（LDM）、物理数据模型（PDM）、面向对象模型（OOM）和 XML 模型。这几章的内容按照软件分析建模的过程安排，向读者展示了如何采用 PowerDesigner 完成分析建模工作；第 9 章是模型报告，主要叙述了 PowerDesigner 模型报告编辑以及生成方法，从而为软件系统形成详尽的文档资料；第 10 章和第 11 章分别讲解了两个综合实例，目的是快速提高读者的综合应用能力；第 12 章是综合实践课，主要是为了满足读者学习和教学的需要，为进一步巩固所学的理论知识而设计。

本书内容不仅体现了 PowerDesigner 16.5 的新特性，而且涵盖了 PowerDesigner 所有常用的知识点。另外，书中内容按照软件设计开发的过程进行叙述，层次清晰，衔接紧密。

书中内容采用理论结合经典实例的方法进行讲解，理论讲述清晰，技术讲解细致，案例丰富，注重操作，图文并茂，每个操作步骤清晰易懂、一目了然。书中不仅应用大量实例对重点、难点进行了深入地剖析，还融入了作者多年的软件设计开发经验和教学经验，能够帮助读者更好地掌握 PowerDesigner 建模方法。

本书结构设计综合考虑了教学和自学两个方面，不仅适合教师教学用书，同时也适合学生自学参考，可以作为高等学校计算机科学与技术、软件工程专业、信息系统专业“数据库分析设计建模”、“软件系统分析设计建模”、“面向对象分析设计建模”等课程的教材，也可以作为相关课程的实训、实习配套教材，还可以作为软件分析建模的培训教程以及软件设计开发人员参考。

除封面署名人员李波、孙宪丽、关颖之外，参与本书编写的作者还有曾祥萍、史江萍、代钦、衣云龙、吕海华、祝世东、王祥凤、夏炎、王玮、王晓强等。由于编者水平有限，书中难免有疏漏之处，敬请读者谅解，意见和建议请发电子邮箱 booksaga@163.com。

本书示例文件可以从下面网址（注意数字和字母大小写）下载：

http://pan.baidu.com/s/1dEtiwl7

如果下载有问题，请电子邮件联系 booksaga@163.com，邮件标题为“PowerDesigner 示例文件”。

编者

2016 年 1 月

目 录

第 1 章
PowerDesigner 16介绍

PowerDesigner 是一个功能强大而使用简单的计算机辅助软件工程工具集（Computer Aided Software-CASE）。它提供了直观而便捷的交互环境，支持软件开发生命周期所有阶段的模型设计工作，包括业务流程建模、应用程序建模以及数据建模等等。另外，PowerDesigner 16 完善了企业架构建模功能，支持从业务目标出发到整个企业架构的实现，能够帮助企业快速高效地进行企业应用系统构建，更适合于大规模的企业应用环境，是一个集成的、敏捷的企业架构建模和元数据管理工具。

PowerDesigner 16 提升了业务与 IT 的一致性，使用 PowerDesigner 不仅可以简化软件开发设计不同阶段的工作，提高软件开发效率，而且 PowerDesigner 还提供了完备的模型报告功能，通过各阶段的设计文档可以让系统分析人员、软件开发人员、数据库管理人员以及用户之间进行有效的沟通，增强团队协作，从而提高软件质量。

1.1 PowerDesigner 发展历程

PowerDesigner 由法国 SDP 公司于 1989 年研制的 AMC*Designor 发展而来，至今已有二十几年的历史。从最初的 AMC*Designor 1.0 到如今的 PowerDesigner 16.5，该产品的功能发生了翻天覆地的变化，已经从单一的数据库建模工具演变为一个集成的建模工具集，能够全面解决软件系统设计各阶段的建模工作。

PowerDesigner 的发展历程主要分为两个阶段，第一个阶段主要采用实体-联系理论完成数据建模工作；第二阶段功能逐渐完善，可以完成业务流程建模、数据建模、应用程序建模和代码生成等工作。具体发展历程如图 1.1 所示：

第一阶段：数据建模

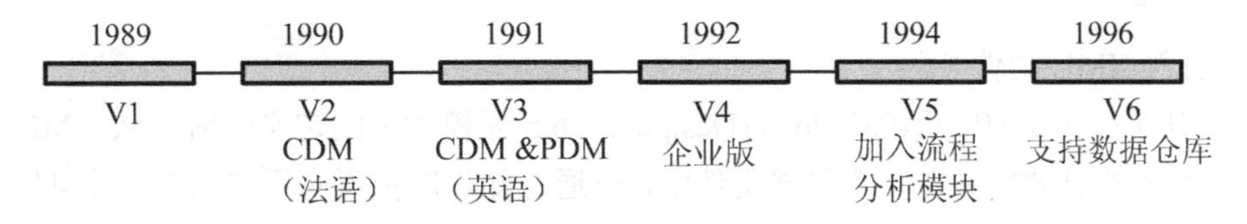

第二阶段：支持软件设计各阶段的建模

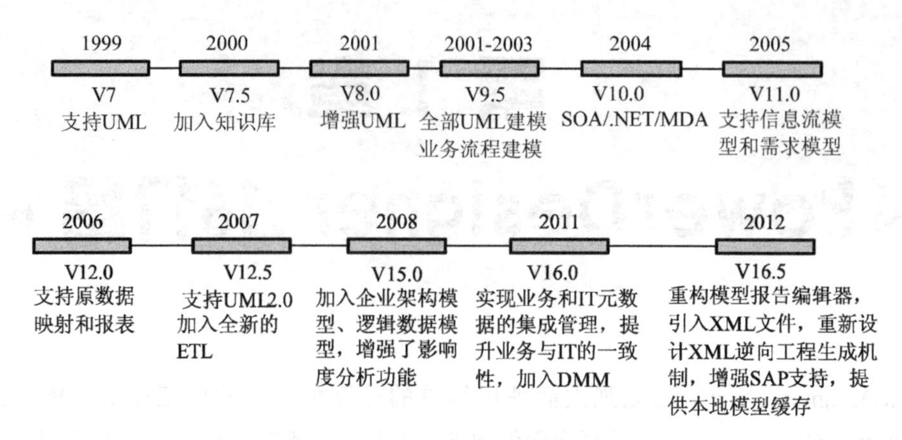

图 1.1　PowerDesigner 的发展历程

1.2 PowerDesigner 16.5 的新特性

PowerDesigner 是一款优秀的、集成化的建模工具，凭借二十多年的数据架构和企业架构经验，Sybase PowerDesigner 已被业界公认为领先的建模和元数据管理解决方案。在最新的 PowerDesigner 中完善了企业架构建模功能，通过扩展 PowerDesigner，提升业务与 IT 的一致性，帮助企业在内部实现清晰、统一的信息架构；同时，基于知识库的企业影响分析，可大大缩短信息架构的建设周期，降低风险和成本。

PowerDesigner 16.5 的主要新特性如下：

1. 新的核心功能

（1）模型报告

重构了模型报告编辑器，为单模型报告和多模型报告提供了强大的图形环境：可以同步大纲视图和详细设计内容及整体结构；简化了项目报告、内容和格式的编辑，可方便地通过视图命令访问工具栏，并可以在设计视图中直接编辑标题和文本。PowerDesigne 16.5 支持传统的模型报告编辑格式（传统的编辑格式将在后续版本中删除），允许用户选择，并提供了将现有报告转换为新格式的功能。

（2）变化列表

PowerDesigne 16.5 增强了变化列表的管理权限和功能。

（3）引入 XML 文件

用户可以通过在 XML 元素和 PowerDesigner 16.5 元模型之间定义映射，从 XML 文件引入对象，引入的映射被定义在一个扩展文件中，可通过知识库供所有用户共享，并可以通过引入名称访问。

（4）增强知识库分支管理功能

允许在版本库浏览器中同时显示所有分支，简化了版本编号，分支内容性控制更灵活，简化了从一个到另一个分支的集成过程。

（5）本地模型缓存库

在 Workstation 中提供了一个本地模型缓冲区，用于加速模型进出库的检查。

（6）更新快捷显示

在模型列表中有一个显示模型状态的图标，用于显示更新版本是否可用。

2. SAP 平台的新特点

PowerDesigner 16.5 支持 SAP 内存数据库（SAP HANA DBMS）v1.0 SP5 建模及逆向工程；支持 SAP 解决方案 V7.1 业务过程建模及逆向工程，支持 SAP NetWeaver®V7.3 和较高版本的建模及逆向工程，并生成 BPMN2 文件，从而增强了业务处理模型的功能。

3. 数据模型的新特点

（1）改进了 Cube 的支持
（2）加强了 DBMS 的支持

增加了如下数据库支持：SAP HANA Database v1.0 SP5，IBM DB2 for Common Server v9x，Sybase® SQL Anywhere v16.0，SQL Server 2012，Green Plum 4.2。

4. XML 模型的新特点

重新设计了逆向工程生成机制，增强了复杂类型的支持，改进了 XML 模型的生成。

1.3 PowerDesigner 功能模型

PowerDesigner 16 支持 10 种模型，分别是企业架构模型（EAM）、需求模型（RQM）、数据移动模型（DMM）、业务流程模型（BPM）、概念数据模型（CDM）、逻辑数据模型（LDM）、物理数据模型（PDM）、面向对象模型（OOM）、XML 模型、自由模型（FEM）。除此之外，PowerDesigner 16 还提供了工程管理、知识库管理、插件管理以及模型报告管理功能。PowerDesigner 16 模型架构如图 1.2 所示。

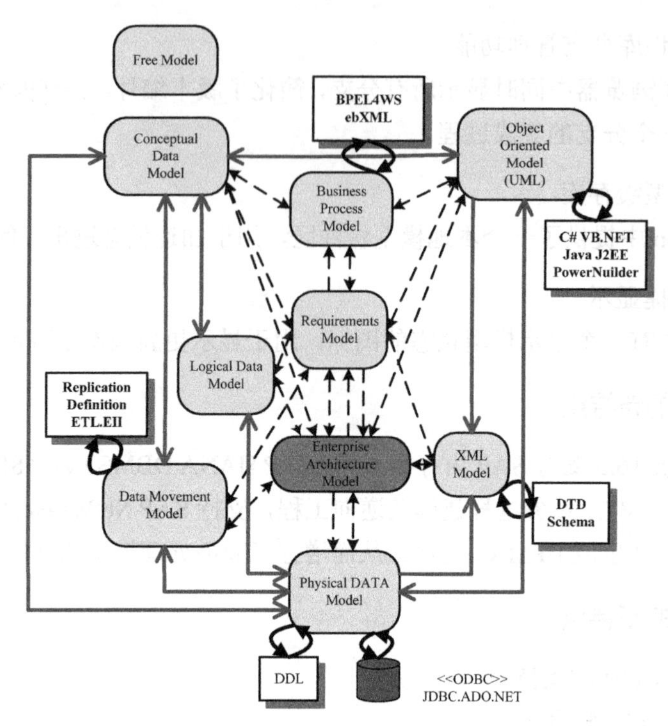

图 1.2　PowerDesigner 16 模型架构图

其中各模块含义如下：

- Conceptual Data Model：概念数据模型。
- Business Process Model：业务流程模型。
- Object Oriented Model：面向对象模型。
- Free Model：自由模型。
- Physical Data Model：物理数据模型。
- XML Model：XML 模型。
- Enterprise Architecture Model：企业架构模型。
- Data Movement Model：数据移动模型。
- Logical Data Model：逻辑数据模型。
- Requirements Model：需求模型。
- BPEL4WS（Business Process Execution Language for Web Services，Web Services 的业务流程语言）：是专为整合 Web Services 而制定的一项规范标准，是一种描述业务活动的抽象高级语言；ebXML：包括一套相互关联的电子商务功能标准，这些标准的集合能够形成一个完整的电子商务框架模块。
- Replication Definition ETL.EII：数据复制、提取、集成。ETL（Extraction-Transformation-Loading，数据提取、转换和加载）；EII（Enterprise Information Integration，企业信息集成）。
- DDL：数据定义语言。PowerDesigner 可以由物理数据模型生成用数据定义语言描述的脚本，也可以通过逆向工程，从 SQL 脚本逆向生成物理数据模型。

- ODBC JDBC ADO.NET：数据库接口。PowerDesigner 可以由物理数据模型采用某种数据库接口生成数据库，也可以通过逆向工程从数据库生成物理数据模型。
- C# VB.NET Java J2EE PowerBuilder：面向对象语言。PowerDesigner 可以由面向对象模型生成采用某种面向对象语言描述的代码，也可以通过逆向工程从面向对象程序生成面向对象模型。
- DTD（Document Type Definition，文档类型定义）：是一套标记的语法规则，它定义了元素、子元素、属性及其取值，规定了用户在 DTD 关联的 XML 文档中可以使用什么标记、各个标记出现的顺序以及标记的层次关系，并定义了实体。Schema：即 XML Schema，是用一套预先规定的 XML 元素和属性创建的，这些元素和属性定义了 XML 文档的结构和内容模式。Schema 相对于 DTD 的优势在于 XML Schema 本身也是 XML 文档，而 DTD 使用自成一体的语法。

下面简要叙述各模型功能。

1. 需求模型（RQM）

需求模型是一种文档式模型，通过恰当准确的描述开发过程中需要实现的功能行为，来展现待开发的项目。建立需求模型的目的是定义系统边界，使系统开发人员更清楚地了解系统需求，为估算开发系统所需成本和时间提供基础。需求模型主要通过需求文档视图、追踪矩阵视图和用户分配矩阵视图来描述系统需求。

2. 业务流程模型（BPM）

业务流程模型主要用来描述实现业务功能的流程定义，是从用户角度对业务逻辑和业务规则进行描述的一种模型。业务流程模型使用图形符号表示处理、流、消息、协作以及它们之间的相互关系，它具有一个或多个起点和终点。

3. 概念数据模型（CDM）

概念数据模型主要用来描述现实世界的概念化结构，是对需求进行综合、归纳和抽象之后，形成的一个独立于具体数据库管理系统的模型。概念数据模型的设计以实体-联系（E-R）模型为基础，按用户的观点对系统所需数据建模。它能够让数据库设计人员在设计的初始阶段摆脱计算机系统及 DBMS 的具体技术问题，集中精力分析数据及其相互关系等。目标是统一业务概念，作为业务人员和技术人员之间沟通的桥梁。

4. 逻辑数据模型（LDM）

逻辑数据模型是对概念数据模型的进一步分解和细化，是具体的 DBMS 所支持的数据模型，如网状数据模型（Network Data Model）、层次数据模型（Hierarchical Data Model）、关系数据模型（Relation Data Model）等等。逻辑数据模型是根据业务规则确定的关于业务对象、业务对象数据项以及业务对象之间关系的基本蓝图。逻辑数据模型既要面向用户，又要面向系统。

逻辑数据模型的目标是尽可能详细地描述数据，但并不考虑数据在物理上如何实现。逻辑数据模型的设计不仅影响数据库设计的方向，还间接影响最终数据库的性能。

5. 物理数据模型（PDM）

物理数据模型用于描述数据在存储介质上的组织结构，与具体的 DBMS 相关。它是在逻辑数据模型的基础上，考虑各种具体的技术实现因素，进行数据库体系结构设计，真正实现数据在数据库中的表示。物理数据模型目标是为一个给定的逻辑数据模型选取一个最适合应用要求的物理结构。

6. 自由模型（FEM）

自由模型能够为任何类型的对象或系统建模提供一个上下文环境，允许自定义概念和图形符号。例如，可以创建一个自由模型来表示模型和文档之间的相互关系、企业组织以及组织间的相互关系等等。

7. 企业架构模型（EAM）

企业架构模型是指使用适当的方式从一个或者多个角度对一个企业的体系结构进行描述，从而产生一系列能代表企业实际情况的模型。如今，企业架构已经成为许多大公司用于理解和表述企业信息基础设施的一个直观模型，为企业现在的以及未来的信息基础设施建设提供了蓝图以及架构。企业架构建模的关键是 IT 系统功能如何能与实际业务流程和业务目标匹配，如何迅速反应业务流程以及业务目标的变化，并能够灵活地适应以及管理这些变化。

8. 数据移动模型（DMM）

数据移动模型主要用于描述模型之间的数据流动关系，利用数据移动模型可以分析和记录数据源、数据移动路径以及数据转换方式；另外，通过数据移动模型还可以完成数据库对象的复制处理以及表达数据抽取、转换和加载的过程（Extraction-Transformation-Loading，ETL）。

9. 面向对象模型（OOM）

面向对象模型采用统一建模语言（Unified Modeling Language，UML）描述系统的功能、结构等特性。目前 PowerDesigner 支持 UML 的 12 种图形。采用 PowerDesigner 不仅能够完成面向对象模型设计工作，而且还能够从面向对象模型生成 Java、C#、VB.net、PowerBuilder、C++等代码；也可以通过逆向工程从 Java 等文件生成面向对象模型。

10. XML 模型

XML（Extensible Markup Language）即可扩展标记语言，是一种简单的数据存储语言，使用一系列简单的标记描述数据，而这些标记可以用方便的方式建立。XML 文档主要应用在数据交换、Web 服务、内容管理、Web 集成以及应用程序配置等。XML 的特点是简单且易于掌握和使用。

1.4 PowerDesigner 与其他建模平台的比较

目前较具影响力的软件分析建模工具有 IBM 的 Rational Rose、Sybase 公司的 PowerDesigner 和 Microsoft 公司的 Visio 等，它们有不同的定位和功能。

1.4.1 PowerDesigner

Sybase 公司的 PowerDesigner 最初侧重点在于数据库建模，后来逐渐向面向对象建模、业务逻辑建模以及需求分析建模等方面发展，到现今的 PowerDesigner 16.5 能够完成软件分析建模的全部工作。

PowerDesigner 的特点如下：

（1）模型组织以及设计环境精细

不同设计模型对应软件工程的不同阶段，如业务流程模型和需求模型对应需求分析阶段，而物理数据模型则对应详细设计阶段等等。各模型间虽然有很强的联系，但差异性也很大。PowerDesigner 中模型划分非常细致，并且不同模型对应不同的设计环境，同时保存到不同的模型文件中。模型之间相互独立，但可以通过模型之间的转换工具建立各模型的关联。另外，无论模型设计还是文档输出以及代码生成等，PowerDesigner 都提供了精细的控制，让用户拥有高度的自由。例如，针对数据库建模，PowerDesigner 需要用户指定具体的数据库产品及其版本，以保证数据库的敏感性。

（2）用户体验好

PowerDesigner 大部分操作都可以通过键盘完成，并允许批量编辑操作，如果熟悉快捷键，设计工作就如同行云流水，能大大提高工作效率。另外，PowerDesigner 同一个工作空间（Workspace）中可以同时打开多个模型，不仅相互切换非常方便，而且可以同时呈现模型之间的相互关系。

（3）开发速度快，效率和稳定性也较好

（4）功能完善，易于扩展

PowerDesigner 16.5 支持需求模型、业务流程模型等 10 种模型设计。支持 60 余种数据库/版本，支持多种主流语言，如 Java、VC、VB、C++等等。

（5）可批量生成测试数据

可批量生成测试数据，为初期项目的开发测试提供便利。

1.4.2 Rational Rose

Rational Rose 是目前应用广泛的 UML 建模工具。它最初侧重点是 UML 建模，现在的版本已经加入了数据库建模的功能。

Rational Rose 的特点如下：

（1）界面良好，支持多种平台，可与多种语言及开发环境无缝集成。尤其对 Java 的支持更好，具备模型与代码之间转化的一致性。

（2）整体感觉大而全、不精细，略显笨拙。在逆向工程、文档输出等功能上没有精细控制，表现得比较生硬单调。

（3）对数据库建模的支持能力有限。

（4）在用户操作体验上尚需改进。

1.4.3 Visio

Visio 是 Microsoft 公司的产品，最初仅仅是一种画图工具，可以描述各种图形。从 Visio 2000 开始引入从软件分析设计到代码生成的全部功能。

Visio 特点如下：

（1）图形质量最好，绘图功能强大。操作便捷，易于使用，用户体验好。

（2）与 Microsoft 的 Office 产品兼容性好，能够把图形直接复制或者内嵌到 Word 文档中。

（3）不适合软件开发过程迭代，适合使用 Microsoft 开发工具的中小型项目，也可以为 Rational Rose 和 PowerDesigner 的图形功能的相对不足，提供补充。

1.4.4 三种建模工具的综合比较

（1）从应用系统规模上看，PowerDesigner 和 Rational Rose 适合于大中型系统开发，而 Visio 适合于中小型系统的开发。

（2）从编程语言上看，Visio 仅支持 Microsoft 提供的编程语言，并且支持得最好。而 PowerDesigner 和 Rational Rose 还支持其他语言。

（3）从双向工程代码生成以及数据库生成角度看，PowerDesigner 支持得最好。

（4）从支持 UML 角度看，Rational Rose 性能最好。

（5）从数据库建模角度看，PowerDesigner 最好，数据库建模一直都是 PowerDesigner 的亮点。

（6）从软件设计的人性化和易使用角度看，Visio 最棒。

（7）从图形质量上看，Visio 最好。

（8）从模型设计效率上看，PowerDesigner 效率最高。

（9）从文档生成角度看，PowerDesigner 最精细。

（10）从跨平台角度看，Rational Rose 性能最好，PowerDesigner 和 Visio 仅支持 Windows。

（11）从性价比角度看，PowerDesigner 性价比最高。

1.5 本章小结

本章首先对 PowerDesigner 进行了简单的介绍，接着叙述了该软件的发展历程。然后详细介绍了 PowerDesigner 16.5 的新特性以及模型架构。最后，通过对几种建模工具软件的比较，描述了 PowerDesigner 16.5 的特点。通过本章的学习，读者应该掌握和了解以下内容：

1. 了解 PowerDesigner 的发展历史。
2. 了解 PowerDesigner 16.5 的新特性。
3. 掌握 PowerDesigner 16.5 的功能及特点。
4. 掌握 PowerDesigner 16.5 的模型架构。

1.6 习题一

1. 试述 PowerDesigner 16.5 的功能。
2. 试述 PowerDesigner 16.5 的特点。
3. PowerDesigner 16.5 支持哪些模型？
4. 简要叙述 PowerDesigner 16.5 中各模型之间的关系。

第 2 章

PowerDesigner的基本操作

完美的模型源于娴熟的技巧。因此，熟悉建模环境，掌握模型设计基本操作至关重要。本章将从安装 PowerDesigner 及其相关工具软件开始，详细叙述 PowerDesigner 建模环境，以及模型设计基本操作方法。

2.1 安装 PowerDesigner 及相关工具软件

利用 PowerDesigner 进行软件分析建模，必须正确安装 PowerDesigner 及其相关工具软件。安装 PowerDesigner 之前，必须首先确认安装的软硬件环境要求，然后根据实际需求选择安装相关软件。PowerDesigner 可在 Windows 7 等微软操作系统中运行，本书使用的系统为 Windows 7。PowerDesigner 对硬件环境需求较低，常用 PC 机都可安装。

PowerDesigner 产品安装较简单，根据安装向导提示即可成功安装。具体安装步骤如下：

步骤 01 运行 PowerDesigner 16.5 安装文件，打开安装向导欢迎界面。该界面显示了安装产品及版本信息。

步骤 02 单击安装向导欢迎界面中的 Next 按钮，打开区域选择界面，如图 2.1 所示。在下拉式列表中选择所属区域，本文选择 Peoples Republic of China（PRC）；然后单击 I AGREE…单选按钮，表示同意软件使用许可协议。

步骤 03 设置所属区域后，单击区域选择界面中的 Next 按钮，打开安装路径设置界面，通过 Browse 按钮浏览并选择 PowerDesinger 软件产品安装路径。

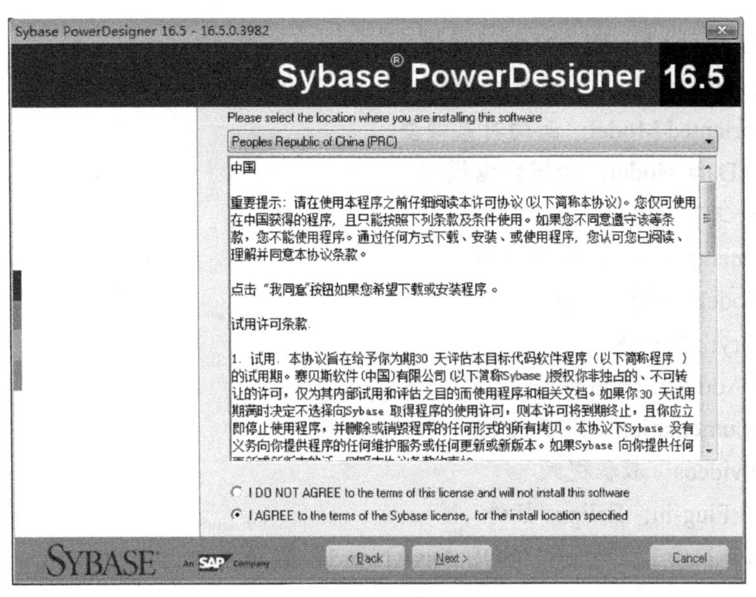

图 2.1　区域选择界面

步骤 04　选择安装路径后，单击安装路径设置界面中的 Next 按钮，打开安装模块选择界面，如图 2.2 所示，从中选择所需功能模块。

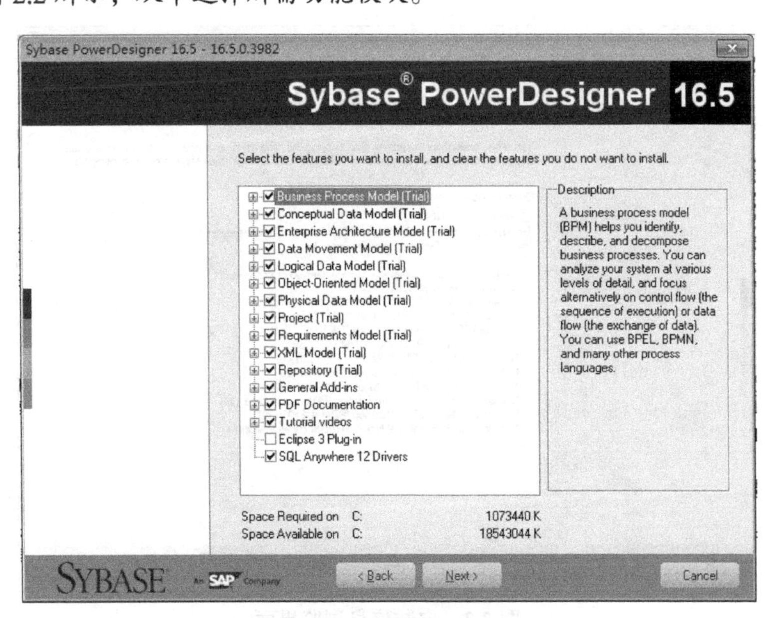

图 2.2　模块选择界面

主要功能模块如下：

- Business Process Model：业务流程模型
- Conceptual Data Model：概念数据模型
- Enterprise Architecture Model：企业架构模型

- Data Movement Model：数据移动模型
- Logical Data Model：逻辑数据模型
- Object-oriented Model：面向对象模型
- Physical Data Model：物理数据模型
- Project：工程项目
- Requirements Model：需求模型
- XML Model：XML 模型
- Repository：知识库
- General Addins：通用插件
- PDF Documentation：PDF 文档
- Tutorial videos：教程视频
- Eclipse 3 Plug-in：Eclipse 插件
- SQL Anywhere 12 Drivers：SQL Anywhere 12 驱动

步骤 05 选择所需模块后，单击 Next 按钮，根据向导提示设置用户配置，修改程序文件夹名称；然后打开安装信息浏览界面，查看安装信息，如图 2.3 所示。如果需要修改，单击图 2.3 中的 Back 按钮，重新进行设置；否则单击 Next 按钮完成安装。

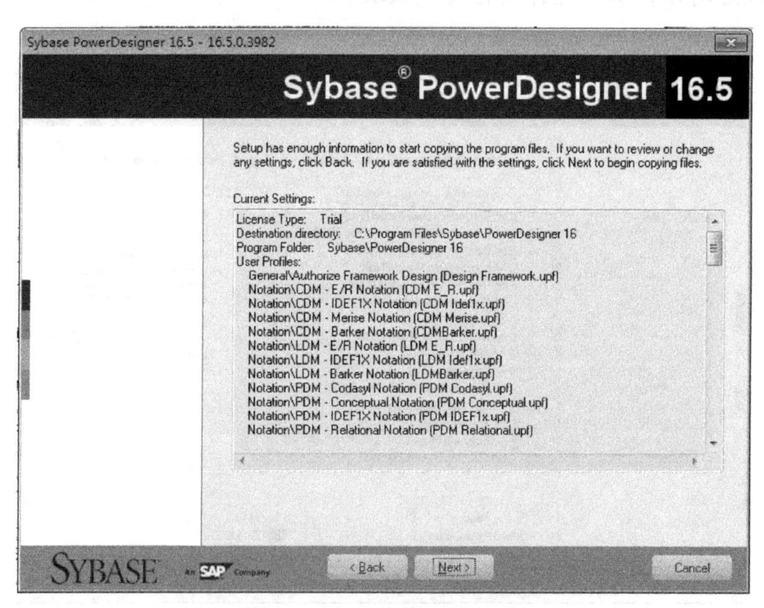

图 2.3　安装信息浏览界面

采用 PowerDesigner 建模，安装 PowerDesigner 系列产品后，通常还需要安装某种数据库管理系统（DBMS）。PowerDesigner 16 支持 80 余种（版本）关系数据库管理系统，包括 Oracle、MySQL、Microsoft SQL Server 等等，可根据需要选择安装。

2.2 PowerDesigner 建模环境概述

PowerDesigner 是一款集成的软件分析建模工具，不仅功能强大而且使用简单。PowerDesigner 提供了直观而便捷的交互环境，丰富的辅助设计工具，能够快速完成各种模型分析设计工作。

2.2.1 PowerDesigner 的初始界面

利用 PowerDesigner 进行建模，首先需要启动 PowerDesigner，具体操作方法如下：

选择“开始”→“所有程序”→Sybase→PowerDesigner 16→PowerDesigner 菜单项启动 PowerDesigner，初次启动会显示 PowerDesigner 的欢迎界面，可以选择以后不再显示该界面；关闭欢迎界面，显示 PowerDesigner 初始工作界面如图 2.4 所示。

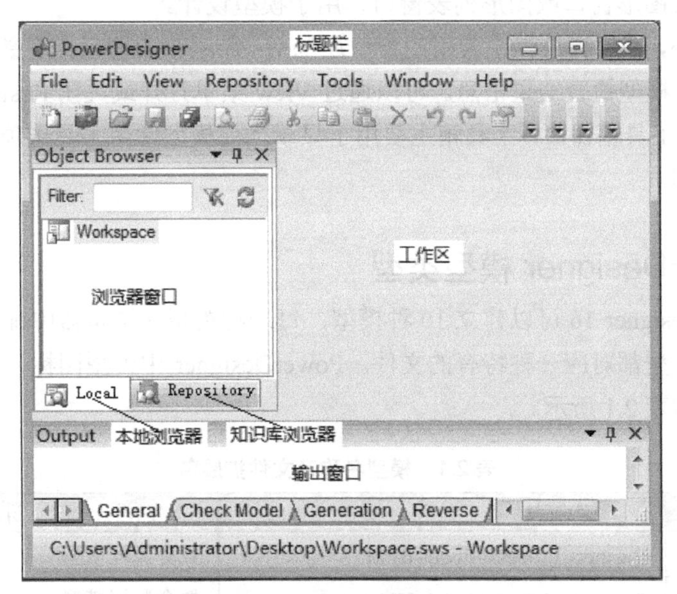

图 2.4　PowerDesigner 初始工作界面

PowerDesigner 启动后的初始工作界面主要包括浏览器窗口、输出窗口、模型设计工作区等几个窗口。

1. 浏览器窗口

该窗口用层次结构呈现模型信息，实现快速导航。浏览器窗口分为本地（Local）浏览器窗口和知识库（Repository）浏览器窗口两个子选项。本地浏览器窗口用于显示本地模型；知识库浏览器窗口用于显示知识库中的模型。浏览器窗口中的模型按照工作空间（Workspace）、工程（Project）、文件夹（Folder）和包（Package）几个层次进行管理。其中，工作空间是浏览器中模型组织的根，是组织与管理所有设计元素的虚拟环境。工程就像一个容器，用来组织和管理一个工程包含的所有模型；一个工作空间中可以同时处理多个独立的工程；文件夹是用来组织模型和文件的下一层次结构。例如：在一个工作空间中处理多个独立的工程，可以为每一个工程建立一个文件夹，用于组织和管理该工程的全部信息。另外，如果工程规模较大，可以将模型拆分成多个子模型，以便于协作。包则用于组织和管理子模型。可以把不同的包分配给不同的开发小组，共同完成同一模型的设计任务。

2. 输出窗口

该窗口用于显示操作过程中的相关信息。其中，General 选项卡用于显示建模过程中的相关信息；Check Model 选项卡用于显示模型检查过程中的相关信息；Generation 选项卡用于显示模型生成过程中的相关信息；Reverse 选项卡用于显示逆向工程操作中的相关信息。

3. 工作区窗口

该窗口也称为图形窗口或图形列表窗口，用于模型设计。

除上述窗口外，在建模过程中常用的窗口还包括：结果列表窗口，该窗口主要用于显示模型对象查找结果，模型检查结果信息。可以通过 View 菜单打开或关闭 Result List（结果列表）窗口；另外，还有工具箱窗口，工具箱主要用于显示当前模型常用工具选项。不同模型对应工具箱中的选项不同。

2.2.2 PowerDesigner 模型类型

利用 PowerDesigner 16 可以建立 10 种模型，每一种模型在浏览器中都有唯一的图标与其对应，并且每种模型都对应一种特有的文件。PowerDesigner 中模型图标、模型名称以及文件扩展名详细信息如表 2.1 所示。

表 2.1 模型名称及文件扩展名

序号	图标	英文名称	中文名称	文件扩展名
1		Business Process Model-BPM	业务流程模型	.bpm
2		Conceptual Data Model-CDM	概念数据模型	.cdm
3		Data Movement Model-DMM	数据移动模型	.dmm
4		Enterprise Architecture Model-EAM	企业架构模型	.eam
5		Free Model-FEM	自由模型	.fem
6		Logical Data Model-LDM	逻辑数据模型	.ldm
7		Object-oriented Model-OOM	面向对象模型	.oom
8		Physical Data Model-PDM	物理数据模型	.pdm
9		Requirements Model-RQM	需求模型	.rqm
10		XML Model-XML	XML 模型	.xsm

2.2.3　PowerDesigner 常用操作窗口

PowerDesigner 提供了多种窗口以完成模型对象参数设置或辅助模型设计。例如：模型对象属性窗口用于完成属性设置工作；模型检查窗口用于检查模型，并通过结果列表窗口显示检查结果等等。PowerDesigner 中常用操作窗口有模型对象属性窗口、模型检查窗口、查找对象窗口。

1. 模型对象属性窗口

打开模型对象属性窗口可以采用以下几种方式：

- 双击模型对象。
- 选中模型对象，单击鼠标右键从快捷菜单中选择 Properties 菜单项。
- 选中模型对象，然后选择工具箱中的 Properties 工具打开属性窗口。

以上几种方式都可以打开模型对象的属性窗口，如图 2.5 为 CDM 模型实体属性窗口。不同对象属性窗口中包括的参数不同。

图 2.5　CDM 模型实体属性窗口

模型对象属性窗口主要用于设置模型对象属性。在图 2.5 中可以对实体标题、代码、规则、标识符等属性进行设置。在属性窗口的左下角有<<Less 或 More>>按钮，单击<<Less 按钮只显示常用属性；单击 More>>按钮显示全部属性。

2. 模型检查窗口

PowerDesigner 中每种对象都应符合一定的规范，为了保证模型对象的有效性，PowerDesigner 提供了模型检查功能，对模型进行有效性检查，并且根据存在的问题给出相应提示信息。

可以通过 Tools→Check Model 菜单项打开模型检查窗口；也可以在工作区空白处或浏览器窗口中的模型对象上单击鼠标右键，在快捷菜单中选择 Check Model 菜单项打开模型检查窗口，如图 2.6 所示。

图 2.6　模型检查窗口

其中，Options 选项卡用于确定检查项目；Selection 选项卡用于选择检查对象。在图 2.6 中选择需要检查的项目及对象，然后单击“确定”按钮开始检查模型。模型检查结果将输出到结果列表窗口中，如图 2.7 所示。其中，⊗表示错误，⚠表示警告。

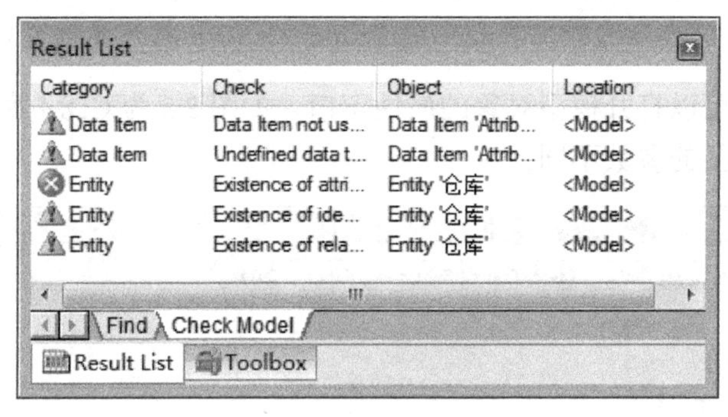

图 2.7　模型检查结果

3. 查找对象窗口

PowerDesigner 可同时管理多种模型。当模型对象较多时，可以通过模型对象查找窗口查找待处理的模型对象。可以通过 Edit→Find Objects 菜单项或者在工作区空白处单击鼠标右键，从快捷菜单中选择 Edit→Find Objects，打开 Find Objexts 窗口，如图 2.8 所示。查找对象窗口有 4 个选项卡，都用于设置查找条件，具体设置如图 2.8~2.11 所示。设置查找条件之后，单击 Find Now 按钮，开始查找对象，查找结果将显示在结果列表窗口中，如图 2.12 所示。

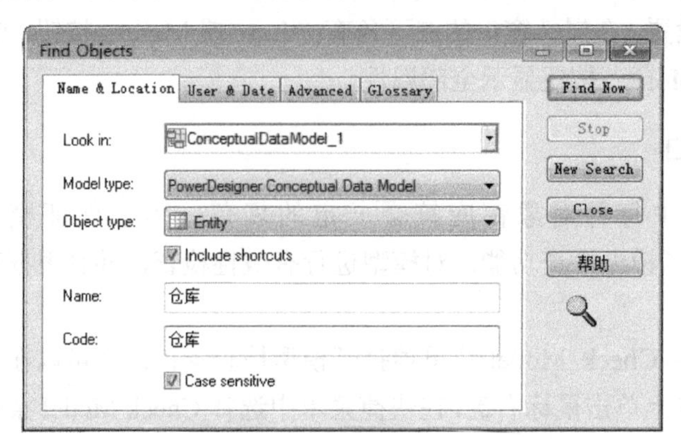

图 2.8　查找对象窗口（Name & Location 选项卡）

其中，各参数含义如下：

- Look in：设置查找位置。
- Model type：设置模型类型。
- Object type：设置对象类型。
- Include Shortcuts：是否包括快捷方式。
- Name：名称。
- Code：代码。
- Case sensitive：是否区分大小写。

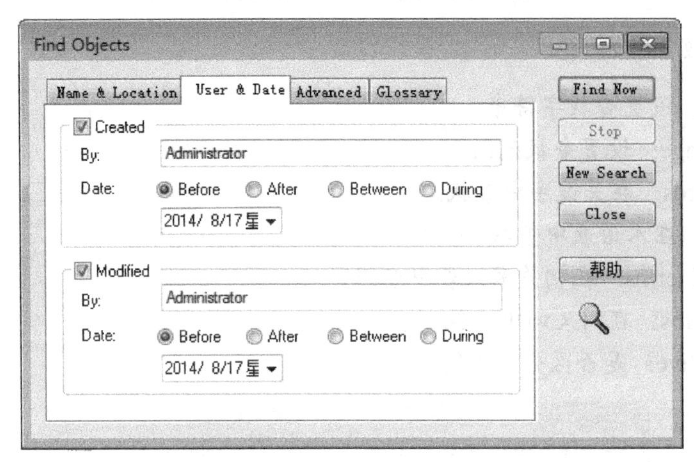

图 2.9　查找对象窗口（User & Date 选项卡）

其中，各参数含义如下：

- Created：设置创建者及创建时间
- Modified：设置修改者及修改时间

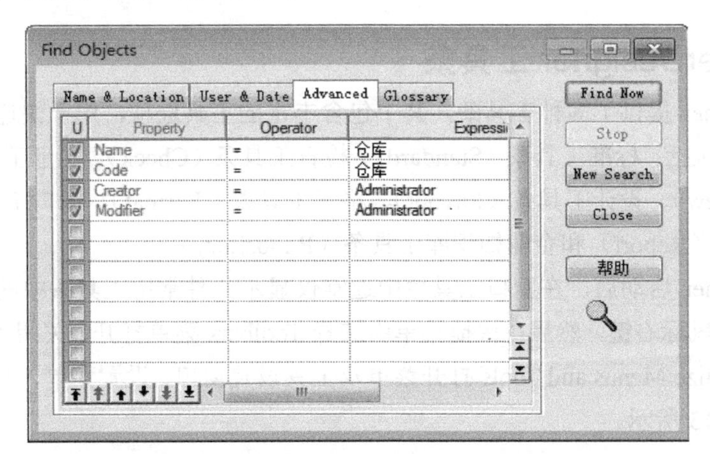

图 2.10　查找对象窗口（Advanced 选项卡）

查找对象窗口高级选项卡用于详细设置对象查找条件，例如：Name=“仓库”等。

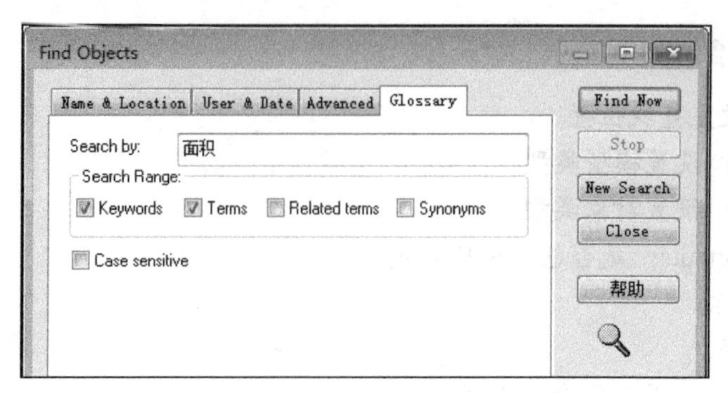

图 2.11 查找对象窗口（Glossary 选项卡）

其中，各参数含义如下：

- Search by：设置查找字符串。
- Search Range：设置查找范围。
  - Keywords：在关键字中查找。
  - Terms：在术语表中查找。
  - Related terms：在相关术语表中查找。
  - Synonyms：在同义词中查找。
- Case sensitive：是否区分大小写。

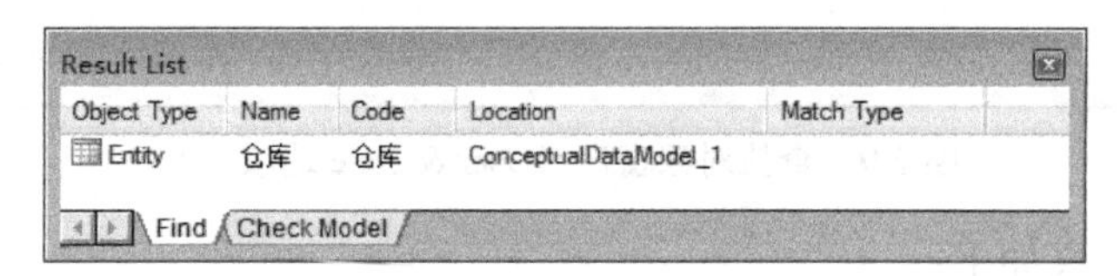

图 2.12　模型对象查找结果

在概念数据模型 ConceptualDataModel_1 中存在满足条件的实体。

2.2.4　PowerDesigner 工具条

PowerDesigner 提供了多种工具条，其中包含丰富的工具选项，用于快速完成模型设计工作。这些工具条包括：标准工具条（Standard）、检查工具条（Check）、图形工具条（Diagram）、视图工具条（View）、设计工具条（Layout）、格式工具条（Format）、窗口工具条（Window）、模型报告工具条（Report）和企业知识库工具条（Repository）。

PowerDesigner 启动后，在窗口工具栏中通常仅显示几种常用工具条中的工具选项，可以在工具栏中单击鼠标右键，然后在快捷菜单中选择 Toolbars 菜单打开、关闭工具条；另外，还可以通过 Customize Menus and Tools 打开菜单及工具设置窗口，设置菜单、工具条和工具箱中的选项，如图 2.13 所示。

在模型设计过程中，如果该模型对象对应的工具箱（Toolbox）被关闭，可以通过 View→Toolbox 菜单打开。

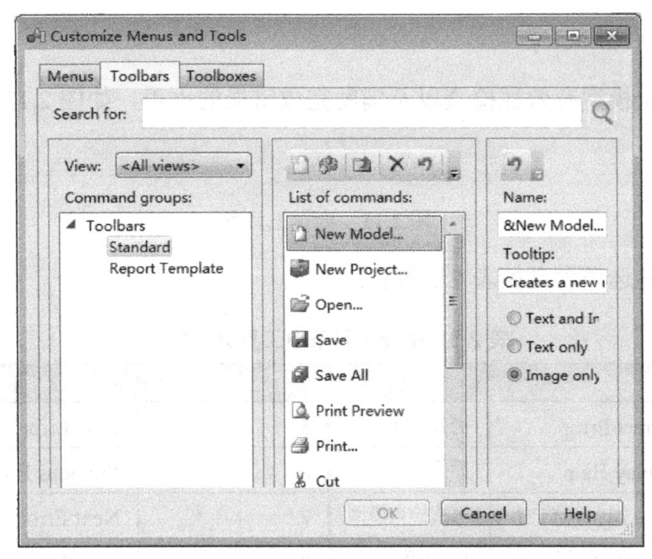

图 2.13　菜单、工具条、工具箱设置窗口

其中，Menus 标签用于设置菜单选项；Toolbars 标签用于设置工具条选项；Toolboxes 标签用于设置工具箱选项。

工具条中的工具选项功能直观、操作方便，熟练掌握之后可加速模型设计工作。下面详细介绍 PowerDesigner 中常用工具条及工具选项。

1. 标准工具条（Standard）

标准工具条中的工具选项用于完成模型设计过程中的常规操作，例如“新建”、“复制”、“删除”等等，如图 2.14 所示。

图 2.14　标准工具条

标准工具条中工具选项含义如表 2.2 所示。

表 2.2　标准工具条中工具选项含义

序号	图标	英文名称	含义	序号	图标	英文名称	含义
1		New Model	新建模型	9		Copy	复制
2		New Project	新建工程	10		Past	粘贴
3		Open	打开	11		Delete	删除
4		Save	保存	12		Undo	到上一状态
5		Save All	全部保存	13		Redo	到下一状态
6		Print Preview	打印预览	14		Properties	属性窗口
7		Print	打印	15		Help Contents	帮助
8		Cut	剪切				

2. 检查工具条（Check）

检查工具条用于模型有效性检查以及辅助完成错误的更正，如图 2.15 所示。

图 2.15 检查工具条

检查工具条中各选项含义如表 2.3 所示。

表 2.3 检查工具条中工具选项含义

序号	图标	英文名称	含义	序号	图标	英文名称	含义
1		Correct Error	更正错误	5		First Error	第一个错误
2		Display Help	显示帮助	6		Previous Error	上一个错误
3		Check Again Model	再次检查模型	7		Next Error	下一个错误
4		Automatic Correction	自动更正	8		Last Error	最后一个错误

3. 图形工具条（Diagram）

图形工具条主要用于图形设计，如图 2.16 所示。

图 2.16 图形工具条

图形工具条中工具选项含义如表 2.4 所示。

表 2.4 图形工具条中工具选项含义

序号	图标	英文名称	含义	序号	图标	英文名称	含义
1		Reprots	模型报告	8		Line Style	线条风格
2		Paste As Shortcut	粘贴成快捷方式	9		Fill Style	填充风格
3		Find Objects	查找模型对象	10		Font	字体
4		Complete Links	完全连接	11		Go Up One Level	返回上一级
5		Check Model	检查模型	12		Previous Window	上一窗口
6		Shadow	阴影	13		Next Window	下一窗口
7		Adjust To Text	调整图形大小				

4. 视图工具条（View）

视图工具条主要用于选择不同的模型显示窗口及显示方式，如图 2.17 所示。

图 2.17 视图工具条

视图工具条工具选项含义如表 2.5 所示。

表 2.5 视图工具条中工具选项含义

序号	图标	英文名称	含义	序号	图标	英文名称	含义
1		Global View	全局视图	6		Next View	下一视图
2		View Selection	所选视图	7		Browser	浏览器
3		Current Page	当前页	8		Output	输出窗口
4		Used Pages	使用的页	9		Result List	结果列表窗口
5		Previous View	上一视图				

5. 布局设计工具条（Layout）

布局设计工具条主要用于排列模型对象图形符号，如图 2.18 所示。

图 2.18 设计工具条

布局设计工具条中工具选项含义如表 2.6 所示。

表 2.6 布局设计工具条中工具选项含义

序号	图标	英文名称	含义	序号	图标	英文名称	含义
1		Fit To Page	图形适合页面	8		Align Top	顶对齐
2		Auto-Layout	自动排列对象	9		Center On Horizontally Axis	水平轴对齐
3		Align Left	左对齐	10		Align Bottom	底端对齐
4		Center On Vertical Axis	垂直轴对齐	11		Same High	等高
5		Align Right	右对齐	12		Evenly Space Vertically	垂直间距相同
6		Same Width	等宽	13		Horizontal	图形水平化
7		Evenly Space Horizontally	水平间距相同	14		Vertical	图形垂直化

6. 格式工具条（Format）

格式工具条主要用于设置模型对象的显示样式，如图 2.19 所示。

图 2.19 格式工具条

格式工具条中工具选项含义如表 2.7 所示。

表 2.7 格式工具条中工具选项含义

序号	图标	英文名称	含义	序号	图标	英文名称	含义
1		Shadow	阴影	9		Italic	斜体
2		Line Style	线条风格	10		Underline	下划线

（续表）

序号	图标	英文名称	含义	序号	图标	英文名称	含义
3		Fill Style	填充风格	11		Text Left	文本左对齐
4		Font	字体	12		Horizontally Center Text	文本水平居中
5		Line Color	线条颜色	13		Text Right	文本右对齐
6		Fill Color	填充颜色	14		Get Format	获取文本格式
7		Text Color	文本颜色	15		Apply Format	应用格式
8		Bold	粗体				

7. 窗口工具条（Window）

窗口工具条主要用于完成窗口操作，例如："新建窗口"、"层叠方式显示窗口"等等，如图 2.20 所示。

图 2.20　窗口工具条

窗口工具条中工具选项含义如表 2.8 所示。

表 2.8　窗口工具条中工具选项含义

序号	图标	英文名称	含义	序号	图标	英文名称	含义
1		New Window	新建窗口	5		Next Window	下一窗口
2		Close	关闭当前窗口	6		Cascade	层叠
3		Close All Windows	关闭所有窗口	7		Tile Horizontally	横向平铺窗口
4		Previous Windows	上一窗口	8		Tile Vertically	纵向平铺窗口

8. 报告编辑器工具条（Report）

报告编辑器工具条主要用于辅助模型报告的编辑与生成，如图 2.21 所示。

图 2.21　报告编辑器工具条

报告编辑器工具条中工具选项含义如表 2.9 所示。

表 2.9　报告编辑器工具条中工具选项含义

序号	图标	英文名称	含义	序号	图标	英文名称	含义
1		Report Wizard	报告向导	6		Add Item	增加项目
2		Print Preview	打印预览	7		Up One Level	上移一行
3		Print	打印	8		Down One Level	下移一行
4		Generate HTML	生成 HTML 文档	9		Raise Level	升一级
5		Generate RTF	生成 RTF 文档	10		Lower Level	降一级

9. 企业知识库工具条（Repository）

企业知识库工具条主要用于对知识库的操作，如图 2.22 所示。

图 2.22　企业知识库工具条

企业知识库工具条中工具选项含义如表 2.10 所示。

表 2.10　企业知识库工具条中工具选项含义

序号	图标	英文名称	含义	序号	图标	英文名称	含义
1		Connect	连接	6		Find	查找
2		Disconnect	断开	7		Refresh Browser	刷新浏览器
3		Check In	插入	8		Configurations	配置
4		Check Out	提取	9		Locks	锁定
5		Compare	比较				

10. PowerDesigner 工具箱

PowerDesigner 有多种工具箱（Toolbox），针对不同的模型，PowerDesigner 打开不同的工具箱，如图 2.23 所示为 CDM 工具箱。

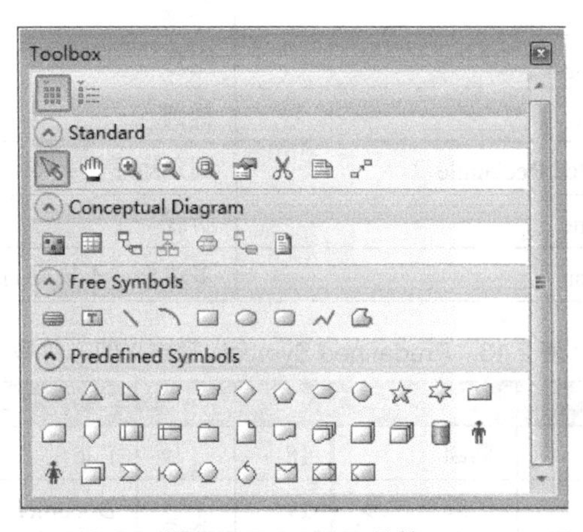

图 2.23　CDM 工具箱

选项含义如下：

- Standard ：标准工具选项。
- Conceptual Diagram：CDM 特有工具选项。
- Free Symbols：自由符号。
- Predefined Symbols：预定义符号。

其中，Standard、Free Symbols 、Predefined Symbols 在各种模型工具箱中内容相同，含义如表 2.11、2.12、2.13 所示。特有工具选项在后续章节中介绍。

表 2.11 Standard 标准工具选项

序号	图标	英文名称	含义
1		Pointer	指针
2		Grabber	整体选择
3		Zoom In	放大
4		Zoom Out	缩小
5		Open Diagram	打开图形
6		Properties	属性窗口
7		Cut	剪切
8		Note	注释
9		Link/Extended Dependency	链接或扩展依赖

表 2.12 Free Symbols 自由图形符号

序号	图标	英文名称	含义
1		Title	标题
2		Text	文本
3		Line	直线
4		Arc	弧线
5		Rectangle	矩形
6		Eclipse	椭圆
7		Rounded Rectangle	圆角矩形
8		Polyline	折线
9		Polygon	多边形（不规则封闭图形）

表 2.13 Predefined Symbols 预定义图形符号

序号	图标	英文名称	含义	序号	图标	英文名称	含义
1		Oval	椭圆	18		File	文件
2		Triangle1	一般三角形	19		Document	文档
3		Triangle2	直角三角形	20		Multi-Document	多文档
4		Parallelogram	平行四边形	21		3D-Rectangle	三维矩形
5		Trapezoid	梯形	22		Cube	立方体
6		Diamond	菱形	23		Data Store	数据存储
7		Pentagon	五边形	24		Actor	男角色
8		Hexagon	六边形	25		Actress	女角色
9		Octagon	八边形	26		Multi-Rectangle	多矩形
10		5-Point Star	五角星	27		Process Object	流程对象

（续表）

序号	图标	英文名称	含义	序号	图标	英文名称	含义
11		6-Point Star	六角星	28		Boundary Object	边界对象
12		Manual Input	手工输入	29		Entity Object	实体对象
13		Card	卡片	30		Control Object	控制对象
14		Off-Page Connector	分页连接	31		Envelope	信封
15		Predefined	预处理	32		Relationship Type	关系类型
16		Internal Storage	内部存储	33		Entity Relationship Type	实体关系类型
17		Folder	文件夹				

2.3 PowerDesigner 建模环境设置

PowerDesigner 是高度可定制的。可以通过修改接口保证建模环境适合自己的工作习惯，例如：可以设置默认的命名约定，改变对象的外观符号，为对象添加新的属性，甚至创建自己的对象类型等等。对建模环境进行设置不仅可以简化操作，不必在设计过程中针对每个模型和对象逐项进行设置；而且在团队协作的情况下，能够保持设计风格一致。

PowerDesigner 环境选项设置包括通用选项设置、对话框行为设置、默认文本编辑器设置、环境变量设置、默认存储路径设置、默认字体设置等等。具体设置方法如下。

选择 Tools→General Options 菜单项打开环境选项设置窗口，如图 2.24 所示。

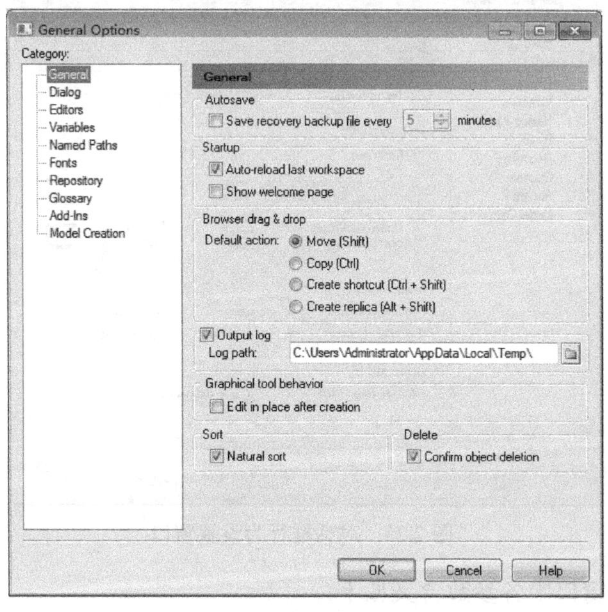

图 2.24　环境选项设置窗口

1. 通用选项设置

在环境选项设置窗口中选择 General 节点，进行通用选项设置。通用选项设置窗口中各参数含义如下：

- Autosave：设置是否自动保存及自动保存间隔时间。
- Startup：用来定义 PowerDesigner 启动时的默认操作。
  - ➢ Auto-reload last workspace：选中该选项表示启动 PowerDesigner 时自动装载上一次退出时的状态。
  - ➢ Show welcome page：选中该选项表示启动 PowerDesigner 时显示欢迎界面。
- Browser drag & drop：用来定义在浏览器窗口中拖曳模型对象时的默认行为。其中，Move 表示移动对象；Copy 表示复制对象；Create shortcut 表示创建模型对象的快捷方式；Create replica 表示创建模型对象的副本。
- Output log：选中该选项表示输出日志，并且允许修改日志文件存储路径。
- Graphical tool behavior（Edit in place after creation）：选中该选项表示允许在创建模型对象时直接修改该模型对象的名称。
- Sort（Natural Sort）：选中该选项表示建立模型对象时按照自然顺序排列各个模型对象。
- Delete（Confirm object deletion）：选中该选项表示删除模型对象时系统将弹出 PowerDesigner-Confirmation 窗口。用于确认或取消删除操作。

2. 对话框行为设置

在环境选项设置窗口中选择 Dialog 节点，打开对话框行为设置窗口，如图 2.25 所示。

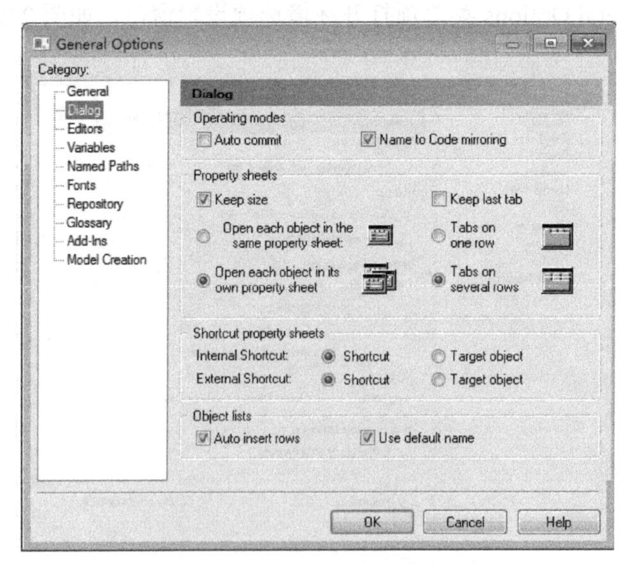

图 2.25　对话框行为设置窗口

对话框行为设置窗口中各参数含义如下：

- Operating modes：用于设置默认操作模式。
  - Auto commit：选中该选项表示自动提交模型对象属性设置。否则必须手动提交（单击 Apply 或 OK 按钮）。
  - Name to Code mirroring 选中该选项表示 Code 与 Name 自动镜像，也就是修改 Name 属性时自动修改 Code 属性；如果不需要同步则取消选中该复选框。
- Property sheets：用于设置模型属性窗口默认行为。
  - Keep size：保持模型对象属性窗口大小为设定值。
  - Keep last tab：打开模型对象属性窗口时，自动打开上一次最后选择的 Tab 页（也称为选项卡或标签页）。
  - Open each object in the same property sheet：在同一窗口中打开不同模型对象的属性窗口。
  - Open each object in its own property sheet：在不同的窗口中打开不同模型对象的属性窗口。
  - Tabs on one row：在一行打开所有 Tab 页。
  - Tabs on several rows：当 Tab 页多时，在多行打开 Tab 页。
- Shortcut property sheets：模型对象的快捷方式分为两种，一种是内部快捷方式（Internal Shortcut），即在同一模型的不同包中为对象创建的快捷方式；另一种是外部快捷方式（External Shortcut），即在不同模型中为对象创建的快捷方式。
  - Internal Shortcut：用于控制双击模型对象的内部快捷方式时，是打开快捷方式的属性窗口还是原对象属性窗口。
  - External Shortcut：用于控制双击模型对象的外部快捷方式时，是打开快捷方式的属性窗口还是原对象的属性窗口。
- Object lists：用于设置模型对象列表窗口中的默认动作。
  - Auto insert rows：选择该选项表示在列表窗口中单击空白行时自动插入新行。
  - Use default name：选择该选项表示插入新行后系统自动填写默认的名称和代码。

3. 默认文本编辑器设置

模型设计过程中，时常需要编辑文本信息，例如 SQL 语句、Java 代码、注释信息等等。默认情况下使用 PowerDesigner 的内部编辑器进行编辑。为加速文本信息编辑效率，可以根据个人喜好设置多个文本编辑器，用来编辑不同的文本信息。默认编辑器设置方法如下：

在环境选项设置窗口中选择 Editors 节点，打开默认文本编辑器设置窗口，如图 2.26 所示。在默认文本编辑器窗口中设置外部文本编辑器。

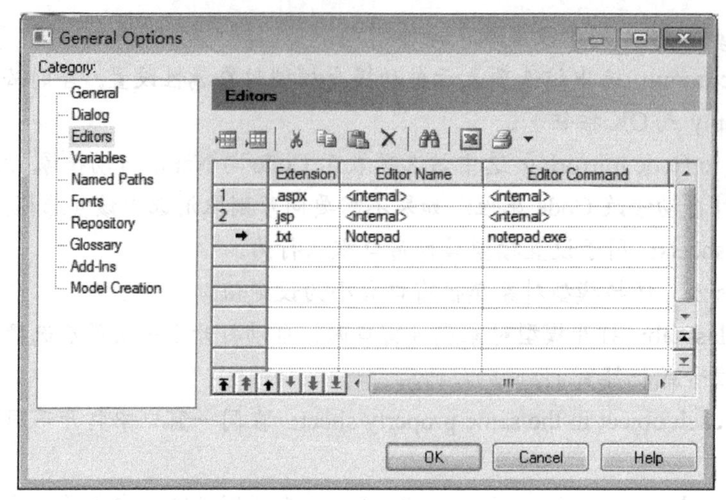

图 2.26　默认文本编辑器设置窗口

其中，Extension 列用于指定文本文件扩展名；Editor Name 列用于指定编辑器名称；Editor Command 列用于指定文本编辑器命令（可执行文件）。

同一扩展名可以指定多个编辑器，第一个为默认编辑器。

4. 环境变量设置

环境变量主要用于生成模版语言（Generation Template Language-GTL）。PowerDesigner 安装后自动创建一些环境变量。另外，还可以根据需要修改已有的环境变量，或者增加新的环境变量。具体方法如下：

在环境选项设置窗口中选择 Variables 节点，打开环境变量设置窗口，如图 2.27 所示。

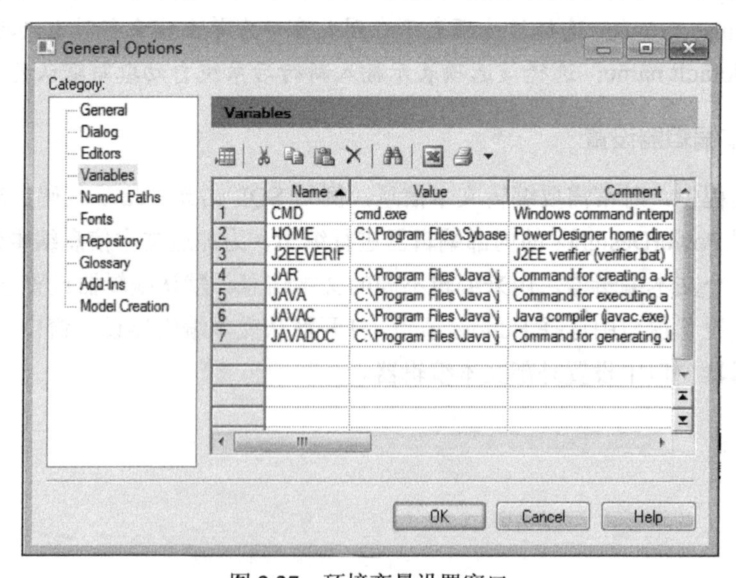

图 2.27　环境变量设置窗口

在环境变量设置窗口中修改或增加环境变量。其中，Name 列用于设置环境变量的名称；Value 列用于设置相应的可执行文件；Comment 列用于设置注释信息。在 GTL 中使用环境变量的方式为：%$变量名%，例如：%$CMD%。

5. 默认存储路径设置

在 PowerDesigner 中，系统以文件形式保存各种模型信息。通常情况下，不同类型的文件保存在不同的文件夹中。然而，在团队协作的情况下，团队中每一个成员都有各自的目录结构，这种情况下，在一个成员的设计环境中打开另一个成员的模型就可能出错。为解决上述问题，团队成员必须使用统一的默认存储路径。PowerDesigner 中默认存储路径设置方法如下：

在环境选项设置窗口中选择 Named Paths 节点，打开默认路径设置窗口，如图 2.28 所示。PowerDesigner 安装后预定义了一些变量用于存储不同类型文件的默认存储路径，可以修改系统预定义默认路径，也可以增加新的默认路径参数。

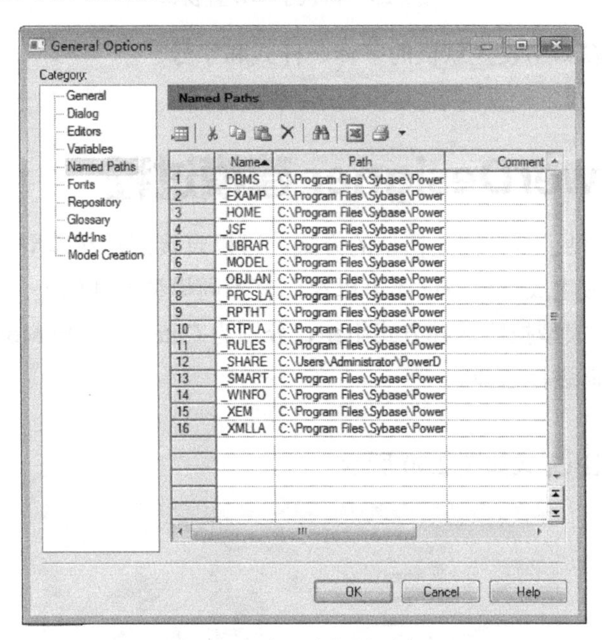

图 2.28　默认路径设置窗口

其中，Name 列用于设置默认路径名称，以“_”开头；Path 列用于指定具体路径；Comment 列用于设置注释信息。

6. 默认字体设置

在模型设计之前，可以首先为用户界面、代码编辑器、RTF 编辑器和矩阵设置默认字体。具体设置方法如下：

在环境选项设置窗口中选择 Fonts 节点，打开默认字体设置窗口，如图 2.29 所示。

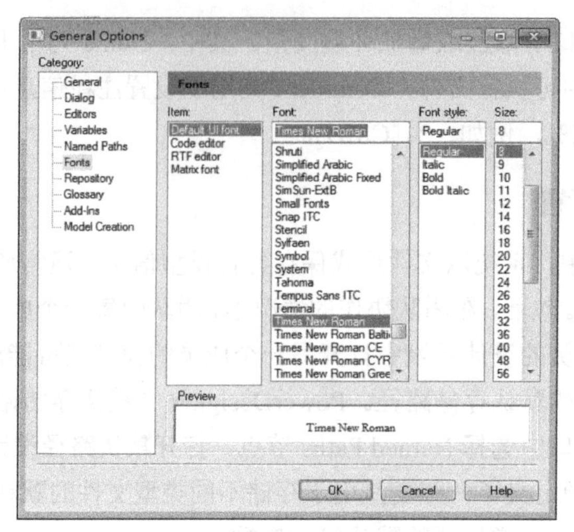

图 2.29　默认字体设置窗口

在默认字体设置窗口中设置默认的字体、样式和字号。

2.4 PowerDesigner 建模过程

PowerDesigner 提供了多种创建模型的方式，可以直接创建新模型，也可以在已有同类模型的基础上，经过修改生成新模型；还可以在已有不同模型的基础上，经过转换生成新模型。在 PowerDesigner 中，模型按照两种方式组织，分别为 Categories 和 Model types，用户可根据建模需要以及操作习惯进行选择。

1. Categories

Categories 模型组织方式如图 2.30 所示。

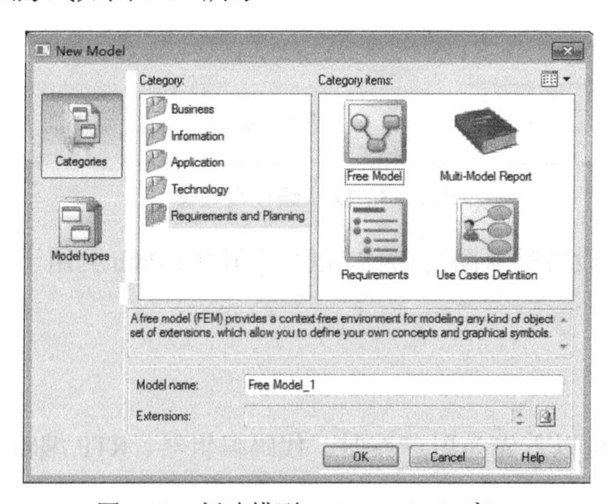

图 2.30　新建模型（Categories）窗口

Categories 方式是从企业架构建模角度出发按层次方式组织各类模型和图形。主要包括业务层、信息层、应用层、技术层、需求与规划层。

（1）业务（Business）层主要用于业务流程、组织结构、人员、数据流和服务的设计。通过该层面的建模，可以标识相关的业务流程及其所属和使用关系。在业务层中主要包括：业务流程建模标注模型（BPMN Model）、业务通信（Business Communication）、业务流程（Business process）、城市规划（City Planning）、组织结构图（Organization Chart）、面向服务的架构（Service Oriented Architecture）和用例定义（Use Case Definition）。

（2）信息（Information）层主要用于业务流程中相关数据、实体、实体属性、实体之间的联系、物理数据库中的表、视图、存储过程的设计。该层面建模的目的是标识出数据及其相互关系。在信息层主要包括：概念数据模型（CDM）、逻辑数据模型（LDM）、物理数据模型（PDM）、XML 模型、多维数据图（Multi-Dimensional Data）、类图（UML Class Diagram）、数据流图（Data Flow Diagram）和数据移动模型（Data Movement Model）。

（3）应用（Application）层主要用于对企业中应用程序架构、组件结构、服务调用关系以及类、接口、实例建模。应用层主要包括：应用架构图（Application Architecture）、服务图（Service Diagram）、面向服务的架构（Service Oriented Architecture）、活动图（UML Activity Diagram）、组件图（UML Component Diagram）、类图（Class Diagram）、时序图（Sequence Diagram）、业务流程语言（BPEL）。

（4）技术（Technology）层主要用来标识应用程序、数据、服务和网络的拓扑结构。技术层主要包括：技术框架图（Technology Diagram）、UML 部署图（UML Deployment）、网络图（Network Diagram）、Sybase IQ 参考架构（Sybase IQ Reference Architecture）。

（5）需求与规划（Requirements and Planning）层主要用来确定目标、战略、IT 技术以及经济环境等。主要包括：自由模型（FEM）、需求模型（RQM）、用例定义（Use Cases Definition）。

2. Model types

Model types 模型组织方式如图 2.31 所示。

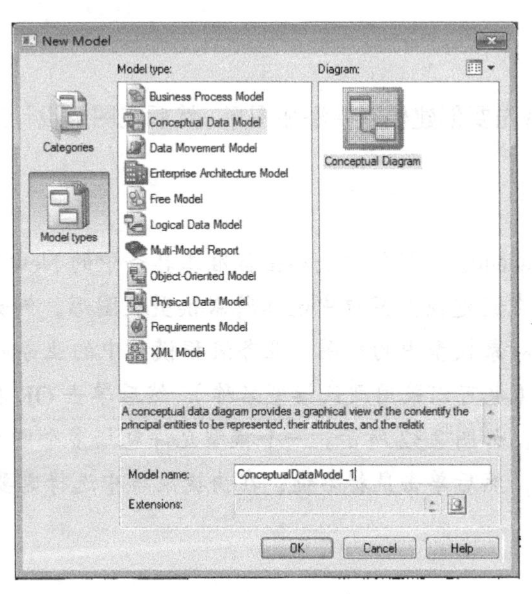

2.31　Model types 窗口

Model types 是从模型角度出发组织各种图形。主要包括业务流程模型、概念数据模型、企业架构模型等等。

（1）业务流程模型（BPM）包括业务流程图（Business Process Diagram）、流程层次图（Process Hierarchy Diagram）、设计图（Choreography Diagram）、对话图（Conversation Diagram）。

（2）概念数据模型（CDM）包括概念图（Conceptual Diagram）。

（3）数据移动模型（DMM）包括数据移动图（Data Movement Diagram）。

（4）企业架构模型（EAM）包括流程图（Process Map）、组织结构图（Organization Chart）、业务通信图（Business Communication Diagram）、城市规划图（City Planning Diagram）、面向服务图（Service Oriented Diagram）、应用架构图（Application Architecture Diagram）、技术框架图（Technology Infrastructure Diagram）。

（5）自由模型（FEM）包括自由图（Free diagram）。

（6）逻辑数据模型（LDM）包括逻辑图（Logical Diagram）。

（7）面向对象模型（OOM）包括类图（Class Diagram）、用例图（Use Case Diagram）、组件图（Component Diagram）、对象图（Object Diagram）、包图（Package Diagram）、时序图（Sequence Diagram）、通信图（Communication Diagram）、交互纵横图（Interaction Overview Diagram）、活动图（Activity Diagram）、状态图（State chart Diagram）、部署图（Deployment Diagram）、组合结构图（Composite Structure Diagram）。

（8）物理数据模型（PDM）包括物理图（Physical Diagram）、多维图（Multidimensional Diagram）。

（9）需求模型（RQM）包括需求文档视图（Requirements Document View）。

（10）XML 模型包括 XML 模型图（XML Model Diagram）。

2.4.1 建立模型

创建一个新模型，首先要创建模型并添加图形，然后在图形设计工作区中设计模型中包括的各种模型对象。

新建模型步骤如下：

步骤 01 选择 File→New Model 菜单项或单击标准工具条中的 New Model 工具选项，打开新建模型窗口。在新建模型窗口中选择所需模型及图形，例如企业架构模型中的城市规划图、面向对象模型中的类图、业务流程模型中的业务流程图等等。

步骤 02 输入模型名称（也可以采用默认模型名称），然后单击 OK 按钮，在浏览器窗口中将出现新建模型，如图 2.32 所示。一个模型允许包括多个图形，方法是：在浏览器窗口中选中模型，然后单击鼠标右键，在快捷菜单中选择需要追加的图形。

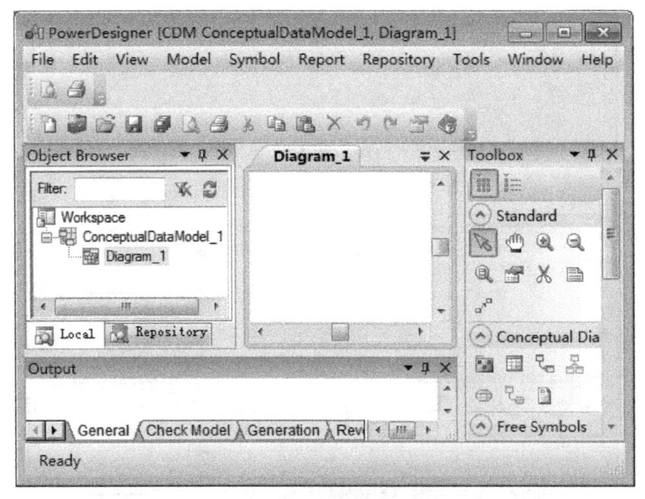

图 2.32　新建 CDM 模型

图 2.32 的浏览器窗口中显示了新建的概念数据模型，该模型采用系统提供的默认模型名称“ConceptualDataModel_序号”。

步骤 03　在工作区中完成图形设计工作。详细设计过程见 2.4.2 节。

步骤 04　单击 File→Save 或 File→Save All 菜单项，或者使用工具条中保存工具选项保存模型。

2.4.2　模型对象操作

PowerDesigner 包括多种模型对象，对各种模型对象的操作以及参数设置方法基本相同。下面介绍常用模型对象操作。

1. 选择图形符号

单击工具箱中所需工具选项（图形符号），当指针形状变为所选图形符号时，表示选中。

2. 放置图形符号

选中图形符号后，在工作区合适位置单击鼠标左键放置图形符号。在工作区中连续改变位置，并单击鼠标左键，可放置多个同样的图形符号，如图 2.33 所示。图形符号放置结束后可单击工具箱中的指针 Pointer 工具，或者在工作区空白处单击鼠标右键将鼠标光标变回指针状态，进行下一步设计工作。

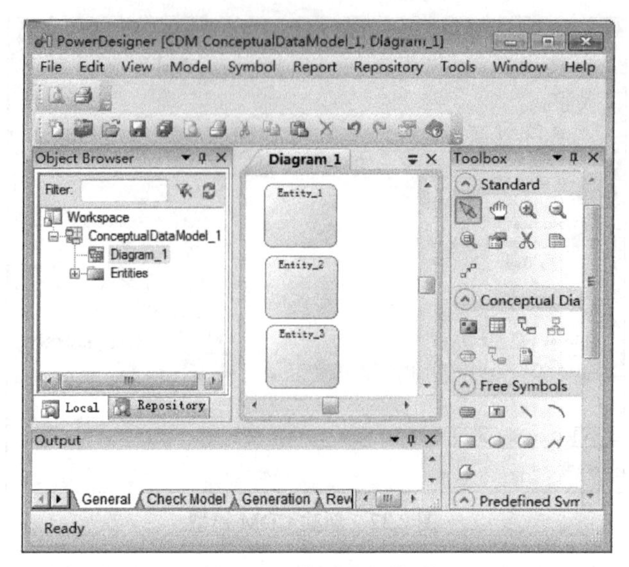

图 2.33　放置图形符号

在图 2.33 中放置了 3 个实体图形符号，分别为 Entity_1、Entity_2、Entity_3。图形符号的初始形状取决于模型对象默认显示参数的设置。

3. 设置模型对象属性

双击图形符号打开模型对象属性设置窗口，如图 2.34 所示。

图 2.34　CDM 实体属性设置窗口

不同对象属性窗口中的参数不同，但 General、Notes 为通用选项卡。在 General 选项卡中的 Name 属性用来设置该模型对象显示名称；Code 属性用来设置在程序中识别该模型对象的代码。通常 Name 属性设置较直观，例如描述学生实体的 Name 属性可以设置为“学生”，而 Code 属性可以设置为“student”。Notes 选项卡用来设置模型对象的说明信息。

4. 设置模型对象格式

可以对单个模型对象进行格式设置，也可以对多个具有相同格式的模型对象同时进行格式设置。选择 Symbol→Format 菜单项打开模型对象格式设置窗口，如图 2.35 所示。

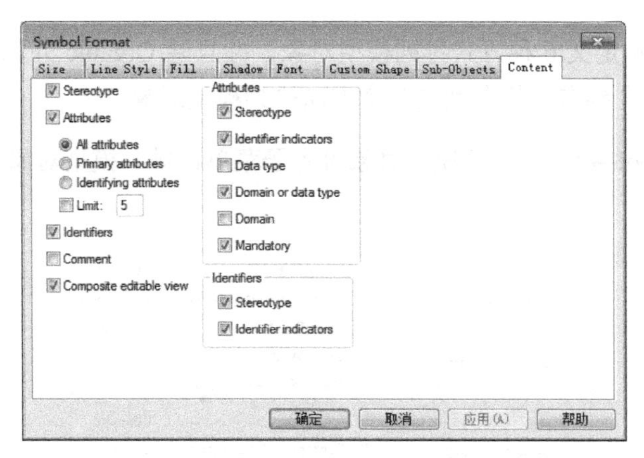

图 2.35　模型对象格式设置

其中，Size 选项卡用于设置模型对象的大小；Line Style 选项卡用来设置模型对象的线条风格；Fill 选项卡用来设置模型对象的填充颜色；Shadow 选项卡用来设置模型对象的阴影；Font 选项卡用来设置模型对象的字体；Custom Shape 选项卡用来设置模型对象形状；Sub-Objects 选项卡用来设置模型对象子对象的格式；Content 选项卡用来设置模型对象显示信息。另外，还可以通过 Symbol→Get Format 菜单项获取已经设置的模型对象的格式，再通过 Symbol→Apply Format 菜单项把获得的模型对象格式应用到当前的模型对象上。除此之外，还可以采用 Symbol→Adjust to Text 根据模型对象的文本调整模型对象大小；采用 Symbol→Normal Size 根据系统预定义大小设定模型对象大小；采用 Symbol→Fit to Page 分配模型对象所占的页面；采用 Symbol→Shadow 设置模型对象阴影。

5. 排列模型对象

当工作区中有多个模型对象时，通常需要对模型对象进行排列，以美化图形界面。排列模型对象可以采用如下两种方法。

（1）选择 Symbol→Auto Layout 菜单项打开自动排列模型对象窗口，如图 2.36 所示。

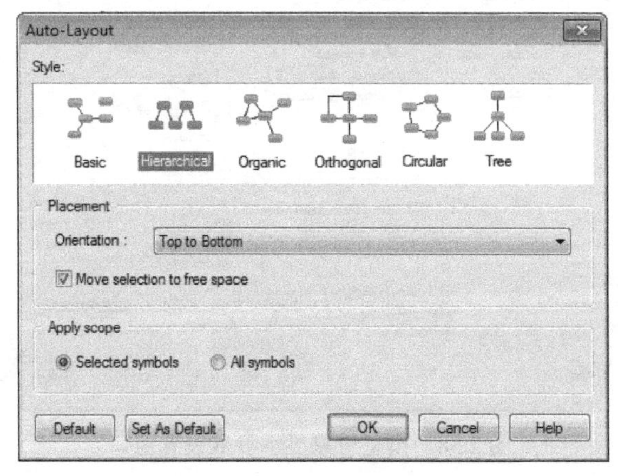

图 2.36　自动排列模型对象

PowerDesigner 预定义 6 种方式排列模型对象，并且除 Organic 外每种方式还允许按从上到下、从下到上、从左到右、从右到左四个方向排列模型对象。

（2）选择 Symbol→Align 打开模型对象对齐子菜单，排列模型对象，如图 2.37 所示。菜单项含义见表 2.6。

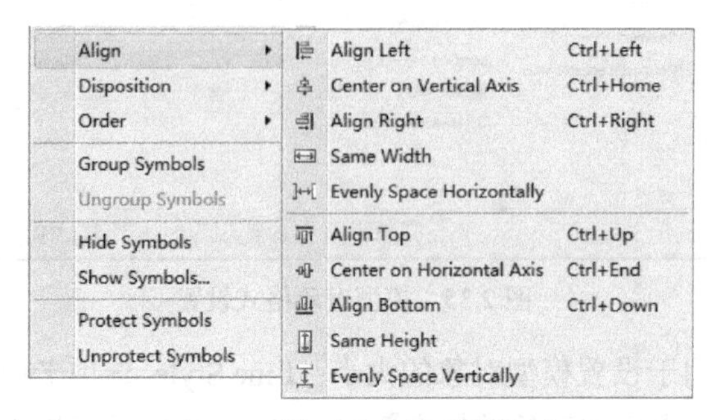

图 2.37 模型对象排列菜单项

排列模型对象时可以使用 Edit→Select All 选择全部模型对象；或者使用 Grabber 工具选择全部模型对象；或者在鼠标形状为指针状态时，按住 Shift 键连续单击鼠标左键选择多个模型对象；或者在工作区空白处按下鼠标左键，并拖曳鼠标，使用区域选择的方式选择多个模型对象。

6. 修改模型对象显示参数

选择 Tools→Display Preferences，或者右键单击工作区空白处，在快捷菜单中选择 Display Preferences，打开显示参数设置窗口，如图 2.38 所示。

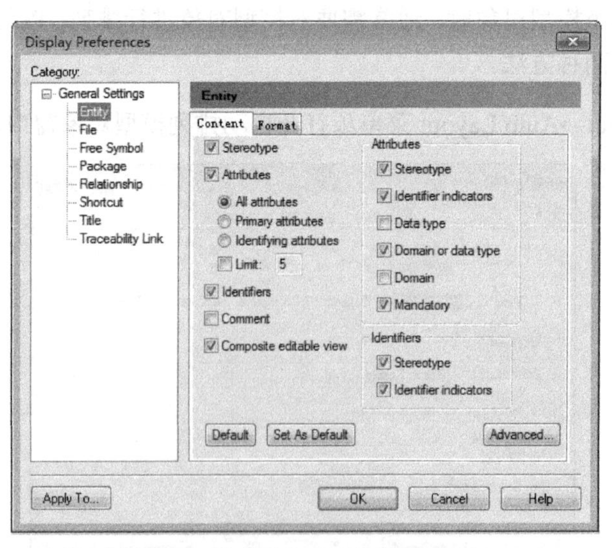

图 2.38 模型对象显示参数设置窗口

其中，Content 标签通常用于设置模型对象的显示参数；Format 标签通常用于设置模型对象参数的显示格式。不同模型显示参数设置窗口中包括的参数不同，各种模型对象显示参数设置具体过程见后续相应章节。

2.5 PowerDesigner 模型转换

PowerDesigner 提供了模型转换功能，即由已经存在的模型生成新模型，并能够保持原模型与目标模型之间的同步。PowerDesigner 中模型转换关系如表 2.14 所示。模型之间具体转换过程在后续章节中叙述。

表 2.14　模型转换

	BPM	CDM	LDM	PDM	OOM	DMM	XML
BPM	√						
CDM		√	√	√	√		
LDM		√	√	√			
PDM		√	√	√	√		√
OOM		√		√	√		√
DMM						√	
XML				√			√

在表 2.14 中，最左边一列表示已经存在的模型；最上面一行表示目标模型。表中“√”表示能够从已经存在的模型转换为目标模型。

2.6 本章小结

本章介绍了 PowerDesigner 安装过程，PowerDesigner 建模环境，包括：PowerDesigner 模型设计界面、PowerDesigner 工具条、工具箱、PowerDesigner 支持的模型类型及相应图标、PowerDesigner 的常用操作窗口等；叙述了 PowerDesigner 中如何设置常用默认参数；讲述了利用 PowerDesigner 进行模型设计的过程。通过本章的学习，读者应掌握和了解如下内容：

1. 了解安装 PowerDesigner 的方法。
2. 熟悉 PowerDesigner 建模环境，主要包括：模型设计界面各个区域的作用，模型组织的基本思想和方法，常用默认选项的含义及设置方法，常用操作窗口的作用以及使用方法，工具条的作用和设置方法，常用工具选项的含义。
3. 掌握利用 PowerDesigner 进行模型设计的过程以及模型对象基本操作方法。

2.7 习题二

1. 简要叙述 PowerDesigner 启动后，操作界面主要包括哪几个区域以及每个区域的作用。
2. 试述工作空间 Workspace、工程 Project、文件夹 Folder、包 Package 的作用。
3. 如何设置操作界面默认显示字体及字号？
4. 如何设置概念数据模型中实体（Entity）对象标题（Title）的显示字体及字号？
5. 试述采用 PowerDesigner 建立新模型的过程。
6. 如何排列模型对象？
7. 如何设置模型对象的属性？
8. 如何打开和关闭模型的工具箱？
9. 试述 PowerDesigner 中各模型文件的默认扩展名。
10. 如何查找 PowerDesigner 模型对象？

第 3 章

需求模型（RQM）

需求分析对于整个软件开发过程以及产品质量至关重要，需求分析的好坏直接影响到软件开发的成败。PowerDesigner 中的需求模型（Requirements Model，RQM）能够通过精确的列表和说明来描述系统需求，并且可以让使用 RQM 的用户能够有效地组织、设计模型对象以及进行之间的相互关联。使用 RQM 不仅可以描述任何结构的文档（如：功能说明书，测试计划等），而且可以和其他软件工具关联，将生成结果以用户熟悉的方式进行处理，例如导出需求内容到 MS Word 等文档中。

3.1 RQM 简介

RQM 是一种文档式模型，能够准确恰当地解释开发过程中需要实现的功能、行为，通过需求文档视图、追踪矩阵视图和用户分配矩阵视图来描述系统的需求。建立需求模型的目的是定义系统边界，使系统开发人员能够更清楚地了解系统需求，为估算开发系统所需要的成本和时间提供基础，从而保证更准确的项目实施结果；RQM 通过层次结构显示系统的主要功能及实现计划；通过属性设置可以完成需求的详细描述，并可进一步分析系统的业务需求、结构及机制。

Requirements Model 的主要功能有 6 点：

- 对结构化技术文档建立需求模型
- 检查现有或引入的模型
- 对需求和设计对象建立联系（设计对象指其他类型模型的对象，如 CDM 模型中的实体、属性等）
- 对其他模型建立需求模型，或通过需求模型建立其他模型
- 从需求模型生成或更新 MS Word 文档
- 从现有 MS Word 文档生成或更新相应的需求模型

Word 文档、需求模型和其他模型间的关系如图 3.1 所示。

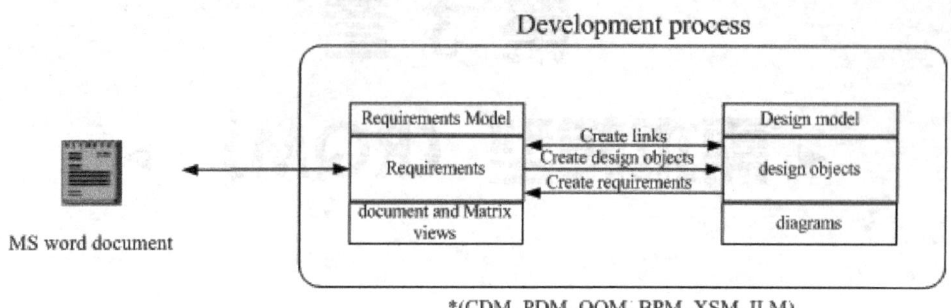

图 3.1 Word document、RQM、Design model 之间的关系

3.2 进销存系统案例分析

本书以“进销存系统”为例讲解 PowerDesigner 应用技术。为此，本节首先介绍“进销存系统”概况，以便后续章节以此展开叙述。

3.2.1 系统背景

随着科学技术的不断发展，计算机运算速度的不断提高，电子商务为中小企业创造了与大型企业、国外企业平等竞争的有利条件，因此借助于计算机对企业进销存的管理必不可少。进销存管理系统通过集中式的信息管理，将企业的进、销、调、存、转、赚等企业经营活动有机地结合起来，利用计算机进行一体化管理，让工作人员对企业的各种经营活动了如指掌，准确掌握销售动态，及时调整销售策略。

3.2.2 系统目标

进销存管理系统需要将企业传统的库存、销售、进货与统计管理的纸质流程转换成信息化管理的流程，同时要求系统界面操作简洁、实用、美观。因此，系统需要实现如下目标：

- 基本资料管理
- 采购管理
- 销售管理（批发、零售）
- 各部门的商品调配管理
- 库存管理
- 应收款、应付款管理
- 系统界面美观，简单实用

3.2.3　系统需求

1. 功能性需求

（1）用户登录：提供验证用户名和密码的功能，验证通过后，允许使用相应权限的系统功能；否则拒绝使用。

（2）维护基本资料：包括销售员资料、商品资料、客户资料和供应商资料维护（提供增、删、改、查的功能）。

（3）采购管理：用于对采购业务进行管理，形成采购单及采购退货单，并对其进行维护。

（4）销售管理：用于对销售业务进行管理，形成销售单及销售退货单，并对其进行维护。

（5）库存管理：包括对采购的货物进行入库管理，对销售的货物进行出库管理，对库存进行查询、盘点等。

（6）款项管理：用于管理企业的应付款、应收款信息。

（7）维护系统：包括维护用户资料、管理用户权限和修改密码。

2. 非功能性需求

（1）用户界面需求

- 专业、简约，便于使用
- 能够体现信息化特色
- 界面风格要具有统一性、连续性

（2）产品质量需求

- 安全性：为保证安全，防止遭到意外事故的损害，系统应该能防止火、盗或其他形式的人为破坏；系统应该提供有效性控制，提高抗干扰能力；系统使用者的使用权限是可识别的。
- 性能、效率：响应时间快，更新内容快。
- 易用性：界面人性化，操作简单。
- 兼容性：有较好的软硬件系统兼容性。

3.3 建立 RQM

建立 RQM 可以采用下面几种形式：

- 新建 RQM
- 从已有 RQM 生成新的 RQM
- 从其他模型导入生成 RQM

- 从 Word 文档导入生成 RQM

新建 RQM 以及从已有 RQM 生成新的 RQM 的方法在 3.3.1 节中叙述; 从其他模型导入生成 RQM 以及从 Word 文档导入生成 RQM 的方法在 3.7 节中讲解。

3.3.1 创建 RQM

创建 RQM 实质上就是创建一个结构化的文档，例如功能规范，测试计划，经营目标等。在需求文档视图中，每行代表一个需求，每个需求可以分成多个层次。具体创建步骤如下：

1. 新建 RQM

选择 File→New 菜单项或鼠标右键单击 Workspace→New→Requirement Model，打开新建模型窗口，如图 3.2 所示。

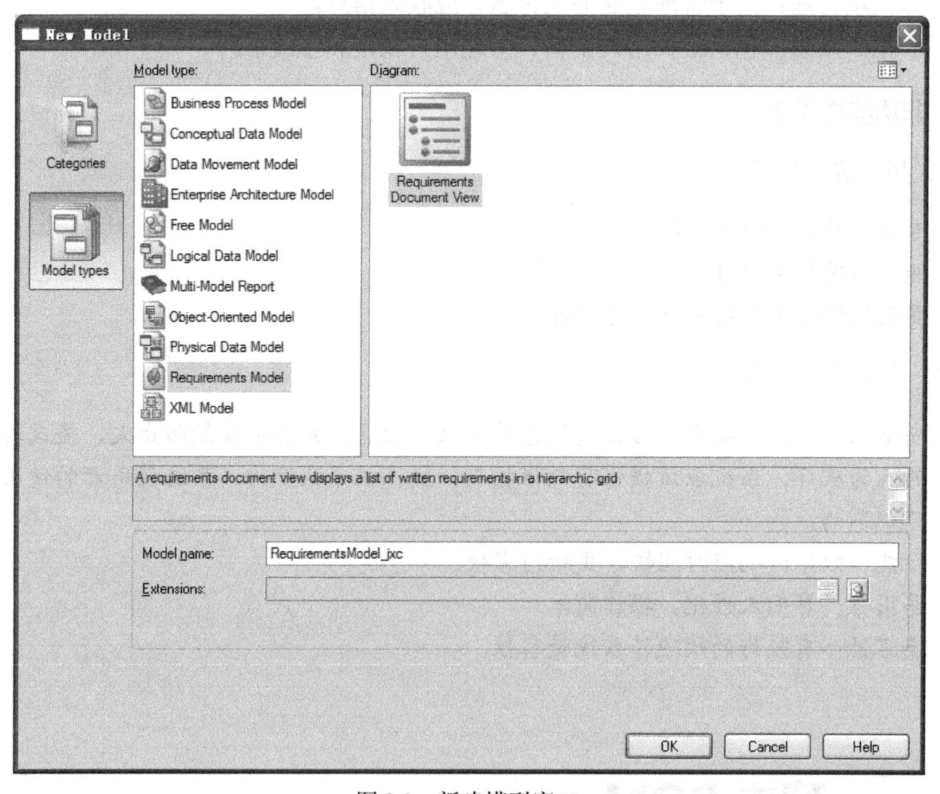

图 3.2　新建模型窗口

在 Model type 中选择 Requirements Model，在 Diagram 中单击 Requirements Document View，然后在 Model name 文本框中输入模型名称，单击 OK 按钮，即可打开需求文档视图，如图 3.3 所示，在该窗口中可以建立需求项目。

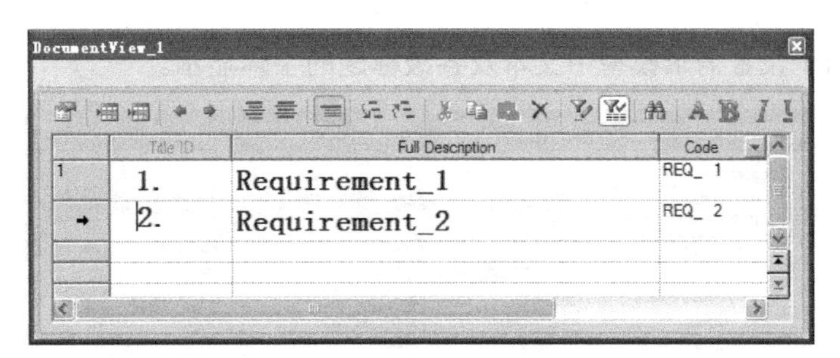

图 3.3　需求文档视图窗口

2. 设置 RQM 的模型选项

RQM 模型选项主要设置 RQM 模型名称、代码等属性。具体的设置方法如下：

（1）选择 Tools→Model Options 菜单项，打开模型选项设置窗口，如图 3.4 所示。

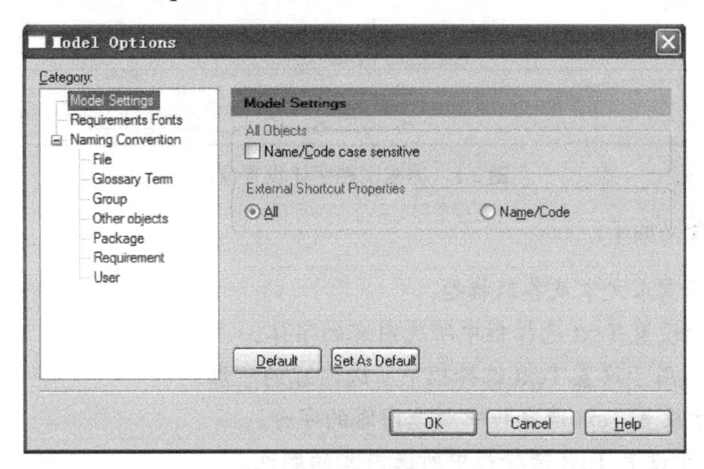

图 3.4　模型选项设置窗口

在模型选项设置窗口中包括 Model Settings（模型设置）、Requirements Fonts（需求字体）、Naming Convention（命名约定）三个节点，各节点的含义如下：

① 模型设置

- All Objects：表示全部对象。若选中 Name/Code case sensitive，则表示 RQM 中的对象名称和代码区分大小写；否则表示不区分。
- External Shortcut Properties：表示外部快捷方式的属性。若选中 All，表示设置全部，选中 Name/Code，表示只设置名称和代码。
- Default 按钮：表示修复到默认设置。
- Set As Default 按钮：表示把当前设置确定为默认设置。

② 需求字体

在图 3.4 的 Category 节点中选择 Requirements Fonts 子节点，打开需求文档字体设置窗口，如图 3.5 所示，用于设置需求模型中文本及各级标题的字体显示。

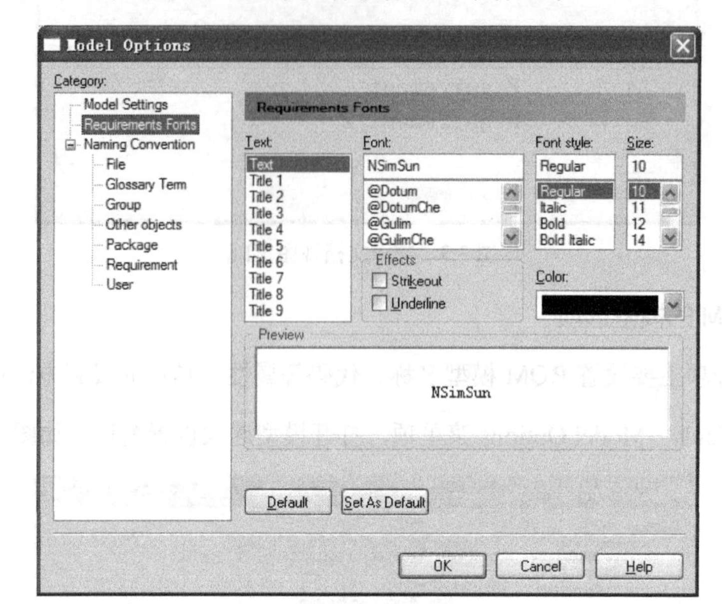

图 3.5　需求文档字体设置窗口

其中各参数含义如下：

- Text：表示需求文本及各级标题。
- Font：用于设置 Text 选择框中所选内容的字体。
- Font style：用于设置 Text 选择框中所选内容的字形。
- Size：用于设置 Text 选择框中所选内容的字号。
- Color：用于设置 Text 选择框中所选内容的颜色。
- Effects：用于设置 Text 选择框中所选内容的显示效果。
  - Strikeout：用于设置文字中间显示删除线。
  - Underline：用于设置文字下划线。
- Preview：用于显示上述设置的效果。
- Default 按钮：表示修复到默认设置。
- Set As Default 按钮：表示把当前设置确定为默认设置。

（2）命名约定的设置

在图 3.4 的 Category 节点中选择 Naming Convention 子节点，打开命名约定设置窗口，如图 3.6 所示，用于设置每种对象的命名约定。在 Naming Convention 节点下的设置对所有对象有效，在其子节点中的设置仅对指定对象有效。

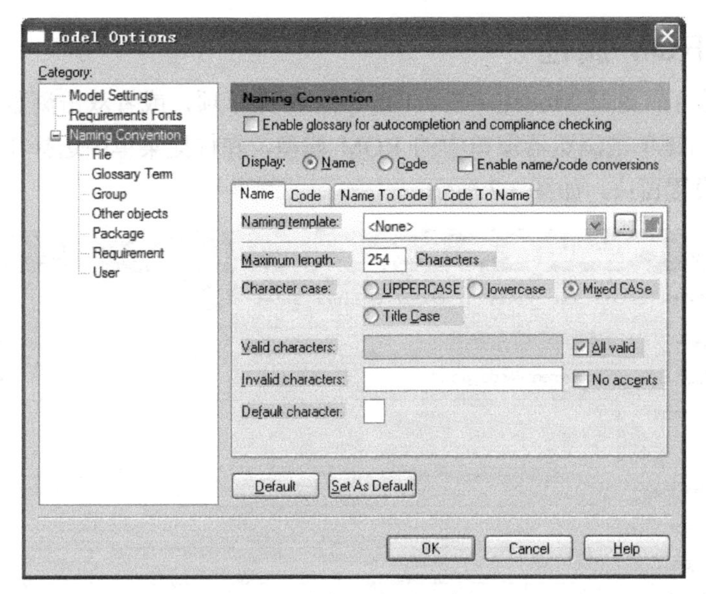

图 3.6　命名约定设置窗口

其中，各参数含义如下：

- Enable glossary for autocompletion and compliance checking 设置模型中术语完整性和有效性的自动检查。
- Display：用于设置显示内容。
  - Name：表示模型图形中会显示对象名称。
  - Code：表示模型图形中会显示对象代码。
  - Enable name/code conversions：表示对象名称和代码可以相互转换。
- Name/Code 标签：设置模型对象名称/代码的命名约定。
- Naming template：命名模板。
- Maximum length：最大长度。
- Character case：字符的大小写约定。其中 UPPERCASE 代表全部大写，lowercase 代表全部小写，Mixed CASE 代表混合使用，Title Case 代表标题大写。
- Valid characters：设定有效字符。其中 ALL valid 代表全部有效。
- Invalid characters：设定无效字符。其中 No accents 代表没有强调。
- Default characters：设定默认字符。
- Name To Code/Code To Name 标签：设置模型对象名称到代码/对象代码到名称的转换约定。
- Conversion script：设定转化的具体约定。
- Conversion table：用于选择转化表。
- Default 按钮：表示修复到默认设置。
- Set As Default 按钮：表示把当前设置确定为默认设置。

3.3.2 设置 RQM 属性

打开 RQM 模型，选择 Model→Model Properties 菜单项，或者双击浏览器窗口中的 RQM 模型，或者鼠标右键单击浏览器窗口中的 RQM 模型，在快捷菜单中选择 Properties，均可进入 RQM 的属性设置窗口，如图 3.7 所示。

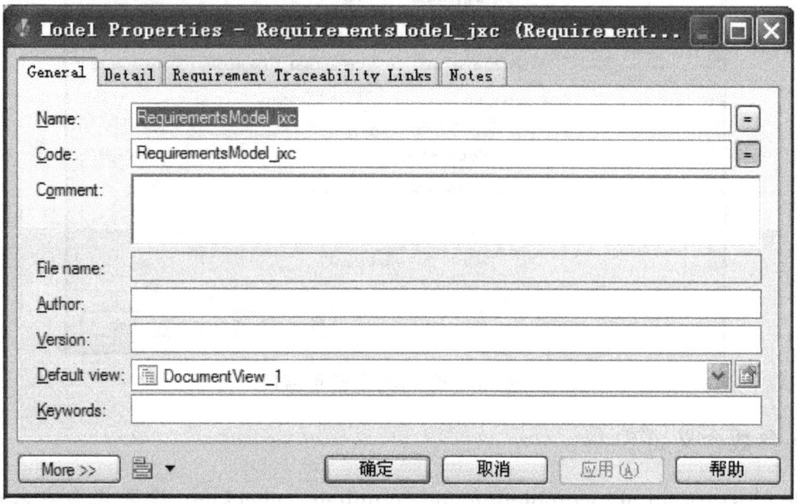

图 3.7 RQM 属性设置窗口（General 选项卡）

General 选项卡用于定义需求的通用信息，其中各项参数含义如下：

- Name：RQM 的名称。
- Code：RQM 的代码。
- Comment：注释。
- File name：当 RQM 保存之后，用于显示该 RQM 存放路径及名称。如果文件从未保存，此项为空。
- Author：作者。
- Version：版本。
- Default view：默认视图。
- Keywords：关键字。

Detail 选项卡用于设置完成项目所需的工作量（Workload），工作量用天或小时表示，且保留一位小数，如 0.5 天、1.0 天，5.5 小时、10.0 小时等。Workload 1、2、3、4 分别表示该 RQM 交给第一、第二、第三、第四个人或团队完成这项工作所用的工作量。RQM 中可以包含多个子需求，RQM 所需的总工作量等于所有子需求工作量之和。因此，在为每个子需求定义了工作量后，系统会自动显示汇总的工作量。通常 Workload 1、2、3、4 是只读的。

Requirement Traceability Links 选项卡用于设置与 RQM 连接的设计对象和外部文件。设计对象或外部文件帮助用户进一步理解 RQM。使用工具栏中 Add Links to Design Objects 工具或 Add Link to External File 工具，可以增加连接的设计对象或外部文件。

Notes 选项卡包含 Description 和 Annotation 两个标签。Description 标签是需求属性的文字描述，Annotation 标签是需求属性的公式化描述。

在图 3.7 中单击 More>>按钮，还会出现 Related Diagrams、Dependencies、Traceability Links 和 Version Info 选项卡，分别用于描述需求的相关图信息、依赖信息、可追溯链接信息及版本信息。

3.3.3　编辑模型视图

在新建 RQM 时系统会自动建立一个模型视图（View），接下来就要对该视图进行编辑以建立需求模型。

1. 添加需求

打开需求文档视图窗口，单击工具栏中 Insert a Row 工具或单击需求文档视图的空白区，可添加新的需求。以“进销存系统”的需求为例，添加部分需求后的视图窗口如图 3.8 所示。

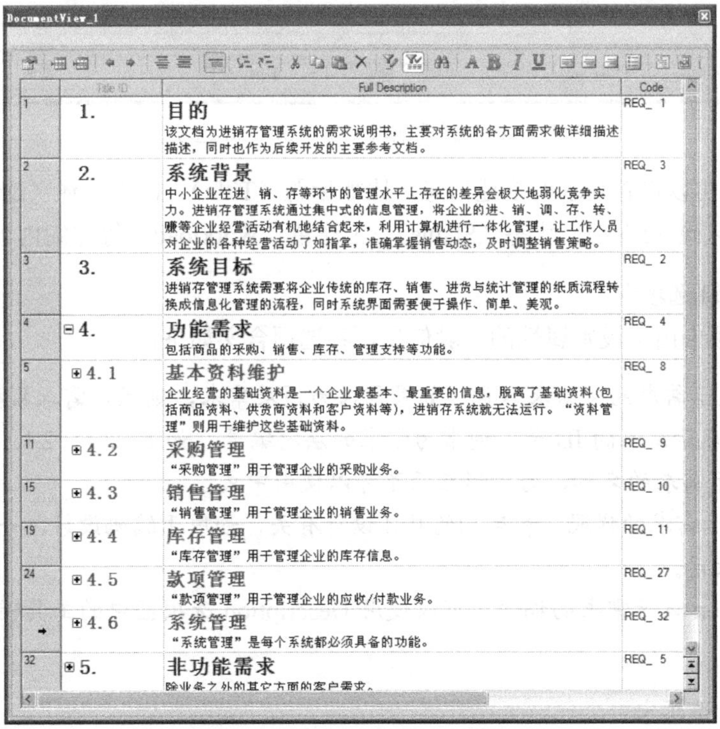

图 3.8　添加部分需求后的视图窗口

在需求文档视图窗口中除了 Title ID 栏之外，每栏都处于可编辑状态，可根据设计的需要进行编辑。如果添加的某个需求不再需要了，选中该行后单击工具栏中 X 即可删除；或单击鼠标右键，从弹出的快捷方式中选择 Edit→Delete，也可进行删除。

2. 编辑需求属性

双击需求视图中 Title ID 左边的箭头区域或单击工具栏中 Properties 工具 或单击鼠标右键，在弹出的快捷菜单中选择 Properties，即可进入属性编辑窗口，如图 3.9 所示。

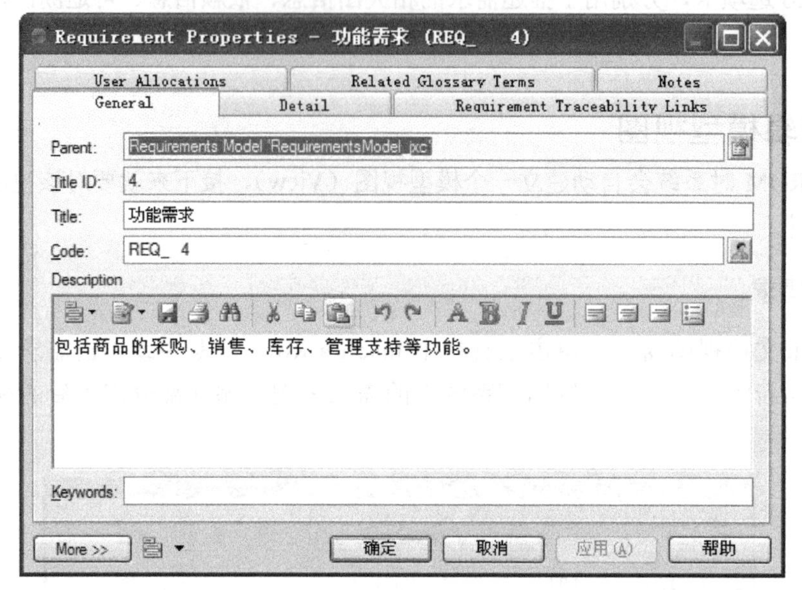

图 3.9　需求属性编辑窗口（General 选项卡）

在图 3.9 中可以设置需求的描述信息，比如标题（Title）、需求描述（Description）、优先级（Priority）、风险（Risk）、状态（Status）、工作量（Workload）等详细内容。

（1）General 选项卡

General 选项卡用于设置属性的一般信息，各选项含义如下：

- Parent 表示需求的父需求名称，如果需求为顶层需求，则显示需求模型的名称。
- Title ID 表示需求的 ID 号，通常为需求的层次编号，如 1、2.1、2.1.1 等。
- Title 表示需求的名称，为了形象明了可以使用中文。
- Code 表示需求的代码，和后期的具体设计有关，如用于编码设计，一般多用英文加数字形式表示。
- Description 表示需求的描述，可以使用 Description 选项区中的工具辅助完成相应的编辑工作。

（2）Detail 选项卡

Detail 选项卡主要用于设置需求的优先级、风险等属性，如图 3.10 所示。

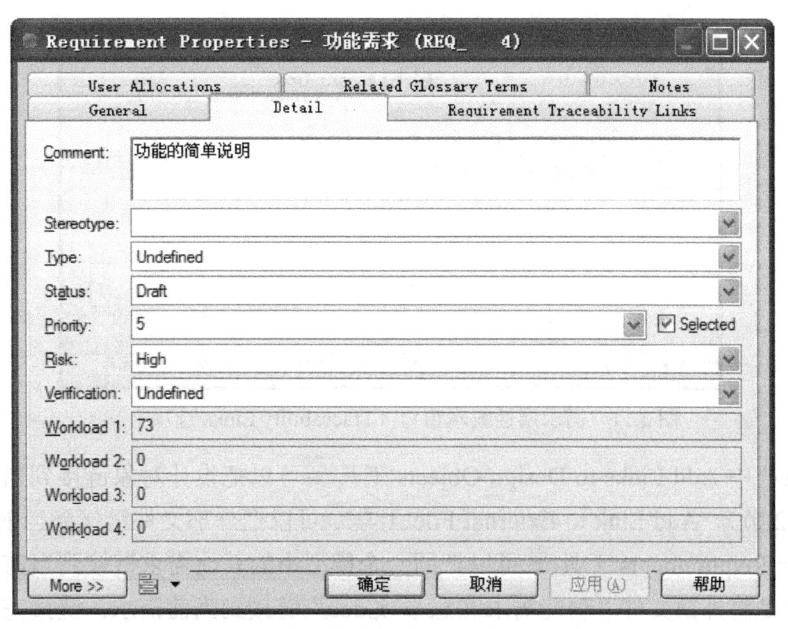

图 3.10　需求属性编辑窗口（Detail 选项卡）

Detail 选项卡中各选项含义如下：

- Comment 表示需求的简要说明。
- Stereotype 表示语义扩展说明。
- Type 表示需求的类型，包括 Undefined（未定义）、Design（设计）、Functional（功能）、Technical（技术）。
- Status 表示需求的状态，包括 Draft（草稿）、Defined（定义）、Verified（已校验）、To be reviewed（待审）、Approved（已审）。
- Priority 表示需求的优先级，可以从下拉列表框中选择或输入一个带小数点的正值，如 1.2、2.5 等，数值越大代表优先级越高。
- Selected 复选框表示需求是否包含在该工程中。
- Risk 表示完成需求的风险级别，包括 Undefined（未定义）、Low（低）、Medium（中）、High（高）。
- Verification 表示需求的测试级别，包括 Undefined（未定义）、Automate Testing（自动测试）、Demonstration（演示）、Manual Testing（人工测试）、Mixed（混合测试）。
- Workload 表示将该需求指派给开发团队或成员所需要的工作量。

（3）Requirement Traceability Links

Requirement Traceability Links 选项卡用于进一步扩大需求的范围，为当前需求提供更详细的依据及参考，如图 3.11 所示。

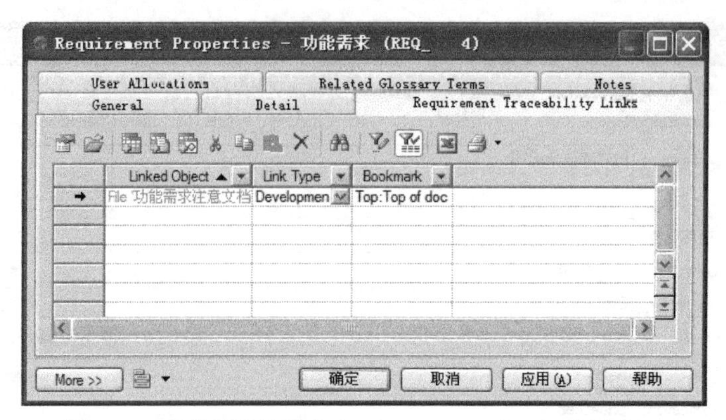

图 3.11　需求属性编辑窗口（Traceability Links 选项卡）

使用工具栏中 Add Links to Design Objects 工具可以把设计对象链接到当前需求上（详细操作见 3.7.2 节）、Add Link to External File 工具可以把外部文件链接到当前需求上，Add Links to Other Requirements 工具可以把同一个模型中的其他需求链接到当前需求上。在图 3.11 中显示的是将外部文件“功能需求注意事项.doc”链接到当前需求，链接完成后默认的连接类型为“未定义”，可以通过 Link Type 来改变链接类型，目的是为了清晰知道链接当前文件的作用。链接类型包括 Undefined（未定义）、Specification document（说明文档）、Test object（测试对象）、Design object（设计对象）和 Development planning（发展规划）五种。

（4）User Allocation 选项卡

User Allocation 选项卡主要用于把需求指定到某个用户/用户组上（此操作要求首先要建立好用户/用户组，用户/用户组的创建见 3.4 节）。具体定义过程如下：

① 单击工具栏中 Add Objects 工具，打开用户/用户组选择窗口，从中选择指定的用户/用户组，如图 3.12 所示。

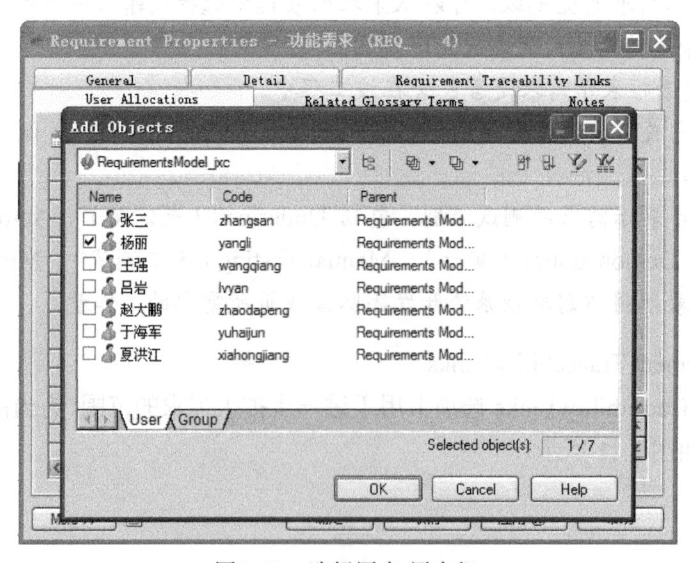

图 3.12　选择用户/用户组

② 选择完毕，单击 OK 按钮，退回 User Allocation 选项卡，通过修改 Type 列选项为该用户/用户组设定完成的工作，如图 3.13 所示。

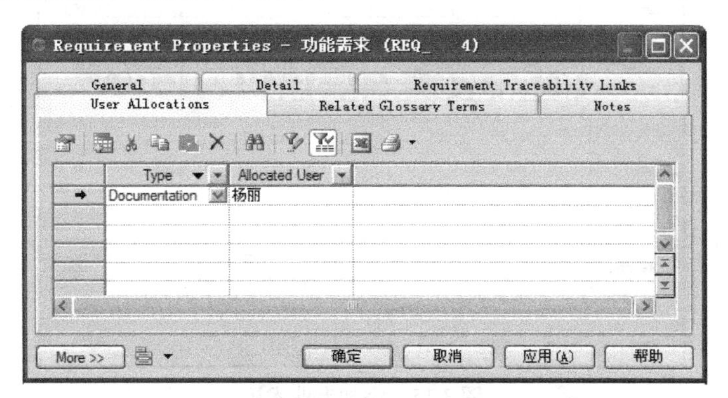

图 3.13　需求属性编辑窗口（User Allocation 选项卡）

Type 列的选项具体有 Undefined（未定义）、Design（设计）、Development（开发）、Documentation（文档）和 Quality（质量）五种。这里指定“杨丽”完成当前需求的文档工作。

（5）Related Glossary Terms 选项卡

Related Glossary Terms 选项卡用来为当前需求添加专业术语。添加专业术语的方式有两种，一种方式是使用工具栏中 Add Objects 工具，在已建立好的专业术语库（专业术语库的创建见 3.5 节）中选择，如图 3.14 所示。另一种方式是使用工具栏中 Create an Object 工具，在当前需求中直接添加专业术语，如图 3.15 所示，这时所添加的专业术语会自动添加到专业术语库中。

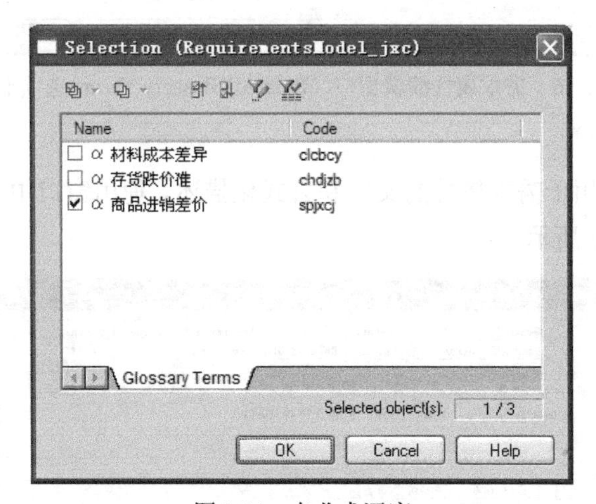

图 3.14　专业术语库

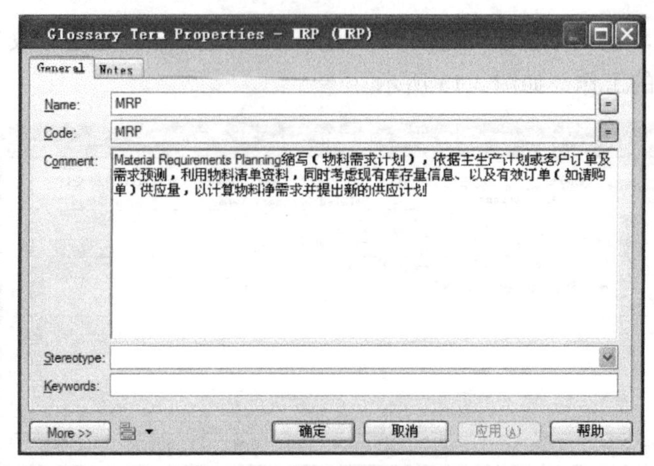

图 3.15　添加专业术语

添加了专业术语的 Related Glossary Terms 选项卡如图 3.16 所示。

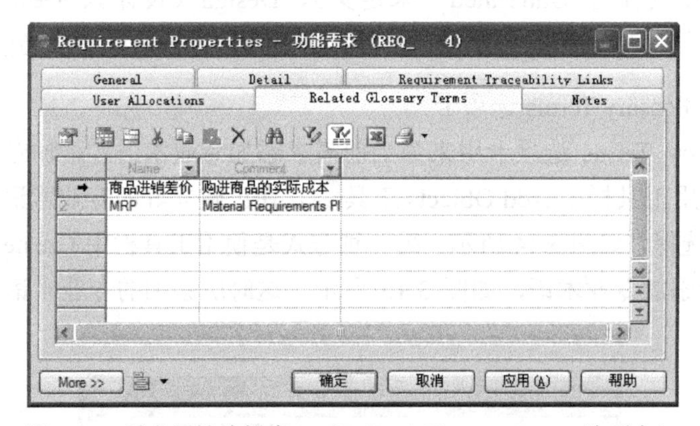

图 3.16　需求属性编辑窗口（Related Glossary Terms 选项卡）

（6）Notes 选项卡

Notes 选项卡主要用于需求属性的文字和公式化描述。使用窗口中的工具可以编辑这两个属性的内容，如图 3.17 所示。

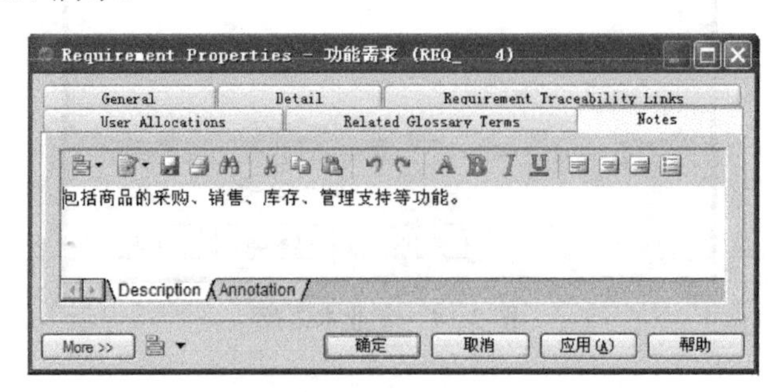

图 3.17　需求属性编辑窗口（Notes 选项卡）

（7）其他选项卡

除了上述六种选项卡外，还有 Traceability Links、Dependencies 和 Version Info 三种选项卡。

单击需求属性编辑窗口中的 More>>按钮，可看见全部的需求属性选项卡。其中，Traceability Links 选项卡用于说明所有模型对象之间存在的可追溯的关系，它只是一个说明性的关系，系统不提供对这种关系的任何检查。Dependencies 选项卡用于显示内部依赖，内部依赖存储在模型的内部。当产生一个对象的外部快捷方式或把一个业务规则附加到一个对象上时，在模型对象之间就产生了一个依赖连接，这样的依赖包括内部依赖和外部依赖两种，外部依赖存在于模型之间。Version Info 选项卡用于显示建立或修改当前需求的用户、时间等信息，这些信息由系统自动提供。

3. 细化需求

细化需求，即分层细化，对各需求模块做更为细致的划分，这样与层次化的文档完全吻合。细化需求的方法有两种，这里以“功能需求”的设计为例进行说明。

方法一：在需求文档视图中，选中“功能需求”，单击工具栏中 Insert a Sub-Object 工具，这样就在“功能需求”中插入了一个子需求对象。

方法二：在浏览器窗口中找到 Requirements 目录，鼠标右键单击“功能需求”，从弹出的快捷菜单中选择 New→Requirement 即可。

反复进行方法一/方法二操作，完成插入子需求对象工作，同时对新插入的子需求对象进行详细的内容编辑，方法同前。同样地也可以对各子需求对象继续使用方法一/方法二添加子需求对象的下一级子需求对象，完成进一步的细化工作，部分细化的结果如图 3.18 所示。

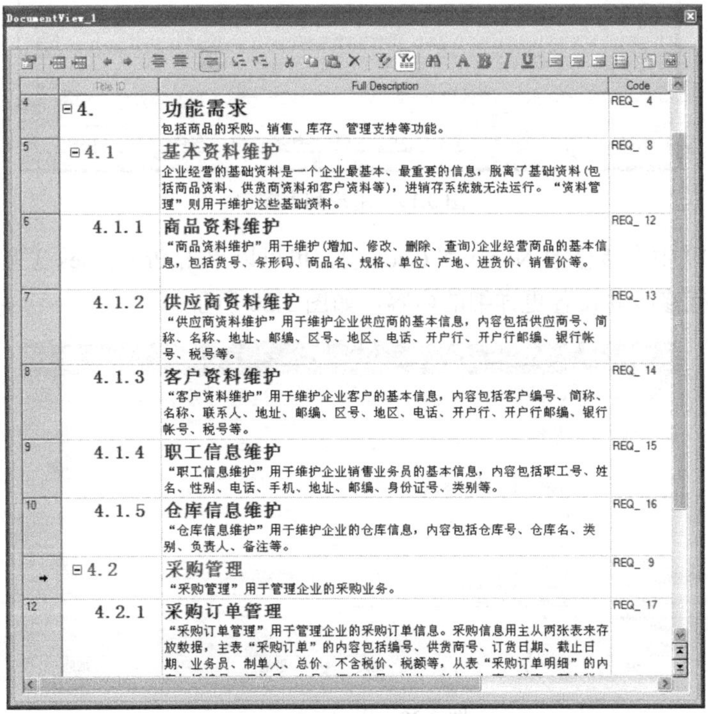

DocumentView_1

	Title ID	Full Description	Code
4	4.	功能需求 包括商品的采购、销售、库存、管理支持等功能。	REQ_ 4
5	4.1	基本资料维护 企业经营的基础资料是一个企业最基本、最重要的信息，脱离了基础资料(包括商品资料、供货商资料和客户资料等)，进销存系统就无法运行。“资料管理”则用于维护这些基础资料。	REQ_ 8
6	4.1.1	商品资料维护 “商品资料维护”用于维护(增加、修改、删除、查询)企业经营商品的基本信息，包括货号、条形码、商品名、规格、单位、产地、进货价、销售价等。	REQ_ 12
7	4.1.2	供应商资料维护 “供应商资料维护”用于维护企业供应商的基本信息，内容包括供应商号、简称、名称、地址、邮编、区号、地区、电话、开户行、开户行邮编、银行帐号、税号等。	REQ_ 13
8	4.1.3	客户资料维护 “客户资料维护”用于维护企业客户的基本信息，内容包括客户编号、简称、名称、联系人、地址、邮编、区号、地区、电话、开户行、开户行邮编、银行帐号、税号等。	REQ_ 14
9	4.1.4	职工信息维护 “职工信息维护”用于维护企业销售业务员的基本信息，内容包括职工号、姓名、性别、电话、手机、地址、邮编、身份证号、类别等。	REQ_ 15
10	4.1.5	仓库信息维护 “仓库信息维护”用于维护企业的仓库信息，内容包括仓库号、仓库名、类别、负责人、备注等。	REQ_ 16
→	4.2	采购管理 “采购管理”用于管理企业的采购业务。	REQ_ 9
12	4.2.1	采购订单管理 “采购订单管理”用于管理企业的采购订单信息。采购信息用主从两张表来存放数据，主表“采购订单”的内容包括编号、供货商号、订货日期、截止日期、业务员、制单人、总价、不含税价、税额等，从表“采购订单明细”的内	REQ_ 17

图 3.18　部分细化的结果

细化工作是指针对某一个需求及子需求进行相关的属性设置，例如定义工作完成的时间、将工作分配给某一个用户/用户组完成，是否连接外部对象及外部文件等，具体操作方法见3.3.2节。

在图3.18中，如果要提升或降低某子需求对象的需求层次，可以通过工具栏中的Promote工具和Demote工具调整子需求对象的层次。

3.4 定义用户和组

用户（User）是指在需求模型中与一个已定义需求有关的人员。

组（Group）是指对用户进行分类，通常具有相同特性的用户组成员。

在浏览器窗口中，鼠标右键单击模型名称，从快捷菜单中选择New→User；或在菜单栏中选择Model→Users菜单项，打开用户列表窗口，单击Add a row工具，即可创建新的用户，如图3.19所示。

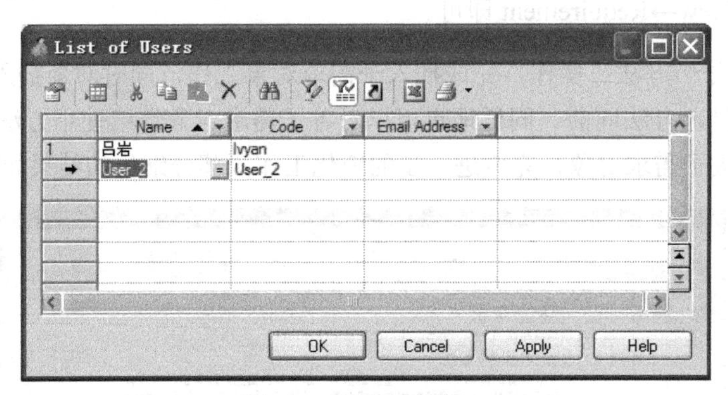

图3.19 用户列表窗口

可以在图3.19中直接修改Name和Code值，也可以单击Properties工具，打开用户属性窗口，对其进行修改并设置更详细的内容，如图3.20所示。

图3.20 用户属性窗口

General 选择卡各参数的含义如下：

- Name：用户名。
- Code：用户代码。
- Comment：注释。
- Stereotype：版型。
- Email address：邮箱地址。
- Keywords：关键字。

用户组的创建与此类似，不再赘述。创建完用户组后，要为用户组分配成员，这样的用户组才有意义。为用户组分配成员的方法如下：

打开 Group 属性窗口，单击 Group Users 选项卡，使用 Add Objects 工具，打开添加对象窗口，从中选择要添加的 User 对象，如图 3.21 所示。选择结束后单击 OK 按钮，User 添加进了 Group 中，即完成了创建 User 与 Group 的关联。只有在已经建立了相应的 User 对象时，图 3.20 中才会显示 User 成员列表。

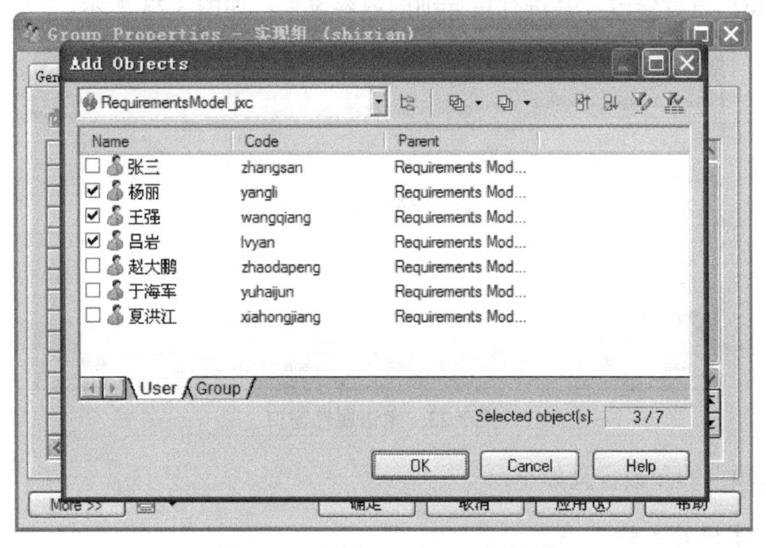

图 3.21　建立 User 与 Group 关联

3.5 定义术语库

术语用于表达某一专业的特殊概念，术语库就是术语的集合，这里定义的术语库，是针对当前的“进销存系统”中用到的一些专有名词、缩略语等。

在浏览器窗口中，鼠标右键单击模型名称，从快捷菜单中选择 New→Glossary Terms；或在菜单栏中选择 Model→Glossary Terms 菜单项，打开术语列表窗口，单击 Add a row 工具，即可创建新的术语，如图 3.22 所示。

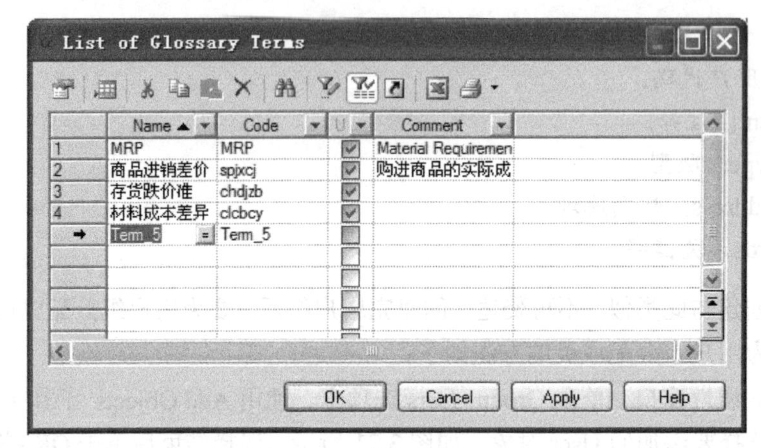

图 3.22　术语列表窗口

在图 3.22 中可以直接修改新建术语的 Name 和 Code 值，也可以单击 Properties 工具，进入术语属性窗口进行修改，并进行更详细的内容设置，如图 3.23 所示。

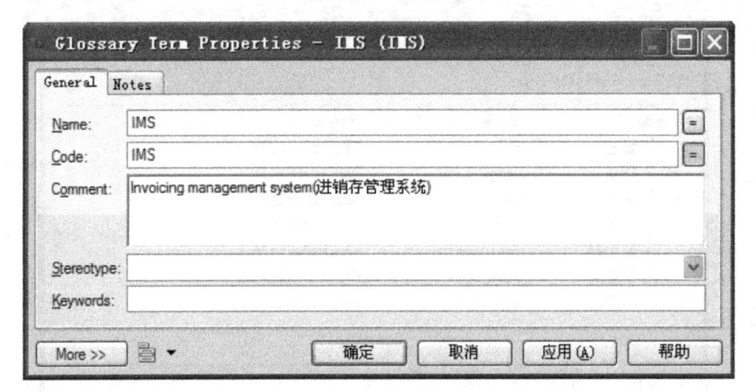

图 3.23　术语属性窗口

General 选项卡的参数含义如下：

- Name：术语的名称。
- Code:术语的代码。
- Comment：术语的说明。
- Stereotype：版型。
- Keywords：关键字。

3.6 定义业务规则

业务规则（Business Rules）是满足业务需求的一系列规则，它是一个用于指定信息系统必须做什么或如何构建模型方面的描述清单。具体内容可能是政府的法律、客户的要求或内部准则。

在 Requirement Model 初始状态下，PowerDesgner 默认 Business Rules 功能为不可用状态，此时不能建立业务规则，为此需要先通过新建扩展模型定义（Extended model definition）来激活业务规则，具体步骤如下：

步骤 01　单击 Model→Extensions 菜单项，打开扩展模型定义窗口，单击工具栏中 Add a row 工具，即可创建一个新的扩展模型定义，修改 Name 值为“业务规则”，如图 3.24 所示。

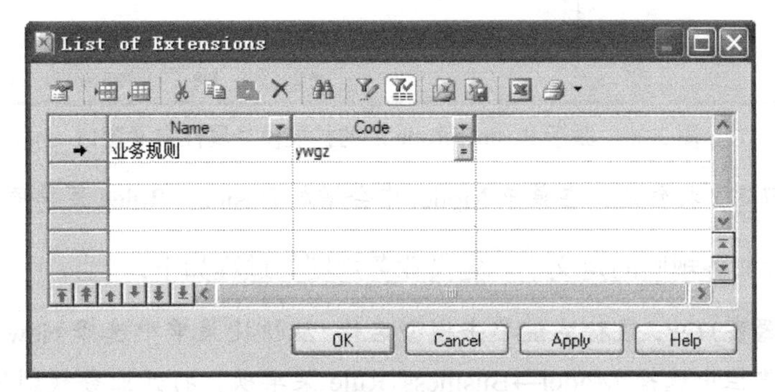

图 3.24　扩展模型定义列表

步骤 02　单击工具栏中 Properties 工具，打开扩展模型属性定义窗口，鼠标右键单击 Profile 节点，从弹出的快捷菜单中选择 Add Metaclasses，打开 Metaclass Selection 窗口，单击 PdCommon 标签，在 Metaclass 列表中选中 BusinessRule，如图 3.25 所示。

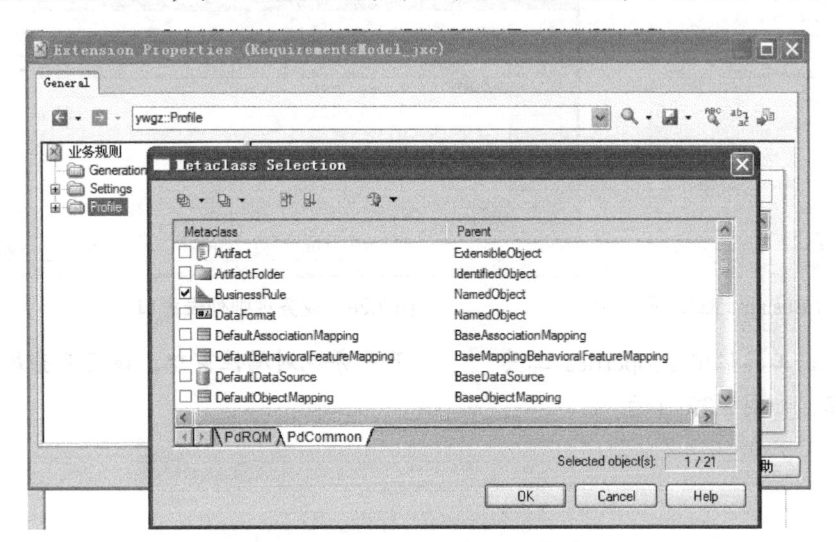

图 3.25　Metaclass Selection 窗口

步骤 03　单击 OK 按钮，退回扩展模型属性定义窗口，此时在 Profile 节点下可以看到 BusinessRule 子节点，说明已经完成了 BusinessRule 的激活，如图 3.26 所示。

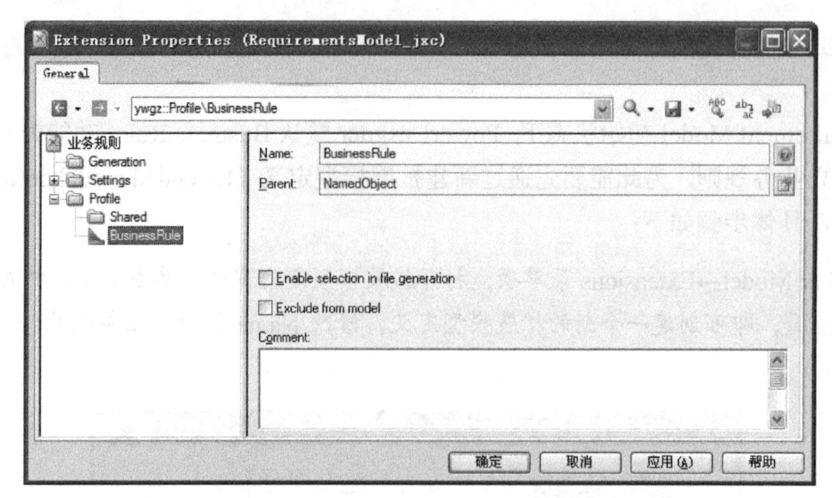

图 3.26　激活 BusinessRule 后的扩展模型属性定义窗口

步骤 04　单击“确定”按钮后，在菜单 Model 中会增加 Business Rules 菜单项，如图 3.27 所示。

现在可以进行业务规则的定义了。定义业务规则的过程如下：

步骤 01　在浏览器窗口中，鼠标右键单击模型名称，从快捷菜单中选择 New→Business Rules；或在菜单栏中选择 Model→Business Rule 菜单项，打开业务规则列表窗口，单击工具栏中 Add a row 工具，可创建新的业务规则，修改 Name 值为“商品编号”，如图 3.28 所示。

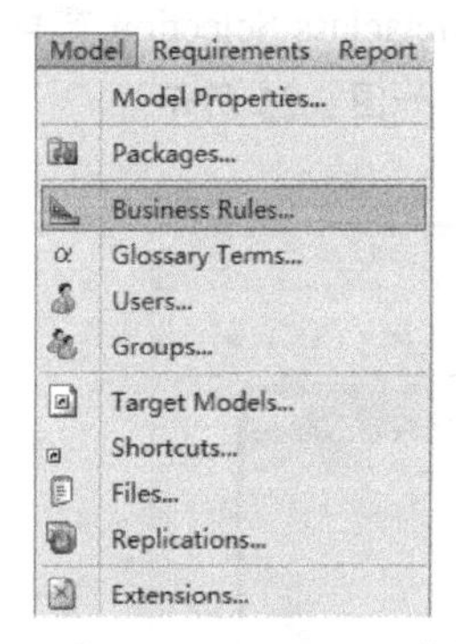

图 3.27　激活 Business Rules 菜单项

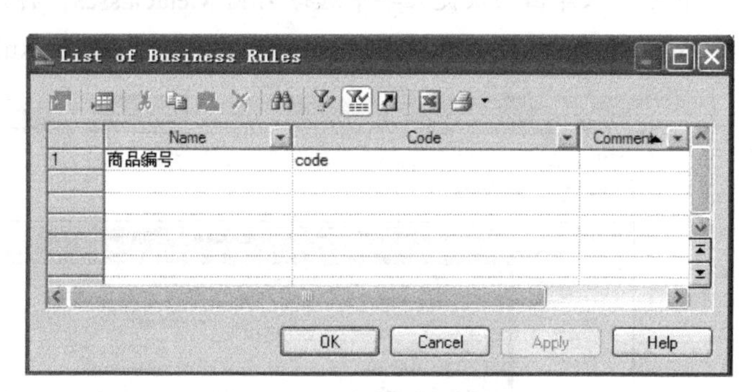

图 3.28　业务规则列表窗口

步骤 02　单击工具栏中 Properties 工具，打开业务规则属性窗口，设定业务规则的详细内容，如图 3.29 所示。

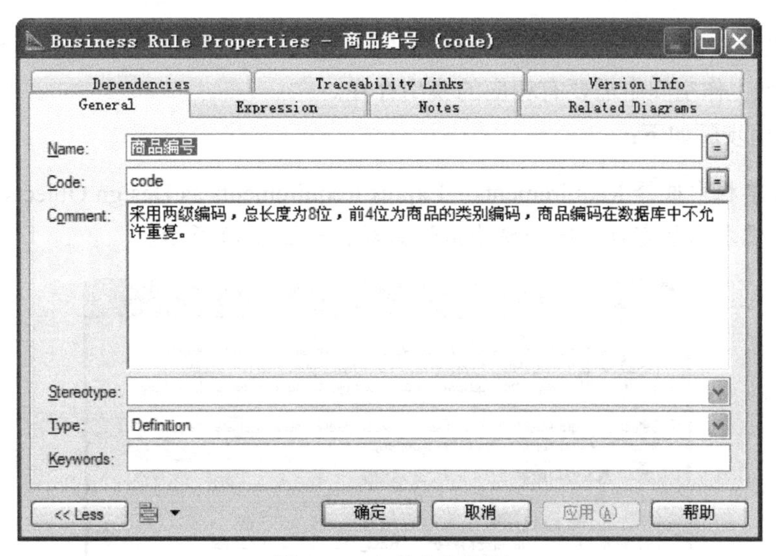

图 3.29　定义业务规则

General 选项卡用于设置业务规则的一般信息，各参数含义如下：

- Name：业务规则的名称。
- Code：业务规则的代码。
- Comment：注释。
- Stereotype：版型。
- Type：业务规则的类型。其中各选项含义为 Constraint（约束）、Definition（定义）、Factor（事实）、Formula（公式）、OCL Constraint（OCLC 约束）、Requirement（需求）、Validation（批准）。
- Keywords：关键字。

Expression 选项卡用于业务规则的表述式定义，Notes 选项卡用于业务规则的文字及公式的描述。

3.7 RQM 的导入导出功能

RQM 提供了强大的导入导出功能，能够实现需求和其他设计模型中设计对象的相互导入，以及需求和 Word 文档之间的相互导入。

3.7.1 把 RQM 导出到设计模型中

使用需求的导出功能可以将需求导出到其他模型中成为设计对象，由此产生的设计对象与其相应的需求具有相同的名称和代码，而且每一个设计对象和它对应的需求之间存在着跟踪连接。RQM 可以导出到 CDM、PDM、BPM、OOM 及 ILM 等模型中，但在实现导出功能之前，与 RQM 同一个工作空间中需要有相应的模型存在。

具体的导出步骤如下：

步骤 01 在菜单栏中选择 Requirements→Export Requirements as Design Objects 菜单项，打开导出需求向导窗口，选择要导出的需求，如图 3.30 所示。

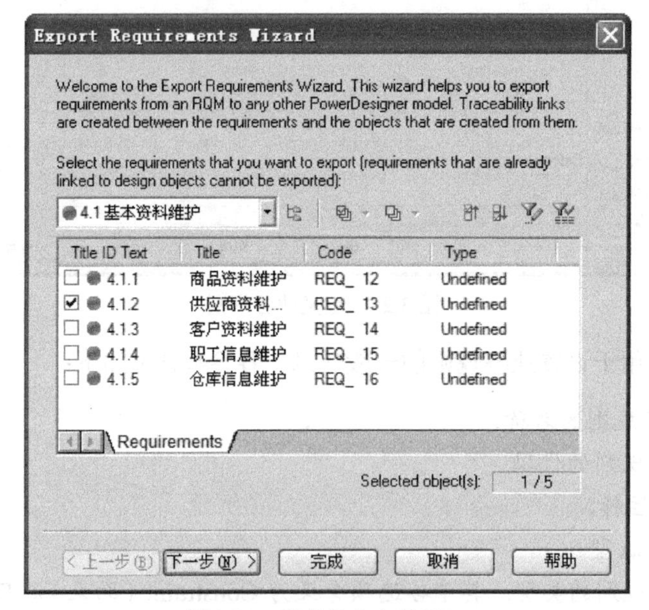

图 3.30　需求导出向导窗口

步骤 02 单击“下一步”按钮，打开如图 3.31 所示的窗口，选择一种需求要导出到的设计模型。

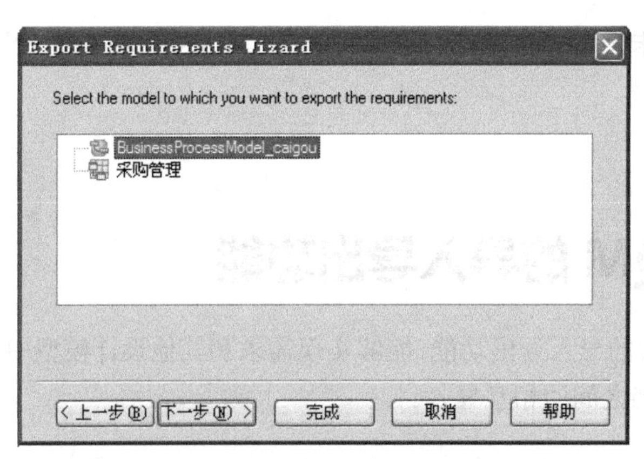

图 3.31　选择需求导出的设计模型对话框

步骤 03 单击“下一步”按钮，打开如图 3.32 所示的窗口，在下拉列表中选择一种需求要导出的设计对象类型。

图 3.32　选择需求要导出的对象类型窗口

根据步骤（2）中所选择的要导出的设计模型不同，这里要导出的设计对象类型也有所不同。

步骤 04　单击“完成”按钮，即可完成将需求导出到相应的设计模型中。

3.7.2　把设计模型导入到 RQM 中

使用需求导入向导可以将其他模型的设计对象导入到需求模型中，由此产生的设计对象与其导入模型中的对象具有相同的名称和代码，而且每一个设计对象和它对应的需求之间存在着跟踪连接。CDM、PDM、BPM、OOM 及 ILM 等模型中设计对象都可以导入到 RQM 中。同样，实现导入功能之前，与 RQM 同一个工作空间中需要有相应的模型存在。

具体的导入步骤如下：

步骤 01　在菜单栏中，选择 Requirements→Import Design Objects as Requirements 菜单项，打开需求导入向导，从中选择一种模型，如图 3.33 所示。

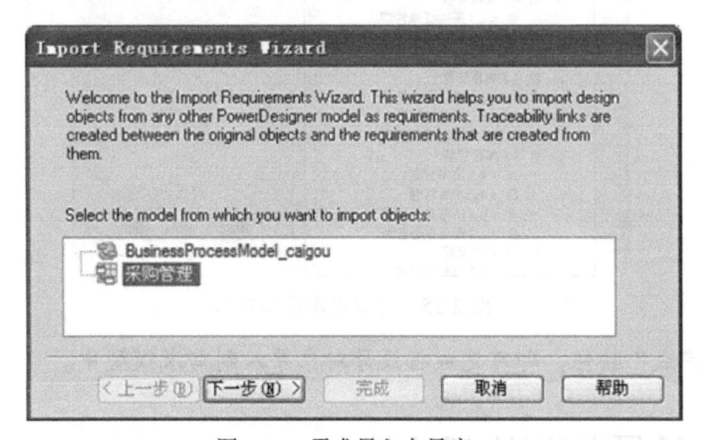

图 3.33　需求导入向导窗口

步骤 02　单击“下一步”按钮，打开模型对象选择窗口，如图 3.34 所示，在其中选择要导入的设计对象。

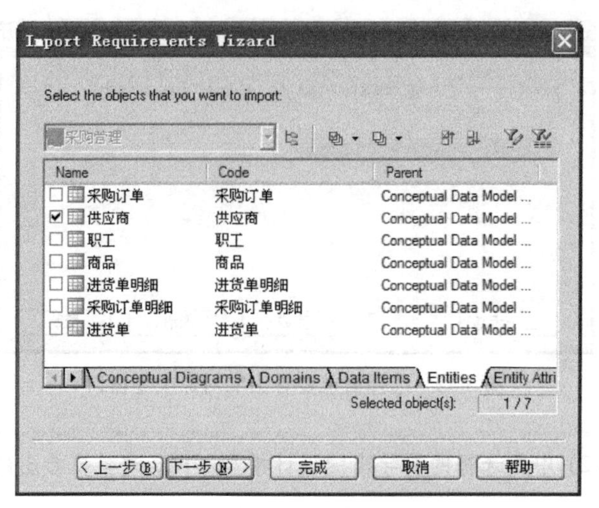

图 3.34　选择要导入的设计对象窗口

根据步骤（1）中所选择的要导入的设计模型不同，这里要导入的设计对象类型标签也有所不同。

步骤 03　单击“下一步”按钮，打开如图 3.35 所示的对话框，在下拉列表中选择一个 RQM 模型的需求，指定设计对象导入后隶属于哪个需求。

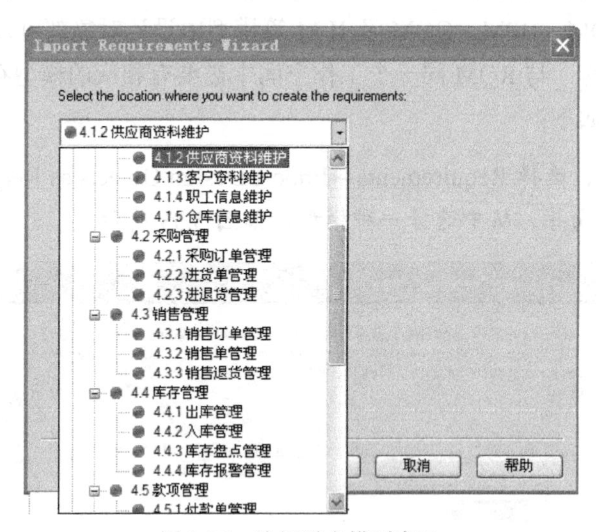

图 3.35　选择需求模型窗口

步骤 04　单击“完成”按钮，即可完成将设计对象导入到需求模型中。

3.7.3　把 RQM 导出到 Word 文档中

在 PowerDesigner 中可以把 RQM 导出到一个 Word 文档。具体步骤如下：

步骤 01　打开 RQM 模型，选择 Tools→Export as Word Document 菜单项，打开如图 3.36 所示

的窗口。如果已经导出过这个 Word 文档，则菜单栏中没有 Tools→Export as Word Document 菜单项，而是 Tools→Update Word Document 菜单项（说明 RQM 已经导出到 Word 文档中，使用这个菜单可以更新已经存在的 Word 文档）。

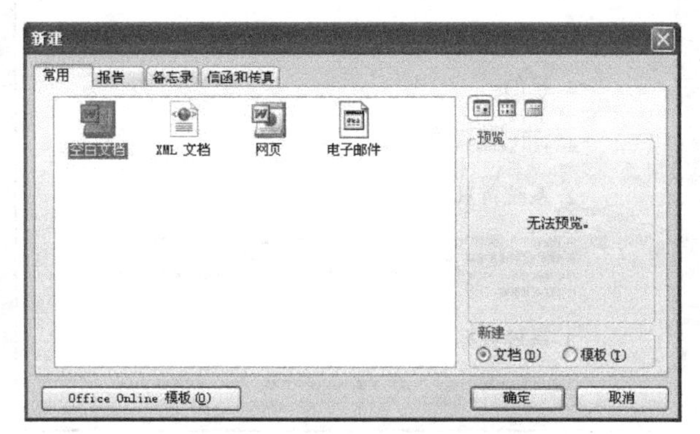

图 3.36　新建 Word 文档窗口

步骤 02　选择空白文档，单击"确定"按钮，打开文件保存窗口，在"文件名"文本框中输入要导出的 Word 文档的名称，单击"保存"按钮，打开导出样式窗口，如图 3.37 所示。

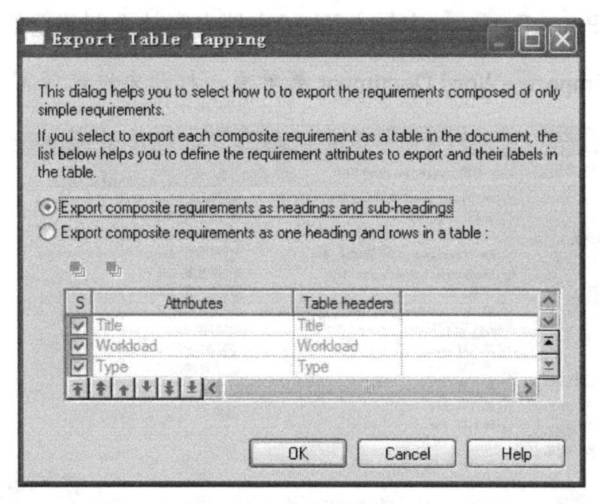

图 3.37　导出样式窗口

其中，各参数的含义如下：

- Export Composite requirements as headings and sub-headings：表示 RQM 的组合需求将导出到 Word 中作为标题和子标题。
- Export composite requirements as one heading and rows in table：表示 RQM 中的组合需求将导出到 Word 中作为标题和表中的行。

步骤 03　选择 Export Composite requirements as headings and sub-headings，单击 OK 按钮，开始导出过程。导出过程完成后，即可生成一个 Word 文档，如图 3.38 所示。

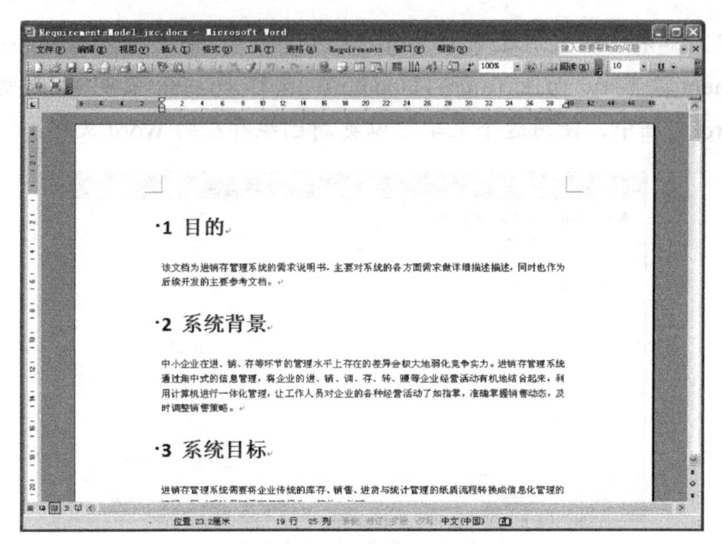

图 3.38　生成的 Word 文档

3.7.4　把 Word 文档导入到 RQM 中

PowerDesigner 支持两种方式将 Word 文档导入到 RQM 中。

第一种方式是在 PowerDesigner 中导入 Word 文档内容从而创建新的 RQM，具体步骤如下：

步骤 01　选择 File→Import→Word Document 菜单项，打开文件选择窗口，如图 3.39 所示。

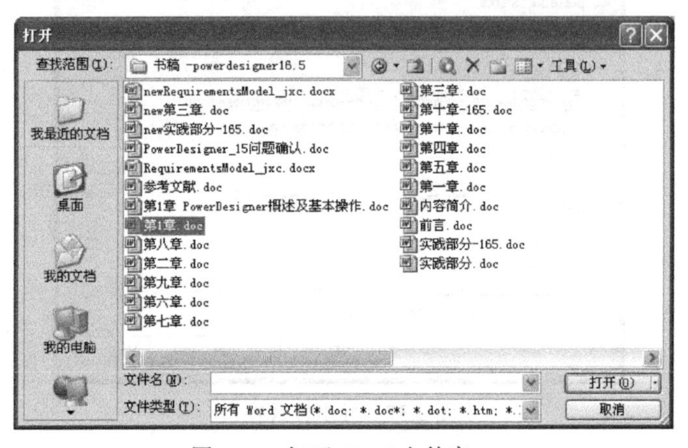

图 3.39　打开 Word 文件窗口

（1）Word 中的图形是不能导入到 RQM 中的。

（2）Word 文档的标题必须使用格式栏中的标题级别，并且相邻的标题或是同级别，或是下一级，不能越级 5。

步骤 02　选择一个要导入的 Word 文档，单击“打开”按钮，打开导入 Word 文档向导窗口，如图 3.40 所示。

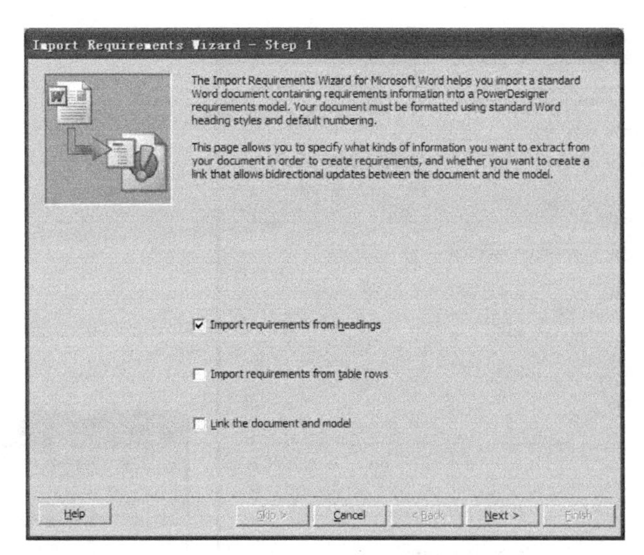

图 3.40　导入 Word 文档向导窗口

其中，各参数的含义如下：

- Import requirements from headings：表示将 Word 文档中的标题作为需求导入到 RQM 中。
- Import requirements from table rows：表示将 Word 文档中的表格行作为需求导入 RQM 中。
- Link the document and model：表示在 Word 文档和 RQM 之间建立连接。这里选择 Import requirements from headings。

步骤 03　单击 Next 按钮，打开选择导入内容的窗口，如图 3.41 所示。

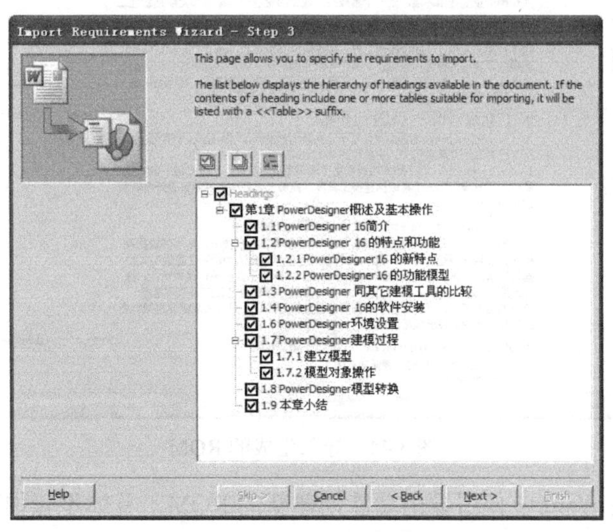

图 3.41　选择导入内容的窗口

步骤 04　选择要导入的内容后，单击 Next 按钮，打开导入设置完成窗口，如图 3.42 所示。

步骤 05　单击 Finish 按钮，即可完成 Word 文档的导入工作，导入的过程中会出现如图 3.43 所示的对话框。

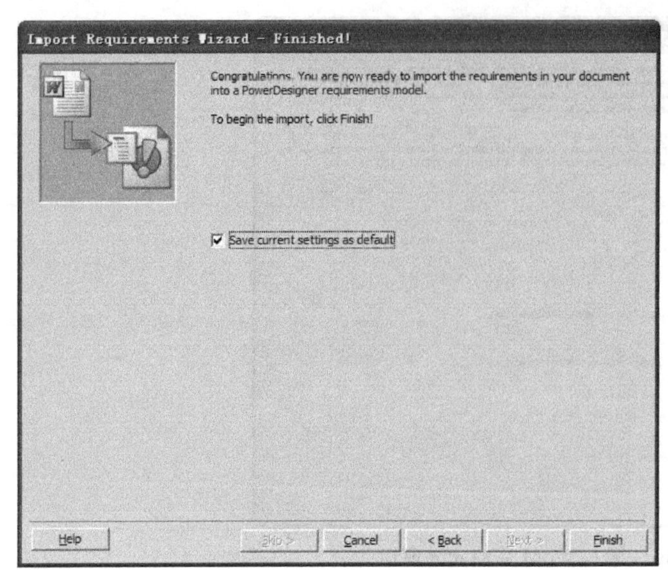

图 3.42　导入设置完成窗口

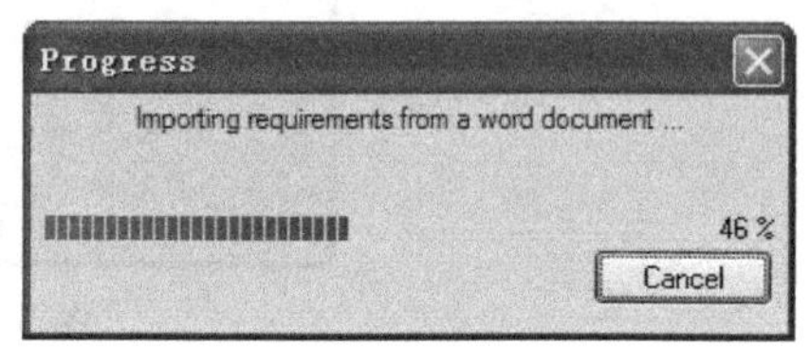

图 3.43　导入过程

步骤 06　导入过程结束后，PowerDesigner 中会打开新建的 RQM，如图 3.44 所示。

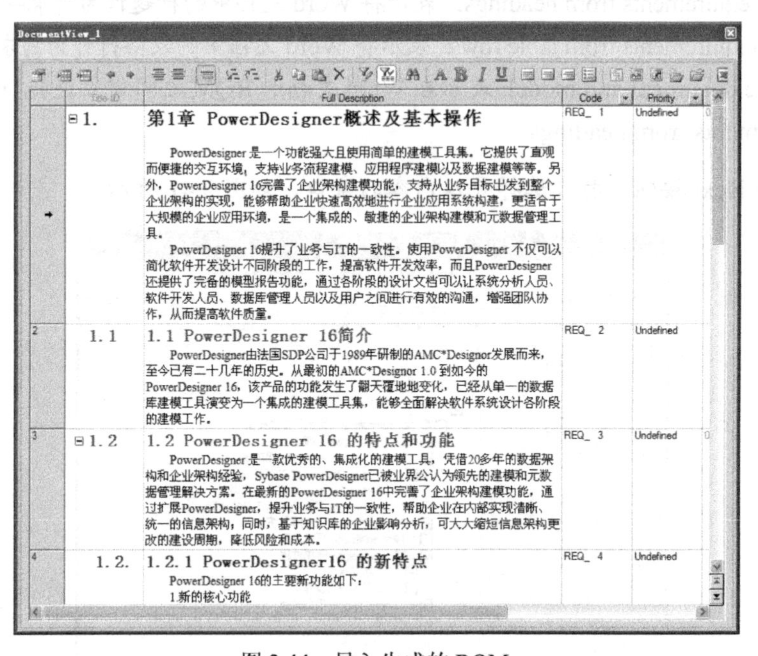

图 3.44　导入生成的 RQM

第二种方式是在 Word 中使用导出功能创建新的 RQM，具体步骤如下：

步骤 01　打开要导入的 Word 文档，在菜单栏中选择 Requirements→Create/Update a Requirements Model from document 菜单项或单击工具，此时会自动启动 PowerDesigner。打开如图 3.40 所示的导入 Word 文档向导窗口。

步骤 02　单击 Next 按钮，打开选择要导入 RQM 的窗口，如图 3.45 所示。

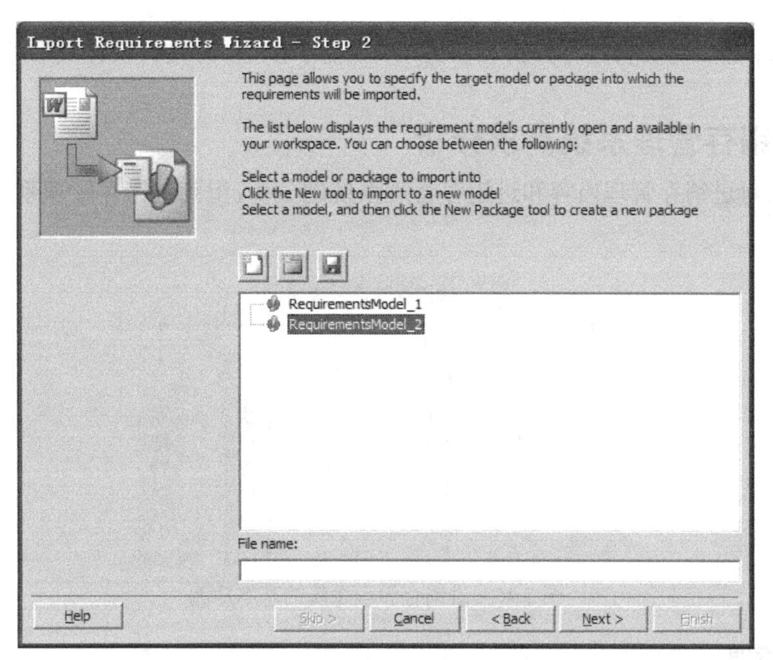

图 3.45　选择要导入 RQM 的窗口

这里所选择 RQM 必须是一个空的 RQM，它可以是事先创建好的，或者在图 3.45 中使用，新创建一个 RQM，这时 Next 按钮才有效，才可以进行后续的操作。

步骤 03　单击 Next 按钮，接下来的操作同第一种方式中的步骤 4~6。

在 RQM 与 Word 之间交换信息时，还需要注意以下几点：

（1）Word 的版本必须是 2000 或以上版本。

（2）如果在 Word 中没有找到 Requirements 菜单或在 PowerDesigner 中没有找到 Tools→Export as Word Document 菜单，可能是 PowerDesigner 安装的时候没有装全，这时，需要重新运行安装文件，选择 modify，单击“下一步”按钮，在 requirements model 中选择 word Addins，完成安装即可！

（3）在 RQM 与 Word 文档之间进行信息交换时，RQM 和 Word 文档之间建立了一种连接关系，使用 Model→Model Properties 菜单项，打开 RQM 模型属性窗口，单击 Traceability Links 选项卡，可以删除 RQM 与 Word 文档之间的连接。

3.8 进销存系统需求模型应用

系统设计首先要做的是对其进行需求分析，明确任务是什么，完成功能是什么，以及客户的要求是什么；然后对资料进行分析和研究，形成需求模型，为结构设计及后续工作打下基础。

3.8.1 进销存管理系统需求分析

根据前面对进销存管理内容和进销存管理系统的分析，得到进销存管理系统包括的功能如图 3.46 所示。

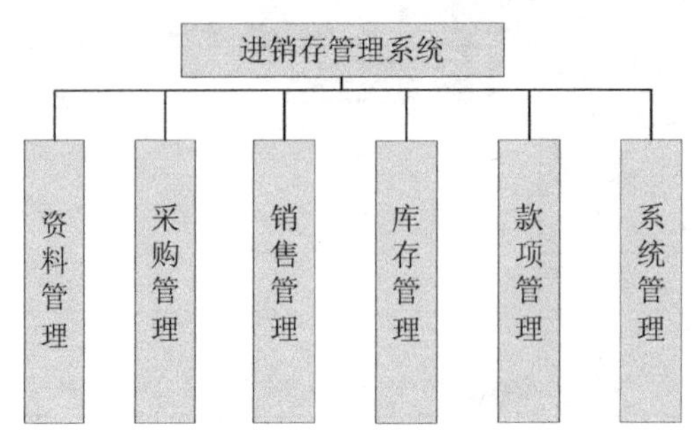

图 3.46　进销存管理系统的基本功能

1. 资料管理

企业经营的基础资料是一个企业最基本、最重要的信息，脱离了基础资料（包括商品资料、供应商资料和客户资料等），进销存系统就无法运行。“资料管理”则用于维护这些基础资料，包含的子功能模块如图 3.47 所示。

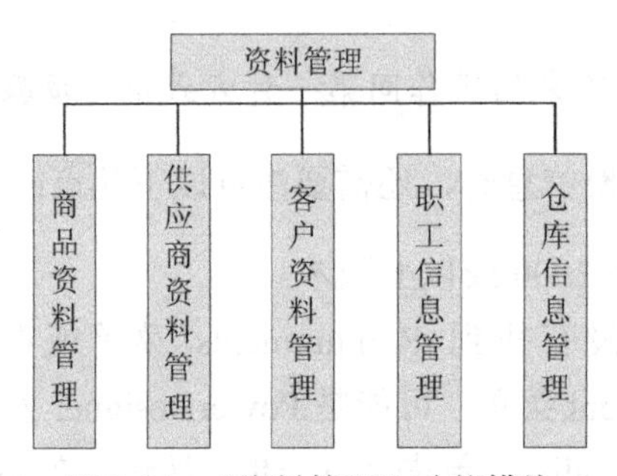

图 3.47　“资料管理”功能模块

各功能模块实现的功能如下：

（1）“商品资料维护”用于维护（增加、修改、删除、查询）企业经营商品的基本信息，包括商品编号、商品名称、规格、型号、单位、产地等。

（2）“供应商资料维护”用于维护企业供应商的基本信息，包括供应商编号、简称、供应商名称、地址、邮编、区号、地区、电话等。

（3）“客户资料维护”用于维护企业客户的基本信息，包括客户编号、简称、客户名称、联系人、地址、邮编、区号、地区、电话等。

（4）“职工信息维护”用于维护企业销售业务员的基本信息，包括职工号、姓名、性别、身份证号、手机号等。

（5）“仓库信息维护”用于维护企业的仓库信息，包括仓库编号、仓库名称、负责人、备注等。

2. 采购管理

“采购管理”用于管理企业的采购业务，包含的子功能模块如图 3.48 所示。

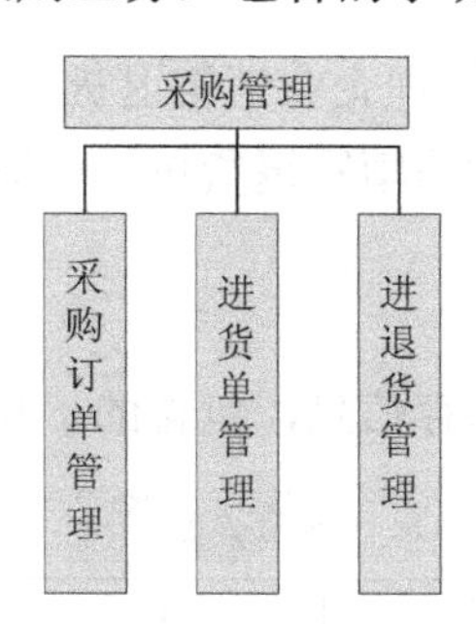

图 3.48　“采购管理”功能模块

各功能模块实现的功能如下：

（1）“采购订单管理”用于管理企业的采购订单信息。采购信息用主从两张表来存放数据，主表“采购订单”的内容包括编号、供应商号、订货日期、截止日期、业务员、总价等，从表“采购订单明细”的内容包括货号、订货数量、单价、总价等。

（2）“进货单管理”用于管理企业的进货信息，也分为主从两张表，主表“进货单”的内容包括编号、供应商号、进货日期、业务员、总价等，从表“进货单明细”的内容包括进货号、进货数量、进价、总价等。

（3）“进退货管理”用于管理企业采购退货信息。退货有两种方法，一是直接在进货单中填写负数的进货数量，另一种是填写退货单，一般采用前一种方法。

3. 销售管理

“销售管理”用于管理企业的销售业务，包含的子功能模块如图 3.49 所示。

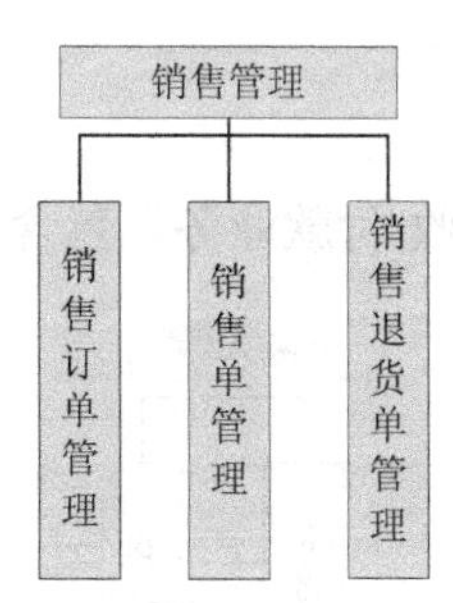

图 3.49　“销售管理”功能模块

各功能模块实现的功能如下：

（1）“销售订单管理”用于管理企业的商品销售订单信息。销售信息用主从两张表来存放数据，主表“销售订单”的内容包括编号、客户编号、销售日期、截止日期、业务员、总价等，从表“销售订单明细”的内容包括货号、销售数量、单价、总价等。

（2）“销售单管理”用于管理企业的商品销售信息，主表“销售单”的内容包括编号、客户编号、销售日期、业务员、总价等，从表“销售单明细”的内容包括货号、销售数量、单价、总价等。

（3）“销售退货单管理”用于管理企业销售退货信息。退货有两种方法，一是直接在销售单中填写负数的销售数量，另一种是填写退货单，一般采用前一种方法。

4. 库存管理

“库存管理”用于管理企业的库存信息，包含的子功能模块如图 3.50 所示。

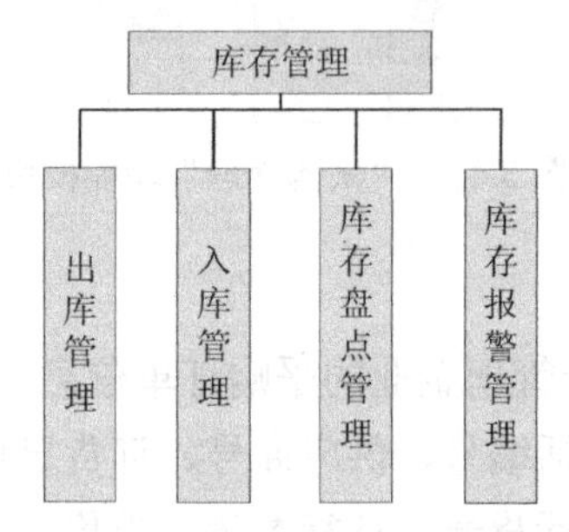

图 3.50　“库存管理”功能模块

各功能模块实现的功能如下：

（1）“出库管理”用于记录出库商品的编号、单价、出库时间、数量等。

（2）“入库管理”用于记录入库商品的编号、单价、入库时间、数量等。

（3）“库存盘点管理”用于完成企业的库存盘点工作，将实际盘存的商品数量输入计算机，计算机自动与数据库中的库存数量进行核对并产生盘盈盘亏统计信息。

（4）“库存报警管理”根据当前商品库存和指定的库存上下限自动列出低于下限或高于上限的商品。

5. 款项管理

“款项管理”用于管理企业的应收/付款业务，包含的功能模块如图 3.51 所示。

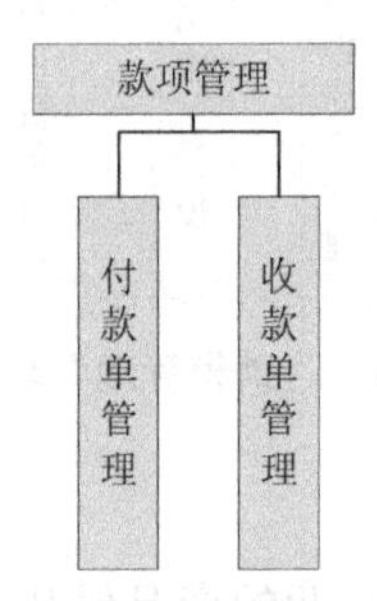

图 3.51　“款项管理”功能模块

各功能模块实现的功能如下：

（1）“付款单管理”用于管理企业支付货款的凭证和应付款，内容包括编号、发票号、填票日期等。

（2）“收款单管理”用于管理企业收回货款的凭证和应收款，内容包括编号、发票号、填票日期等。

6. 系统管理

“系统管理”是每个系统都必须具备的功能，包括的子功能模块如图 3.52 所示。

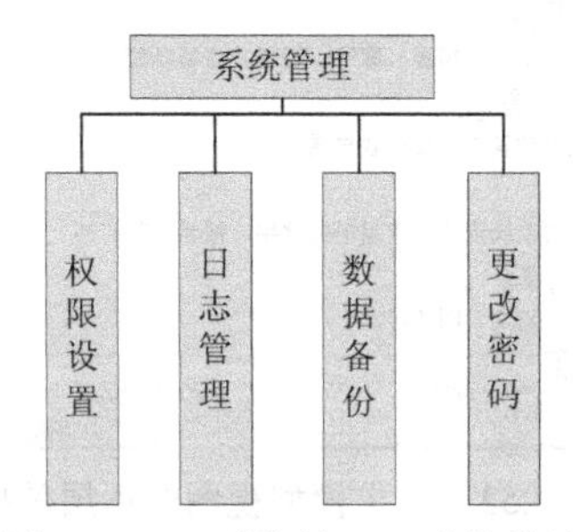

图 3.52　“系统管理”功能模块

各功能模块实现的功能如下：

（1）“权限设置”用于设置各操作员使用系统的权限，为了方便设置，一般的应用系统都将操作人员分组，将通用的权限赋予整个组，个别的权限单独赋予个人，这样可以大大减少权限管理的工作量。

（2）“日志管理”用于维护系统日志。一个好的应用系统会对任何操作员进行的所有操作进行日志记录，“日志管理”可以查询、导出和删除历史日志。

（3）“数据备份”用于备份数据库。

（4）“更改密码”用于修改密码。

3.8.2　进销存管理系统需求模型

根据“进销存系统”的需求分析，进一步完善“进销存系统”的需求模型。

1. 需求的细化

在图 3.18 的基础上，继续使用视图工具栏中 Insert an Object 工具和 Insert a Sub-Object 工具细化需求，细化后的需求视图如图 3.53~图 3.55 所示。

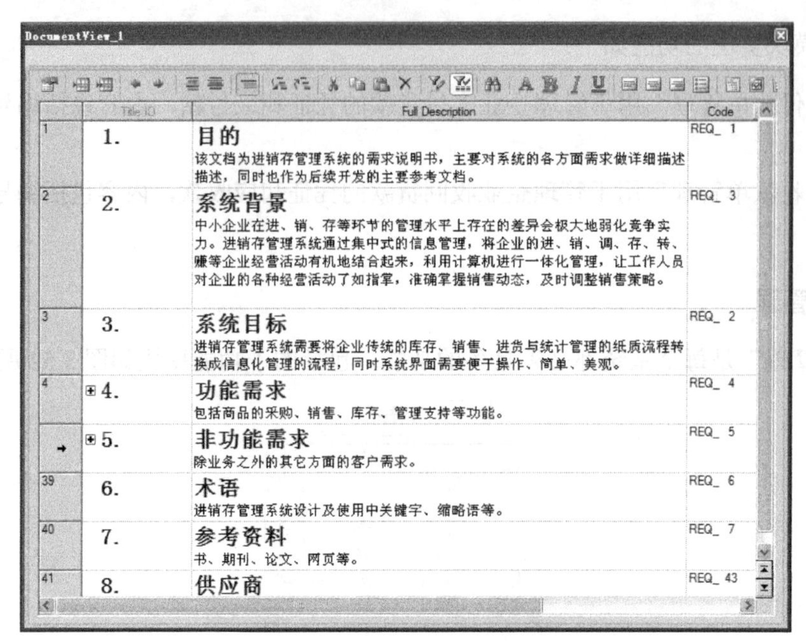

DocumentView_1

	Title ID	Full Description	Code
1	1.	目的 该文档为进销存管理系统的需求说明书，主要对系统的各方面需求做详细描述描述，同时也作为后续开发的主要参考文档。	REQ_ 1
2	2.	系统背景 中小企业在进、销、存等环节的管理水平上存在的差异会极大地弱化竞争实力。进销存管理系统通过集中式的信息管理，将企业的进、销、调、存、转、赚等企业经营活动有机地结合起来，利用计算机进行一体化管理，让工作人员对企业的各种经营活动了如指掌，准确掌握销售动态，及时调整销售策略。	REQ_ 3
3	3.	系统目标 进销存管理系统需要将企业传统的库存、销售、进货与统计管理的纸质流程转换成信息化管理的流程，同时系统界面需要便于操作、简单、美观。	REQ_ 2
4	⊞4.	功能需求 包括商品的采购、销售、库存、管理支持等功能。	REQ_ 4
→	⊞5.	非功能需求 除业务之外的其它方面的客户需求。	REQ_ 5
39	6.	术语 进销存管理系统设计及使用中关键字、缩略语等。	REQ_ 6
40	7.	参考资料 书、期刊、论文、网页等。	REQ_ 7
41	8.	供应商	REQ_ 43

图 3.53　需求模型视图的顶层效果

在图 3.53 中定义了该需求的大体描述，表述了该需求所关注的几大部分。

功能需求是需求分析的核心内容，图 3.54 中根据功能的不同将功能划分为基本资料维护、采购管理、销售管理、库存管理、款项管理及系统管理六大模块，划分清晰、文字描述简单易懂，方便与客户的沟通、与程序设计人员的交流。

DocumentView_1

	Title ID	Full Description	Code
4	⊟4.	功能需求 包括商品的采购、销售、库存、管理支持等功能。	REQ_ 4
5	⊞4.1	基本资料维护 企业经营的基础资料是一个企业最基本、最重要的信息，脱离了基础资料(包括商品资料、供货商资料和客户资料等)，进销存系统就无法运行。“资料管理”则用于维护这些基础资料。	REQ_ 8
11	⊞4.2	采购管理 “采购管理”用于管理企业的采购业务。	REQ_ 9
15	⊞4.3	销售管理 “销售管理”用于管理企业的销售业务。	REQ_ 10
19	⊞4.4	库存管理 “库存管理”用于管理企业的库存信息。	REQ_ 11
24	⊞4.5	款项管理 “款项管理”用于管理企业的应收/付款业务。	REQ_ 27
→	⊞4.6	系统管理 “系统管理”是每个系统都必须具备的功能。	REQ_ 32
32	⊞5.	非功能需求 除业务之外的其它方面的客户需求。	REQ_ 5
39	6.	术语 进销存管理系统设计及使用中关键字、缩略语等。	REQ_ 6

图 3.54　需求模型视图的第二层效果

图 3.55 中对需求进一步细化，为后续系统的实现提供了极大的方便。

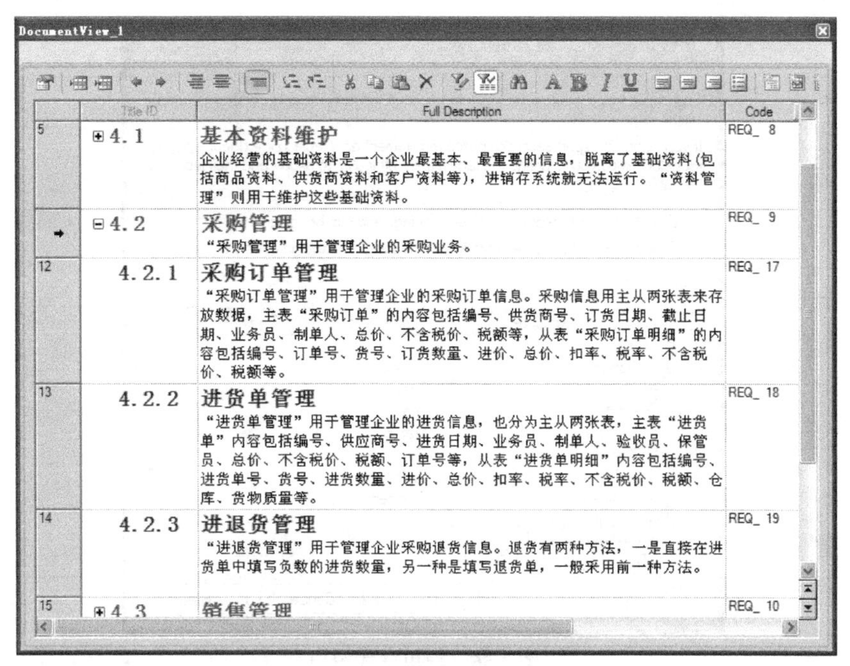

图 3.55　需求模型视图的第三层效果

2. 设置需求属性

在需求文档视图中，每行代表一个需求，每个需求可以分成多个层次，每列代表需求的一个属性。有些属性是可见的，可以直接在需求文档视图中设置，比如修改 Code 值等；有些属性是隐藏的，需要进入相应的需求属性设置窗口中进行设置，比如：给需求分配用户或用户组、对需求中使用的术语进行设置、限定使用的业务规则等等。

选中要设置属性的需求，鼠标双击可直接进入需求属性设置窗口或单击鼠标右键，在弹出的快捷菜单中选择 Properties 也可进入需求属性设置窗口，通过不同选项卡完成需求的具体设置工作，这里不再赘述。

3. 导出 Word 文档

将需求导出到 Word 文档过程中，根据具体需要在导出样式窗口中选择导出样式及导出内容。例如在图 3.56 中选择“Export composite requirements as one heading and rows in a table”，并选择了要导出的属性。

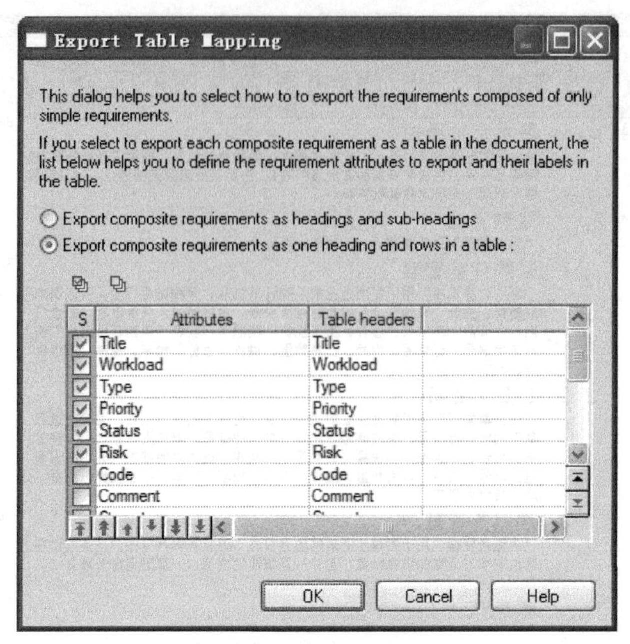

图 3.56 导出样式窗口

导出操作完成后，得到 Word 文档的部分截图，如图 3.57 所示。

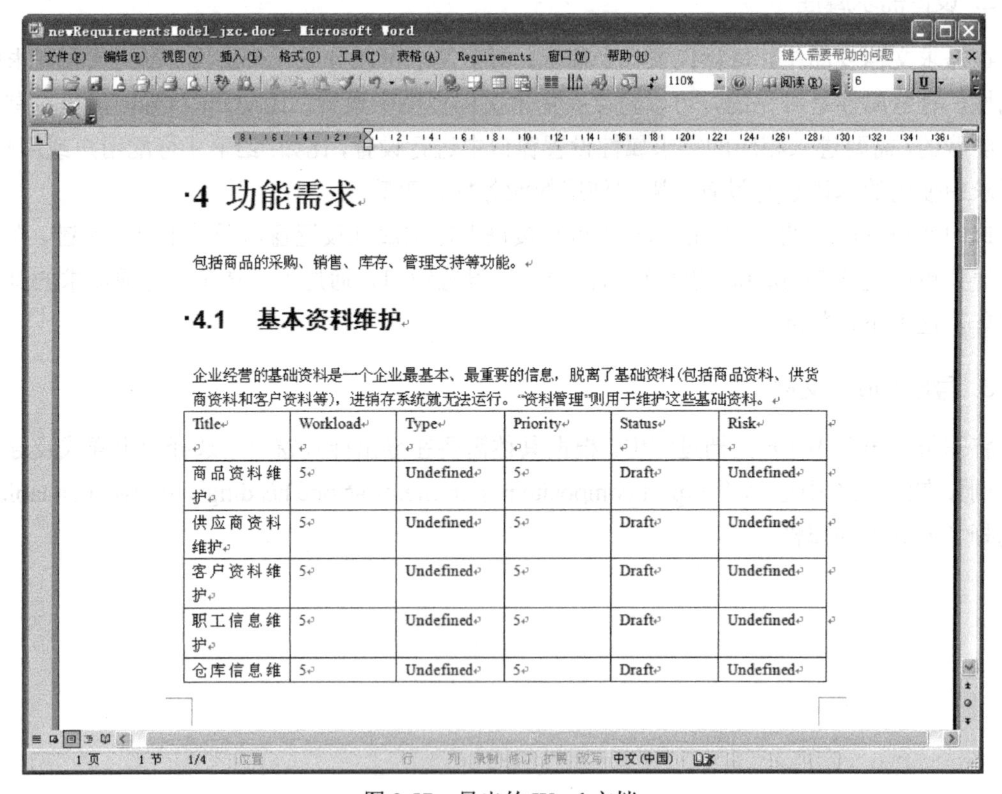

Title	Workload	Type	Priority	Status	Risk
商品资料维护	5	Undefined	5	Draft	Undefined
供应商资料维护	5	Undefined	5	Draft	Undefined
客户资料维护	5	Undefined	5	Draft	Undefined
职工信息维护	5	Undefined	5	Draft	Undefined
仓库信息维	5	Undefined	5	Draft	Undefined

图 3.57 导出的 Word 文档

3.9 本章小结

本章介绍了采用 PowerDesigner 完成需求模型（RQM）设计的具体方法，主要包括：需求模型设计的相关概念、需求模型的创建方法、创建过程以及在操作过程中的注意事项；列举了需求模型的主要功能；叙述了设置需求模型的模型选项和模型参数的方法；讲述了用户/组和业务规则的具体定义过程；最后介绍了 RQM 的导入导出的类型以及具体操作过程。通过本章的学习，读者应掌握如下内容：

1. 掌握需求模型的相关概念及主要功能。
2. 熟练掌握采用 PowerDesigner 创建需求模型的方法和具体实现过程。
3. 熟悉创建需求模型过程中常用参数的含义。
4. 理解用户/组、业务规则的概念以及熟悉实现它们的具体过程。
5. 熟悉掌握利用 PowerDesigner 实现 RQM 和设计模型之间导入导出的实现过程。
6. 熟悉掌握利用 PowerDesigner 实现 RQM 和 Word 文档之间导入导出的实现过程。

3.10 习题三

1. 需求模型的主要功能有哪些？
2. 如何编辑模型视图？
3. 如何定义业务规则？
4. 如何将 RQM 导出到 Word 文档中？

第 4 章

业务处理模型（BPM）

业务处理模型（BPM）从业务人员的角度描述系统的行为和需求，使用图形表示对象的概念组织结构，并可以生成所需要的文档。作为一个概念层次的模型，BPM 适用于系统分析阶段，完成系统需求分析和逻辑设计。以结果为导向、以数据为中心的业务处理模型可以使业务人员和 IT 员工在设计和开发中顺利合作，有助于弥补业务需求创意和 IT 系统开发创意之间的隔阂，从而确保项目能满足业务目标的要求。

在软件开发周期中，首先进行的是需求分析，并完成系统的概要设计，系统分析员利用 BPM 画出业务流程图，利用 CDM 设计出系统的逻辑模型，接着利用 PDM 完成数据库的详细设计，包括存储过程、触发器、视图和索引等。最后，根据 OOM 生成的源代码框架进入编码阶段。

根据用途不同，BPM 分为分析型（Analysis）、执行型（Executable）和协作型（Collaborative）3 种类型，BPM 支持的业务流程语言如表 4.1 所示。

表 4.1　BPM 支持的业务流程语言

<table>
<tr><th>BPM 的类型</th><th>业务流程语言</th><th>描述</th></tr>
<tr><td rowspan="3">分析型</td><td>Analysis</td><td>提供流程层次分解及时序关系，不描述任何实现细节</td></tr>
<tr><td>BPMN1.0</td><td>适合在执行环境已经确定的情况下，进行业务层任务的分解和建立时序关系</td></tr>
<tr><td>Data Flow Diagram</td><td>用于建立数据流图，重点是数据流向</td></tr>
<tr><td rowspan="4">执行型</td><td>BPEL4WS1.1</td><td rowspan="3">属于符合 XML 规范的业务流程语言，基于这些语言的 BPM 可以与运行在 J2EE 和.Net 上的 Web 服务进行通信与协作，也可以运行在不同的 BPM 引擎上</td></tr>
<tr><td>WSBPEL2.0</td></tr>
<tr><td>Sybase Workspace Business Process2.x</td></tr>
<tr><td>Service Oriented Architecture</td><td>适用于 Web 服务的编排，不依赖任何运行平台和语言，不允许在 BPM 引擎中执行</td></tr>
<tr><td rowspan="2">协作型</td><td>ebXML BPSS v1.01</td><td rowspan="2">用来描述合作伙伴间的信息交换，主要用于电子商务系统的业务流程描述</td></tr>
<tr><td>ebXML BPSS v1.04</td></tr>
</table>

软件设计的不同阶段使用不同类型的 BPM，分析阶段使用分析型业务流程语言对业务流程进行分析；实现阶段使用执行型业务流程语言对业务流程进行编排；协作阶段使用协作型业务流程语言分析伙伴间的信息交换。

4.1 BPM 图形介绍

BPM 通过业务流程图和流程层次图来描述软件系统的业务流程和流程层次。BPM 提供的四种图形如表 4.2 所示。

表 4.2　BPM 中的图形

流程图	英文名	图标	说明
业务流程图	Business Process Diagram		用于分析一个/组流程的具体实现机制
流程层次图	Process Hierarchy Diagram		以层次化的方式来识别系统的功能
编排图	Choreography Diagram		提供了参与者之间的业务合同（信息交换）的图形视图
对话图	Conversation Diagram		提供了参与者之间的信息交换的逻辑关系的图形视图，主要用于设计对话池中的信息之间的交流

4.1.1　业务流程图

业务流程图（或过程流程图）提供了系统中任何级别进程间的控制流（执行序列）或数据流（数据交换）。业务流程图可以建立在一个模型、一个包或分解的过程中。

根据系统建模的不同应用，包括三种类型的业务流程图：

- 顶层图：用于系统相关业务角色
- 编排图：用于分配活动责任、编排对象、分析数据流和建模活动的实施
- 数据流图：用于流程之间的数据交换

4.1.2　流程层次图

一个流程层次图（或功能分解图）提供了系统功能的图形视图，并帮助分解成一个子流程树，用于项目的分析阶段。主要有以下几个方面的应用：

- 在一个业务功能范围内定义所有流程
- 注重过程的识别和枚举
- 将已经确定的流程分解为子流程直到达到一个适当的原子级别
- 如果有必要，通过改变父流程来重组子流程
- 将整个层次结构已经描述的过程或任何分解的子进程显示在一个视图中

4.1.3　编排图

编排图提供了参与者之间的业务合同（信息交换）的图形视图，是 BPM 的核心图，主要执行以下一些任务：

- 分配活动责任。

- 跟踪编排系统中的进程。
- 分析系统中的数据流。
- 实施建模活动。

4.1.4 对话图

对话图提供了参与者之间的信息交换的逻辑关系的图形视图，主要用于设计对话池中的信息之间的交流。与业务流程图不同，业务流程图用于展示工作流和决定，而对话图展示了消息如何通过对话池。

4.2 建立 BPM

建立 BPM 可以采用下面两种形式：

- 新建 BPM
- 从已有 BPM 生成新的 BPM

新建 BPM 的方法在 4.2.1 节中叙述；从已有 BPM 生成新 BPM 的方法在 4.3.1 节中叙述。

本节以“进销存系统”库存管理中的业务处理为例，基于 Analysis 流程语言建立一个 BPM 业务流程图，如图 4.1 所示，用以介绍 BPM 中各种对象的作用及具体的创建过程。

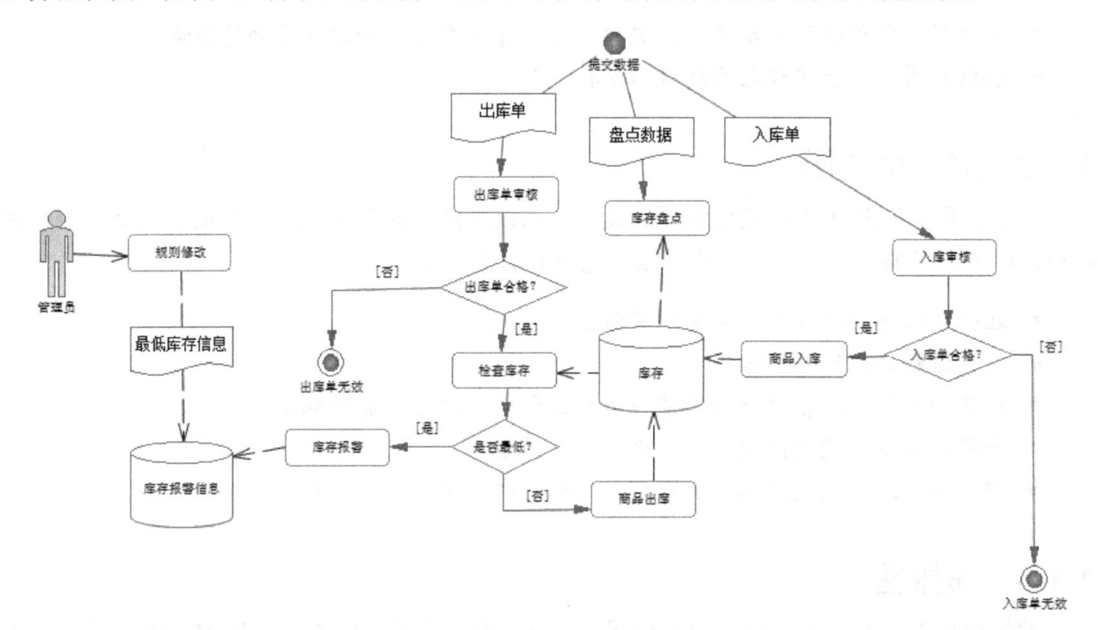

图 4.1　库存管理业务处理流程图

图 4.1 所示 BPM 表示的是库存管理中的业务处理过程。图中起点“提交数据”，表示业务流程的开始；两个终点“出库单无效”和“入库单无效”，表示业务流程的结束；“管理员”

为组织单元，“库存”和“库存报警信息”为数据资源；“是否最低？”、“出库单合格？”、“入库单合格？”为判断；“规则修改”、“库存报警”、“出库单审核”、“检查库存”、“库存盘点”、“商品入库”、“商品出库”、“入库审核”为处理过程，代表系统中具体的业务；“入库单”、“出库单”、“盘点数据”、“最低库存信息”为消息格式。

4.2.1　创建业务流程图

业务流程图（Business Process Diagram，简称 BPD）表示业务处理过程间的关系，注重处理过程中的数据流程。在一个 BPM 模型或包中可以定义多个业务流程图，各个流程图可相互独立地描述一个业务处理。

创建业务流程图的步骤如下：

1. 新建 BPM

在创建具体的业务流程图之前，需要先创建 BPM 模型，方法如下：

选择 File→New Model 菜单项，打开新建模型窗口。

- 在 Model Type 中选择 Business Process Model（业务处理模型），从 Diagram 中选择一种图形或者使用默认图形，在 Model name 文本框中输入模型名称，在 Process language 下拉列表框中选择该模型所需的业务流程语言，如 Analysis。选择 Share the process language definition 或 Copy the process language definition in model 单选按钮，二者分别表示共享流程语言定义文件或单独使用流程语言定义文件。单击 OK 按钮，即可创建一个 BPM 模型。

2. 定义业务流程图

如果在创建 BPM 模型时，选择的是默认图形，生成的 BPM 直接进入业务流程图的图形设计工作区，这时就可以进行业务流程图的设计了。否则需要定义业务流程图，具体定义的方法如下。

（1）选择 View→Diagram→New Diagram→Business Process Diagram 菜单项，定义新的业务流程图，如图 4.2 所示。

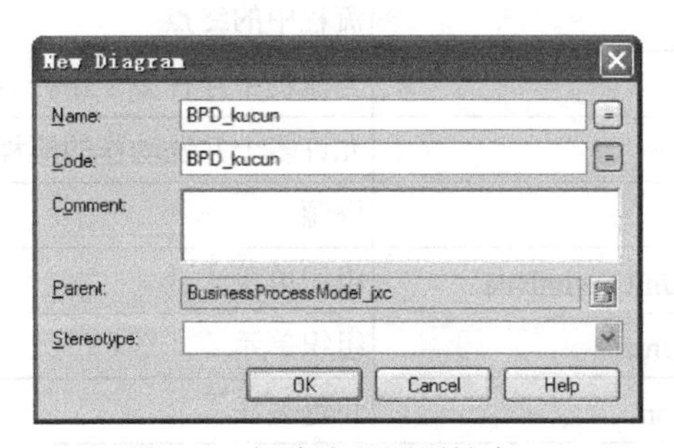

图 4.2　新建流程图属性窗口

（2）单击 OK 按钮，将在 Workspace 下的 BPM 下新增“BPD_kucun”节点，右侧窗口即为定义业务流程图的图形设计工作区，同时打开用于设计选定图形对象的工具选项板，如图 4.3 所示。

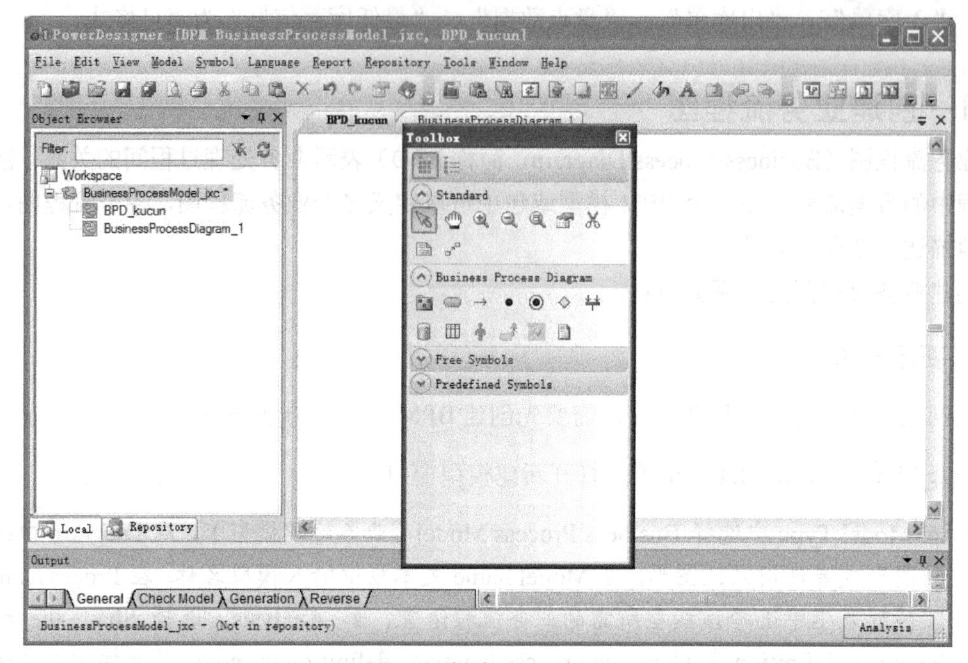

图 4.3　新建 BPD 窗口

BPD 工具选项板中特有工具选项含义如表 4.3 所示。

表 4.3　BPD 工具选项板各选项含义

图标	英文名称	含义
	Package	用于将元素组合为组
	Process	处理过程
	Flow/Resource Flow	连接过程、起点、终点的流程 连接资源的流程
	Start	流程中的起点
	End	流程中的终点
	Decision	当流程中存在多个路径时的选项
	Synchronization	允许多个并发动作的流程同步
	Resource	资源
	Organization Unit Swimlane	组织单元泳道
	Organization Unit	组织单元
	Role Association	角色关联

3. 定义起点

起点（Start）是 BPD 所表达的整个处理过程的开始，表示的是处理过程和处理过程外部的入口。因为在一个 BPM 中可以定义多个 BPD，所以在一个模型或包中可以创建多个起点。

定义起点的方法有两种：

- 使用工具选项板上 Start 工具选项
- 选择 Model→Starts 菜单项

其中第一种方法最为直观方便。具体操作过程如下：

（1）选择工具选项板上的 Start 图标 ●，光标形状由指针状态变为选定图标的形状。

（2）在图形设计工作区适当位置单击鼠标左键放置起点。如果需要定义多个起点，只要移动光标到另一合适位置，再次单击鼠标左键即可。

（3）起点放置后，可通过在图形设计工作区空白处单击鼠标右键，或者在工具选项板中选择指针（Pointer），将光标形状恢复为指针状态，结束起点定义工作。

（4）设置起点属性。

双击起点图形符号，打开起点属性窗口，如图 4.4 所示。

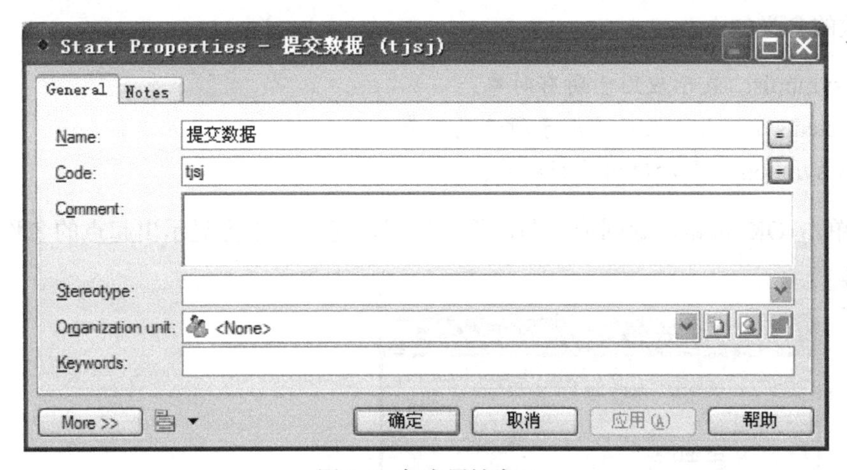

图 4.4　起点属性窗口

General 选项卡中设置起点的基本属性，主要包括起点的名称（Name）、代码（Code）、注释（Comment）等属性。

默认状态下，在 BPD 中是不显示起点名称的，这样很难直观地了解起点所要表达的含义。如果希望显示起点名称，可以通过如下设置来实现。

（1）选择 Tools→Display Preferences 菜单项，打开显示参数设置窗口。

（2）在 Category 的 General Settings 节点中选择 Start，打开 Start 的显示参数窗口，如图 4.5 所示，选中 Name 复选框。

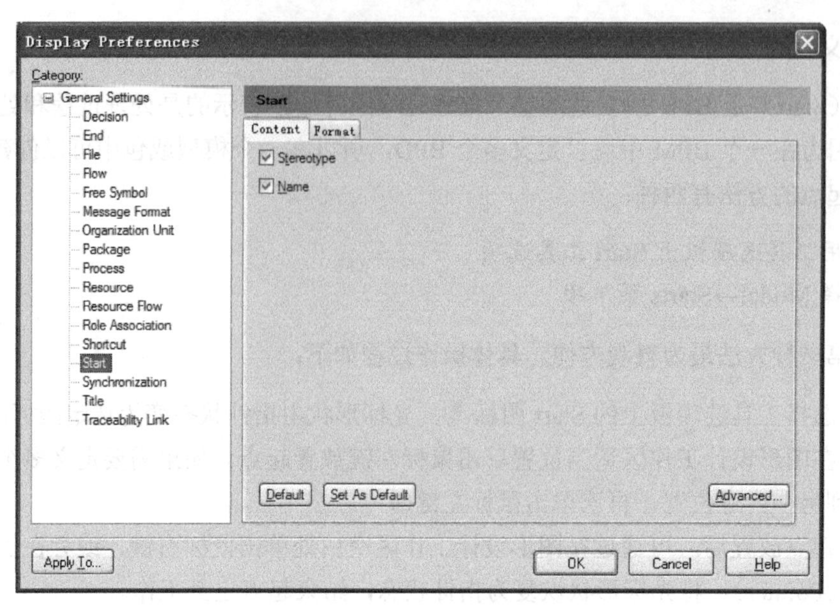

图 4.5　BPM 显示参数设置窗口

（3）单击 OK 按钮，系统弹出更改格式窗口，选择所做修改要应用的对象，如图 4.6 所示。

各参数的含义如下：

- All symbols：表示应用于所有对象。
- Selected symbols：表示应用于所选的对象。
- New symbols：表示应用于新对象。

（4）单击 OK 按钮，返回流程图，就会发现在起点的下方显示出起点的名称，如图 4.7 所示。

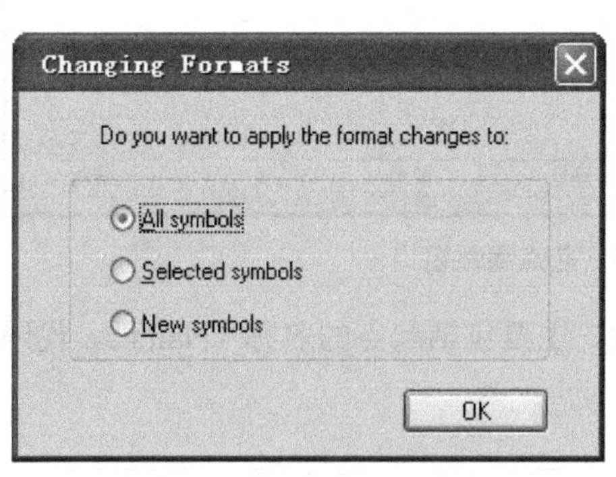

图 4.6　更改格式窗口

图 4.7　起点“提交数据”

4. 定义处理过程

处理过程表示一项服务，也可以表示一个手动或自动的动作，通常表示成动宾词组，如检查数据。当处理获得控制时，开始执行动作，根据动作的结果进入下一个处理。每个处理过程都至少有一个输入流和一个输出流。处理分为原子处理（Atomic Process）和组合处理

（Composite Process）。原子处理也称活动（Activity），它不包含任何子处理（Sub-process）；组合处理也称复合处理，它使用一组子处理描述复合处理的动作。

定义处理过程的具体操作过程如下：

（1）选择工具选项板上的 Process 图标。

（2）在图形设计工作区适当位置单击鼠标左键放置处理过程。如果需要定义多个处理过程，只要移动光标到另一合适位置，再次单击鼠标左键即可。

（3）设置处理过程属性。

双击处理过程图形符号，打开处理过程属性窗口，如图 4.8 所示。

图 4.8　处理过程属性窗口（General 选项卡）

General 选项卡用于设置处理过程的常规属性，主要参数含义如下：

- Name：处理过程名称。
- Code：处理过程代码。
- Comment：注释。
- Stereotype：版型。
- Organization unit：组织单位。表示某个组织与某个过程相关。它可以代表一个系统、一个服务器、一个组织或一个用户等。Organization unit 列表框中列举了模型中定义的组织单位。
- Timeout：非 0 值表示动作执行时限，当动作实际执行时间大于此值时表示超时异常。
- Duration：执行此动作的周期。
- Composite status：定义处理过程的状态。
- Atomic task：表示原子处理过程。
- Decomposed process：表示复合处理过程。选中该选项时，处理过程属性窗口会自动增加 Sub-Processes 选项卡，用于定义子处理过程。复合过程用来描述一个父过程行为可以被无限分解为多个子过程。子过程不需要进一步分解，因为子过程本身包含的信息已经被细化了。

- Number ID：序号。
- Keywords：关键字。

Implementation 选项卡用于定义处理过程的执行过程，如图 4.9 所示。

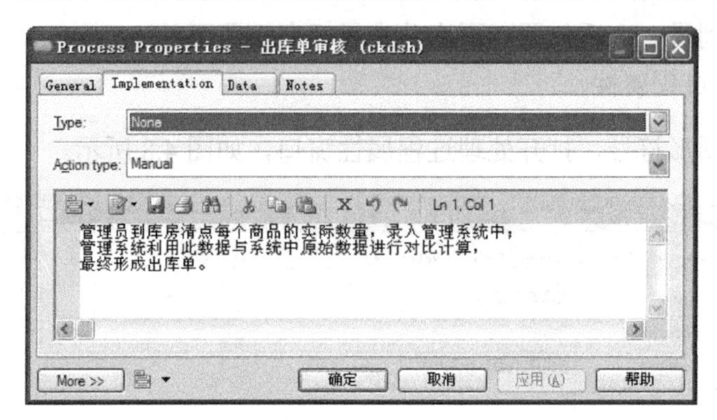

图 4.9　处理过程属性窗口（Implementation 选项卡）

Implementation 选项卡中主要参数含义如下：

- Type：为处理过程的执行过程指定类型。包括循环（Loop）、重用（Reuse process）和无（None）。
- Action type：表示动作的执行方式。包括：人工（Manual）、自动（Automated）和未定义（Undefined）。

Data 选项卡用于定义与处理过程有关的数据对象。数据对象是指在处理过程中需要创建、修改、删除或使用到的对象，并且在此定义的数据对象可以导出到指定的概念数据模型中，供概念数据模型使用，如图 4.10 所示。

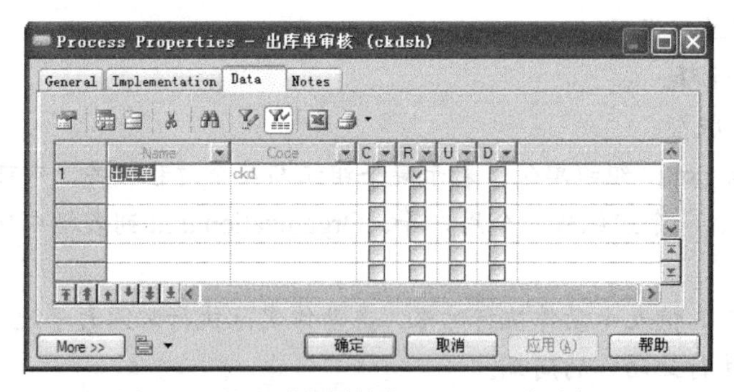

图 4.10　处理过程属性窗口（Data 选项卡）

其中 C、R、U、D 表示数据对象在处理过程中允许的操作，分别为创建、只读、修改和删除。

如果想使用在 BPD 中已经定义好的数据对象，单击工具栏中 Add Objects 工具，打开选择数据对象窗口，从中选择所需的数据对象即可，如图 4.11 所示。

如果想新建数据对象，单击工具栏中 Create an Object 工具进行定义，定义数据对象的过程如下：

① 单击，打开数据对象属性窗口，设置数据对象属性，如图 4.12 所示。

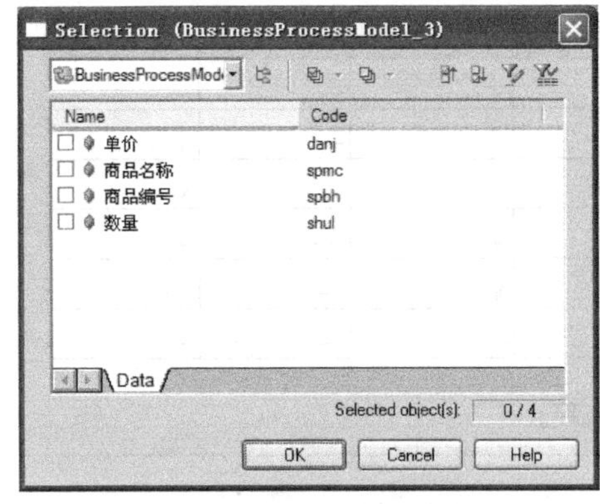

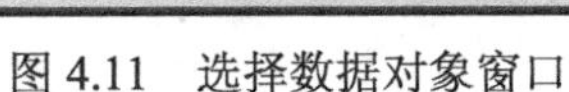

图 4.11　选择数据对象窗口

图 4.12　数据对象属性窗口（General 选项卡）

General 选项卡主要用于设置名称、代码和类型等属性。其中，Type 表示数据对象的类型，包括基本数据（Elementary）、结构化数据（Structured Data）和未定义（Undefined）。本例中的出库单数据对象就是一个结构化数据，包括商品编号、单价、出库时间、数量、经手人及存放仓库等属性。

② 当数据对象的类型（Type）设置为 Structured Data，设置完成后，在数据对象属性窗口中会多出一个 Sub-Data 选项卡，切换到 Sub-Data 选项卡，如图 4.13 所示。

在 Sub-Data 选项卡中，利用工具栏中 Create an Object 工具，定义子数据对象。处理过程定义结果如图 4.14 所示。

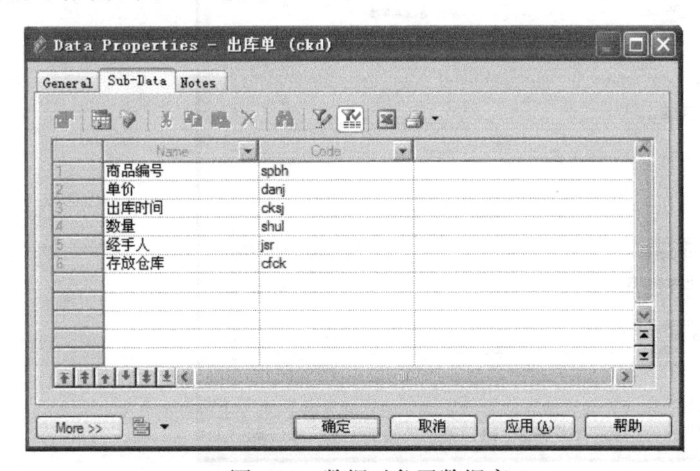

图 4.13　数据对象子数据窗口

出库单审核

图 4.14　“出库单审核”处理过程

5. 定义流程

流程表示存在或可能存在数据交互的两个对象间的交互关系。在流程图中使用带有箭头的直线表示流程。流程的起始和终止对象取值如表 4.4 所示。

表 4.4　流程的起始和终止对象取值表

起始终止	Start	Decision	Synchronization	Process	Resource	End
Start	—	√	√	√	—	—
Decision	—	√	√	√	—	√
Synchronization	—	√	√	√	√	√
Process	—	√	√	√	—	√
Resource	—	—	√	√	—	—
End	—	—	—	—	—	—

注意：“√”表示可以定义流程，“—”表示不可以定义流程。

定义流程的具体操作过程如下：

（1）选择工具选项板上的 Flow 图标→。

（2）在图形设计工作区选定要设定流程的两个模型对象，在第一个模型对象内单击鼠标并拖动鼠标至第二个模型对象（这里选择“起点”和“出库单审核”），两个对象间会增加一个流程的图标。

（3）设置流程属性

双击流程图形符号，打开流程属性窗口，如图 4.15 所示。

图 4.15　流程属性窗口

General 选项卡用于流程常规属性的设置，主要参数含义如下：

- Name：组织单元名称。
- Code：组织单元代码。
- Comment：注释。
- Stereotype：版型。
- Source：流程的起始对象。
- Destination：流程的终止对象。
- Transport：数据流的传输方式。主要用于文档的编制，提供了数据流传输方式信息。Transport 下拉列表中提供 3 种备选方式：传真、邮件、电话，也可以直接输入其他的传输方式类型。
- Flow type：流程类型。可以直接输入流程类型或者选择以下流程类型：
  - Success：正常流程；
  - Timeout：超时流程；
  - Technical error：技术错误流程；
  - Business error：业务错误流程。
- Message format：处理过程间的数据交互格式。可以选择的消息格式类型有 None，表示流程间没有数据交互；Undefined，这是默认选项，表示以后将定义其消息格式；也可以单击消息格式下拉列表旁的新建工具为流程定义消息格式。
- Keywords：关键字。

Condition 选项卡用来定义流程条件，如图 4.16 所示。当存在多个流程时，可以根据流程条件来选择执行流程。

图 4.16　流程属性窗口的 Condition 选项卡

其中，主要参数含义如下：

- Alias：对流程条件总结。当流程条件很复杂时，可以设置 Alias 属性，这样在流程图中就可以显示概要性的 Alias，而不显示整个复杂的流程条件了。
- Editor：流程条件的详细信息。

在流程图中 Alias 将显示在流程线旁，如果定义了 Condition，而没有指定 Alias 则在流程线旁显示所有 Editor 信息。

Data 选项卡的作用与操作方法同处理过程中的 Data 选项卡，这里不再赘述。

（4）单击“确定”按钮保存所做修改，如图 4.17 所示。

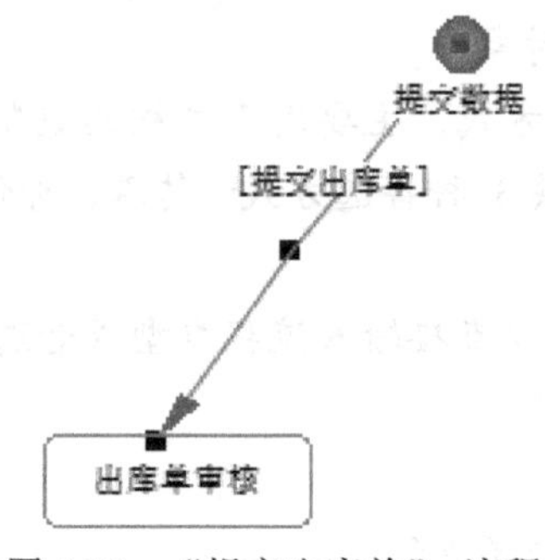

图 4.17 “提交出库单” 流程

6. 定义消息格式

消息格式定义了流程间的两个对象所要交互数据的数据格式。如果没有数据交互，可以不用定义任何消息格式。虽然工具选项板上没有建立消息格式的工具，但在“流程/资源流属性”窗口中定义消息格式时，消息格式就附加到流程/资源流或处理上，如图4.18所示。

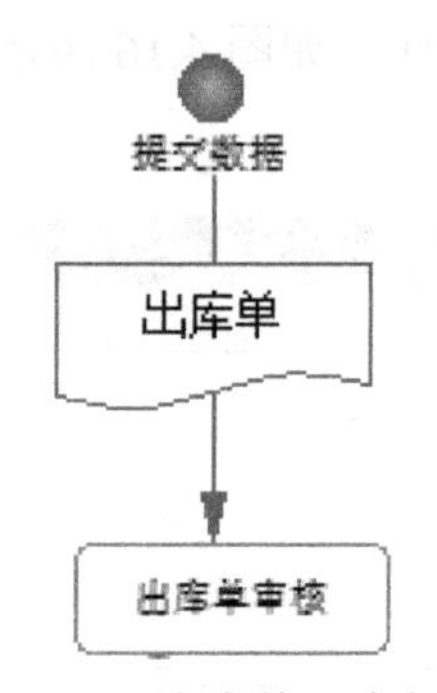

图 4.18 “出库单”消息格式

在流程图中不允许复制消息格式图标，如果删除消息格式图标，流程/资源流的消息格式属性设置为None即可。

定义消息格式的方法有两种：

- 从流程/资源流属性窗口创建消息格式
- 选择 Model→Message Formats 菜单项

选择第一种方法，具体操作过程如下：

（1）在流程图中双击流程图标，打开资源流属性窗口。

（2）单击消息格式（Message Format）下拉列表旁的创建工具，打开消息格式属性窗口。

其中，General 选项卡主要用于设置消息格式的基本信息，例如名称和代码等；Definition 选项卡用于设置消息格式的类型，如图 4.19 所示。

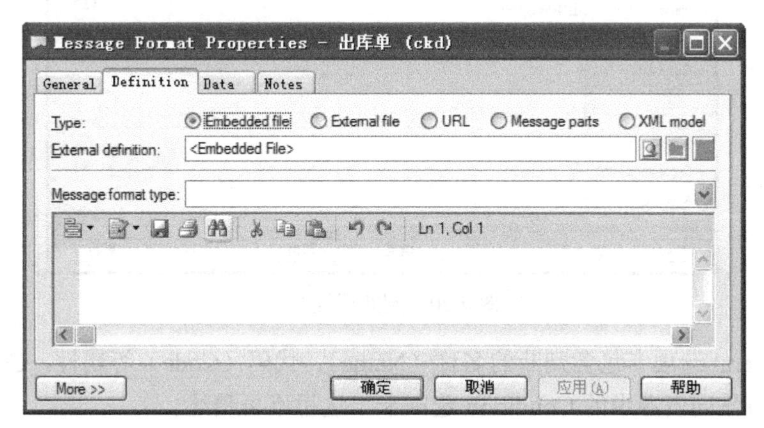

图 4.19　消息格式属性窗口 Definition 选项卡

其中，主要参数含义如下：

- Type：类型。包括嵌入式文件（Embedded file）、外部文件（External file）、URL、消息片段（Message parts）和 XML model。
- External definition：指定具体的嵌入式文件。
- Message format type：消息格式类型。可以直接输入消息格式类型或者选择以下消息格式类型：
  - DTD：表示消息格式类型为文档类型定义（Document Type Definition）。
  - XML schema：表示消息格式类型为 XML 模式。
  - RELAXNG：表示消息格式类型为 RELAXNG。

Data 选项卡的作用与操作方法同处理过程中的 Data 选项卡，这里不再赘述。

（3）定义完毕后，单击“确定”按钮保存所做的修改。

7. 定义判断

判断描述了一个流分解成几个流时的判定条件，用◇表示。每个流都可能带有一个流动条件，当流动条件满足时，开始执行这个流所指向的处理动作。流动条件之间不能相互包含，并且应该覆盖所有可能。

定义判断的具体操作过程如下：

（1）选择工具选项板上的 Decision 图标◇。

（2）在图形设计工作区适当位置单击鼠标左键放置判断。

（3）设置判断属性。

双击判断图形符号，打开判断属性窗口，如图 4.20 所示。

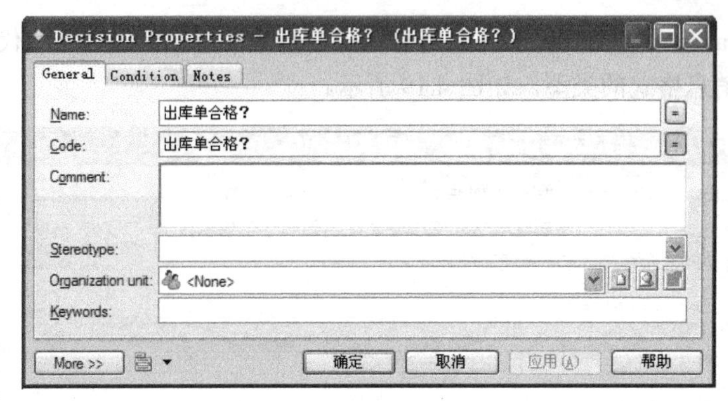

图 4.20　判断属性窗口

其中，General 选项卡包含判断的名称（Name）、代码（Code）等属性；Condition 选项卡的作用与操作方法同资源中的 Condition 选项卡，这里不再赘述。

（4）单击“确定”按钮保存所做修改，结果如图 4.21 所示。

图 4.21　“出库单合格？”判断

8. 定义组织单元

组织单元是指为处理过程负责的组织，可以是公司、系统、服务、组织、用户或者角色，也可以认为是使用更高级处理过程的业务伙伴，用表示。若将组织单元表示成泳道（Swim Lane）形式，则称为组织单元泳道，用表示。

图 4.22 是用泳道法和图标法表示的组织单元。右击图形设计工作区的空白处，从弹出的快捷菜单中选择 Disable Swimlane Mode/Enable Swimlane Mode，可以切换两种表示法。也可以使用 Tools→Display Preferences 菜单项，在打开的窗口左边选择 General，在窗口右边选择或不选择 Organization Unit Swimlane 复选框切换两种表示法；选择 Horizontal 或 Vertical，切换泳道的水平布置与垂直布置。

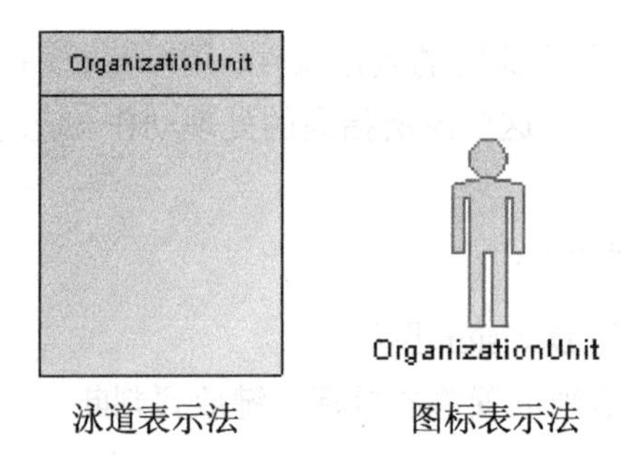

图 4.22　组织单元的两种表示方法

定义组织单元的具体操作过程如下：

（1）选择工具选项板上的 Organization Unit 图标。

（2）在图形设计工作区适当位置单击鼠标左键放置组织单元。

（3）设置组织单元属性

双击组织单元图形符号，打开组织单元属性窗口，如图 4.23 所示。

图 4.23　组织单元属性窗口

在 General 选项卡中设置组织单元的名称、代码等属性。其中，Parent Organization 表示父组织单元。

（4）定义完毕后，单击“确定”按钮保存所做修改，结果如图 4.24 所示。

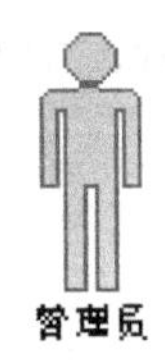

图 4.24　“管理员”组织单元

9. 定义角色关联

角色关联（Role Association）说明组织单元与处理之间的关联关系。这种关系必须把组织单元表示成图标形式。如果把组织单元切换成泳道形式，则系统自动删除角色关联，并且工具选项板中 Role Association 工具变成灰色。角色关联具有方向性，不同的方向表达不同的含义，在使用时必须加以注意。如“销售员”组织单元与“销售商品”处理之间角色关联方向为从“销售员”到“销售”；“顾客”组织单元与“销售商品”处理之间角色关联方向从“销售商品”到“顾客”。

定义角色关联的具体操作过程如下：

（1）选择工具选项板上的 Role Association 图标。

（2）在图形设计工作区选定要设定角色关联的两个模型对象，在第一个模型对象内单击鼠标并拖动鼠标至第二个模型对象（这里选择“管理员”和“修改规则”），两个对象间会增加一个角色关联的图标。

（3）设置角色关联属性。

双击角色关联图形符号，打开角色关联属性窗口，如图 4.25 所示。

图 4.25　角色关联属性窗口

General 选项卡用于流程常规属性的设置，主要参数含义如下：

- Name：角色关联名称。
- Code：角色关联代码。
- Comment：注释。
- Stereotype：版型。
- Orientation：关联方向。
    - Initiating role：主动角色。
    - Responding role：被动角色。
- Source：源。
- Destination：目的地。
- Keywords：关键字。

（4）单击“确定”按钮保存所做修改，如图 4.26 所示。

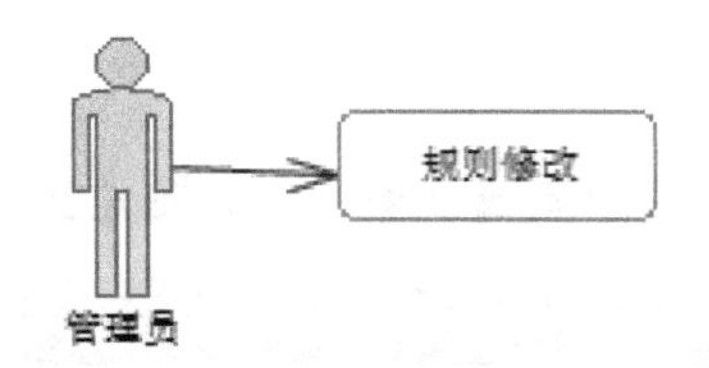

图 4.26　“管理员”与“规则修改”之间的角色关联

10. 定义资源

资源类似数据存储，可以是数据、文档、数据库、组件等处理过程，可以用于特殊事务。定义资源的具体操作过程如下：

（1）选择工具选项板上的 Resource 图标。

（2）在图形设计工作区适当位置单击鼠标左键放置资源。

（3）双击资源图形符号，打开资源属性窗口，设置资源属性。操作方法同处理过程，这里不再赘述。定义完毕后，单击“确定”按钮保存所做修改，结果如图 4.27 所示。

图 4.27　“库存报警信息”资源

11. 定义资源流

处理过程通过资源流访问资源，在流程图中使用带有箭头的虚线表示资源流。资源的访问方式决定了资源流程的方向。资源流访问资源有 3 种方式，包括来自处理的访问，来自资源的访问和来自处理和资源之间的互访，如图 4.28 所示。

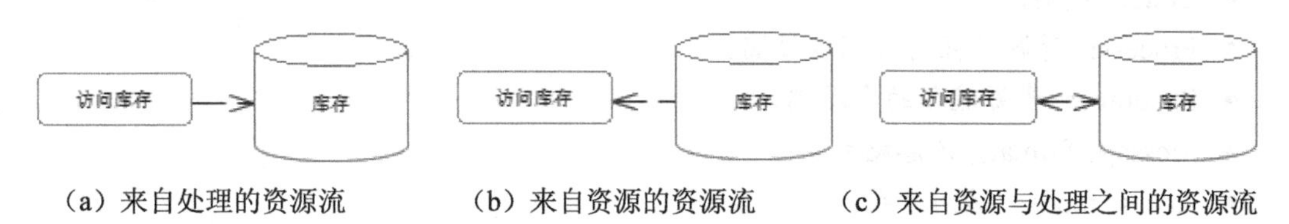

（a）来自处理的资源流　（b）来自资源的资源流　（c）来自资源与处理之间的资源流

图 4.28　资源与处理之间的访问方式

其中，图 4.28（a）中资源流能执行 Create、Update 或 Delete 三种操作；（b）中资源流能执行 Read 一种操作；（c）中资源流能执行 Create、Update、Delete 和 Read 四种操作。

定义资源流的具体操作过程如下：

（1）选择工具选项板上的 Resource Flow 图标→。

（2）在图形设计工作区选定要设定资源流的两个模型对象，在第一个模型对象内单击鼠标并拖动鼠标至第二个模型对象（这里选择“库存报警”和“库存报警信息”），两个对象间会增加一个资源流的图标。

（3）设置资源流属性。

双击资源流图形符号，打开资源流属性窗口，如图 4.29 所示。

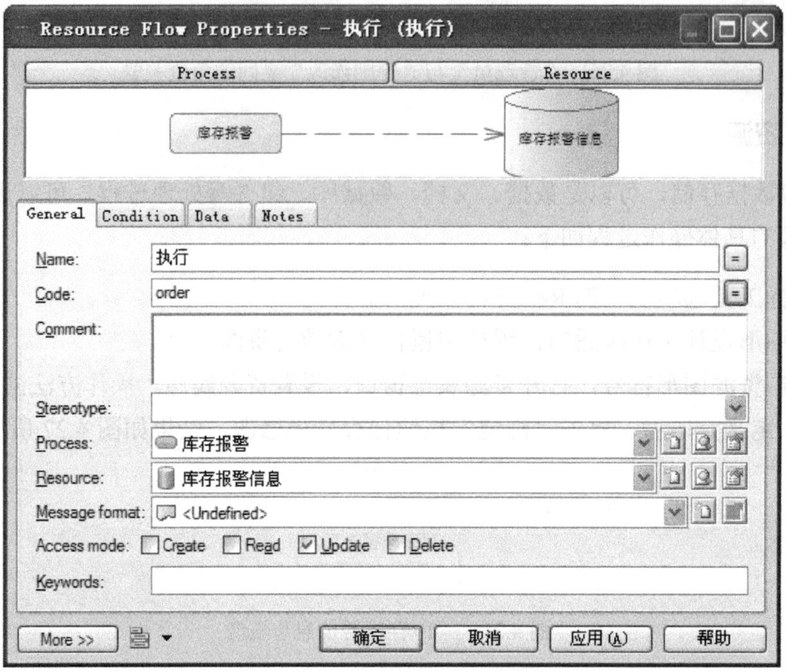

图 4.29　资源流属性窗口

General 选项卡中参数的含义如下：

- Name：资源流程名称。
- Code：代码。
- Process：资源流程的处理过程端。
- Resource：资源流程的资源端。
- Message format：消息格式。
- Access mode：访问方式。
- Create：新建。
- Update：修改。
- Delete：删除。
- Read：只读。

Condition 选项卡和 Data 选项卡的作用与操作方法同流程。

（4）定义完毕后，单击“确定”按钮保存修改，结果如图 4.30 所示。

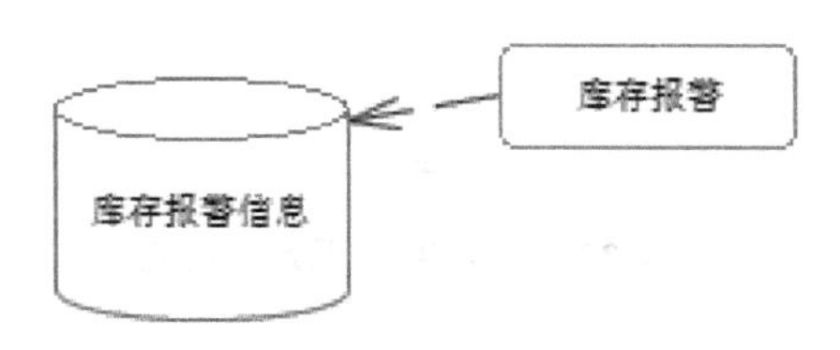

图 4.30　“库存报警信息”和“库存报警”之间的资源流

12. 定义终点

终点是业务流程图中处理过程和终止点。因为在一个模型或包中可以使用多个业务处理流程，因此在一个包或模型中允许定义多个终点。如果需要，在同一业务流程图中也可以定义多个终点，如正确和错误情况的终点就可以不同，在图 4.1 中就定义了两个终点，“入库单无效”和“出库单无效”。

定义终点的具体操作过程如下：

（1）选择工具选项板上的 End 图标◉。

（2）在图形设计工作区适当位置单击鼠标左键放置终点。

（3）设置终点属性

双击终点图形符号，打开终点属性窗口，如图 4.31 所示。

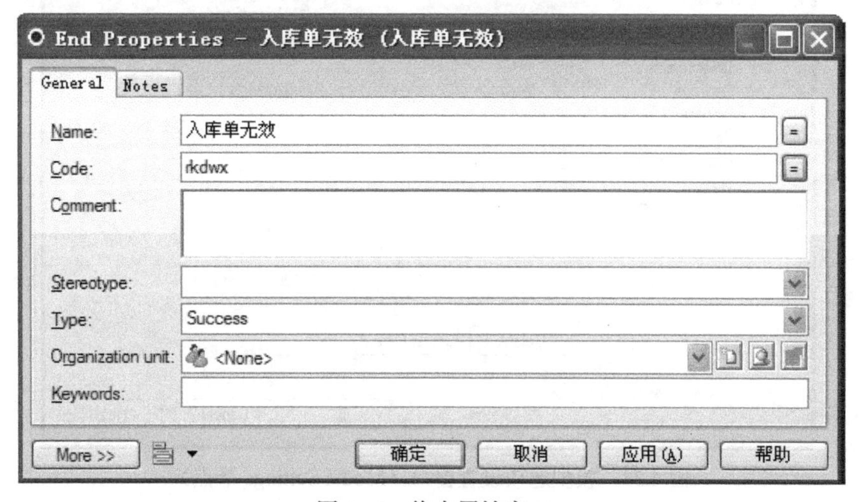

图 4.31　终点属性窗口

General 选项卡中 Type 参数含义如下：

- Success：表示流程正常终止。
- Timeout：表示流程因为超时而终止。
- Business error：表示流程因为业务逻辑错误而终止。
- Technical error：表示流程因为技术错误而终止。

（4）定义完毕后，单击“确定”按钮保存所做的修改，结果如图 4.32 所示。

图 4.32 “入库单无效”终点

默认状态下，在 BPD 中同样不显示终点名称，如果想显示，参照起点进行设置。终点不能创建快捷方式，一个复合过程至少有一个终点。

4.2.2 设置 BPM 模型选项

根据实际情况的需要，可以更改 BPM 模型选项的设置。具体方法如下：

选择 Tools→Model Options 菜单项，或在流程图窗口中的任何空白处鼠标右键单击，从弹出菜单中选择“Model Options”，打开模型选项设置窗口，如图 4.33 所示。

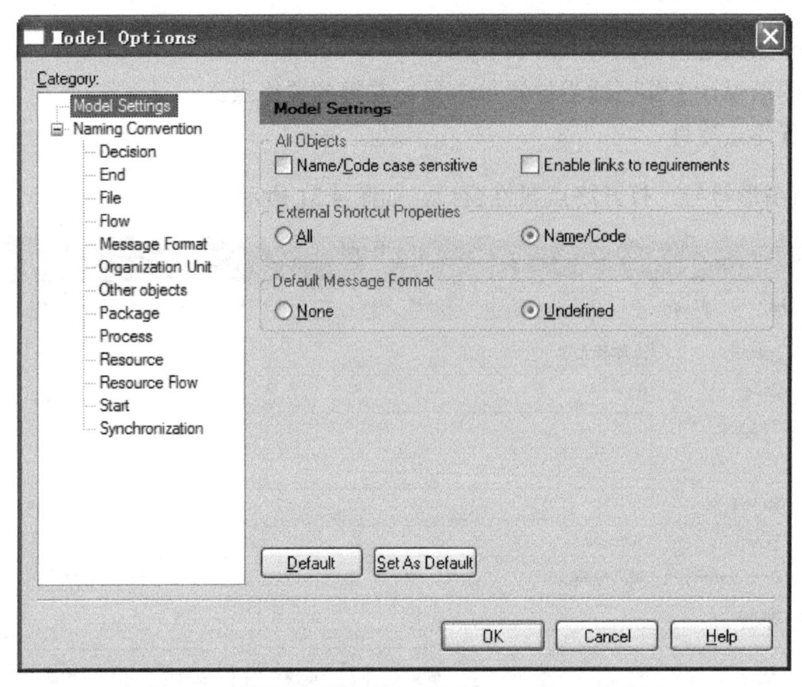

图 4.33 模型选项设置窗口（Model Settings 节点）

在模型选项设置窗口中包括 Model Settings 和 Naming Convention 两个节点，在 Naming Convention 中还包括若干子节点。

（1）Model Settings 节点中参数含义如下：

- All Objects：所有对象。
  - Name/Code case sensitive：名称和代码区分大小写。
  - Enable links to requirements：模型中的对象都能链接到一个需求模型的需求上，并且在模型对象的属性窗口中增加 Requirements 标签。

- External Shortcut Properties：外部快捷属性。
  - All：表示全部设定。
  - Name/Code：只设定名称/代码。
- Default Message Format：选择消息格式的默认设置。消息格式是流程和资源流的属性，它能够提供对象间的数据交互类型信息。
  - None（无）表示对此流程不需要任何默认消息格式，这通常意味着此流程重要级别不高。
  - Undefined（未定义），表示以后将定义此流程的消息格式。

（2）Naming Convention 节点用于设置每种对象的命名约束，设置方法同 3.3.1。

4.2.3 设置 BPM 属性

为了更确切地描述某一个 BPM 模型的功能，还可以对该模型的属性进行详细的设置。具体方法如下：

选择 Model→Model Properties 菜单项，或在流程图窗口的任何空白处鼠标右键单击，从弹出的快捷菜单中选择“Properties”，打开模型属性窗口，如图 4.34 所示。

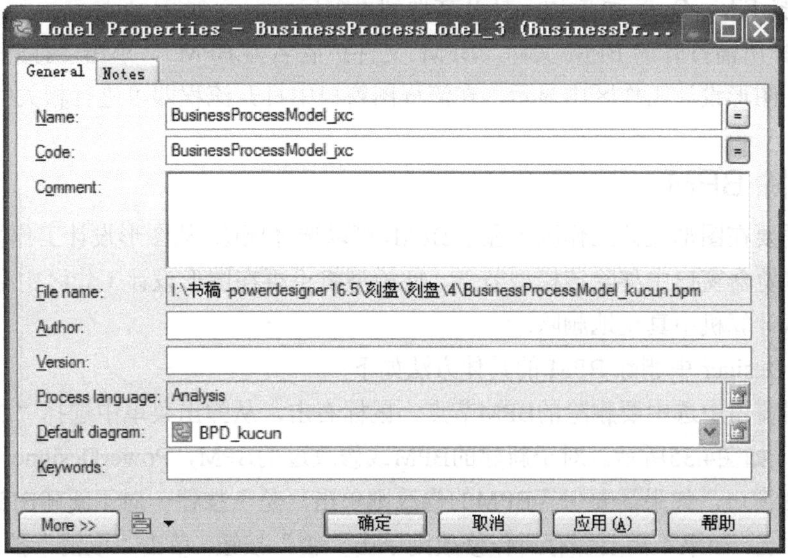

图 4.34 模型属性窗口（General 选项卡）

根据需要可以修改模型的属性。General 选项卡用于定义模型的通用信息，其中各项参数含义如下：

- Name：BPM 的名称。
- Code：BPM 的代码。
- Comment：注释。
- File name：模型文件位置。如果文件从未保存，此项为空。

- Author：作者。
- Version：模型版本号。
- Process language：处理语言。
- Default diagram：打开模型时默认打开的流图。
- Keywords：关键字。

Notes 选项卡用于模型的文字及公式描述。

4.3 管理 BPM

管理 BPM 包括对已有的 BPM 进行编辑以及从浏览器窗口中删除已打开的 BPM 等。

4.3.1 编辑已有 BPM

如果已经创建好了 BPM，则可以打开该模型并进行修改。具体方法如下：

（1）选择 File→Open 菜单项，打开文件列表窗口。

（2）选择所需打开的 BPM 文件（BPM 文件扩展名为.BPM），单击“打开”按钮，所选择的模型会在图形设计工作区中显示，在流程图窗口中打开流程即可进行相关的修改工作。

4.3.2 删除 BPM

如果不需要在图形设计工作区中显示BPM，可以选择删除。从图形设计工作区中删除BPM时，需要在浏览器窗口中移除该模型节点，此模型将不再在图形设计工作区中存在，但 BPM 文件并不会从计算机中真正地删除。

从 PowerDesiger 中删除 BPM 的具体方法如下：

在浏览器窗口中选中要删除的BPM节点，鼠标右击，从弹出菜单中选择“Detach from Workspace”，如图4.35所示。对于新建的BPM或修改过的BPM，PowerDesigner会弹出是否需要保存BPM的窗口，如果需要保存BPM的修改则单击“是”按钮；对于新建BPM需要选择路径和输入文件名，如果不需要保存所作修改则单击“否”按钮，单击“取消”按钮则取消从图形设计工作区中删除BPM。

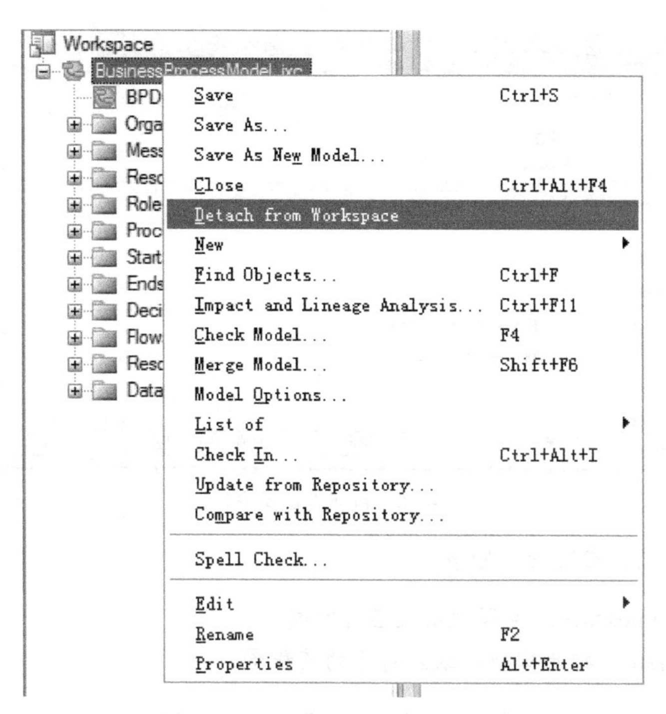

图 4.35　从工作区中删除 BPM 模型

4.4 包

包（Package）是用于将元素构成组的机制，它包含模型对象。通过包的形式可以将多个模型对象有效地组织起来。

4.4.1　创建包

当模型比较复杂时，为了方便设计和管理，可以将模型分解为多个较小的部分，从而避免操作模型的整体数据集合。使用包可将不同任务和主题的模型分配给多个开发小组，以提高开发效率。

创建包的具体操作过程如下：

（1）选择工具选项板上的 Package 图标。

（2）在图形设计工作区适当位置单击鼠标左键放置包。

（3）设置包的属性。

选择 Model→Packages 菜单项，打开包列表窗口后选择所需要修改属性的包，双击行首或单击工具栏中 Properties 工具或在图形设计工作区中双击需要修改的包，打开包属性定义窗口，如图 4.36 所示。

图 4.36　包属性定义窗口

General 选项中部分参数含义如下：

- Use parent namespace：是否使用父名称空间。
- Default diagram：打开模型时默认打开的流程图。

4.4.2　应用包

创建包后可以通过包来组织模型对象。应用包的具体方法如下：

（1）在图形设计工作区中选择创建好的包对象，双击后打开包属性窗口，单击 More>>，选择 Related Diagrams 选项卡，单击工具栏按钮打开添加对象窗口，如图 4.37 所示。

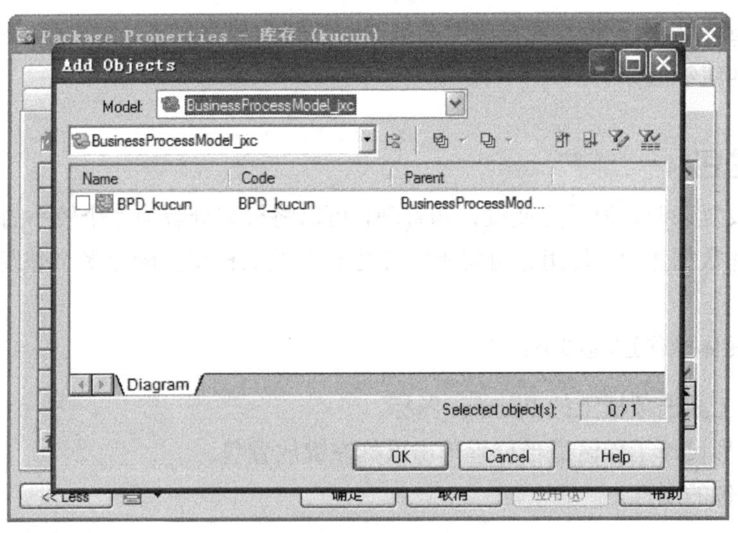

图 4.37　添加对象窗口

（2）在添加对象窗口中，通过选择复选框选择要添加的对象。

（3）定义完毕后，单击“确定”按钮保存所做修改。

4.5 业务规则

业务规则（Business Rule）是信息系统必须遵守的或按照业务需求必须构建的特定条件。系统的业务必须遵守此业务规则，就像遵守法律法规、客户需求或内部条例一样。

4.5.1 创建业务规则

首先需要创建业务规则，然后才能将业务规则应用到业务处理流程中。创建业务规则的具体过程如下：

（1）新建业务规则

选择 Model→Business Rules 菜单项，打开业务规则列表窗口，使用工具栏中 Add a Row，增加一个业务规则，如图 4.38 所示。

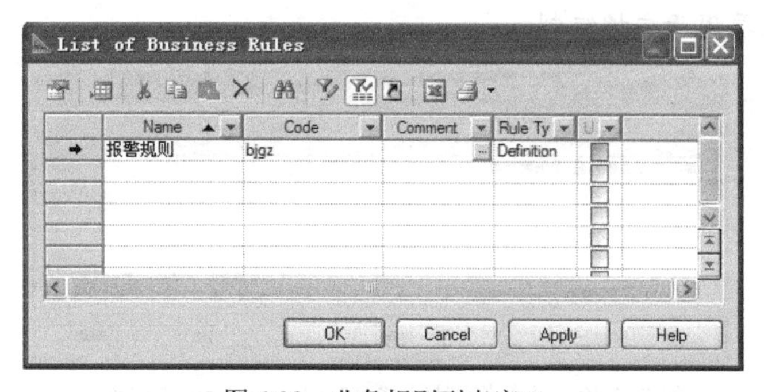

图 4.38　业务规则列表窗口

（2）设置业务规则属性

创建完业务规则后，需要设置业务规则属性，这样才能满足业务的实际需要。可以使用工具栏中 Properties 工具，或在浏览器窗口中选择 Business Rules 节点下的某个业务规则，或鼠标右键单击，从快捷菜单中选择"Properties"，打开业务规则属性窗口，如图 4.39 所示。

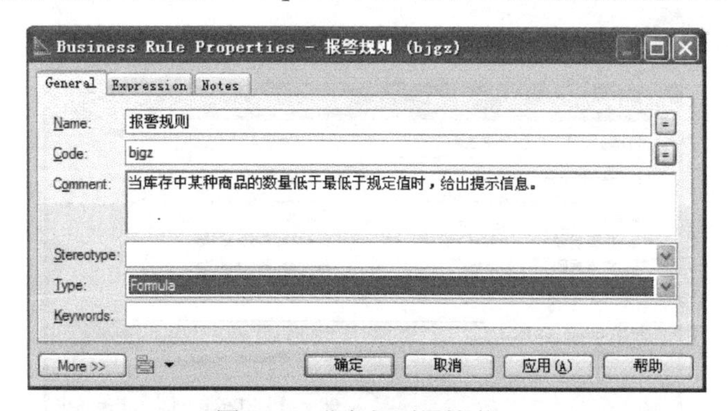

图 4.39　业务规则属性窗口

General 选项卡用来定义业务规则的常规属性，各参数的含义如下：

- Type：业务规则的类型，其中各类型值的含义如下：
  - ➢ 定义（Definition）：信息系统中对象的属性，如“客户是通过名称和地址识别的人”。
  - ➢ 事实（Fact）：信息系统中存在的事实，如“一个客户可以填写一个或多个订单”。
  - ➢ 公式（Formula）：系统中所使用的计算公式，如“订单总价是每个订单价之和”。
  - ➢ 需求（Requirement）：系统中特定功能说明，如“销售损失不得超过10%”。
  - ➢ 校验（Validation）：系统中的限制值，如“一个客户的订单总价不能大于其信用值”。
  - ➢ 限制（Constraint）：对值的附加检验，限制将在 PDM 和数据库中继续使用。如“项目起始日期必须早于结束日期”。

Expression 选项卡中包含业务规则的表达式属性，如图 4.40 所示，每个业务规则都可以包含以下两类表达方式：

- 服务器端：将业务规则应用到数据库。
- 客户端：主要用于文档编制。

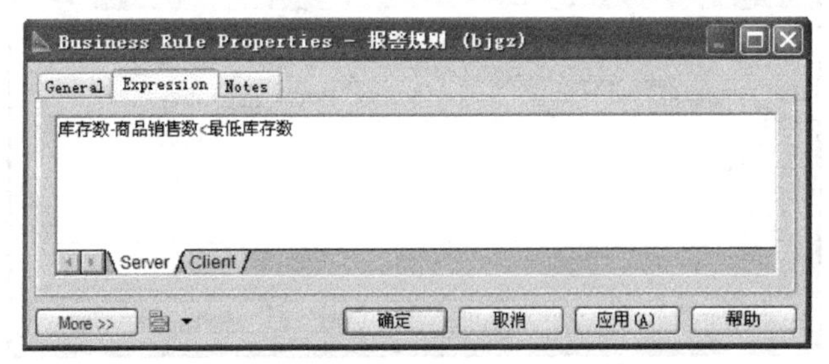

如图 4.40　业务规则属性窗口（Expression 选项卡）

4.5.2　应用业务规则

创建业务规则后可以将业务规则应用到 BPM 中的对象上。具体方法如下：

（1）在流程图中选择需要应用业务规则的对象，双击后打开对象属性窗口，选择 Rules 选项卡，单击工具栏按钮，打开选择业务规则窗口，如图 4.41 所示。

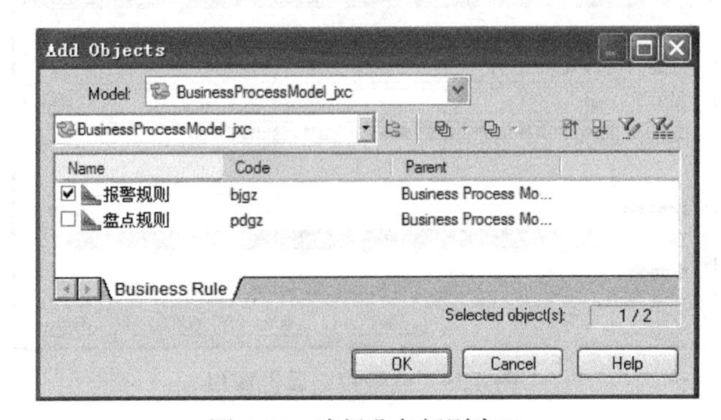

图 4.41　选择业务规则窗口

（2）选择需要应用的业务规则，单击OK按钮返回对象属性窗口。业务规则将被应用到对象，并在对象业务规则属性列表中显示。

4.6 进销存系统业务处理模型应用实例

数据流程图的作用是让用户明确系统中的数据流动和处理的情况，即系统的基础逻辑功能，对于软件的后续开发具有重要的指导意义。需求分析阶段的主要任务是理清系统的功能，系统分析员与用户充分交流后，应得出系统的逻辑模型，BPM 模型就是为达到这个目的而设计的，业务流程建模主要解决领域的逻辑问题。

根据第 3 章进销存管理系统的需求模型结果，运用前面讲过的创建 BPM 各对象的具体方法，完成进销存管理系统中销售与采购数据流程图，如图 4.42~图 4.43 所示。

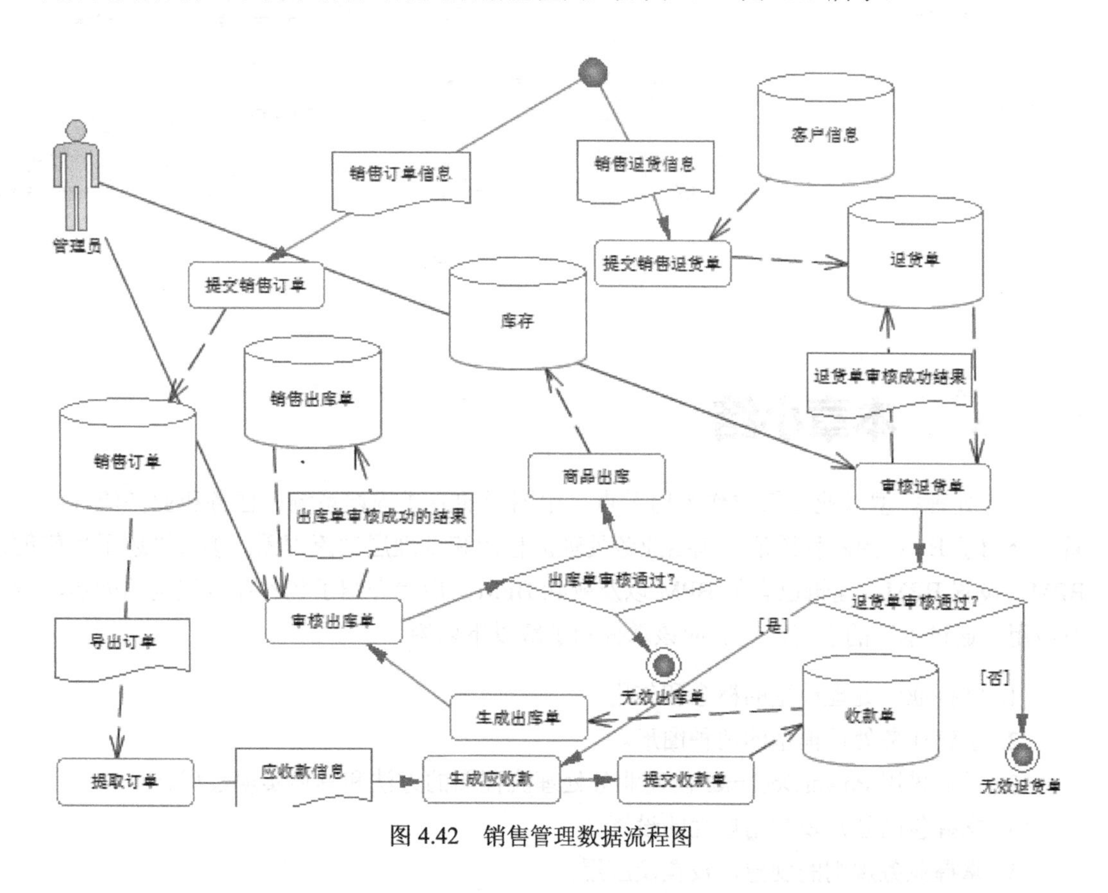

图 4.42　销售管理数据流程图

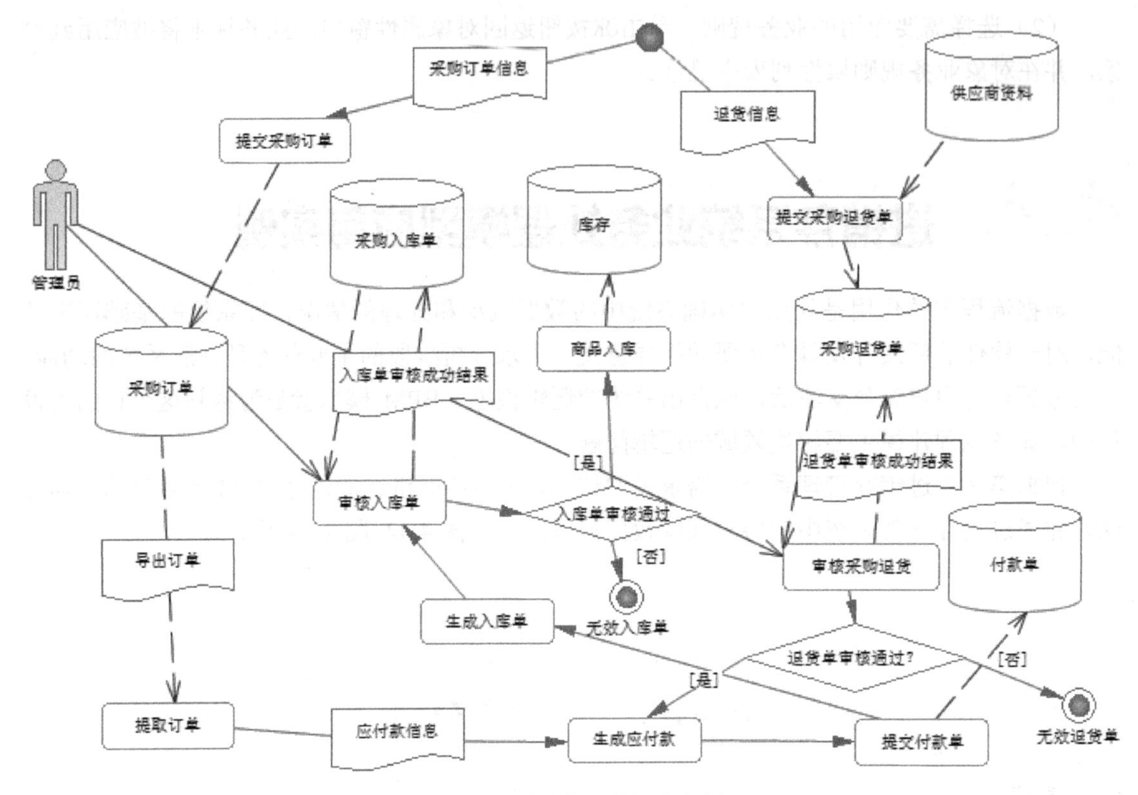

图 4.43　采购管理数据流程图

4.7 本章小结

业务处理模型以业务需求作为出发点，用图形的方式描述系统的任务和业务流程。本章首先介绍了 BPM 的两种图形，包括业务处理流程图和处理层次流程图；接着讲述了如何创建 BPM、设置 BPM、编辑已有的 BPM 以及删除 BPM；最后介绍了包和业务规则的创建、设置及应用。通过本章的学习，读者应该掌握和了解以下内容：

1. 掌握业务处理模型的概念和作用。
2. 了解业务处理模型的两种图形。
3. 掌握采用 PowerDesigner 创建业务处理流程图的方法和具体实现过程。
4. 掌握包的创建及常用属性的设置。
5. 掌握业务规则的创建、设置及应用。

4.8 习题四

1. PowerDesigner的BPM中提供了哪几种图形？
2. 什么是业务处理模型？
3. 怎样将业务规则应用到过程？
4. 怎样在图中显示出起点的名称？
5. 怎样创建消息格式？

第 5 章

概念数据模型（CDM）

数据库设计主要是确定数据库的模型，按照规范化设计的方法，考虑数据库及其应用系统开发过程，通常将数据库设计分为 6 个阶段，分别为需求分析阶段、概念结构设计阶段、逻辑结构设计阶段、物理结构设计阶段、数据库实施阶段、运行和维护阶段。其中，概念结构设计阶段是整个数据库设计的关键，它从用户的观点出发对信息系统建模，最终形成一个独立于具体的数据库管理系统的概念数据模型（CDM）。

5.1 CDM 概述

CDM 是对现实世界的一种抽象，即把现实世界抽象为信息世界，把现实世界中客观存在的对象抽象为实体和联系，然后用一种图形化的方式直观地描述出来。CDM 以实体-联系（Entity-Relationship，E-R）理论为基础，并对这一理论进行了扩充，主要用于数据库概念结构设计阶段。它独立于具体的 DBMS 以及计算机系统，是业务人员（用户）与分析设计人员沟通的桥梁。CDM 由一组严格定义的模型元素组成，这些模型元素能够精确描述系统的静态特性、动态特性以及完整性约束。

5.1.1 CDM 中的基本术语

CDM 术语对应着数据库设计中的概念模型，其定义和形式非常相近。CDM 设计过程中主要涉及以下术语：

1. 实体和属性

实体（Entity）是指现实世界中客观存在，并可相互区别的事物或事件。它既可以是具体的对象，例如一种商品、一名职工、一个部门等等，也可以是抽象的事件，例如一次谈话、一次旅游等等。实体可以是有形的，也可以是无形的；可能是具体的，也可能是抽象的；可以是有生命的，也可以是无生命的。

每个实体都包括一组用来描述实体特征的属性（Attribute），例如职工实体可由职工编号、职工姓名、电话等属性描述。

实体集（Entity Set）是具有相同类型及相同属性的实体的集合。例如“进销存系统”所有职工实体，可定义为职工实体集。实体集中的每个实体具有相同的属性。

实体型（Entity Type）是实体集中每个实体所具有的共同属性的集合。例如职工实体型可描述为：职工{职工编号,职工姓名,电话}。

标识符（Identifier）是用于唯一标识实体集中每个实体的一个或一组属性。例如职工编号。每个实体至少包括一个标识符；如果实体中有多个标识符，则指定其中一个为主标识符，其余为候选标识符。例如职工实体如果仅有职工编号为标识符，则可指定职工编号为主标识符；如果职工姓名属性值唯一，职工姓名也可作为标识符，此时可任意指定职工编号或职工姓名为主标识符，而另一个为候选标识符。

PowerDesigner 16 中，模型选项 Notation 的设置不同，对象显示样式不同。可以通过 Tools→Model Options→Model Settings→Notation 对其进行修改，以下 CDM 对象的 Notation 设置为“E/R+Merise”。

2. 联系

两个实体型之间的关系通常称为实体联系，例如仓库与商品之间的存储联系。实体之间的联系通常分为以下几种类型：

（1）一对一联系（1:1）

设 A、B 两个实体集，若实体集 A 中的每个实体至多同实体集 B 中的一个实体联系，反之亦然，则实体集 A 与 B 的联系称为一对一联系，记作“1:1”。假设：每个仓库由一名职工管理，且每名职工仅管理一个仓库。则仓库与职工之间存在“1:1”联系。如图 5.1 所示。

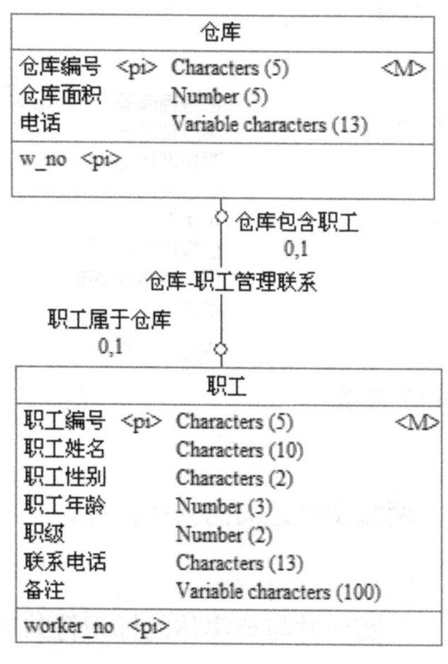

图 5.1　“1:1”联系

（2）一对多联系（1:n）/多对一联系（n:1）

设 A、B 两个实体集，若实体集 A 中的每个实体可以同 B 中的任意数目的实体相联系，而 B 中的一个实体至多同 A 中的一个实体相联系，则实体集 A 到 B 的联系称为一对多联系，记作“1:n”。假设：每个仓库可以存放多种商品，但一种商品只能存放在一个仓库中，则仓库与商品之间存在“1:n”联系，如图 5.2 所示。

设 A、B 两个实体集，若实体集 A 中的每个实体至多同 B 中的一个实体相联系，而 B 中的每一个实体可以同 A 中的任意数目的实体相联系，则实体集 A 到 B 的联系称为多对一联系，记作“n:1”。例如：商品与仓库之间的联系为“n:1”。

（3）多对多联系（m:n）

若实体集 A 中每个实体与 B 中任意数目的实体相联系，反之亦然，则实体集 A 和 B 的联系称为多对多联系，记作“m:n”。假设：每个供应商可以供应多种商品，每种商品可以由多个供应商供应，则供应商和商品之间存在“m:n”联系。如图 5.3 所示。

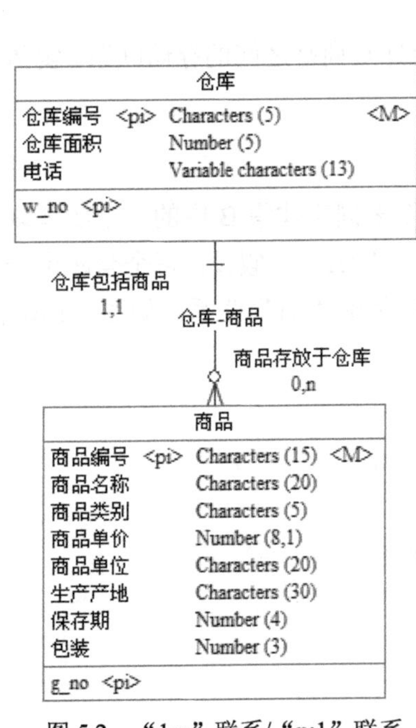

图 5.2 “1:n”联系/“n:1”联系

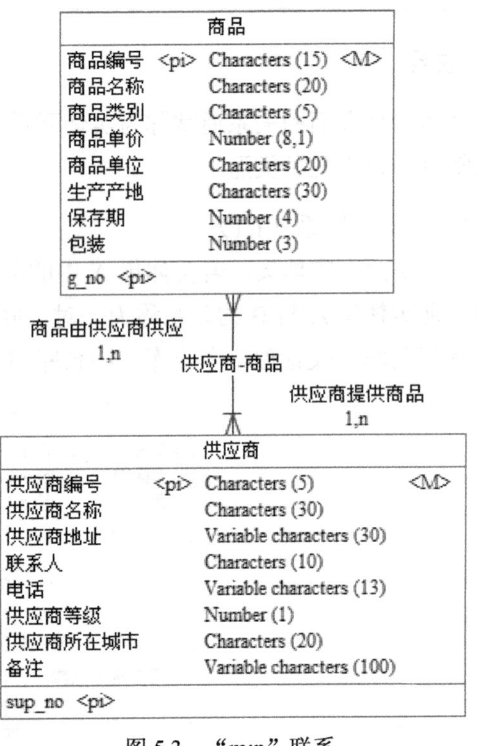

图 5.3 “m:n”联系

（4）标定与非标定联系

标定与非标定用于定义联系两端实体之间的依赖特性。

① 标定联系

一个实体的标识符进入另一个实体并与该实体的标识符共同组成其标识符，这种联系称为标定联系。

② 非标定联系

一个实体的标识符进入另一个实体充当非标识符则称为非标定联系。

如图 5.4 所示，供应商、商品、职工与采购之间为标定联系；商品与仓库之间为非标定联系。

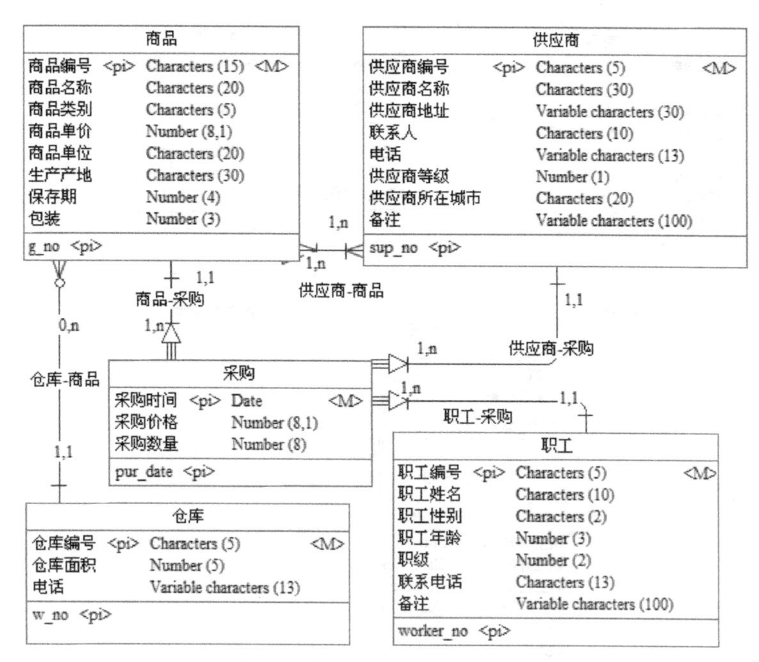

图 5.4　标定联系和非标定联系

（5）递归联系

一个实体与自身发生联系称为递归联系，也称为自反联系。假设：每名职工由一个领导管理，一个领导管理多名职工。则职工实体存在递归的管理联系，如图 5.5 所示。

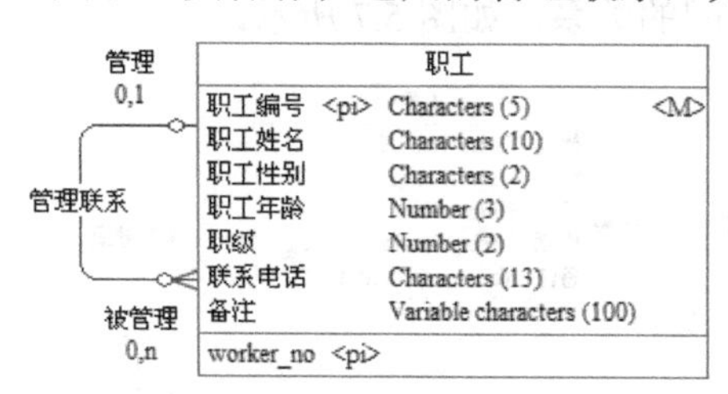

图 5.5　递归联系

（6）多元联系

联系有些时候不仅仅局限于两个实体型之间，可能涉及更多的实体，从而构成多元联系。假设，供应商、商品、职工实体型之间存在如下关系：

- 每个供应商可以供应多种商品，每种商品可由多个供应商供应。
- 一名职工负责多种商品的采购，一种商品可由多名职工负责采购。
- 每次采购需记录商品、供应商、职工基本信息以及采购时间、价格和数量。

则三个实体型之间构成了一个多元的采购关系。

在 PowerDesigner 中创建多元联系通常是把多元联系中的联系用实体替代，同时增加替代实体与其他实体之间的二元联系，从而构成多元联系。如图 5.6 所示。另外，也可以使用关联建立多元联系。

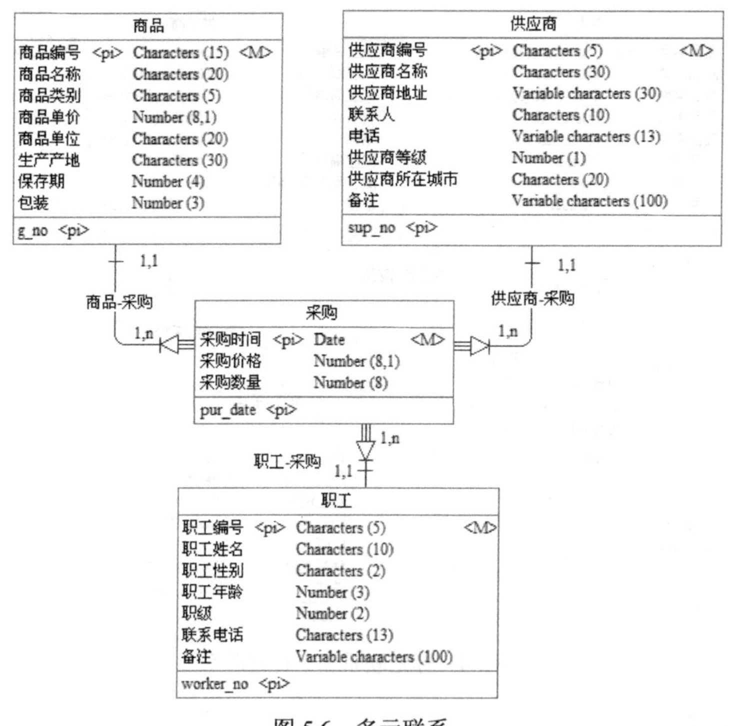

图 5.6　多元联系

（7）继承联系

继承也用于表达实体之间的关系，如图 5.7 所示。

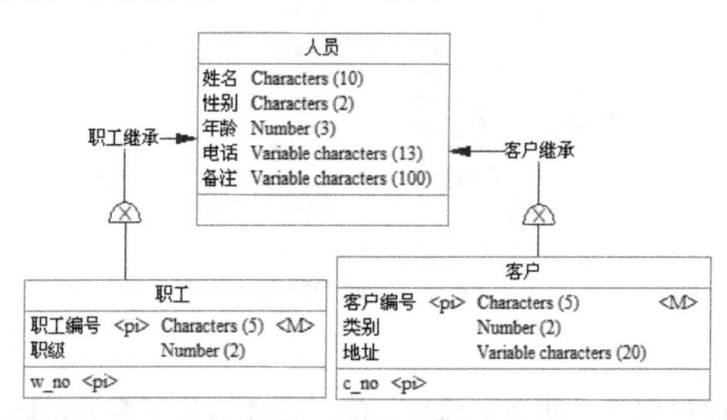

图 5.7　继承联系

继承联系的一端是具有普遍性的实体集，称为父实体集，另一端连接的是特殊的一个或多个实体集，称为子实体集。通常父类实体中包含各子类实体的公共属性，子类实体中包含特有的属性。例如：父类实体人员包含姓名、年龄、性别、电话、备注等几个属性；子类“职工”包含特有的属性：职工编号、职级；子类“客户”包含属性：客户编号、类别、地址。

继承联系分为以下 4 种类型：互斥继承/非互斥继承和完全继承/非完全继承。

其中：

- 互斥性继承联系是指父实体中的一个实例只能在一个子实体中出现。例如："Person"父实体下的"Man"与"Woman"两个子实体之间的联系是互斥的。
- 非互斥性继承联系是指父实体中的一个实例可以在多个子实体中出现。例如："职工"父实体下的"干部"与"教师"子实体之间属于非互斥继承联系，教师有可能也是干部，干部有可能也是教师。
- 完全继承联系是指父实体的所有实例必须是子实体之一。例如："Person"父实体包括"Man"与"Woman"两个子实体，那么"Person"实体的每个实例必须是"Man"或者"Woman"两个子实体之一。
- 非完全继承联系则不必满足上述约束。

PowerDesigner 16 中，工具箱中的继承联系有时可能是禁用的，这是因为模型选项 Notation 的设置问题。可以通过 Tools→Model Options→Model Settings→Notation 对其进行修改。

3. 数据项

数据项（Data Item）是信息存储的最小单位，它可以附加在实体上作为实体的属性。

模型中允许存在没有附加到任何实体上的数据项，但模型检查时会给出警告。

4. 域

域（Domain）是一组具有相同数据类型的值的集合。例如：整数、正数、{0，1}、{"男"，"女"}等等，都可以作为域。域定义后可以被多个数据项或实体属性共享。由于引用同一个域的数据项或实体属性具有相同的数据类型（Data Type）、长度（Length）、精度（Precision）、检查参数（Check Parameter）、业务规则（Business Rules）和强制（Mandatory）特性等，使得不同实体中的属性标准化更容易。例如：定义性别域 sex 为{"男"，"女"}，则所有引用 sex 域的属性或数据项的取值就只能为"男"或者"女"；如果修改 sex 为{"m"，"w"}，则所有引用 sex 域的属性或数据项的取值只能为"m"，"w"。

5.1.2　CDM 的建立方法

建立 CDM 可以采用下面 3 种形式：

- 新建 CDM
- 从已有 CDM 生成新的 CDM
- 通过逆向工程由 PDM 等模型生成 CDM

新建 CDM 的方法在 5.2 节中叙述；从已有 CDM 生成新的 CDM 方法在 5.3.2 节中讲解。

5.2 建立 CDM

CDM 是通过对用户需求进行综合、归纳与抽象形成的，是独立于具体数据库管理系统的概念数据模型，是整个数据库设计的关键。创建 CDM 必须以需求分析结果为基础，从中提取系统需要处理的数据，包括实体、联系、特殊的业务规则等等。这些是创建 CDM 的基础。复杂的 CDM 通常从系统中局部应用开始设计，所有局部应用的 CDM 设计结束后，将其进行合并与优化，从而形成全局 CDM。

5.2.1 数据抽象

在具体创建 CDM 之前，需要对需求分析阶段收集到的数据采用数据抽象机制对其进行分类、聚集，形成实体、实体属性以及联系等。从而为设计 CDM 奠定基础。以“进销存系统”为例，经过数据抽象确定的实体包括商品、供应商、客户、职工、仓库等等。“进销存系统”包括的具体实体、属性以及联系等信息见本章实例。

本章叙述过程中引用的例子与“进销存系统”包括的实体、属性以及联系略有不同，主要是为叙述问题的方便。

5.2.2 定义实体

CDM 设计的首要任务是定义模型中包括的实体，步骤如下：

1. 建立 CDM 模型

选择 File→New Model 菜单项，打开新建模型窗口，在新建模型窗口中选择 Conceptual Data Model，即概念数据模型（CDM）。在 Model Name 处输入模型名称，然后单击 OK 按钮，创建一个 CDM 模型。默认情况下新建模型将出现在 PowerDesigner 浏览器窗口中，同时打开用于设计选定模型对象的工具箱。CDM 工具箱中特有工具选项（如图 2.23 所示）含义如表 5.1 所示。

表 5.1　CDM 工具箱各选项含义

序号	图标	英文名称	含义
1		Package	包
2		Entity	实体
3		Relationship	联系
4		Inheritance	继承
5		Association	关联
6		Association Link	关联链接
7		File	文件

2. 定义实体

定义实体的方法：

- 使用工具箱中的 Entity 工具选项。
- 使用 Model→Entities 菜单项。
- 使用鼠标右键单击正在设计的 CDM 模型，从快捷菜单中选择 New→Entity。

其中第一种方法最为直观方便。具体操作过程如下：

（1）选择工具箱中的 Entity 图标，光标形状由指针状态变为选定图标的形状。

（2）在图形设计工作区适当位置单击鼠标左键放置实体。如果需要定义多个实体，只要移动光标到另一合适位置，再次单击鼠标左键即可。

只有光标形状为实体（Entity）图标时，才能定义实体。

（3）实体放置后，通常在 CDM 工作区空白处单击鼠标右键，或者在工具箱中选择指针（Pointer），将光标形状恢复为指针状态，结束实体定义工作。

（4）设置实体属性。

双击实体图形符号，打开实体属性窗口，如图 5.8 所示。

图 5.8　实体属性窗口

其中，General 选项卡用于设置实体名称、代码和注释等信息；Attributes 选项卡用于设置实体包括的属性（字段）信息；Identifiers 选项可用于设置实体标识符；Notes 选项卡用于设置实体的描述信息；Rules 选项卡用于设置与该实体相关的业务规则。

General 选项卡中主要参数含义如下：

- Name：实体名称。
- Code：实体代码。
- Comment：注释。

- Number：该实体在数据库中可能存放的记录数，用来估计数据库的大小。
- Generate：是否生成此实体，即生成 PDM 时该实体是否生成一个表。
- Parent Entity：父实体。
- Keywords：关键字。关键字可用于对模型对象进行分组，或通过关键字查找模型对象。

5.2.3　定义属性

属性（Attribute）用于描述实体的特性，每个实体至少应该包括一个属性。例如：仓库实体包括仓库编号、仓库面积、电话等属性。属性定义方法如下：

（1）单击实体属性窗口的 Attributes 选项卡，打开属性定义窗口，如图 5.9 所示。在该窗口中输入全部属性。

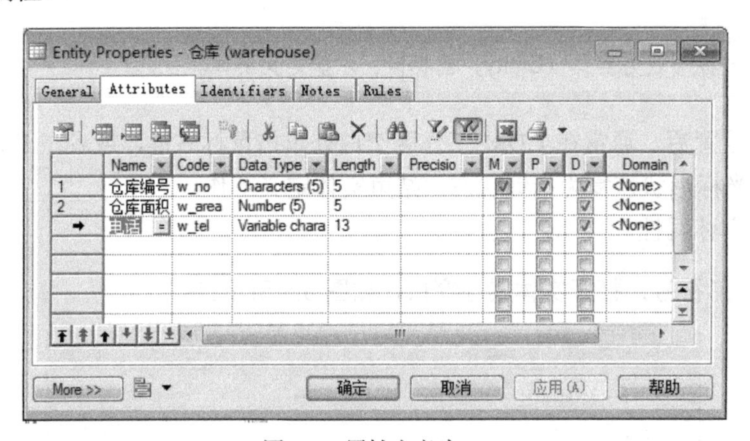

图 5.9　属性定义窗口

Attributes 选项卡各参数含义如下：

- Name：属性名称。
- Code：属性代码。
- Data Type：数据类型。
- Length：数据类型长度。
- Precision：数据类型精度。
- M（Mandatory）：强制，属性值是否允许为空。
- P（PrimaryIdentifier）：表示是否为主标识符。
- D（Displayed）：表示是否在实体图形符号中显示该属性。
- Domain：表示应用到该属性上的域。

属性定义窗口中显示的列可以通过 Customize Columns and Filter 工具进行修改。

（2）属性参数设置。在属性定义窗口中右键单击需要进行参数设置的属性行，在快捷菜单中选择 Properties，打开该属性参数设置窗口，如图 5.10 所示，设置“仓库面积”属性参数。

图 5.10　属性参数设置窗口（General）

其中，General 选项卡用于设置该属性的基本信息；Standard Checks 选项卡用来设置属性的标准检查性约束；Rules 选项卡用来设置或显示与该属性相关的业务规则，业务规则可以是一些相关的法律、法规、业务流程、内部指南等等，用于指导和约束业务行为。另外，还可以设置描述信息以及附加检查性约束等等。

标准检查性约束是一组确保属性有效的表达式。例如：性别只能为“男”或“女”。单击 Standard Checks 选项卡，打开标准检查性约束设置窗口，如图 5.11 所示。设置“仓库面积”的最小值为 10，最大值为 200。

图 5.11　属性的标准检查性约束设置窗口

标准检查性约束设置窗口中各项参数含义如下：

- Minimum：最小值。
- Maximum：最大值。
- Default：默认值。
- Format：数据显示格式，例如：9999.99。此处可以直接输入格式，也可以选择已经创建的格式对象，还可以创建新的格式对象，并且可以对格式进行属性设置。
- Unit：单位，如吨、米等。
- No space：不允许空格。
- Cannot modify：初始化后不允许修改。
- Character case：字符大小写设置。可以选择：Mixed case（大小写混合形式）Lowercase（全部小写）、Uppercase（全部大写）、Sentence case（句子形式）、Title case（标题形式）。
- List of values：属性值列表，如果该列表中填入数值，则属性必须从列表中取值，不能取其他值。
- Complete：用于排出没有出现在列表中的值。

5.2.4 定义联系

定义好实体和属性后，接下来定义实体之间以及实体内部的联系。本节首先概要叙述联系的定义方法及参数含义，然后详细叙述每一种联系的具体定义过程。

1. 联系的定义及参数设置

（1）单击工具箱中的 Relationship 工具选项，光标由指针形状变为该图标形状，在需要设置联系的两个实体中的一个实体图形符号上单击鼠标左键，并在保持按键的情况下将鼠标拖曳到另一个实体上，然后释放鼠标左键。这样就在两个实体之间创建了一个联系。如图 5.12 所示。

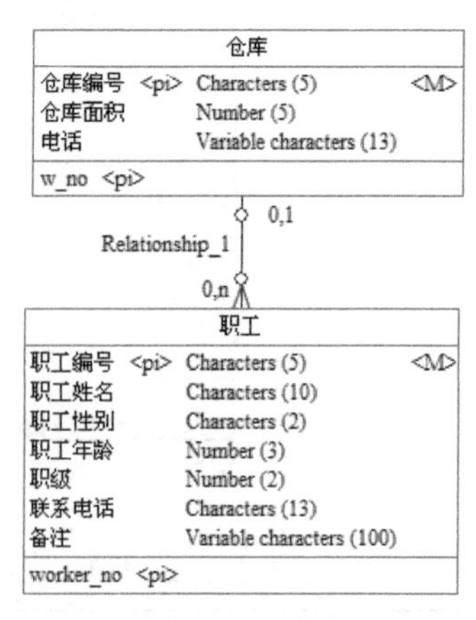

图 5.12 联系

（2）鼠标双击联系图形符号，打开联系属性设置窗口，如图 5.13 所示。设置“仓库”和“职工”两个实体之间的联系，联系名称为“仓库-职工管理联系”，代码为“w_worker”。

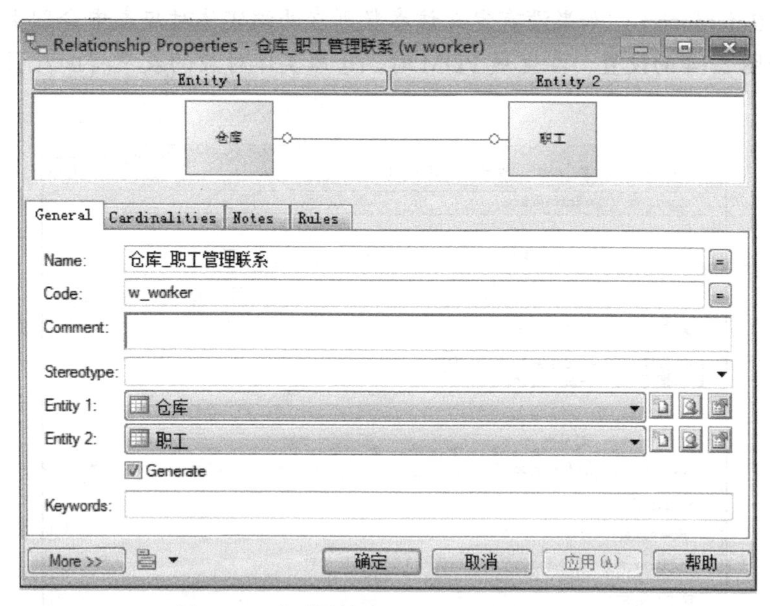

图 5.13　联系属性窗口（General 选项卡）

其中，

General 选项卡用于设置联系的基本信息，主要参数含义如下：

- Name：联系名称。
- Code：联系代码。
- Comment：注释。
- Entity 1 和 Entity 2：联系两端实体的名称。
- Generate：在 CDM 生成 PDM 时，将生成 PDM 中的参照/引用（Reference）。
- Keywords：设置关键字。

Cardinalities 选项卡用于设置联系基数信息，如图 5.14 所示。设置“仓库”和“职工”之间的联系为“1:1”联系；“仓库 to 职工”的联系基数为“1，1”；“职工 to 仓库”的联系基数为“0，1”。

Cardinalities 选项卡中首先根据 Cardinalities 的设置显示两个实体之间的关系。如图 5.14 所示。

其余参数含义如下：

- One-One：“1:1”联系。
- One-Many：“1:n”联系。
- Many-One：“n:1”联系。
- Many-Many：“m:n”联系。

- Dominant role：该参数只针对“1:1”联系，用于定义该联系中起支配（主导）作用的角色。在 CDM 生成 PDM 时，如果定义该参数则在依赖实体对应表中生成一个参照/引用（Reference）；如果没有定义该参数则在两端实体对应表中分别生成一个参照/引用。如图 5.14 的设置，在生成 PDM 时，仓库实体对应的表中将加入引用（外键）-职工编号。

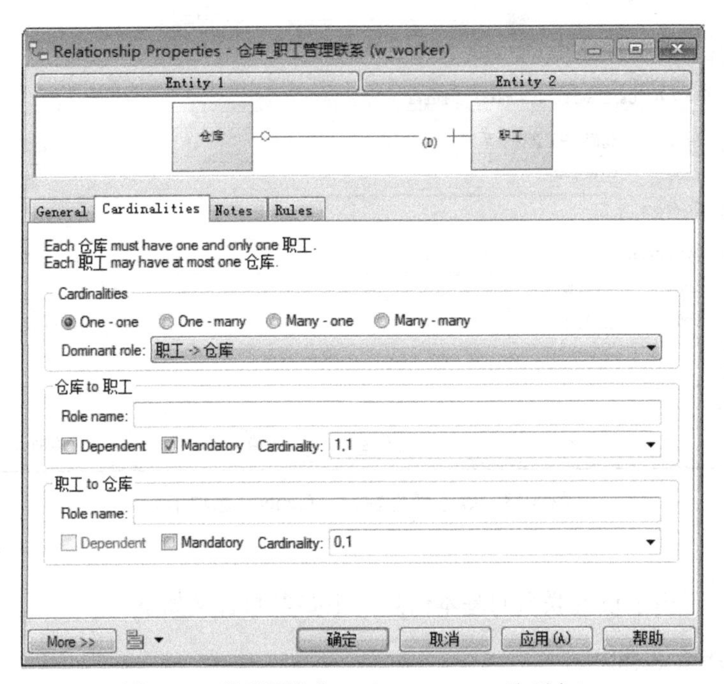

图 5.14　联系属性窗口（Cardinalities 选项卡）

- 分组参数：由于联系是有方向的，因此在联系的两个方向上各自包含一组参数。
- Role name：角色名称，描述该方向联系的作用可以设置也可以不设置。例如仓库 to 职工的角色名称可以命名为：仓库包含职工；而职工 to 仓库的角色名称可以命名为：职工属于仓库。
- Dependent：依赖。如果定义了依赖关系，在 CDM 生成 PDM 时，依赖实体中将生成一个引用，并且该引用将作为依赖实体标识符的一部分。两个实体之间存在依赖关系的联系又称为标定联系；如果没有定义依赖，则称为非标定联系。
- Mandatory：强制。强制状态下联系的基数分为“1，1”和“1，n”两种。其中，“1，1”表示从左边实体集中选择一个实体，在右边实体集中必须有且仅有一个实体与之对应；“1，n”表示从左边实体集中选择一个实体，在右边实体集中至少有一个实体与之对应。在非强制状态（也就是可选的情况）下，联系的基数分为：“0，1”和“0，n”两种。其中，“0，1”表示从左边实体集中选择一个实体，在右边实体集中有 0 个或 1 个实体与之对应；“0，n”表示从左边实体集中选择一个实体，在右边实体集中有 0 个、1 个或者 n 个实体与之对应。
- Cardinality：联系的基数。分为四种：“1，1”、“1，n”、“0，1”、“0，n”。例

如仓库 to 职工联系的基数为“1，1”，表示一个确定的仓库一定有一名职工对其进行管理；职工 to 仓库联系的基数为“0，1”，表示一名职工可以管理一个仓库，但职工也可以仅管理商品的采购或销售，而与仓库管理无关。

Cardinalities 选项卡中参数设置不同，联系图形符号显示的样式不同。请读者仔细观察联系图形符号的显示样式与 Cardinalities 选项卡中参数设置之间的对应关系。

2. 联系的具体定义

（1）定义“1:1”联系

假设：在“进销存系统”中，仓库与职工之间为“1:1”联系，即一个仓库必须由一名职工管理，且仅由一名职工管理；一名职工最多只能管理一个仓库（职工也可以从事其他工作，而非仓库管理）。具体定义过程如下：

① 在仓库和职工实体之间创建联系。如图 5.12 所示。

② 打开联系的属性设置窗口，在 General 选项卡中设置联系的基本信息，如图 5.13 所示。

③ 在 Cardinalities 选项卡中设置联系的基数信息，如图 5.14 所示。

④ 单击“确定”按钮，结果如图 5.15 所示。

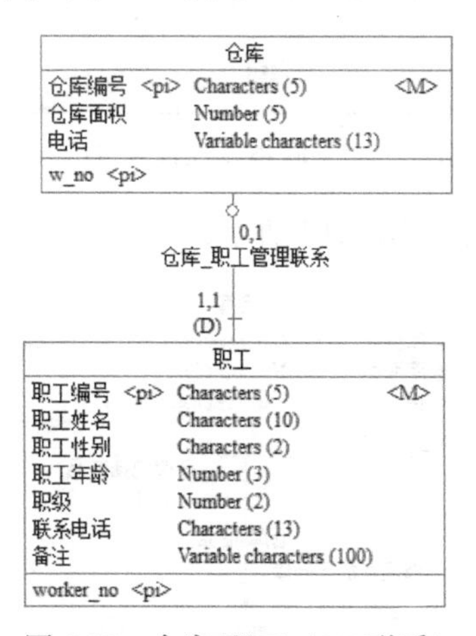

图 5.15　仓库-职工（1:1 联系）

实体、属性以及联系的显示参数、样式等的设置方法详见 5.2.7 节。

（2）定义“1:n”联系

假设：“进销存系统”中规定：一种商品能且仅能存放在一个仓库中，一个仓库中可以存放多种商品。则仓库与商品之间的联系可定义为“1:n”。

联系的具体定义过程如下：

① 在仓库与商品实体之间创建联系。

② 打开联系的属性窗口，在 General 选项卡中设置联系的基本信息，联系名称为“仓库-

商品”，联系代码为“w_goods”。

③ 在 Cardinalities 选项卡中设置联系的基数信息，“仓库”与“商品”之间的联系为“1:n”；“仓库 to 商品”的联系基数设置为“0,n”；“商品 to 仓库”的联系基数设置为“1,1”。如图 5.16 所示。

图 5.16　仓库-商品（1:n）联系属性设置（Cardinalities 选项卡）

④ 单击“确定”按钮，结果如图 5.17 所示。

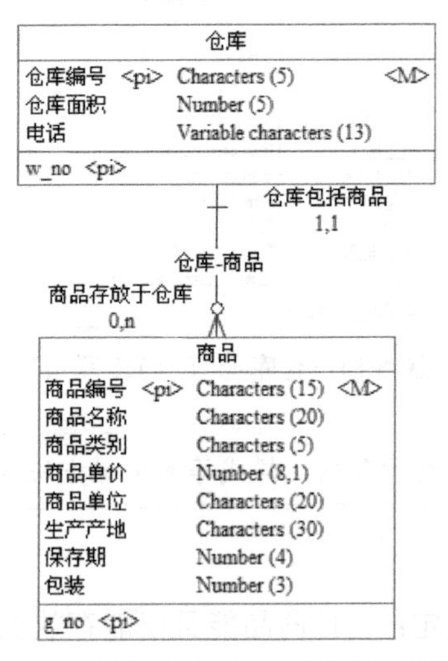

图 5.17　仓库-商品（1:n）联系设置结果

（3）定义“m:n”联系

假设“进销存系统”中规定：一个供应商可以供应多种商品，一种商品可由多个供应商供应。则供应商与商品之间的联系可定义为“m:n”。

联系的具体定义过程如下：

① 在供应商与商品实体之间创建联系。

② 打开联系的属性设置窗口，在 General 选项卡中设置联系的基本信息，联系名称为“供应商_商品”，联系代码为“sup_goods”。

③ 在 Cardinalities 选项卡中设置联系的基数信息，设置“供应商”和“商品”之间的联系为“m:n”；“供应商 to 商品”以及“商品 to 供应商”的联系基数都设置为“1，n”；如图 5.18 所示。

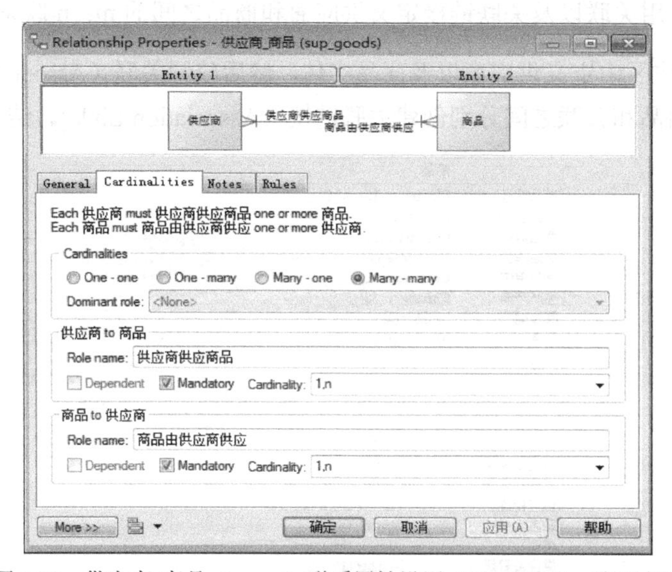

图 5.18　供应商-商品（m：n）联系属性设置（Cardinalities 选项卡）

④ 单击“确定”按钮，结果如图 5.19 所示。

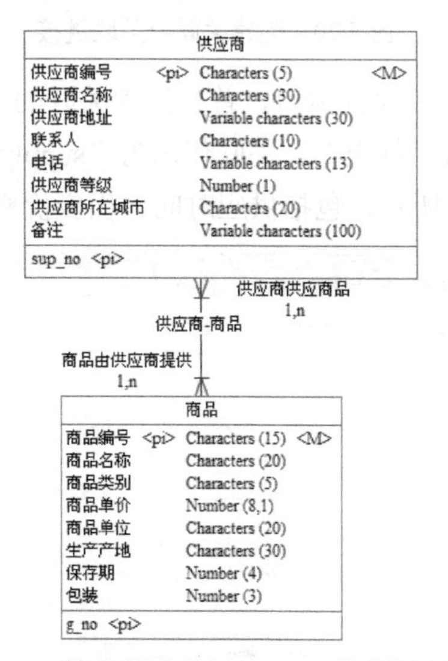

图 5.19　供应商-商品（m：n）联系设置结果

（4）定义关联及关联链接

关联以及关联链接都是 PowerDesigner 提供的对象，用于描述 CDM 模型中联系无法表示的特性。例如：上述定义的“1:1”、“1:n”，以及“m:n”联系本身没有属性，如果联系本身包含属性则需要采用关联以及关联链接对其进行描述，或者将联系转换为实体（详见定义多元联系）。

针对上述供应商和商品之间的供应联系，规定每次供应商供应商品时都需记录供应时间，供应数量，供应价格等信息。如果采用前面的定义方法，则无法存储供应时间、数量以及价格信息。下面采用关联以及关联链接定义供应商和商品之间的 m：n 联系，具体过程如下：

① 首先在工作区中定义供应商以及商品实体，然后放置关联（Association），并在供应商和关联之间以及商品和关联之间分别创建关联链接（Association Link）。结果如图 5.20 所示。

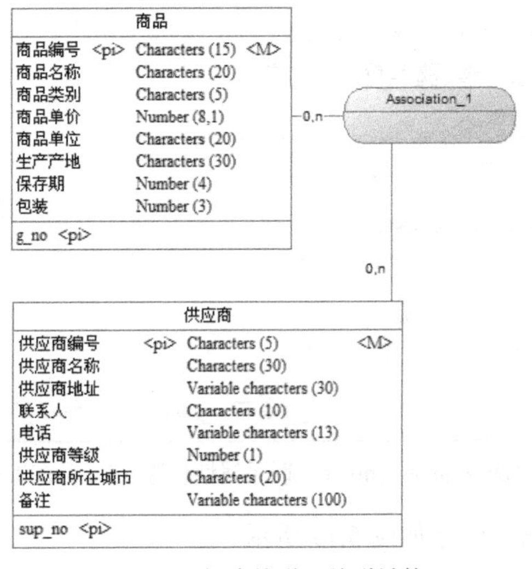

图 5.20 创建关联及关联链接

② 双击关联对象，打开关联属性窗口，首先设置关联的一般属性（General 选项卡），如图 5.21 所示。设置关联名称为“供应”，关联代码为“supply”。单击 Attributes 选项卡，设置关联包括的属性，如图 5.22 所示，包括供应时间、供应价格和供应数量三个属性。

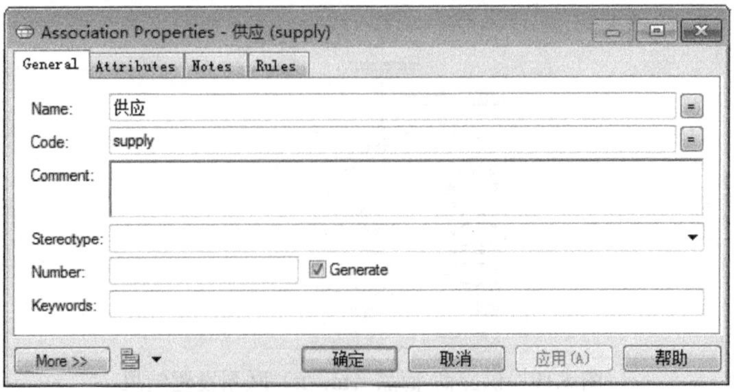

图 5.21 设置关联属性（General 选项卡）

其中参数含义如下：

- Name：关联名称。
- Code：关联代码。
- Number：记录数量。
- Generate：在 CDM 生成 PDM 时该关联是否生成表。
- Keywords：设置关键字。

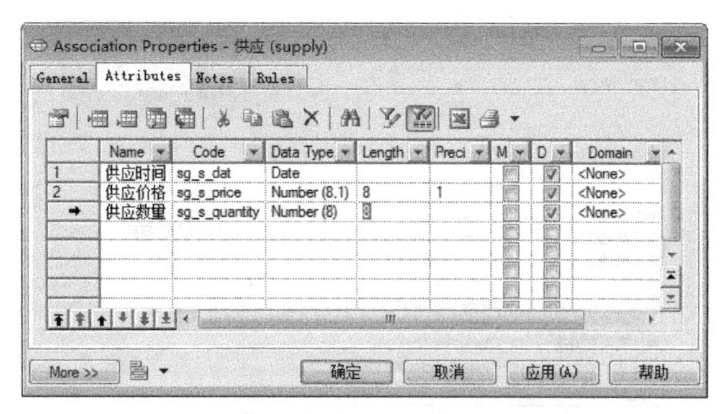

图 5.22　设置关联属性（Attributes 选项卡）

关联属性窗口 Attributes 选项卡中参数含义与实体属性设置窗口中参数含义相同。

③ 双击关联链接对象，打开链接属性窗口，如图 5.23 所示。设置“商品”实体和“供应”关联对象之间的链接属性，链接基数为 1，n。设置结束后，单击“确定”按钮。采用同样方法设置“供应商”实体和“供应”关联对象之间的链接属性。设置结果如图 5.24 所示。

图 5.23　设置关联链接属性

其中参数含义如下：

- Entity：显示与该链接相关的实体名称。
- Association：显示与该链接相关的关联名称。
- Role：链接角色名称。

- Identifier：标识符。用于定义实体和关联之间是否存在依赖关系。
- Cardinality：基数。用于定义实体到关联的联系基数。
- Keywords：设置关键字。

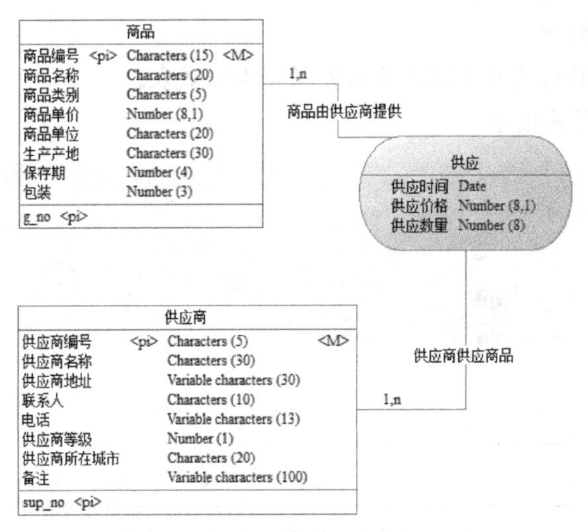

图 5.24 供应商-商品（m：n）关联

（5）定义多元联系

如果一个联系涉及 2 个以上实体，则构成多元联系。在 PowerDesigner 中可以采用实体替换联系的方式或者采用关联的方式创建多元联系。假设：“进销存系统”中规定，一名职工可以负责多种商品的采购工作，一种商品的采购工作可由不同员工完成；一种商品可以由多个供应商供应，每个供应商可供应多种商品，则职工、供应商、商品之间的联系为多元联系。本文采用实体替换联系的方法创建多元联系，并规定每次采购都需记录采购时间、采购数量、价格信息。具体过程如下：

① 首先在工作区中定义职工、供应商以及商品实体，然后放置作为联系用的采购实体，并在职工与采购、供应商和采购以及商品和采购实体之间分别创建联系。如图 5.25 所示。

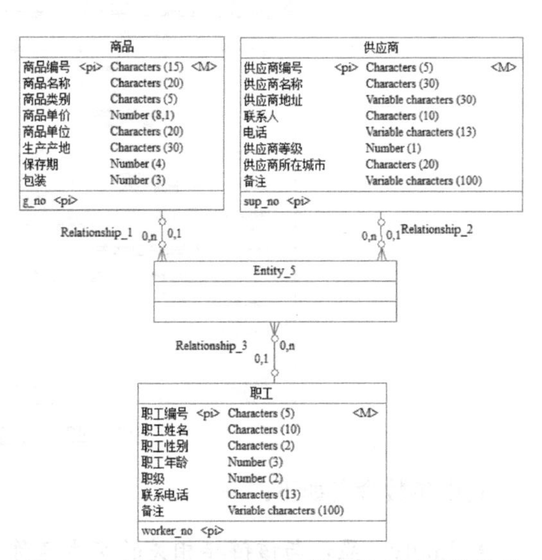

图 5.25 创建职工、商品、供应商多元采购联系

② 双击采购实体，打开实体属性窗口，设置采购实体属性。在实体属性设置窗口中的 General 选项卡中设置实体名称为“采购”，实体代码为“purchase”；在 Attributes 选项卡中设置实体属性，如图 5.26 所示。

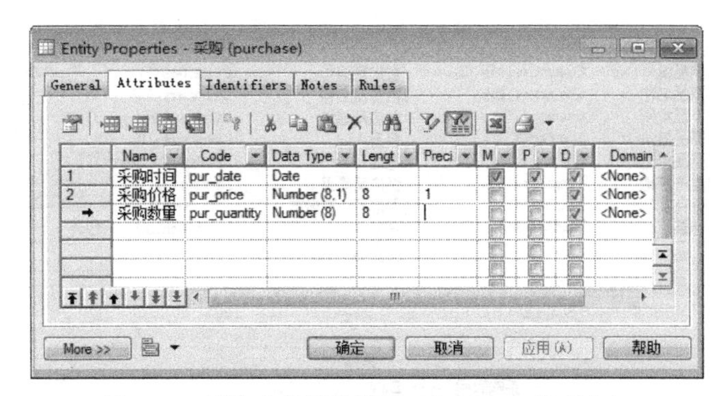

图 5.26　采购实体属性设置（Attributes 选项卡）

③ 双击联系对象，打开联系属性窗口，分别设置各联系属性。首先在 General 选项卡中设置联系的基本信息，联系名称分别设置为“供应商_采购”、“职工_采购”和“商品_采购”。然后在 Cardinalities 选项卡中设置联系基数信息，“商品”和“采购”之间的联系基数设置如图 5.27 所示。

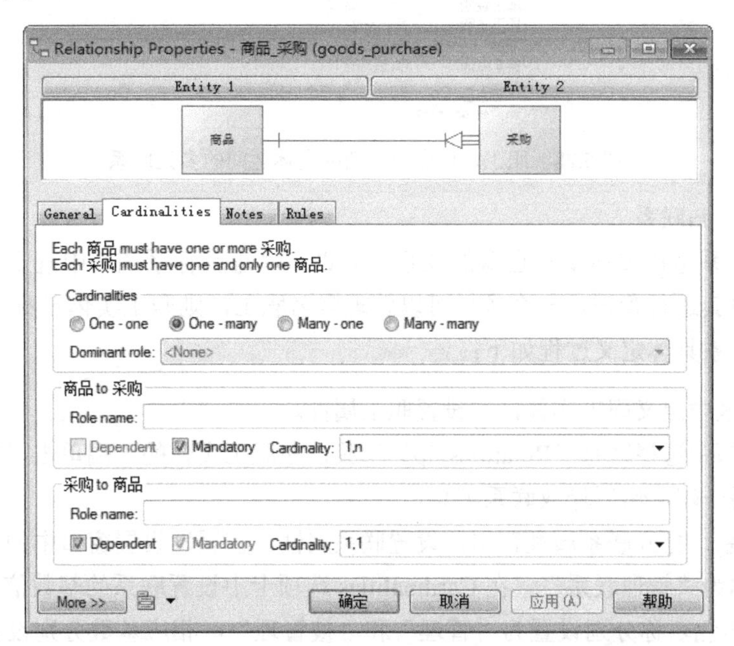

图 5.27　商品-采购联系的基数属性设置（Cardinalities 选项卡）

在图 5.27 中，“商品”与“采购”之间的联系设置为“1:n”；“商品 to 采购”的联系基数设置为“1，n”；“采购 to 商品”的联系基数设置为“1，1”；并且采购对商品存在依赖关系。其余联系基数设置与此相同。

④ 设置结束后单击“确定”按钮，结果如图 5.28 所示。

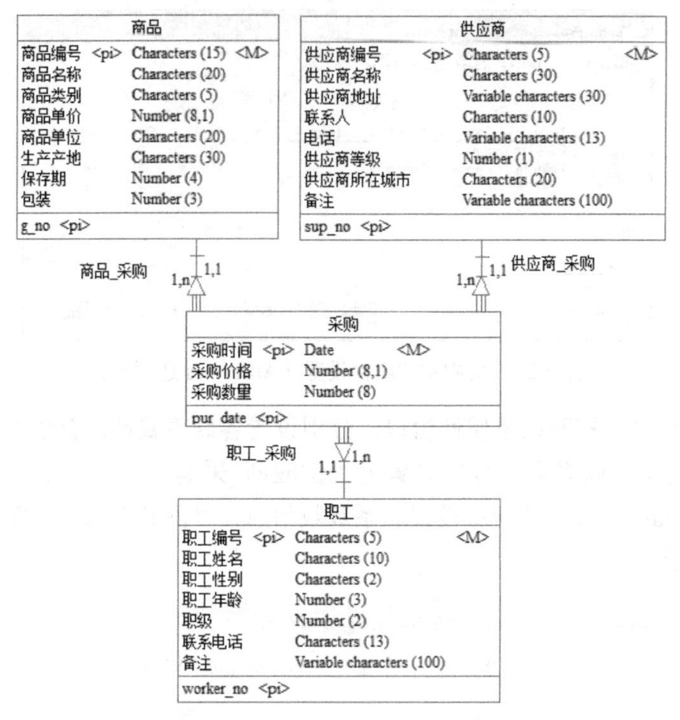

图 5.28 职工、供应商、商品实体之间的多元联系

（6）定义递归联系

所谓递归联系是指实体型与自身的联系。假设：“进销存系统”中规定，每名职工都有且仅一个领导对其进行管理，一个领导可以管理多名职工，则职工实体自身存在“1:n”的递归联系。递归联系具体定义过程如下：

① 在工作区中定义职工实体，并设置职工属性。

② 在工具箱中选择联系（Relationship）工具，在职工实体的一端单击鼠标左键并拖曳鼠标到该实体的另一端，然后释放联系工具。

③ 双击联系，打开联系属性窗口，设置联系属性。在属性设置窗口中的 General 选项卡中设置联系名称为“管理联系”。在 Cardinalities 选项卡中设置联系的基数信息，其中联系设置为“1:n”；角色名称分别设置为“管理”和“被管理”，相应基数分别设置为“0，n”和“0，1”。递归联系设置结果见图 5.5。

（7）定义继承联系

假设：将“进销存系统”中所有人员实体，包括职工、客户等等，进行概化处理，提取公有属性：姓名、性别、年龄、电话信息，从而构成具有公共属性的实体型-人员；再将具有特殊属性的实体进行特殊化处理，从而构成特殊实体型-职工和客户，则上述实体人员与特殊实体职工和客户之间构成继承关系。继承联系具体定义过程如下：

① 在工作区中创建人员、职工、客户实体，并设置各实体属性。

② 在工具箱中选择继承（Inheritance）工具选项，在职工实体上单击鼠标左键，并拖曳鼠标到人员实体，释放鼠标左键；在客户实体上单击鼠标左键，并拖曳鼠标到人员实体上，单击鼠标左键释放继承工具。

③ 双击继承联系，打开继承属性窗口。其中，General 选项卡用于设置继承的一般属性，如图 5.29 所示。名称设置为“职工继承”，代码设置为“worker-people”；Generation 选项卡用于设置继承的生成模式，如图 5.30 所示。子类和父类实体分别生成对应的表，并且子类继承父类全部属性；Children 选项卡用于设置父类与子类实体。

图 5.29　继承联系属性设置（General 选项卡）

④ 单击属性窗口中的“确定”按钮，设置结果如图 5.31 所示。

General 选项卡中参数含义如下：

- Parent：显示父类实体。
- Mutually exclusive children：是否为互斥继承。
- Complete：是否为完全继承。
- Keywords：关键字。

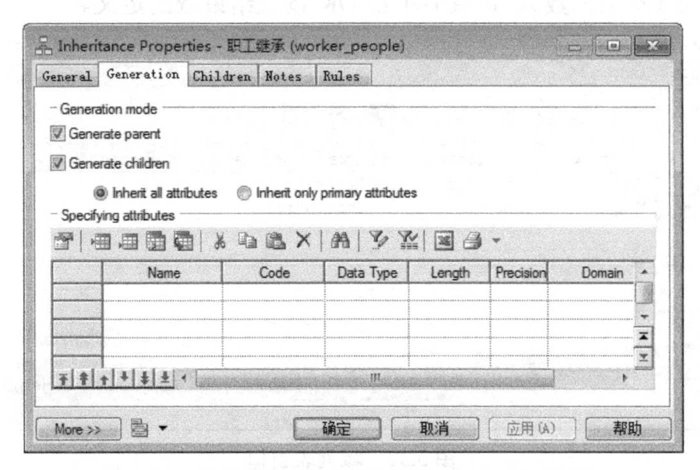

图 5.30　继承联系属性设置（Generation 选项卡）

Generation 选项卡中参数含义如下：

- Generate parent：生成父实体对应的表。
- Generate children：生成子实体对应的表。
- Inherit all attributes：继承所有属性。
- Inherit only primary attributes：仅继承主标识符属性。

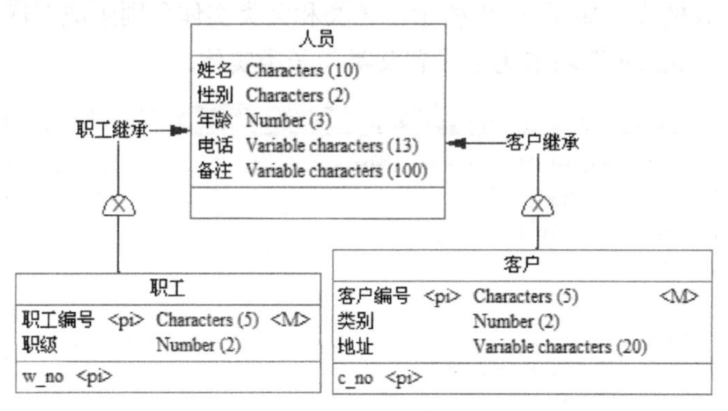

图 5.31　继承联系

5.2.5　定义域

域是具有相同数据类型值的集合。可以被多个实体的属性以及数据项共享。定义域的具体方法如下：

（1）选择 CDM 模型，单击鼠标右键，在快捷菜单中选择 New-Domain；或者选择 CDM 模型下的 Domains 对象，单击鼠标右键在快捷菜单中选择 New；或者选择菜单栏中的 Model→Domains 菜单，打开域列表窗口（List of Domains），如图 5.32 所示。在该窗口中定义域的基本信息，包括：Name（域名称）、Code（域代码）、Data Type（数据类型）、Length（类型长度）、Precision（小数位数）。设置后单击 OK 按钮结束域的定义。

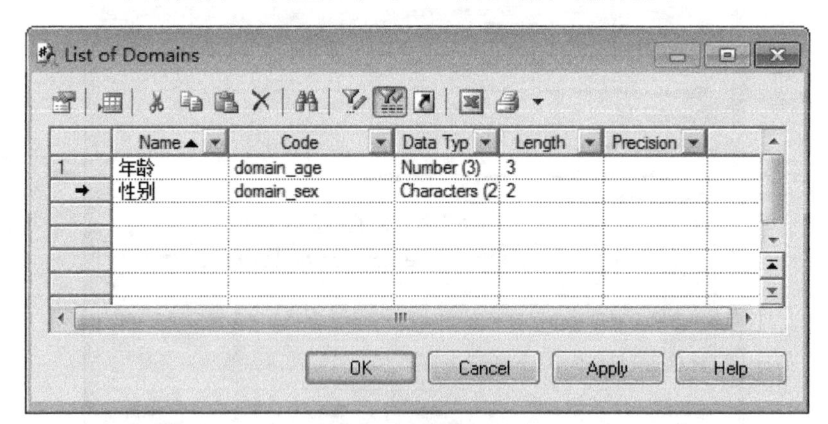

图 5.32　域列表窗口

（2）单击图 5.32 左上角的 Properties 工具，或者右键单击正在编辑的域，在快捷菜单中选择 Properties，打开域属性窗口，设置域属性。如图 5.33 所示。

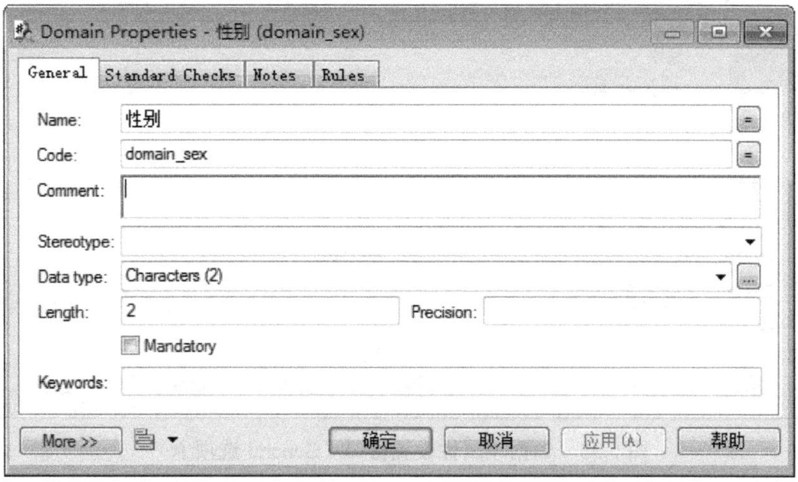

图 5.33 域属性窗口（General 选项卡）

其中，General 选项卡用来设置域的基本信息；另外还可以设置域的标准检查性约束、业务规则以及注释信息。设置方法同实体属性设置。

5.2.6 定义数据项

数据项是数据库中数据描述的最小单位。定义数据项的具体过程如下：

（1）选择 CDM 模型，单击鼠标右键，在快捷菜单中选择 New→Data Item；或者选择 CDM 模型下的 Data Item 对象，然后单击鼠标右键在快捷菜单中选择 New；或者选择菜单栏中的 Model→ Data Items 菜单，打开数据项列表窗口（List of Data Items），如图 5.34 所示。

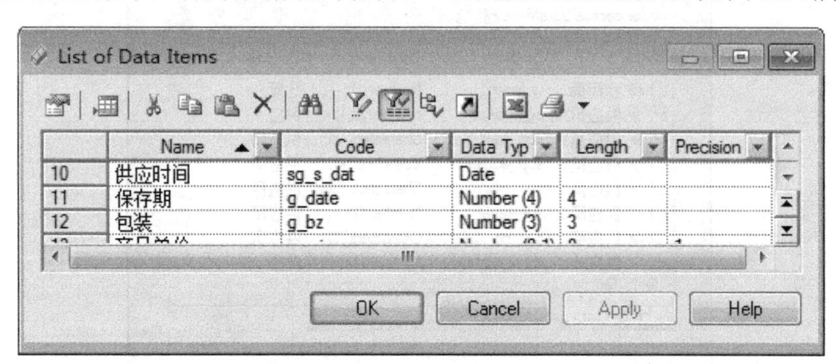

图 5.34 数据项列表窗口

在数据项列表窗口中，单击窗口左上角的 Add a row 工具，或者在数据项列表最后的空白行处单击鼠标左键，插入新数据项。

（2）单击图 5.34 左上角的 Properties 工具，或者右键单击正在编辑的数据项，在快捷菜单中选择 Properties，打开数据项属性窗口，设置数据项属性。如图 5.35 所示。

图 5.35 数据项属性设置窗口（General 选项卡）

其中，General 选项卡用来设置数据项的一般属性，这里为数据项应用了“性别”域。另外，还可以为数据项设置标准检查性约束、业务规则以及注释等信息。设置方法同实体属性的相关设置。

数据项定义后可以应用到实体属性中去，具体应用方法为：打开实体属性设置窗口，选择 Attributes 选项卡，如图 5.9 所示，单击 Add Data Item 工具，打开数据项选择窗口，如图 5.36 所示。从中选择需要的一个或多个数据项，并单击 OK 按钮。结果如图 5.37 所示。另外，在实体属性定义过程中，可以直接引用已经定义的域。方法是在属性定义行的 Domain 列选择需要的域，如图 5.37 所示。

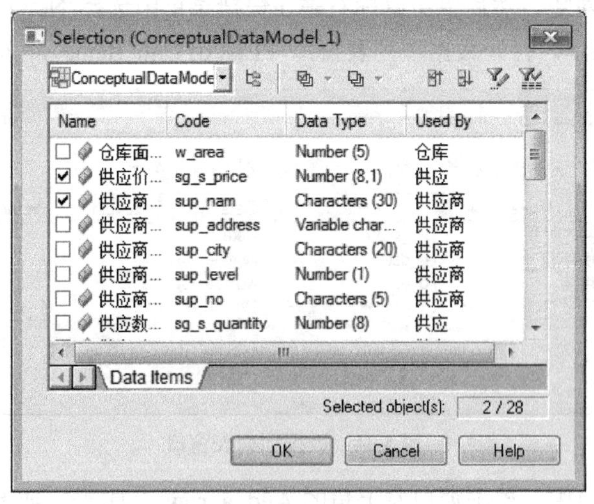

图 5.36 数据项选择窗口

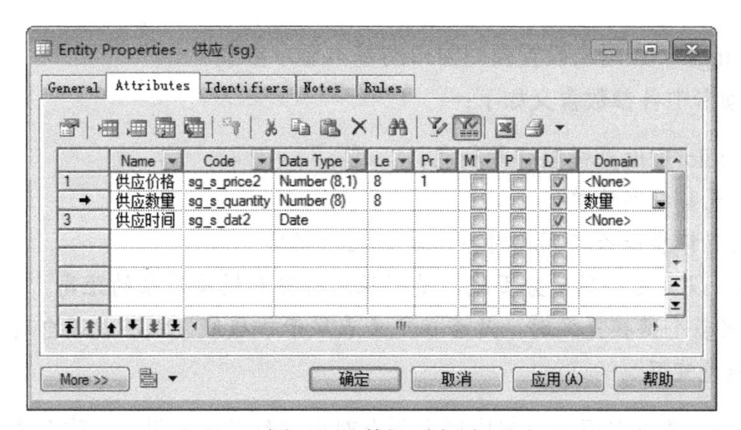

图 5.37　数据项应用

在图 5.37 中，直接引用数据项“供应价格”、“供应数量”、“供应时间”作为实体属性，并将“供应数量”属性链接到“数量”域。

5.2.7　设置显示参数及模型选项

PowerDesigner 包括多种模型，每种模型都有各自的显示参数以及模型选项，但各模型的显示参数和模型选项的设置方法基本相同。本节讲述概念数据模型的显示参数及模型选项的设置方法。

1. 设置显示参数

显示参数主要用于定义模型的整体外观特征以及每个对象的显示格式等。具体设置方法如下：

（1）打开待处理的 CDM 模型，选择 Tools→Display Preferences 菜单，打开显示参数（Display Preferences）窗口，如图 5.38 所示。然后在左侧窗口中选择需要进行设置的节点。

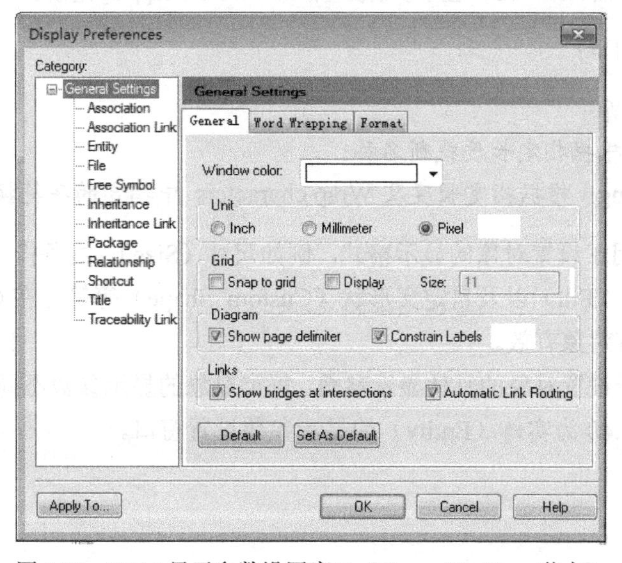

图 5.38　CDM 显示参数设置窗口（General Settings 节点）

General Settings 节点用来设置模型窗口的基本显示参数。

General 选项卡中各参数含义如下：

- Window color：设置模型背景颜色。
- Unit：设置窗口网格单位。
- Grid：设置模型是否与网格对齐，是否显示网格。
- Diagram：设置是否显示分页线，是否限定标签和链接对象的距离。
- Links：当多个链接交叉时，是否在交叉点显示桥接线；以及是否自动重新设置链接路线，以避免交叉。

Word Wrapping 选项卡用来设置模型中所有对象名称截断属性（名称在图形符号中的显示方式），如图 5.39 所示。

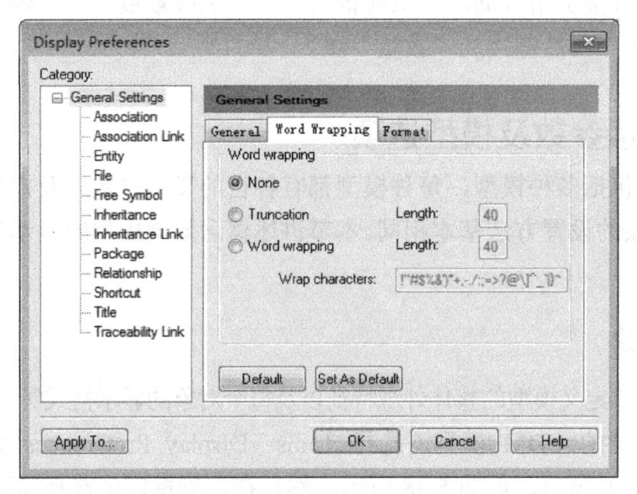

图 5.39　CDM 显示参数设置窗口（Word Wrapping 选项卡）

主要参数含义如下：

- None：不截断。
- Truncation：根据指定长度截断名称。
- Word wrapping：根据指定长度及 Wrap characters 中指定的字符换行。

Format 选项卡用于设置对象的显示格式，例如尺寸（Size）、线条样式（Line Style）、阴影（Shadow）、填充色（Fill）以及自定义形状（Custom Shape）等等。在 General Settings 节点下完成的设置对所有对象有效。

其余子节点用于设置对象的具体显示参数。每类对象的显示参数不同，设置结果仅对这一类对象有效。如图 5.40 为实体（Entity）的显示参数设置窗口。

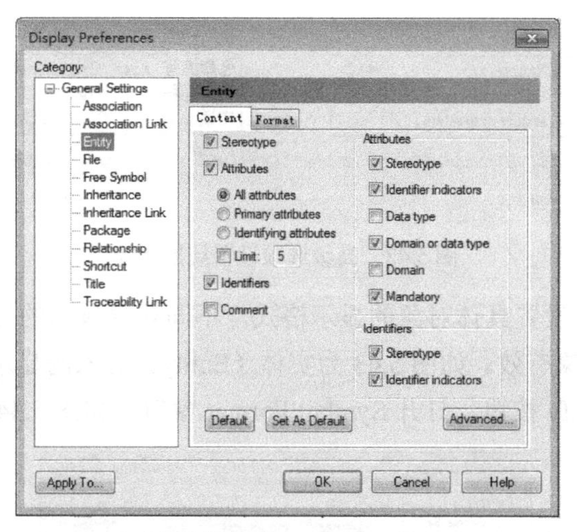

图 5.40　CDM 显示参数设置窗口（Entity 节点 Content 选项卡）

在 Entity 节点中包括两个选项卡，分别为 Content 和 Format。其中，Content 选项卡用于设置模型对象（实体）的显示信息，各参数含义如下：

- Stereotype：是否显示实体构造类型。
- Attributes：设置属性显示信息。其中，All attributes 表示显示所有属性；Primary attributes 表示仅显示主标识符属性； Identifying attributes 表示显示所有标识符属性； Limit 用于设置显示的行数限制。Stereotype 表示是否显示属性的构造类型；Identifier indicators 表示是否显示属性的标识符标志；Data type 表示是否显示属性数据类型；Domain or data type 表示是否显示属性所对应的域或者数据类型；Domain 表示是否显示属性的域信息；Mandatory 表示是否显示属性的强制类型特性。
- Identifiers：是否显示标识符。在显示标识符的情况下：Stereotype 表示是否显示标识符的构造类型； Identifier indicators 表示是否显示标识符的标志。
- Comment：是否显示注释信息。
- Advanced：高级选项按钮，用于更详细的设置。如图 5.41 所示，为实体参数 Name 的高级选项设置窗口。设置实体名称前缀为“jxc_”，并且名称左对齐；设置结果如图 5.42 所示。图 5.42（a）为高级选项设置前的图示，图 5.42（b）为高级选项设置后的图示。

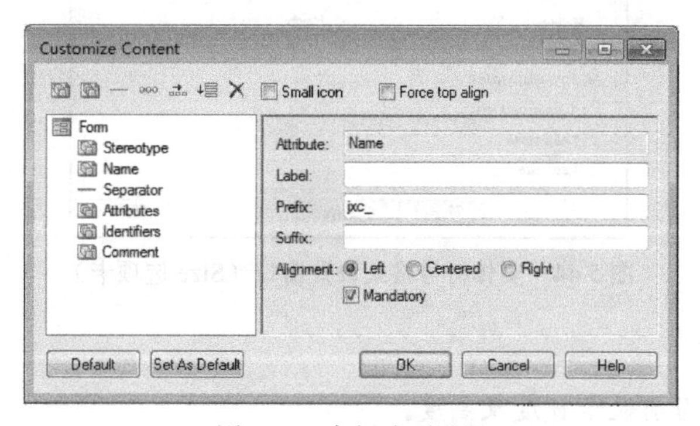

图 5.41　高级选项设置

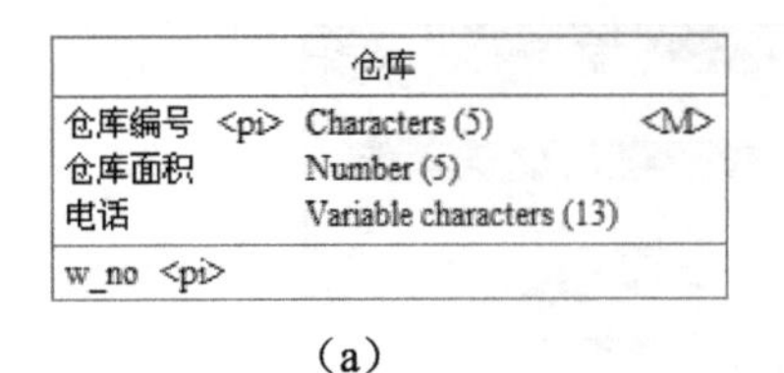

(a)

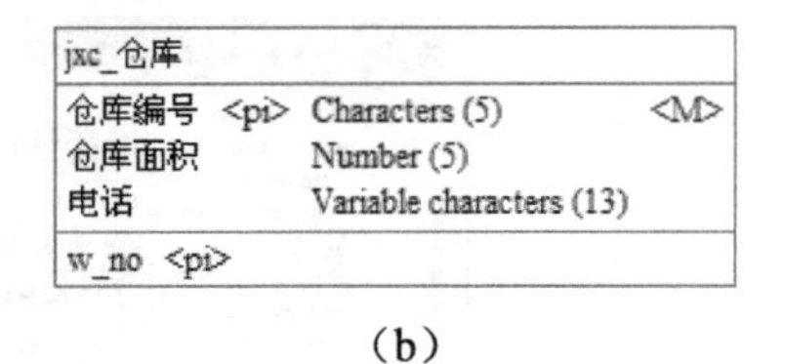

(b)

图 5.42　高级选项设置结果比较

Format 选项卡用于设置具体对象的显示格式，不同对象包括的显示格式设置参数不同，设置结果仅对这一类对象有效。如图 5.43 为实体（Entity）对象的显示格式设置窗口。如需修改格式设置，单击 Modify 按钮，打开 Symbol Format 窗口，如图 5.44 所示。

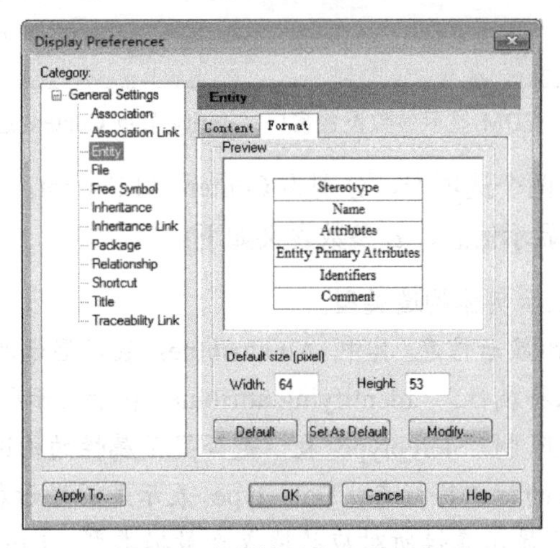

图 5.43　实体符号格式设置窗口

在图 5.43 中，Preview 用于预览模型对象显示格式；Default size 显示模型对象图形符号的默认宽度和高度。

Size 选项卡用于设置模型对象显示尺寸，如图 5.44 所示。

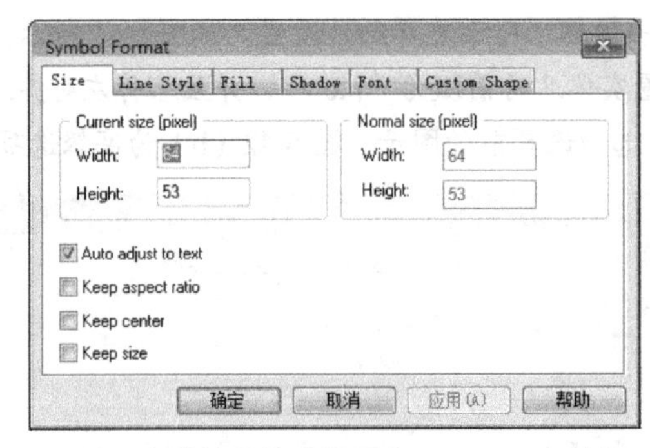

图 5.44　实体符号格式设置窗口（Size 选项卡）

各参数含义如下：

- Current size：当前显示宽度及高度。

- Normal size：标准显示宽度及高度。
- Auto adjust to text：根据内容自动调整图形符号到合适大小。
- Keep aspect ratio：固定宽高比。
- Keep center：固定中心。
- Keep size：固定尺寸。

Line Style 选项卡用于设置线条参数，主要包括线条颜色、宽度等；Fill 选项卡用于设置填充颜色；Shadow 选项卡用于设置阴影类型，包括：无阴影、标准阴影、3D 效果阴影、梯度阴影几种；Custom shape 选项卡用于自定义对象显示形状。

Font 选项卡用于设置字体参数，如图 5.45 所示。实体名称字体设置为：Times New Roman；样式设置为：Regular；字号设置为：9；颜色设置为：黑色；效果设置为：Strikeout（中间划线）。

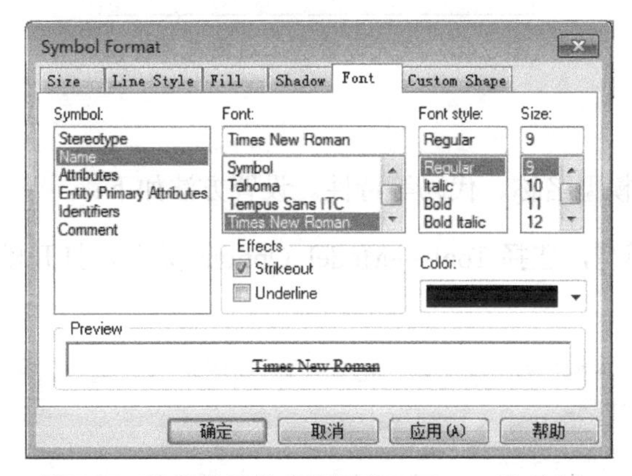

图 5.45　实体符号格式设置窗口（Font 选项卡）

各参数含义如下：

- Symbol：对象符号。
- Font：字体。
- Font style：字体样式。
- Size：字号。
- Effects：效果（下划线类型）。
- Color：颜色。

设置结束，单击“确定”按钮，返回上级窗口。

如果需要将多种对象设置为相同的字体格式。例如：实体名称和实体属性以及实体主标识符设置相同的字体格式。可以在 Symbol 中同时选择这三个对象符号，然后再设置对象的 Font、Font style、Size 等参数即可。在 Symbol 中选择多种对象符号的方法是：按住 Ctrl 或 Shift 键单击鼠标左键进行选择。

（2）在显示参数设置窗口中单击“Apply to”按钮，应用格式设置；或者单击 OK 按钮，打开格式设置应用对象选择窗口（Changing Formats），如图 5.46 所示。其中：All symbols：表示对所有对象有效；Selected symbols：表示仅对已经选定的对象有效；New symbols：表示仅对新建的对象有效。图 5.45 和 5.46 的设置表示对当前 CDM 模型中全部实体的实体名称应用上述字体设置。

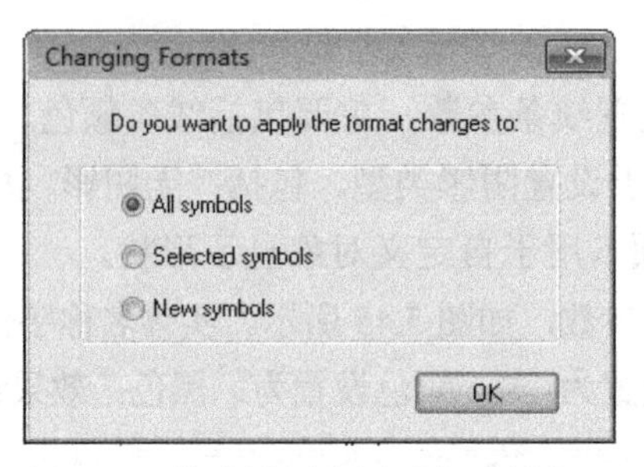

图 5.46　格式设置应用对象选择窗口

2. 设置模型选项

模型选项主要设置模型名称、代码等特性。设置方法如下：

（1）打开 CDM 模型，选择 Tools→Model Options 菜单，打开模型选项设置窗口，如图 5.47 所示。

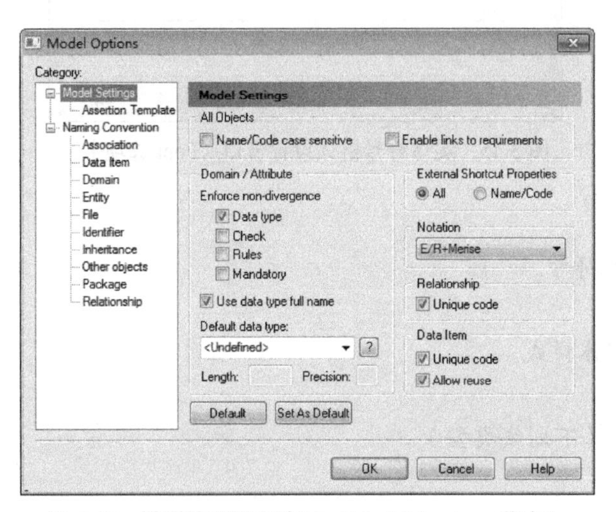

图 5.47　模型选项设置窗口（Model Settings 节点）

在模型选项设置窗口中包括 Model Settings 和 Naming Convention 两个父节点，在父节点中还包括若干子节点。各节点功能如下：

① Model Settings 节点中参数含义如下：

- All Objects
  - Name/Code case sensitive：名称和代码区分大小写。
  - Enable links to requirements：模型中的对象都能链接到一个需求模型的需求上，并且在模型对象的属性窗口中增加 Requirements 标签。

- Domain/Attribute
  - Enforce non-divergence：表示域定义与使用这个域的属性定义不分离。复选框 Data type 、Check、 Rules、 Mandatory 分别表示域与使用该域的属性在数据类型、检查性约束、业务规则以及强制性特性方面完全相同。
- Use data type full name：显示完整的数据类型。
- Default data type：默认数据类型设置。包括长度 Length 和精度 Precision。
- External Shortcut Properties：外部快捷属性显示设置。默认显示全部（all），也可以选择仅显示名称或代码（Name/Code）以缩小模型所占空间。
- Notation：选择 CDM 表示方法，选择的表示方法不同，图形符号不同。
- Relationship（Unique code）：指定联系代码唯一。
- Data Item
  - Unique code：指定数据项代码唯一。
  - Allow reuse：允许重用。

Model Settings 子节点 Assertion Template 用于浏览或编辑 GTL 模板。

② Naming Convention 节点用于设置每种对象的命名约束，主要包括名称和代码的长度设置、大小写设置、有效字符以及无效字符设置、名称与代码的转换规则等。在该节点下的设置对节点下的全部对象有效。

Naming Convention 子节点则用于设置每种对象各自的命名约束，设置仅针对这一类对象有效。

（2）设置结束后，单击模型选项设置窗口中的 OK 按钮，结束操作。

5.3 管理 CDM

定义一个科学合理的 CDM，不仅要以规范化理论做指导，而且在设计过程中每个对象都要符合一定的规范，以保证 CDM 对象的有效性。为了 CDM 设计更加合理有效，PowerDesigner 提供了模型检查功能，用于检查模型中存在的致命（Error）错误和警告（Warning）错误。

5.3.1 CDM 模型有效性检查

CDM 模型有效性检查包括：业务规则检查、包检查、域检查、数据项检查、实体检查、实体标识符检查、联系检查、关联检查、继承联系检查、文件对象检查以及数据格式对象检查等。

1. CDM 模型检查过程

（1）打开待处理的 CDM 模型，选择 Tools→Check Model 菜单；或者在工作区空白处单击鼠标右键，在快捷菜单中选择 Check Model，打开模型检查窗口，如图 5.48 所示。

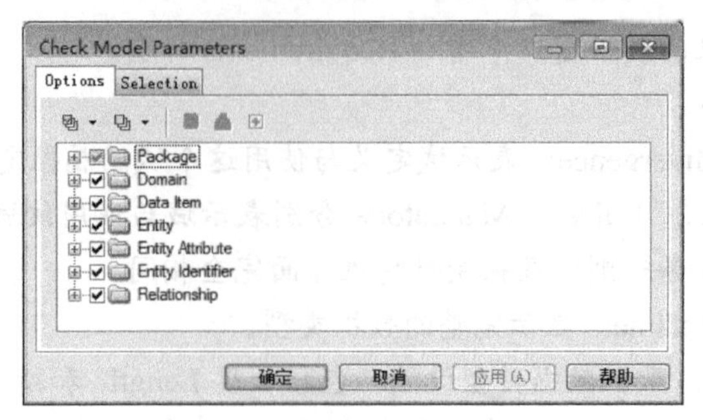

图 5.48　CDM 模型检查窗口

在 Options 选项卡中列出了能够进行检查的选项，Options 选项卡中包括的选项与模型的具体情况相关。例如当前 CDM 模型中如果没有继承联系，则选项卡中就不包括 Inheritance 选项。另外，在每一个对象中包括的具体检查项目与该模型的 Notation 的设置相关。例如：Notation=E/R+Merise 则实体标识符的检查项包括 4 项；Notation=Barker 则实体标识符的检查项目包括 5 项，二者的区别如图 5.49 所示。

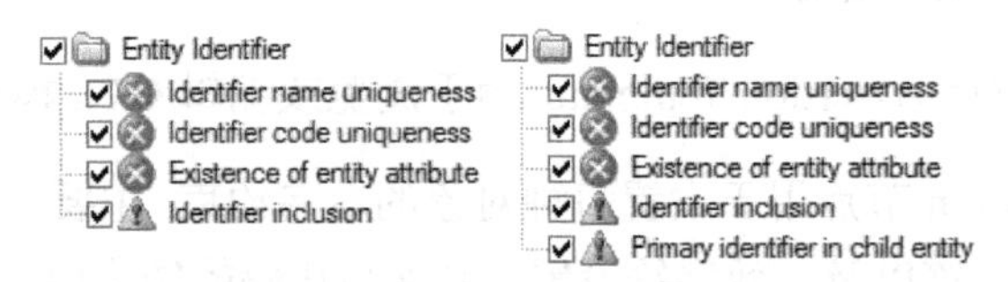

图 5.49　实体标识符检查项对比

（2）在 CDM 模型检查窗口中选择要检查的选项以及具体检查项目。例如仅对 CDM 模型中的数据项（Data Item）进行有效性检查，则只选择 Data Item 项即可。

（3）在 Selection 选项卡中选择检查对象，如图 5.50 所示。选择 CDM 模型中的商品编号、商品名称、商品类别以及商品单价等数据项进行检查。

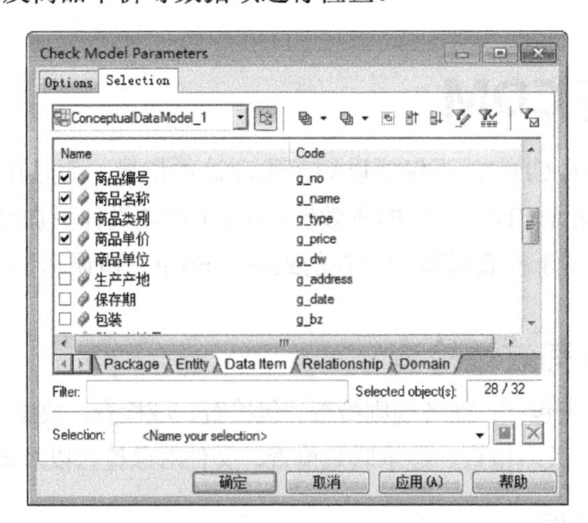

图 5.50　选择检查对象窗口

（4）设置结束后，单击“确定”按钮，开始模型检查工作。模型检查结果输出到结果列表窗口中，如图 5.51 所示。

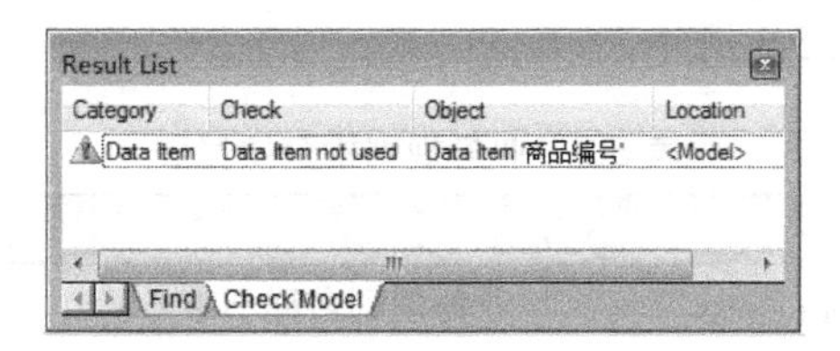

图 5.51　模型检查结果列表窗口

图中包括一个警告错误，没有致命错误。致命错误必须修改，警告错误可以忽略。修改错误的方法有两种，一种是手工方式，一种是自动方式。例如：名称或代码不唯一错误，可以采用手工修改的方式，用新的名称或代码替换原名称或代码即可；也可以采用自动修改方式，系统会自动产生一个数字加在名称或代码后，以区别不唯一的名称或代码。有些错误只能手工修改，而不能采用自动修改。例如循环依赖错误，必须手工删除循环。

（5）选择结果列表中需要修改的 Error 或者 Warning，右键单击该项错误，在快捷菜单中选择更正（Correct），对错误进行修改。错误修改可以辅助 Check 工具栏中的工具完成。逐项修改结果列表中的错误，直至没有问题为止。

2. CDM 对象检查

（1）包检查

包检查项目如表 5.2 所示。

表 5.2　包检查项目表

序号	英文标识	含义
1	Circular dependency	循环依赖
2	Circularity with mandatory links	强制链接循环
3	Shortcut code uniqueness	快捷方式代码不唯一
4	Shortcut potentially generated as child table of a reference	子类外部快捷方式关联

其中：

第 1 项表示包中不能包含循环依赖联系。例如：在一个包中，一个实体依赖于另一个实体，另一个实体又依赖于其他实体，其他实体又依赖于第一个实体，从而形成循环依赖。可以删除一个依赖或删除一个联系，从而断开循环。

第 2 项表示包中不应该存在强制循环联系。这种循环在数据库中通常是无法实现的，因此设计中应避免。可以删除一个联系的强制（Mandatory）特性；或者删除其中的一个联系，从而断开强制循环。

第 3 项表示同一包中不应存在相同代码的两个快捷方式。需要更正其中一个快捷方式的代码。

第 4 项表示包中不应包含作为子类外部快捷方式的关联，尽管在面向对象模型中是允许的，但如果作为快捷方式则该关联不能在 PDM 中生成。修改模型将关联创建在子类被定义的包中。

（2）业务规则检查

业务规则检查项目如表 5.3 所示。

表 5.3　业务规则检查项目表

序号	英文标识	含义
1	Business Rule name uniqueness	业务规则名称不唯一
2	Business Rule code uniqueness	业务规则代码不唯一
3	Unused Business Rules	未使用的业务规则

其中：

第 1、2 项表示模型中业务规则名称和代码必须唯一。

第 3 项表示模型中不应出现未被使用的业务规则。可以删除无用的业务规则，或者应用该业务规则到模型对象。

（3）域检查

域检查项目如表 5.4 所示。

表 5.4　域检查项目表

序号	英文标识	含义
1	Domain name uniqueness	域名称不唯一
2	Domain code uniqueness	域代码不唯一
3	Detect inconsistencies between check parameters	参数定义不一致
4	Precision>Maximum Length	小数位数大于数据总长度
5	Undefined data type	数据类型未定义
6	Invalid data type	数据类型无效
7	Incompatible format type	不兼容的格式类型

其中：

第 1、2 项表示域名称和代码必须唯一。

第 3 项表示域属性窗口中参数的设置不一致。例如：默认值或列表值没有在最大值和最小值之间。该问题需更正不一致的参数设置。

第 4 项表示该域数据类型定义中小数位数大于数据类型总长度。该问题需修改数据类型长度设置，确保数据类型中长度大于小数位数长度。

第 5 项表示模型中不应包含没有定义数据类型的域，每一个域都应该有确定的数据类型。该问题需为域选择一种数据类型。

第 6 项表示数据类型无效。该问题需将无效的数据类型修改为有效的数据类型。

第 7 项表示数据格式不兼容。该问题需将无效的数据格式修改为有效的数据格式。

（4）数据项检查

数据项检查项目如表 5.5 所示。

表 5.5　数据项检查项目表

序号	英文标识	含义
1	Data Item name uniqueness	数据项名称不唯一
2	Data Item code　uniqueness	数据项代码不唯一
3	Data Item not used	未使用的数据项
4	Data Item used multiple times	数据项重用
5	Detect differences between data item and associated domain	数据项参数设置不一致
6	Detect inconsistencies between check parameters	检查参数设置不一致
7	Precision>Maximum Length	小数位数大于数据总长度
8	Undefined data type	数据类型未定义
9	Invalid data type	数据类型无效
10	Incompatible format type	不兼容的格式类型

其中：

第 1、2 项表示模型中数据项名称和代码必须唯一。

第 3 项表示模型中存在未使用的数据项。可以删除该数据项，也可以在某实体中应用该数据项。

第 4 项表示多个实体使用同一数据项。

第 5 项表示数据项与关联的域不一致。该问题可以手工更正，确保数据项属性设置与关联的域的属性一致，没有冲突；也可以自动更正，用域的属性覆盖数据项的属性。

第 6 项表示数据项检查参数之间存在不一致。例如：不一致的数据类型、默认值、不在最大值和最小值之间或者没在列表中出现，列表中没有最大值和最小值、最小值大于最大值等等。该问题需要修改数据项，确保各项参数保持一致。

第 7 项表示小数位数大于总长度。

第 8 项表示数据项未定义数据类型，需要为数据项定义数据类型。

第 9 项表示数据类型无效，需要为数据项设置正确的数据类型。

第 10 项表示数据格式不兼容。需将无效的数据格式修改为有效的数据格式。

（5）实体检查项目

实体检查项目如表 5.6 所示。

表 5.6　实体检查项目表

序号	英文标识	含义
1	Entity name uniqueness	实体名称不唯一
2	Entity code uniqueness	实体代码不唯一
3	Entity name maximum length	实体名称长度限制
4	Entity code maximum length	实体代码长度限制
5	Existence of attributes	实体属性限制
6	Number of serial types>1	序列类型属性个数限制

（续表）

序号	英文标识	含义
7	Existence of identifiers	实体标识符限制
8	Existence of relationship or association link	实体联系或关联限制
9	Redundant inheritance	多次继承同一实体
10	Multiple inheritance	该实体存在多个继承
11	Parent of several inheritances	该实体是多个实体的父实体
12	Redefined primary identifier	子实体与父实体标识符的一致性

其中：

第 1、2 项表示实体名称和代码必须唯一。

第 3、4 项表示实体名称和代码的长度过长。该问题可手工更正实体名称和代码以满足命名约定（Naming Conventions）中的设置；也可以采用自动更正的方式，根据命名约定的最大长度截断名称和代码。

第 5 项表示实体必须至少包含一个属性。该问题需手工更正，可以为实体添加属性或删除实体。

第 6 项表示实体中包含多个序列（Serial type）类型的属性，序列类型能自动产生计数值。该问题需手工修改实体属性，确保实体最多包含一个序列类型的属性。

第 7 项表示实体必须包含至少一个标识符。该问题需为实体添加标识符，也可以删除实体。

第 8 项表示实体必须与一个联系或一个关联链接相连。该问题需为实体建立联系或关联链接。

第 9 项表示实体多次继承同一实体，更正方法是删除多余的继承联系。

第 10 项表示一个实体有多个继承。设计中确保多继承的必要性。

第 11 项表示某实体是多个实体的父实体。该问题需验证相关的多个继承是否可以合并，合并可以合并的继承。

第 12 项表示子实体的标识符必须与父实体的标识符相同。更正子实体的标识符，保持与父实体一致。

（6）实体属性检查

实体属性检查项目如表 5.7 所示。

表 5.7　实体属性检查项目表

序号	英文标识	含义
1	Entity Attribute name uniqueness	实体属性名称不唯一
2	Entity Attribute code uniqueness	实体属性代码不唯一

（7）实体标识符检查

实体标识符检查项目如表 5.8 所示。

表 5.8　实体标识符检查项目表

序号	英文标识	含义
1	Identifier name uniqueness	标识符名称不唯一
2	Identifier code uniqueness	标识符代码不唯一
3	Existence of entity attribute	实体标识符属性存在性限制
4	Identifier inclusion	标识符包含限制

其中：

第 1、2 项表示标识符名称或代码不唯一。

第 3 项表示实体标识符至少包含一个属性。该问题需为标识符添加属性或删除标识符。

第 4 项表示一个标识符不能包含另一个标识符。该问题需删除包含其他标识符的标识符。

（8）联系检查

联系检查项目如表 5.9 所示。

表 5.9　联系检查项目表

序号	英文标识	含义
1	Relationship name uniqueness	联系名称不唯一
2	Relationship code uniqueness	联系代码不唯一
3	Reflexive dependency	自反依赖限制
4	Reflexive mandatory	强制自反联系限制
5	Bijective relationship between two entities	实体之间双向联系限制
6	Name uniqueness constraint between many-to-many relationships and entities	实体名称与多对多联系名称重复

其中：

第 1、2 项表示联系的名称和代码必须唯一。

第 3 项表示不允许自反依赖。需修改或删除自反依赖。

第 4 项表示不允许自反的强制联系。需修改联系的强制特性，确保没有自反的强制联系。

第 5 项表示两个实体之间不应该出现双向联系。可以合并实体或修改联系。

第 6 项表示一个多对多联系和实体不能有相同的名称或代码。需修改联系或实体名称和代码。

（9）关联检查

关联检查项目如表 5.10 所示。

表 5.10　关联检查项目表

序号	英文标识	含义
1	Association name uniqueness	关联名称不唯一
2	Association code uniqueness	关联代码不唯一
3	Number of links>=2	关联链接数量限制
4	Number of links=2 with an identifier link	存在依赖的关联链接数量限制
5	Number of identifier links <=1	依赖链接数量限制
6	Absence of properties with identifier links	依赖链接属性限制

（续表）

序号	英文标识	含义
7	Bijective association between two entities	实体之间双向链接限制
8	Maximal cardinality links	链接最大基数限制
9	Reflexive identifier links	自反依赖链接限制
10	Name uniqueness constraint between many-to-many associations and entities	多对多关联和实体名称重复

其中：

第 1 、2 项表示关联的名称和代码必须唯一。

第 3 项表示关联链接数量不允许小于 2。需要在关联和实体之间至少创建 2 个或更多链接（Link）。

第 4 项表示如果一个关联有一个依赖链接则链接数量必须为 2。因为这样的链接能够在两个实体之间引入依赖。可以删除不必要的链接或者清除标识符（Identifier）复选框标志。

第 5 项表示两个实体之间的关联链接最多只能有一个是依赖链接，否则将产生循环依赖。需清除关联链接的 Identifier 复选框标志。

第 6 项表示包含依赖链接的关联不能有任何属性。需将关联属性移动到依赖实体中（与该关联链接的实体）。

第 7 项表示不允许在两个实体之间存在双向关联，这与两个实体的合并是等价的。需合并实体或修改链接基数。

第 8 项表示如果一个关联与多个实体链接（>2），则这些链接的基数最大值都必须大于 1。需修改链接最大基数，确保大于 1。

第 9 项表示不允许出现自反依赖链接，因为依赖链接能够在两个实体之间引入依赖。需清除 Identifier 复选框标志。

第 10 项表示多对多关联和实体不能有相同名称和代码。需修改关联或实体的名称和代码。

（10）继承检查

继承检查项目如表 5.11 所示。

表 5.11　继承检查项目表

序号	英文标识	含义
1	Inheritance name uniqueness	继承名称不唯一
2	Inheritance code uniqueness	继承代码不唯一
3	Existence of inheritance link	继承联系存在性限制

其中：

第 1、2 项表示继承名称和代码必须唯一。

第 3 项表示继承必须至少有一个继承链接，用于连接其父实体。需手工定义继承链接或删除继承。

（11）文件检查

文件检查项目如表 5.12 所示。

表 5.12　文件检查项目表

序号	英文标识	含义
1	Embedded file name uniqueness	内嵌文件名称不唯一
2	Existence of external file location	外部文件需指定有效路径

（12）数据格式检查

数据格式检查项目如表 5.13 所示。

表 5.13　数据格式检查项目表

序号	英文标识	含义
1	Data Format name uniqueness	数据格式名称不唯一
2	Data Format code uniqueness	数据格式代码不唯一
3	Empty expression	数据格式表达式不能为空

5.3.2　CDM 模型转换

CDM 模型转换主要包括由已有 CDM 生成新的 CDM；由 CDM 生成 LDM；由 CDM 生成 PDM；由 CDM 生成 OOM。

1. 由已有 CDM 生成新的 CDM

构建CDM模型可以采用新建的方式实现 也可以从已有CDM模型经修改完善后生成新的CDM模型。新建 CDM 模型前面已经叙述，从已有 CDM 生成新的 CDM 的具体操作步骤如下：

（1）打开已有 CDM 模型。

（2）根据问题需要修改已有 CDM 模型。

（3）生成新的 CDM。

① 选择 Tools→Generate Conceptual Data Model 菜单项，打开生成新 CDM 模型窗口，② 设置生成选项。如图 5.52~图 5.55 所示。

General 选项卡主要用于设置模型生成基本信息，如图 5.52 所示。

图 5.52　生成 CDM 模型窗口（General 选项卡）

General 选项卡中各参数含义如下：

- Generate new Conceptual Data Model：生成新的 CDM。
- Name：新的 CDM 模型名称。
- Code：新的 CDM 模型代码。
- Configure Model Options：用于设置模型选项。
- Update existing Conceptual Data Model：替换已经存在的 CDM 模型。
- Select model：选择已经存在的 CDM 模型。
- Preserve modifications：保留已存在的 CDM 模型所做的修改。也就是比较新的 CDM 和将被替换的 CDM 模型，然后将二者合并。如图 5.53 所示，从 CDM 模型比较与合并窗口中可以清晰地比较新模型和将被替换模型之间的差异。如果取消该复选框，则不进行比较直接替换。

Detail 选项卡主要用于设置模型检查以及模型对象链接信息，如图 5.54 所示。

图 5.53　CDM 模型比较与合并窗口

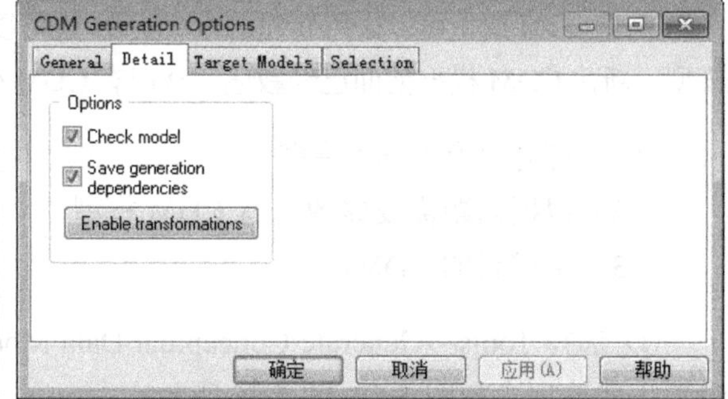

图 5.54　生成 CDM 模型窗口（Detail 选项卡）

Detail 选项卡中各参数含义如下：

- Check model：在生成 CDM 模型时检查模型，出现错误时停止生成。
- Save generation dependencies：保持原模型对象与目标模型对象之间的链接，即使在一个模型中修改了对象，仍可识别为同一个对象。

Selection 选项卡主要用于选择模型对象，如图 5.55 所示。

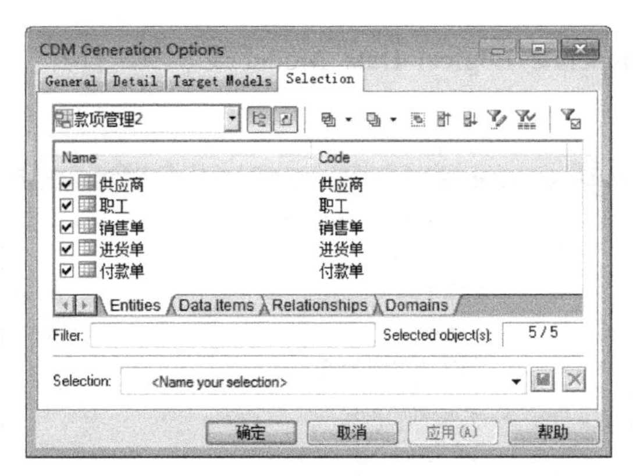

图 5.55　生成 CDM 模型窗口（Selection 选项卡）

Selection 选项卡中显示的模型对象种类与 CDM 模型的具体情况相关，单击 Selection 选项卡中不同标签页，从中选择需要的模型对象。

② 单击“确定”按钮开始生成新模型。新模型将出现在浏览器窗口中。

2. 由 CDM 生成 LDM

逻辑数据模型（LDM）是概念数据模型（CDM）的延伸，较概念数据模型更易于理解，同时又不依赖于具体的数据库。由 CDM 生成 LDM 的具体步骤如下：

（1）打开 CDM 模型，如图 5.56 所示。

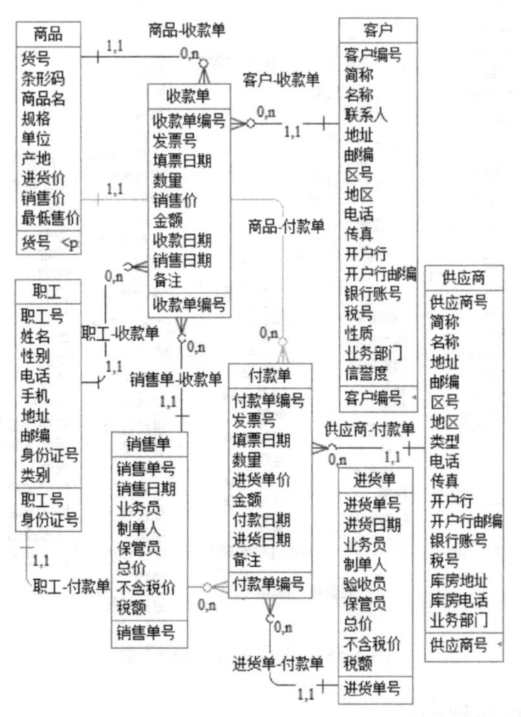

图 5.56　已有 CDM 模型

（2）选择 Tools→Generate Logical Data Model 菜单项，打开生成 LDM 模型窗口，如图 5.57 所示。

图 5.57　生成 LDM 模型窗口

（3）设置各选项卡参数。其中，Detail 选项卡中 Convent names into codes：表示生成对象的名称转换为代码。其余参数含义以及设置方法与生成 CDM 的设置相同。

（4）单击“确定”按钮生成 LDM 模型，由图 5.56 生成的 LDM 如图 5.58 所示。

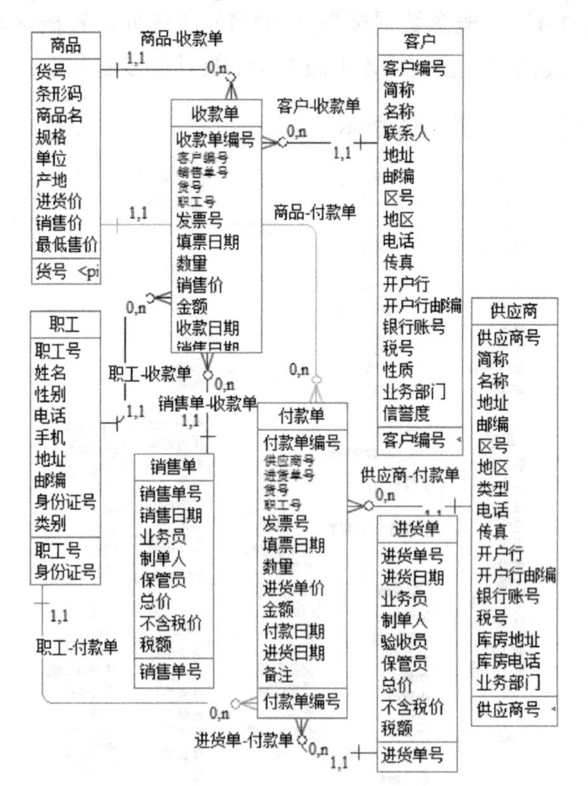

图 5.58　生成的 LDM 模型

CDM 生成 LDM 的转换规则：

（1）CDM 对象与 LDM 对象的转换

CDM 中的实体、属性、标识符、联系分别转换为 LDM 中的模型对象实体、属性、标识符、联系。

（2）联系的转换

① “1：1”联系的转换

- “1: 1”联系在未设定 Dominant role 属性并且未设定依赖特性的情况下，由 CDM 模型生成 LDM 模型时，该联系将生成两个“1: 1”联系，并分别设置 Dominant role 属性为原“1: 1”联系中的两个角色，同时原“1: 1”联系两端实体的主标识符分别进入另一端实体中作外键；如果设置了依赖特性，则设定一端实体的主标识符在两个实体中既做主键又做外键；而另一端实体的主标识符在一端做主键，在另一端作外键。
- 在设定 Dominant role 属性并且未设定依赖特性的情况下，由 CDM 模型生成 LDM 模型时，Dominant role 属性设定角色左侧实体的主标识符进入另一端实体中作外键；在设定依赖特性的情况下则主标识符进入另一端实体中既做主键也做外键。

② “1：n”联系的转换

- 非依赖（标定）的“1: n”联系，由 CDM 模型生成 LDM 模型时，“一”端实体的主标识符进入“多”端实体中作外键。
- 依赖（标定）的“1: n”联系，由 CDM 模型生成 LDM 模型时，“一”端实体的主标识符进入“多”端实体中既作主键也作外键。

③ “m：n”联系的转换

非依赖（标定）的“m: n”联系，由 CDM 模型生成 LDM 模型时，如果 LDM 不允许“m: n”联系，则联系生成一个独立的实体，并且两端实体的主标识符进入联系生成的实体中，成为该实体的属性，并且既做主键也做外键；如果 LDM 允许“m: n”联系，则直接生成一个“m: n”联系。

④ 递归/自反联系的转换

递归/自反联系转换为 LDM 时，标识符转换的规则由联系本身的基数和依赖特性决定，转换规则同上。

⑤ 多元联系的转换

多元联系转换为 LDM 时，标识符转换的规则同样由联系本身的基数和依赖特性决定，转换规则同上。

⑥ 继承联系的转换

继承联系转换为 LDM 时，父实体的属性进入子实体。

⑦ 关联以及关联链接的转换

关联以及关联链接转换为 LDM 时，由关联节点两端的基数决定是否将关联单独生成一个实体，如果两端基数设置相同，则关联节点生成独立的实体，并且关联两端实体的主标识符进入关联节点生成的实体中做外键，同时联合做主键；否则关联节点属性合并到一端实体中，同时另一端实体的主标识符进入该端实体做外键。

上述转换规则以数据库设计过程中由概念结构设计向逻辑结构设计转换规则为基础，并对其进行了扩展；另外，在实际应用中，LDM 模型不是必需的，可以直接将 CDM 转换为 PDM。并且在 CDM 转换成 LDM 和 CDM 转换为 PDM 过程中，二者关于联系的转换规则基本相同。因此，针对 CDM 转换为 LDM 的规则这里没有展开叙述，请读者参考下面关于 CDM 生成 PDM 的讲解，进一步理解由 CDM 向 LDM 的转换。

3. 由 CDM 生成 PDM

概念数据模型完成数据的概要设计，逻辑数据模型是概念数据模型的进一步分解和细化，物理数据模型则完成与具体数据库管理系统相关的详细设计。采用 PowerDesigner 完成数据建模允许从构建物理数据模型 PDM 开始。但为了更加清晰直观地描述数据以及数据之间的相互关系，以便数据库设计人员与客户更好地沟通，通常情况下，数据库建模从 CDM 设计开始，然后将 CDM 转化为 PDM，之后再对 PDM 进行优化。PDM 的详细设计过程在本书第 7 章中叙述，由 CDM 生成 PDM 的具体操作步骤如下：

（1）打开 CDM 模型，如图 5.56 所示。

（2）选择 Tools→Generate Physical Data Model 菜单项，打开生成 PDM 模型窗口。

（3）设置生成选项。如图 5.59~图 5.60 所示。其中，DBMS 用于选择目标数据库。其余参数含义与生成 CDM 模型相同。

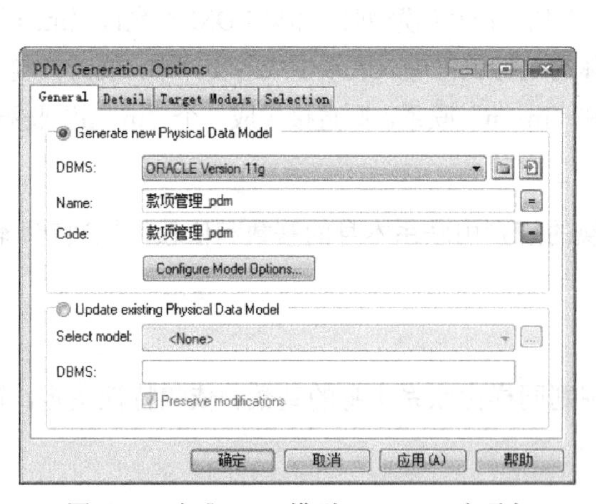

图 5.59　生成 PDM 模型（General 选项卡）

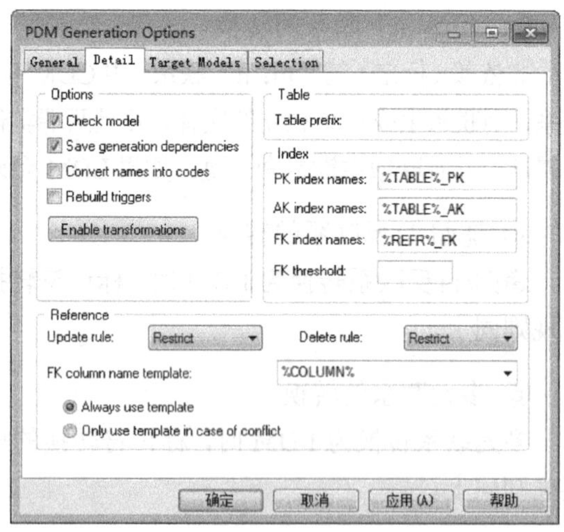

图 5.60　生成 PDM 模型（Detail 选项卡）

Detail 选项卡各参数含义如下：

- Options
  - Check model：生成模型时进行模型检查。

- Save generation dependencies：保持原模型对象与目标模型对象之间的链接，主要用于合并从同一 CDM 模型生成的 PDM 模型。
- Convert names into codes：将名称转化为代码。
- Rebuild triggers：重建触发器。

- Table
  - Table prefix：定义表名前缀。
- Index
  - PK index names：定义主键索引命名约定。
  - Ak index names：定义候选键索引命名约定。
  - FK index names：定义外键索引命名约定。
  - FK threshold：定义在外键上创建索引所需要记录数量的最小值。
- Reference
  - Update rule：定义更新时采用的参照完整性约束。
  - Delete rule：定义删除时采用的参照完整性约束。
  - FK column name template：定义外键列命名约定。
  - Always use template：总是采用该命名约定。
  - Only use template in case of conflict：只有命名冲突时采用该命名约定。

（4）单击“确定”按钮，生成 PDM 模型。图 5.56 所示 CDM 模型生成的 PDM 模型如图 5.61 所示（各选项卡参数采用默认设置）。

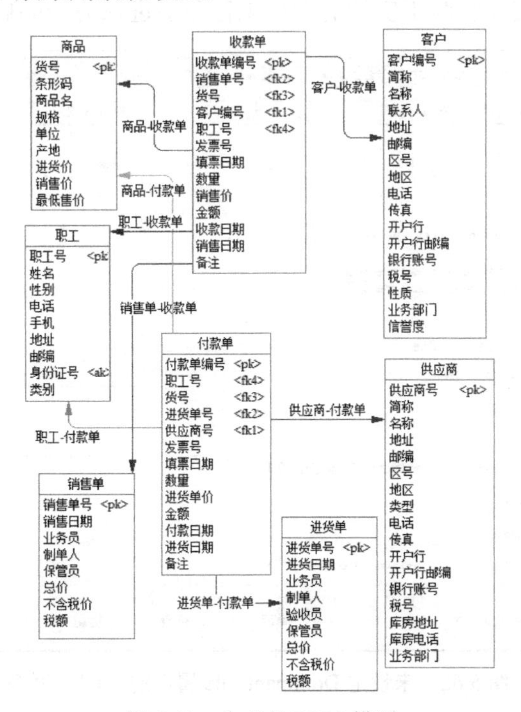

图 5.61　生成的 PDM 模型

CDM 生成 PDM 的转换规则：

（1）CDM 对象与 PDM 对象的转换

CDM 与 PDM 中对象的转换关系如表 5.14 所示。

表 5.14　CDM 与 PDM 中对象的转换关系

CDM（概念数据模型）	PDM（物理数据模型）
Entity（实体）	Table（表）
Entity Attribute（实体属性）	Column（列）
Primary Identifier（主标识符）	Primary Key（主键）
Secondary Identifier（次标识符）	Alternate Key（候选键）
Relationship（联系）	Reference（参照/引用）
Association（关联）	Table（表）
Association Link（关联链接）	Reference（参照/引用）

（2）联系的转换

① “1:1”联系的转换

- “1:1”联系在未设定 Dominant role 属性的情况下，由 CDM 模型生成 PDM 模型时，联系两端实体的主标识符分别进入另一端实体生成的表中做外键。

假设：职工和仓库之间为“1:1”联系，设置如图 5.62 所示，由此生成的 PDM 模型如图 5.63 所示。其中，仓库实体和职工实体的主标识符分别进入另一端做外键。

图 5.62　未设定 Dominant role 属性的“1:1”联系

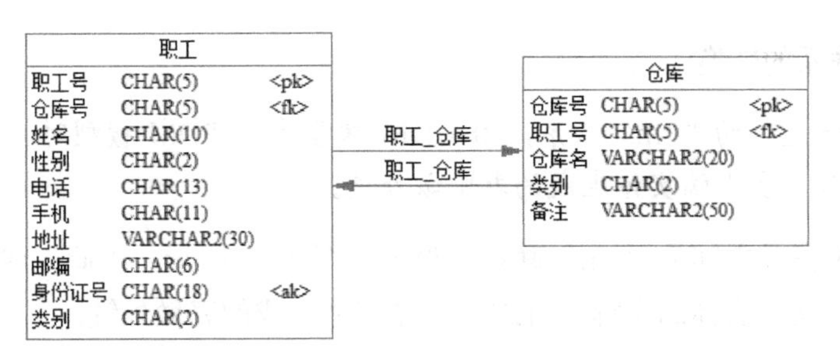

图 5.63　未设定 Dominant role 属性情况下“1:1”联系转换结果

- 在设定 Dominant role 属性的情况下，由 CDM 模型生成 PDM 模型时，Dominant role 属性设定角色左侧实体的主标识符进入另一端实体生成的表中作外键。

假设：职工和仓库之间为“1:1”联系，设置如图 5.64 所示，由此生成的 PDM 模型如图 5.65 所示。其中，职工实体的主标识符“职工编号”进入另一端实体生成的表中做外键。

图 5.64　设定 Dominant role 属性的“1:1”联系

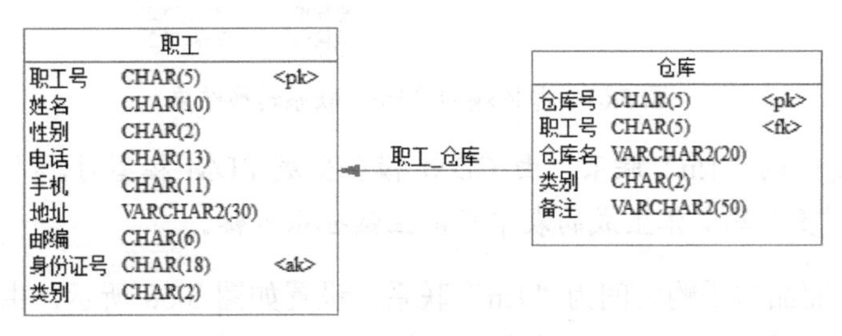

图 5.65　设定 Dominant role 属性情况下“1:1”联系转换结果

② “1:n”联系的转换

- 非依赖（标定）的“1:n”联系，由 CDM 模型生成 PDM 模型时，“一”端实体的主标识符进入“多”端实体生成的表中做外键。

假设：仓库和商品之间为“1:n”联系，设置如图 5.66 所示，由此生成的 PDM 模型如图 5.67 所示。其中，仓库实体的主标识符进入商品实体生成的表做外键。

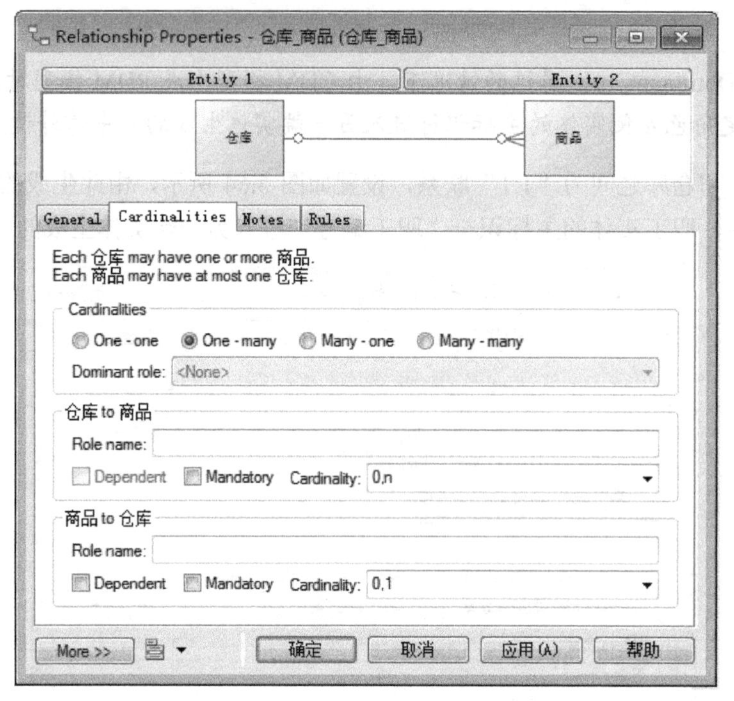

图 5.66 非依赖的 1:n 联系

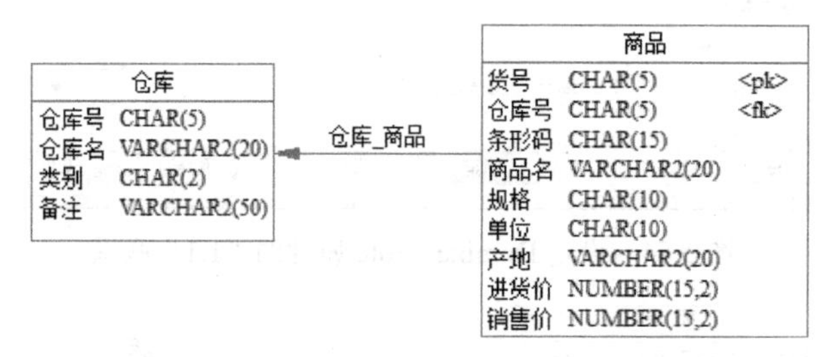

图 5.67 非依赖的“1:n”联系转换结果

- 依赖（标定）的“1:n”联系，由 CDM 模型生成 PDM 模型时，“一”端实体的主标识符进入“多”端实体生成的表中既做主键也做外键。

假设：职工、商品与采购之间为“1:n”联系，设置如图 5.68 所示，由此生成的 PDM 模型如图 5.69 所示。其中，职工和商品实体的主标识符进入采购实体生成的表做主键和外键。

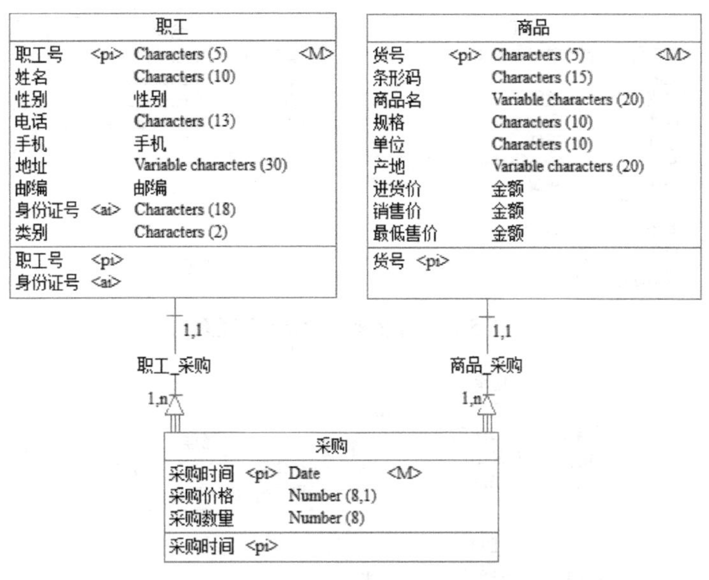

图 5.68　依赖的“1:n”联系

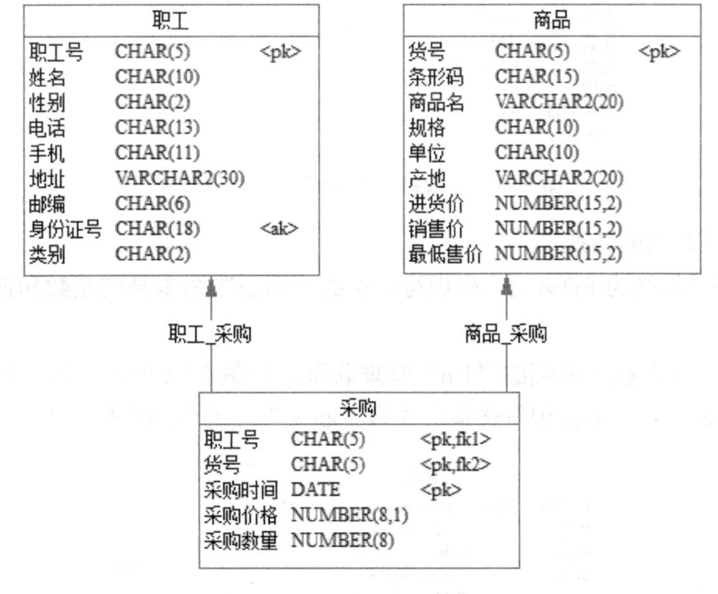

图 5.69　依赖的“1:n”联系转换结果

③ m:n 联系的转换

非依赖（标定）的“m:n”联系，由 CDM 模型生成 PDM 模型时，两端实体的主标识符进入联系生成的表中既做主键也做外键。

假设：职工和仓库之间构成 m:n 联系，如图 5.70 所示，由此生成的 PDM 模型如图 5.71 所示。其中，职工和仓库实体的主标识符进入“m:n”联系生成的表既做主键也做外键。

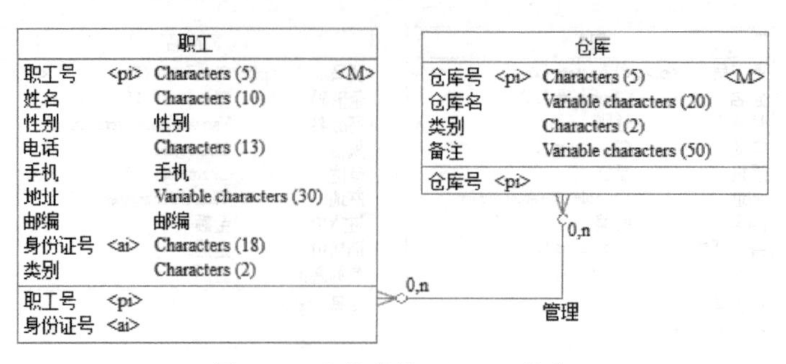

图 5.70 非依赖的“m:n”联系

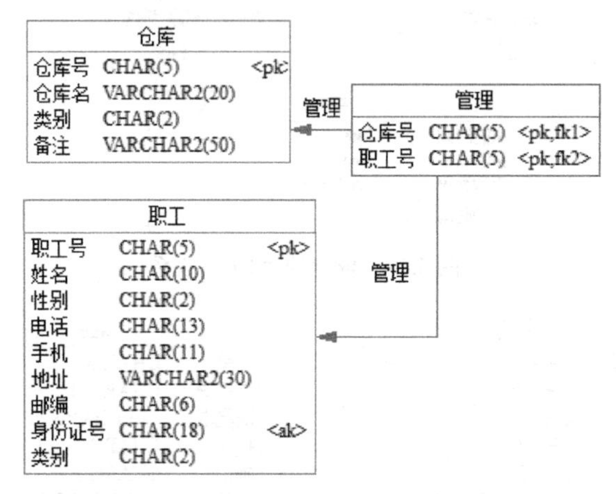

图 5.71 非依赖的“m:n”联系转换结果

④ 递归/自反联系的转换

递归/自反联系转换为 PDM 时，标识符转换的规则由联系本身的基数和依赖特性决定，转换规则同上。

假设：职工实体存在非依赖的“1:n”管理联系，如图 5.72 所示，转换为 PDM 如图 5.73 所示。其中，“职工号”主标识符转换后既做“职工”表的主键也做外键“职工_职工号”。

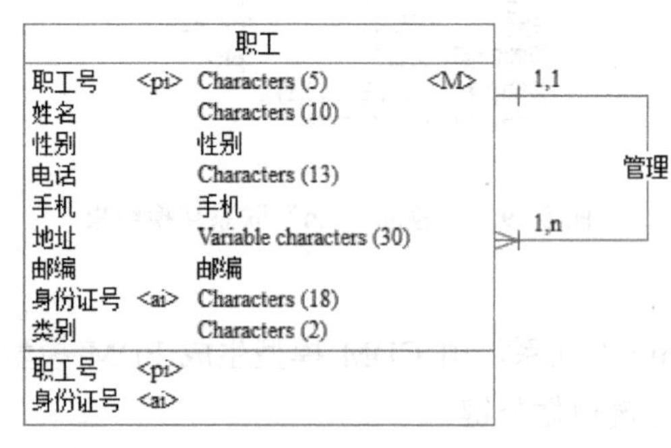

图 5.72 非依赖“1:n”递归联系

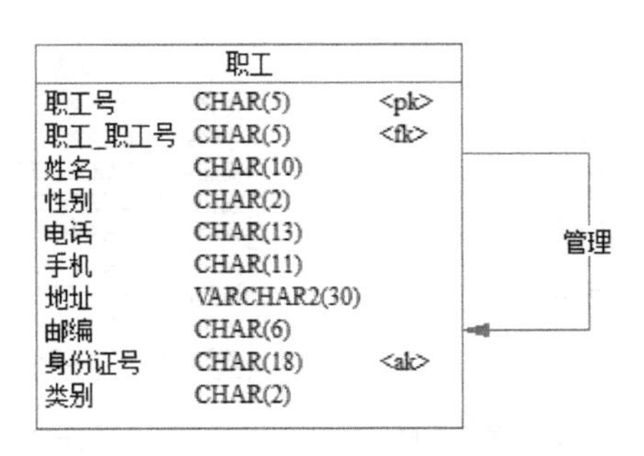

图 5.73 非依赖“1:n”递归联系转换结果

⑤ 多元联系的转换

多元联系转换为 PDM 时，标识符转换的规则同样由联系本身的基数和依赖特性决定，转换规则同上。

假设：存在图 5.74 所示的多元联系，转换为 PDM 如图 5.75 所示。其中，商品、供应商、职工和采购之间都为依赖/标定的“1:n”联系，因此转换后，商品、供应商和职工实体集的主标识符进入采购实体生成的表中充当外键，并与采购实体主标识符联合做主键。

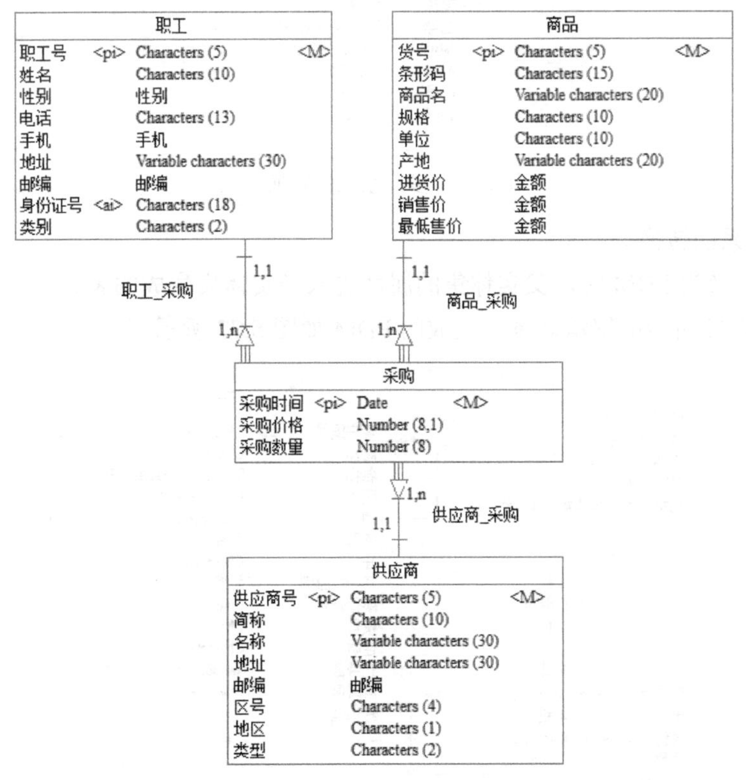

图 5.74 多元联系

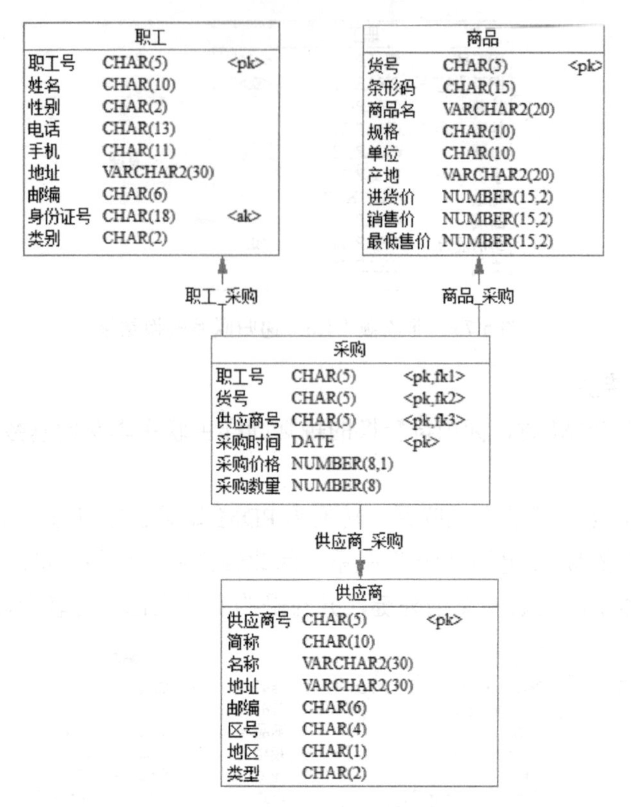

图 5.75　多元联系的转换结果

⑥ 继承联系的转换

继承联系转换为 PDM 时，父实体集的属性进入子实体集生成的表。

例如：图 5.76 所示的继承联系，生成的 PDM 如图 5.77 所示。

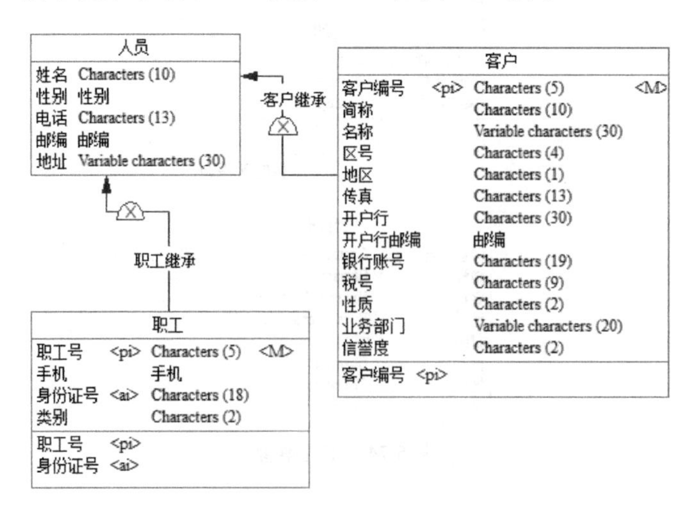

图 5.76　继承联系

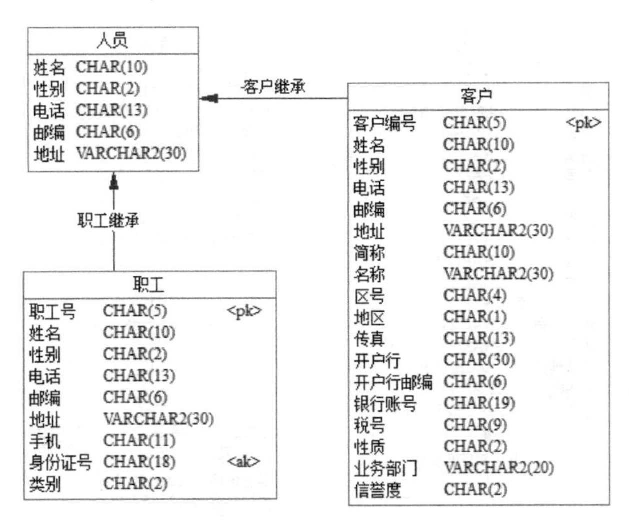

图 5.77　继承联系的转换结果

⑦ 关联以及关联链接的转换

关联以及关联链接转换为 PDM 时，由关联节点两端的基数决定是否将关联单独生成一张表，如果两端基数设置相同，则关联节点生成独立的表，并且关联两端实体的主标识符进入关联节点生成的表中做外键，同时联合做主键；否则关联节点属性合并到一端实体生成的表中，同时另一端实体的主标识符进入该端实体生成的表中做外键。

例如：图 5.78 所示的关联以及关联链接生成的 PDM 模型如图 5.79 所示。

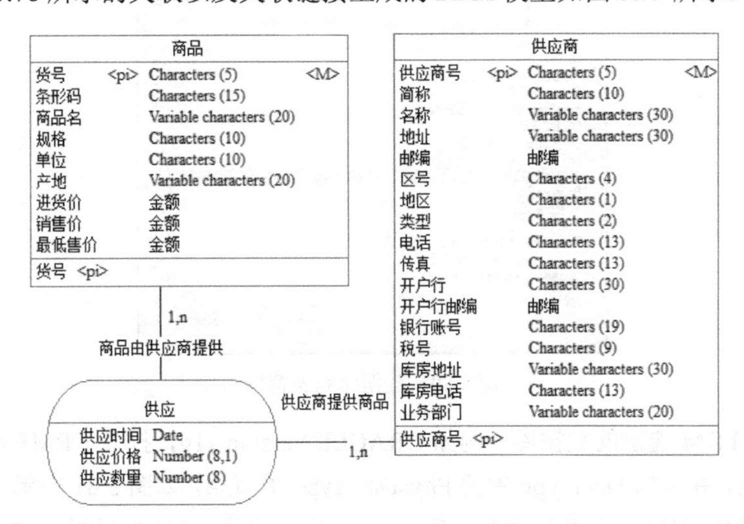

图 5.78　关联以及关联链接

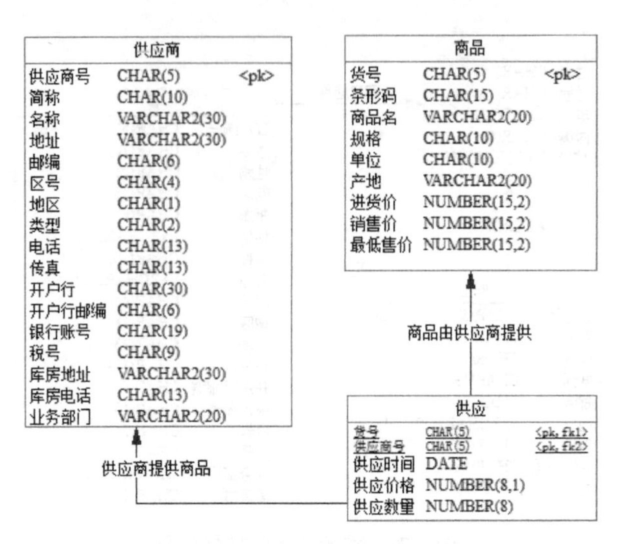

图 5.79　关联以及关联链接的转换

（3）数据类型的转换

当 CDM 生成 PDM 时，实体属性的数据类型将被转换成为 PDM 选定的 DBMS 支持的数据类型。转换规则的定义方法如下：

① 选择 Tools→Resources→DBMS 菜单项，打开数据库列表窗口，如图 5.80 所示。

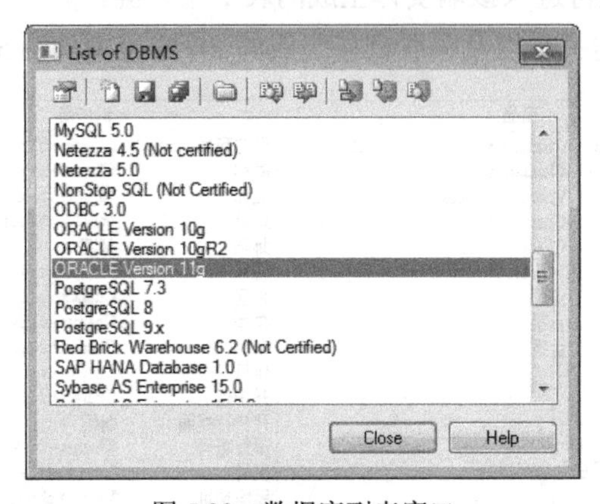

图 5.80　数据库列表窗口

② 双击为 PDM 选定的数据库，例如 ORACLE Version 11g，打开 DBMS 属性窗口。然后展开 Script 节点，并选择 DataType 中的 PhysDataType 子节点，如图 5.81 所示。其中，Physical Model 中列出的是 PDM 中的数据类型，Internal 中列出的是 CDM 中的数据类型，修改相应数值，然后单击“确定”按钮，完成数据类型转换定义。

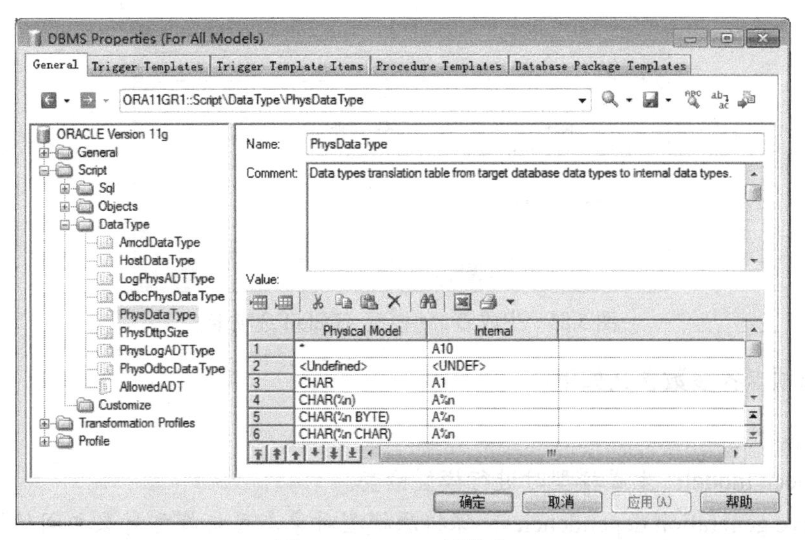

图 5.81　DBMS 属性窗口

4. 由 CDM 生成 OOM

面向对象模型（OOM）采用 UML 描述系统功能、结构等特性。采用 PowerDesigner 不仅能够完成面向对象模型设计工作，而且还能够从 CDM、PDM 等生成面向对象模型，也可以通过逆向工程从 Java 等文件生成面向对象模型。从 CDM 生成 OOM 的具体步骤如下：

步骤 01　打开 CDM 模型，如图 5.56 所示。

步骤 02　选择 Tools→Generate Object Oriented Model 菜单项，打开生成 OOM 模型窗口。

步骤 03　设置生成选项，如图 5.82~图 5.83 所示。

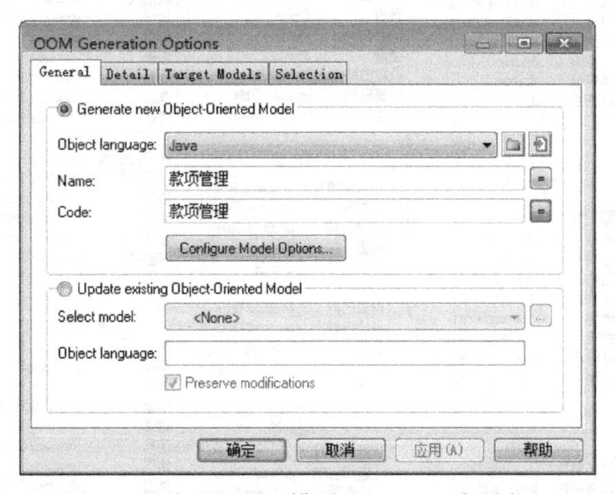

图 5.82　生成 OOM 模型（General 选项卡）

其中，Object language 表示选择面向对象语言。其余参数含义同上。

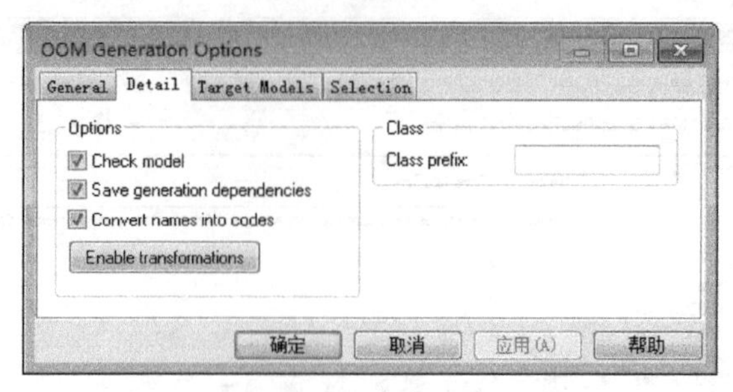

图 5.83　生成 OOM 模型（Detail 选项卡）

Detail 选项卡各参数含义如下：

- Options
  - Check model：生成模型时进行模型检查。
  - Save generation dependencies：保持原模型对象与目标模型对象之间的链接，主要用于合并从同一 CDM 模型生成的 OOM 模型。
  - Convert names into codes：将名称转化为代码。
- Class
  - Class prefix：定义类名前缀。

步骤 04　单击“确定”按钮，生成 OOM 模型。图 5.56 所示 CDM 模型生成的 OOM 模型如图 5.84 所示（各选项卡参数采用默认设置）。

图 5.84　由图 5.56 生成的 OOM 模型

在 CDM 生成 OOM 的过程中，CDM 与 OOM 中对象的转换关系如表 5.15 所示。

表 5.15　CDM 与 OOM 中对象的转换关系

CDM（概念数据模型）	OOM（面向对象模型）
Domain（域）	Domain（域）
Entity（实体）	Class（类）
Entity Attribute（实体属性）	Attribute（属性）
Primary Identifier（主标识符）	Primary Identifier（主标识符）
Relationship（联系）	Association（关联）

5.4　进销存系统概念数据模型应用实例

创建概念数据模型必须以需求分析为基础，首先从数据字典中提取必需的数据，结合数据流图确定实体、属性、联系以及业务规则，然后从数据流图的一个合适的层次入手，根据“进销存系统”的各个应用创建局部 CDM，最后将局部 CDM 合并成全局 CDM。

5.4.1　确定 CDM 模型对象

根据对“进销存系统”的需求分析，从中提取了用于创建概念数据模型所需的数据。其中，实体及其属性如表 5.16 所示；实体联系如表 5.17 所示。并将整个系统分为四个局部应用，并分别创建局部 CDM。四个局部应用分别为采购管理、销售管理、库存管理和款项管理。

表 5.16　实体及属性清单

编号	实体名称	实体属性
1	商品	货号、条形码、商品名、规格、单位、产地、进货价、销售价、最低售价
2	供应商	供应商号、简称、名称、地址、邮编、区号、地区、类型、电话、传真、开户行、开户行邮编、银行账号、税号、库房地址、库房电话、业务部门
3	客户	客户编号、简称、名称、联系人、地址、邮编、区号、地区、电话、传真、开户行、开户行邮编、银行账号、税号、性质、业务部门、信誉度
4	职工	职工号、姓名、性别、电话、手机、地址、邮编、身份证号、类别
5	仓库	仓库号、仓库名、类别、备注、负责人
6	入库	货号、单价、入库时间、数量、经手人、仓库号
7	出库	货号、单价、出库时间、数量、经手人、仓库号
8	采购订单	采购订单号、供应商号、订货日期、截止日期、业务员、制单人、总价、不含税价、税额
9	采购订单明细	采购明细编号、采购订单号、货号、订货数量、进价、总价、扣率、税率、不含税价、税额
10	进货单	进货单号、供应商号、进货日期、业务员、制单人、验收员、保管员、总价、不含税价、税额、采购订单号

（续表）

编号	实体名称	实体属性
11	进货单明细	进货明细编号、进货单号、货号、进货数量、进价、总价、扣率、税率、不含税价、税额、仓库、货物质量
12	销售订单	销售订单号、客户编号、销售日期、截止日期、业务员、制单人、总价、不含税价、税额
13	销售订单明细	销售订单明细编号、销售订单号、货号、销售数量、销售价、总价、扣率、税率、不含税价、税额
14	销售单	销售单号、客户编号、销售日期、业务员、制单人、保管员、总价、不含税价、税额、销售订单号
15	销售单明细	销售单明细编号、销售单号、货号、销售数量、销售价、总价、扣率、税率、不含税价、税额、出货仓库
16	退货单	退货单编号、销售单号、货号、退货日期、退货数量、负责人、销售价、总价、扣率、税率、不含税价、税额、退货仓库
17	付款单	付款单编号、发票号、填票日期、进货单号、货号、供应商号、数量、进货单价、金额、付款日期、进货日期、负责人、备注
18	收款单	收款单编号、发票号、填票日期、销售单号、货号、客户编号、数量、销售价、金额、收款日期、销售日期、负责人、备注

表 5.17　联系清单

编号	实体	联系	编号	实体	联系
1	商品：采购订单明细	1:n	18	职工：退货单	1:n
2	商品：进货单明细	1:n	19	职工：付款单	1:n
3	商品：销售订单明细	1:n	20	职工：收款单	1:n
4	商品：销售单明细	1:n	21	仓库：商品	m:n
5	商品：退货单	1:n	22	仓库：职工	1:1
6	商品：付款单	1:n	23	仓库：进货单明细	1:n
7	商品：收款单	1:n	24	仓库：退货单	1:n
8	客户：销售订单	1:n	25	仓库：销售单明细	1:n
9	客户：销售单	1:n	26	采购订单：采购订单明细	1:n
10	客户：收款单	1:n	27	进货单：进货单明细	1:n
11	供应商：采购订单	1:n	28	销售订单：销售订单明细	1:n
12	供应商：进货单	1:n	29	销售单：销售单明细	1:n
13	供应商：付款单	1:n	30	销售单：收款单	1:n
14	职工：采购订单	m:n	31	进货单：付款单	1:n
15	职工：进货单	m:n	32	销售单：退货单	1:n
16	职工：销售订单	m:n	33	销售订单：销售单	1:1
17	职工：销售单	m:n	34	采购订单：进货单	1:1

5.4.2　创建 CDM 模型

设计 CDM 模型，首先需要在 Workspace（工作区）中创建 CDM 模型，方法如下：

选择 File→New Model 菜单项，打开新建模型窗口，在新建模型窗口中选择 Conceptual Data Model，在 Model Name 处输入模型名称“进销存系统 CDM”，然后单击 OK 按钮，新建的 CDM 模型将出现在浏览器窗口中。

5.4.3　定义显示参数及模型选项

为了保证团队协作的情况下设计风格一致，在具体设计 CDM 模型之前，首先定义模型选项及显示参数。

1. 设置显示参数

显示参数主要用于定义 CDM 的整体外观特征以及每个对象的显示格式。具体操作步骤如下：

（1）选择 Tools→Display Preferences 菜单，打开显示参数设置窗口。

（2）在显示参数设置窗口中选择需要进行设置的节点，设置对象的具体显示参数。

① Relationship

- Relationship 显示参数设置

单击 Relationship 子节点，在 Content 选项卡中设置联系的显示参数。显示参数包括联系的名称和基数，如图 5.85 所示。

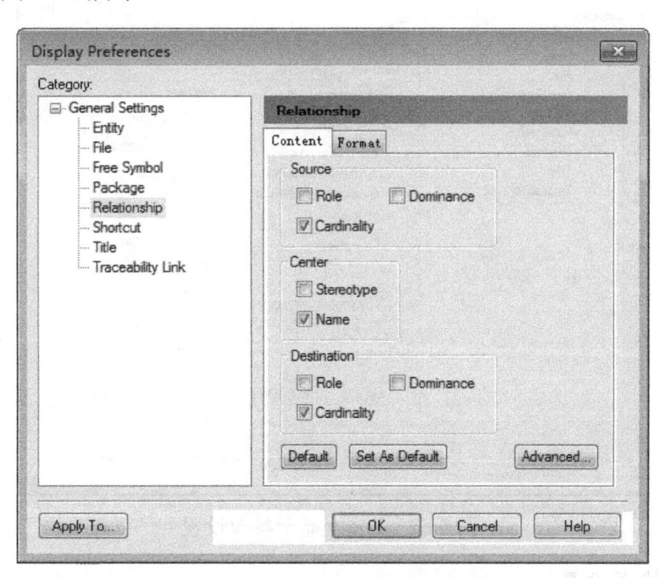

图 5.85　Relationship 显示参数设置

- Relationship 显示格式设置

单击 Format 选项卡，打开联系显示格式设置窗口，单击 Modify 按钮，打开 Symbol Format 窗口。选择 Font 选项卡，设置字体参数，如图 5.86 所示，将全部对象符号显示字体设置为：Times New Roman；字号（Size）设置为 9 磅。

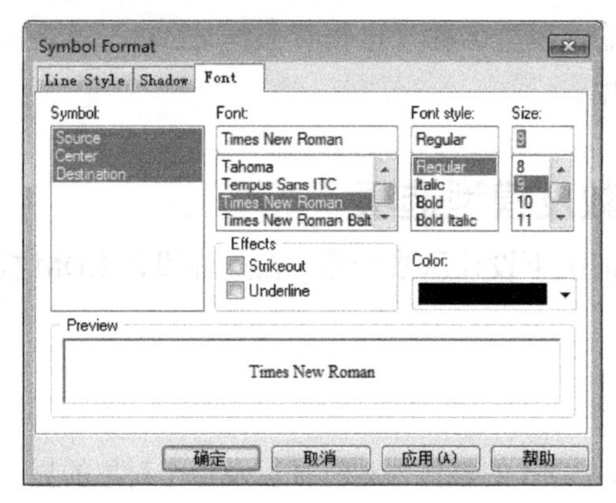

图 5.86　Relationship Font 选项卡设置

② Entity

- Entity 显示参数设置

单击 Entity 子节点，如图 5.87 所示，在 Content 选项卡中设置实体的显示参数。实体显示参数包括实体属性、类型和标识符等。

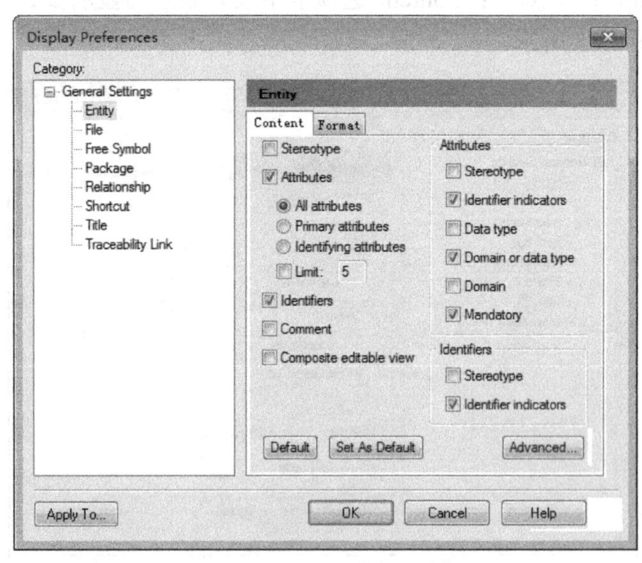

图 5.87　Entity 显示参数设置

- Entity 显示格式设置

单击 Format 选项卡，打开实体显示格式设置窗口，单击 Modify 按钮，打开 Symbol Format 窗口。

- 选择 Fill 选项卡，设置填充颜色，如图 5.88 所示，将填充颜色设置为白色。
- 选择 Font 选项卡，设置字体参数，如图 5.89 所示，将全部对象符号显示字体设置为：Times New Roman；字号（Size）设置为 9 磅。

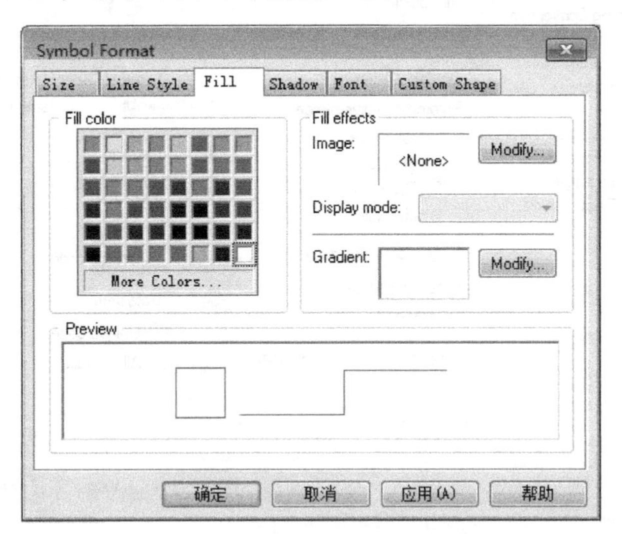

图 5.88　Entity Fill 选项卡设置

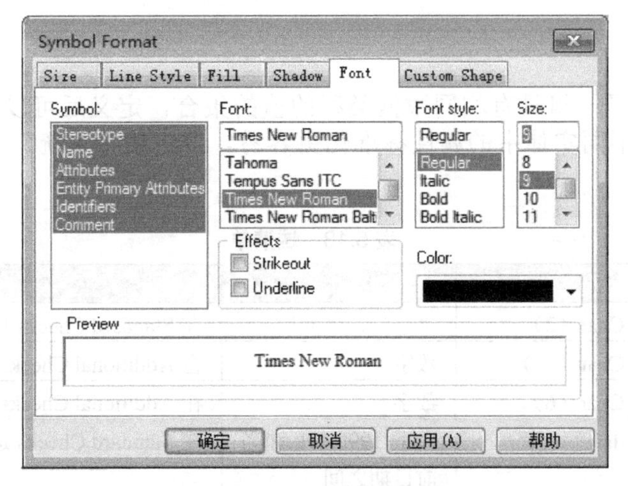

图 5.89　Entity Font 选项卡设置

2. 设置模型选项

选择 Tools→Model Options 菜单，打开模型选项设置窗口，如图 5.90 所示。将 Notation 设置为：E/R+Merise，其余采用默认值。

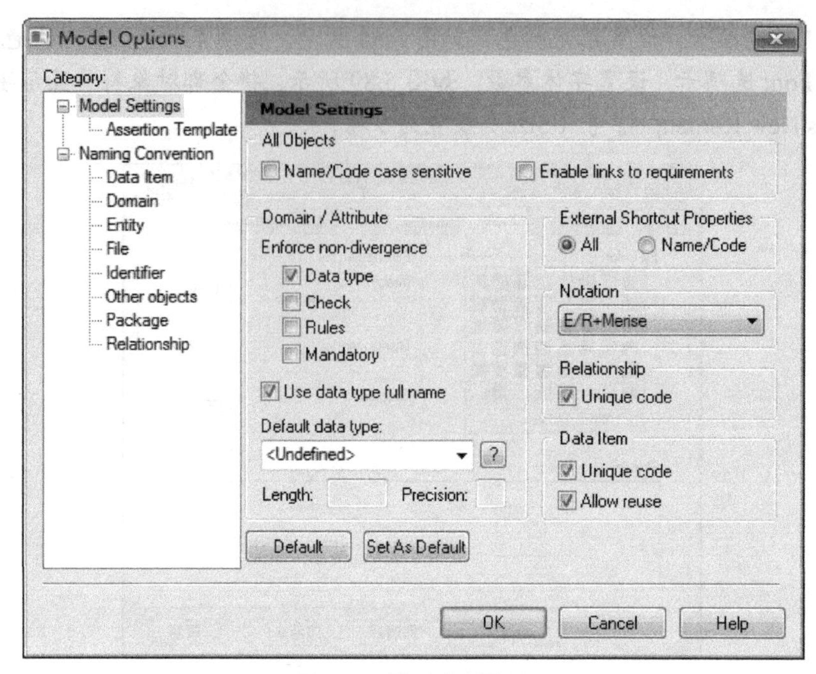

图 5.90　模型选项设置

5.4.4　创建域

域（Domain）是一组具有相同数据类型的值的集合，定义后可以被多个数据项或实体属性共享，使得不同实体中的属性标准化更容易。“进销存系统”中包括的域，如表 5.18 所示。

表 5.18　域清单

序号	域名称	类型	约束	备注
1	性别	Char（2）	“男”，“女”	在 Standard Checks 选项卡中设置
2	手机	Char（11）	数字	在 Additional Checks 选项卡中设置
3	邮编	Char（6）	数字	在 Additional Checks 选项卡中设置
4	日期	date	介于 1990-1-1 和当前日期之间	在 Standard Checks 选项卡中设置
5	金额	Number（15,2）	保留两位小数	在域列表窗口中设置
6	备注	Varchar2（50）		

（1）选择 Model→Domains 菜单项，打开域列表窗口，如图 5.91 所示。在该窗口中定义域的基本信息，包括：Name（域名称）、Code（域代码）、Data Type（数据类型）、Length（类型长度）、Precision（小数位数）。

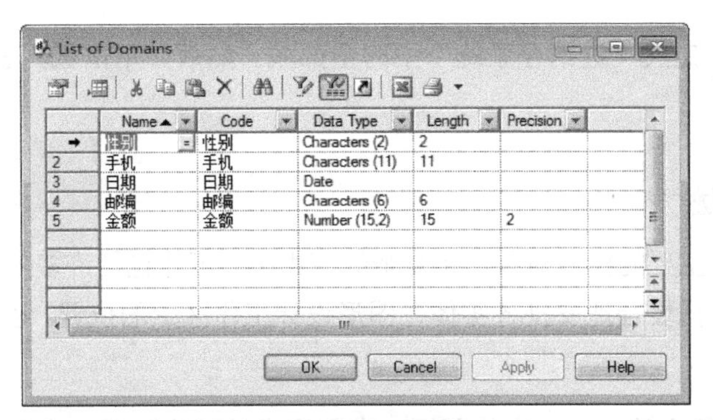

图 5.91　域列表窗口

（2）选择需要进行属性设置的域，单击域列表窗口左上角的 Properties ，或者右键单击正在编辑的域，在快捷菜单中选择 Properties，打开域属性窗口，设置域属性。

① 在 General 选项卡中设置该域的基本信息。

② 在 Standard Checks 选项卡中设置域的标准检查性约束，如图 5.92 所示。设置“日期”域的标准检查性约束，约定“进销存系统”中的日期介于 1990 年 1 月 1 日至当前系统日期。

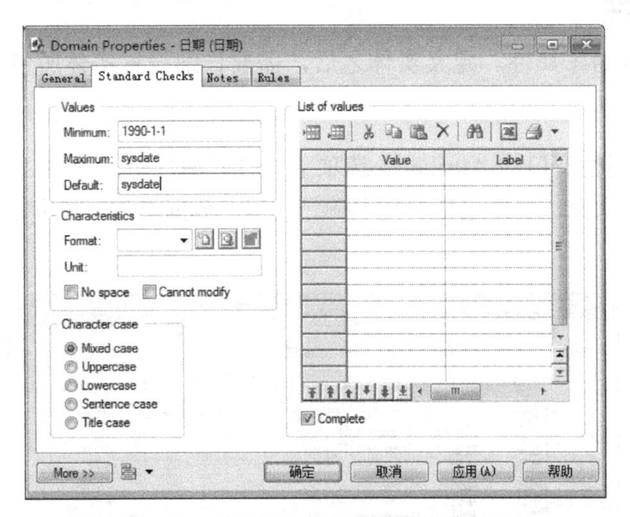

图 5.92　“日期”域的标准检查性约束

③ 在 Additional Checks 选项卡中设置域的附加检查性约束，如图 5.93 所示。设置“邮编”域的附加检查性约束，约定邮编必须为数字。

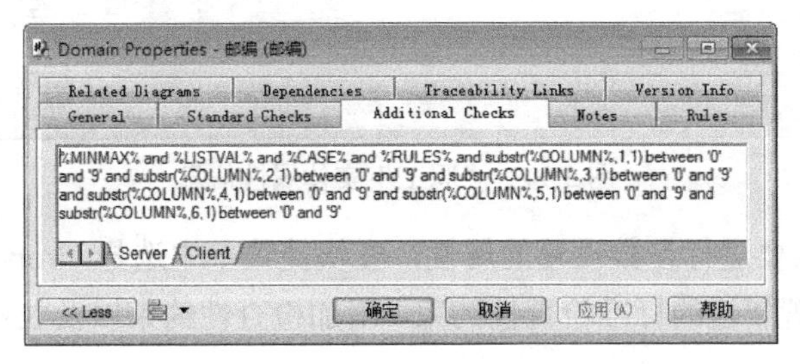

图 5.93　“邮编”域的附加约束设置

采用上述方法，定义“进销存系统”中的全部域。然后，单击域列表窗口中的 OK 按钮，结束域的定义。

5.4.5 创建实体

实体是 CDM 最主要的模型对象。在复杂的应用中，可能包括许多实体，并且实体之间的联系错综复杂，此时需要合理安排各实体在图形设计工作区中的位置，以清晰描述需求。实体创建的方法如下：

（1）选择工具箱上的 Entity 实体图标，在图形设计工作区适当位置单击鼠标左键放置各实体。

（2）双击实体符号，打开实体属性窗口，General 选项卡中设置实体名称以及代码等基本信息。

采用上述方法，定义“进销存系统”中的各个局部应用中的全部实体。

5.4.6 定义属性

每个实体都包含若干属性。定义实体之后，需要详细设置实体所包含的属性信息。属性设置方法如下：

（1）单击实体属性窗口的 Attributes 选项卡，打开属性定义窗口，如图 5.94 所示。在该窗口中输入全部属性信息。主要包括属性名称、代码、数据类型、长度、精度以及应用到属性上的域等。

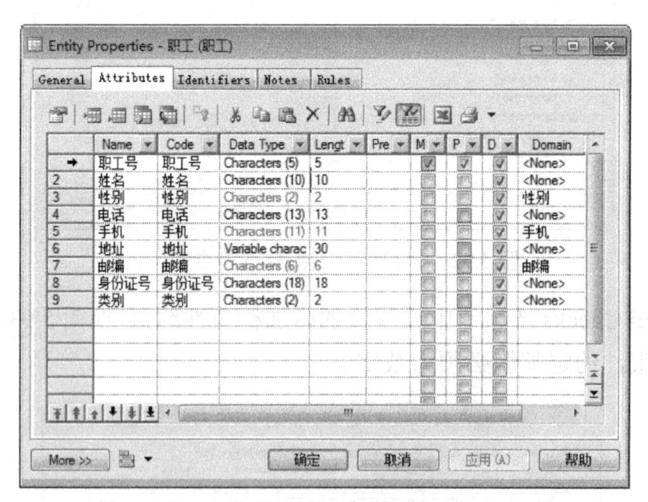

图 5.94 “职工”实体属性信息

（2）右键单击需要进行参数设置的属性，在快捷菜单中选择 Properties 菜单项，打开属性参数设置窗口，设置属性的标准检查性约束、附加检查性约束以及业务规则等。具体设置方法同域的设置。

采用上述方法设置各个实体包含的属性。

5.4.7　定义标识符

（1）单击实体属性窗口的 Identifiers 选项卡，打开标识符定义窗口，在该窗口中定义实体的主标识符与次标识符，如图 5.95 所示。其中，职工号为主标识符，身份证号为次标识符。

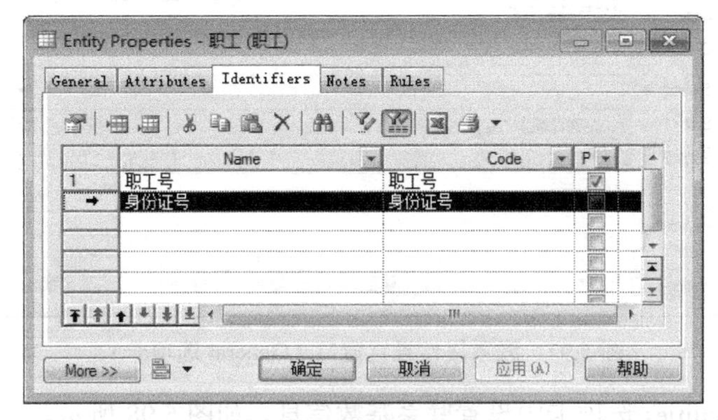

图 5.95　实体标识符定义窗口

（2）选择需要编辑的标识符行，单击 Properties 工具，打开标识符属性设置窗口，在 Attributes 选项卡中设置标识符的字段信息。结果如图 5.96 所示。

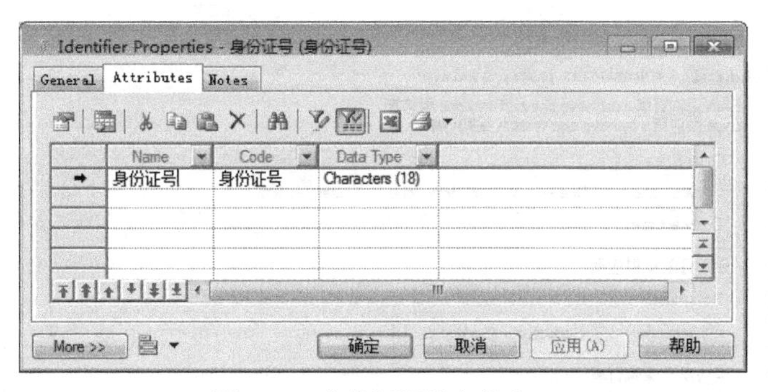

图 5.96　实体标识符定义窗口

采用上述方法设置各个实体标识符。

5.4.8　定义联系

在“进销存系统”中共包括 34 个联系，具体设计过程如下：

单击工具箱上的 Relationship 图标，在两个实体之间创建联系；鼠标双击联系图形符号，打开联系属性窗口，设置联系属性。

（1）在 General 选项卡中设置联系的基本信息。如图 5.97 所示，设置供应商和采购订单实体之间的联系。

图 5.97　联系属性设置窗口（General 选项卡）

（2）在 Cardinalities 选项卡中设置联系基数信息。如图 5.98 所示。

图 5.98　联系属性设置窗口（Cardinalities 选项卡）

（3）供应商和采购订单两个实体之间的联系如图 5.99 所示。

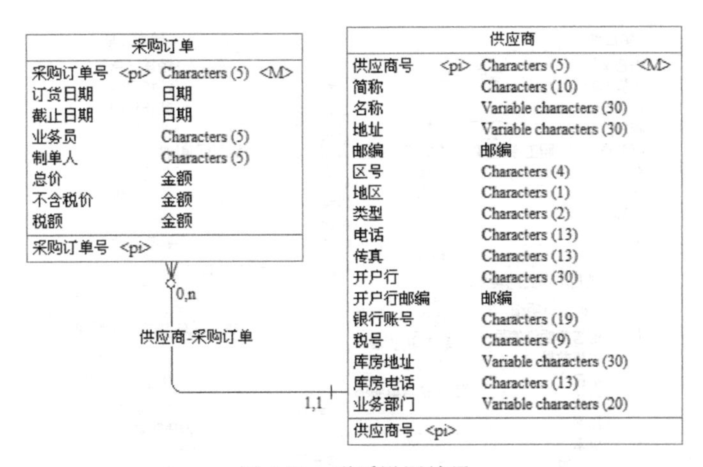

图 5.99　联系设置结果

采用上述方法设置“进销存系统”中的全部联系。

根据以上创建 CDM 的方法和步骤，针对“进销存系统”各个局部应用创建的 CDM 模型如图 5.100~图 5.103 所示。

为了清晰的呈现实体之间的联系，图中部分实体的属性没有全部显示，以节约空间。

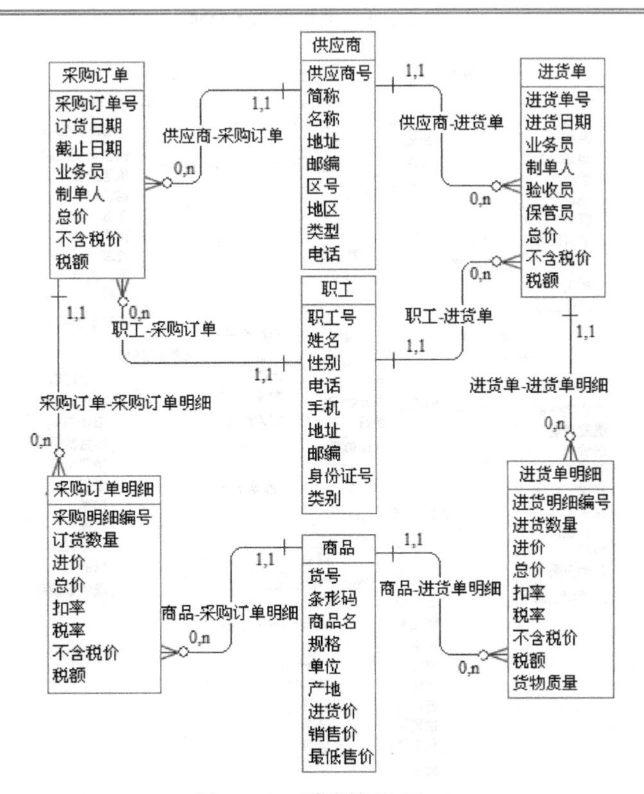

图 5.100　采购管理 CDM

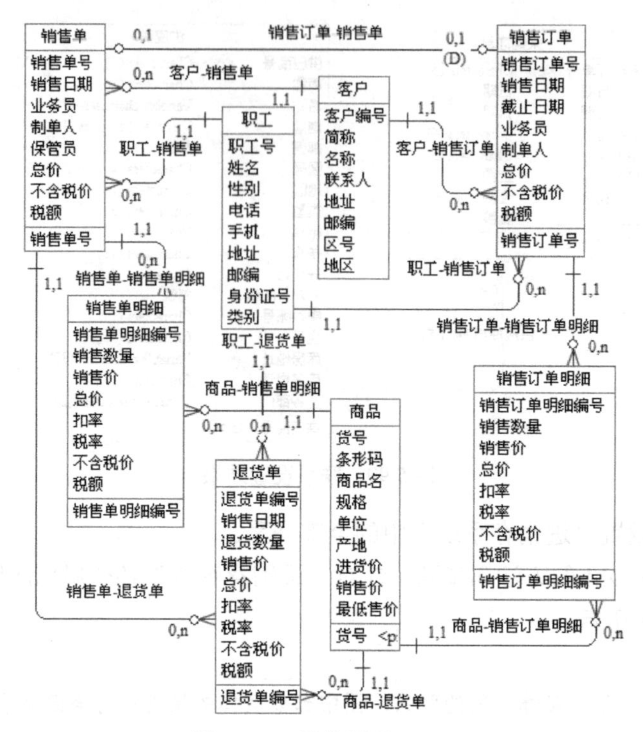

图 5.101 销售管理 CDM

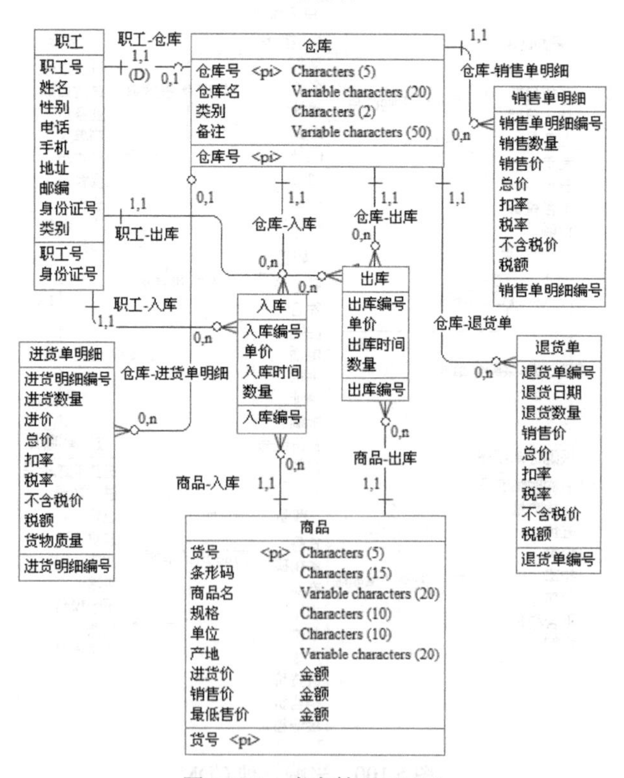

图 5.102 库存管理 CDM

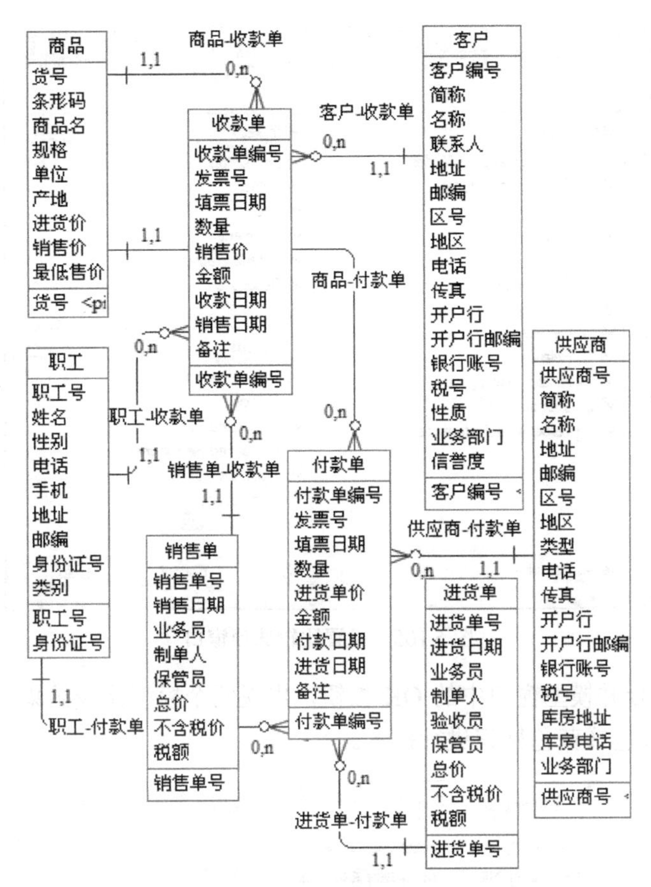

图 5.103　款项管理 CDM

5.4.9　合并模型

局部 CDM 设计结束后，通常要对局部 CDM 进行有效性检查，检查没有错误后再合并局部 CDM 为全局 CDM。CDM 合并过程如下：

（1）鼠标右键单击需要合并的 CDM 模型，在快捷菜单中选择 Merge Model 菜单项，打开模型合并窗口，选择合并模型，如图 5.104 所示。将“采购管理”合并到“进销存系统 CDM”。

图 5.104　选择合并模型窗口

（2）单击“Options”按钮，打开比较选项设置窗口，如图 5.105 所示。在该窗口中选择需要进行比较的模型选项，并单击 OK 按钮。比较选项通常采用默认设置。

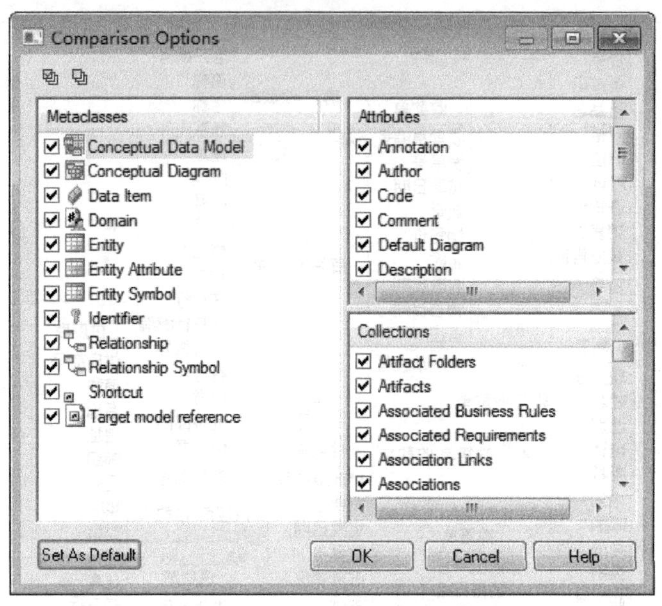

图 5.105　设置比较选项窗口

（3）单击选择合并模型窗口中的 OK 按钮，出现两个模型比较结果，如图 5.106 所示。不同的地方分别用红色或黄色标识进行提示。

图 5.106　合并模型比较结果

（4）检查模型比较结果后单击 OK 按钮，合并模型。

（5）采用同样方法将销售管理、库存管理以及款项管理相应的局部 CDM 全部合并到“进销存系统 CDM”中，从而形成全局 CDM。“进销存系统”全局 CDM 如图 5.107 所示。

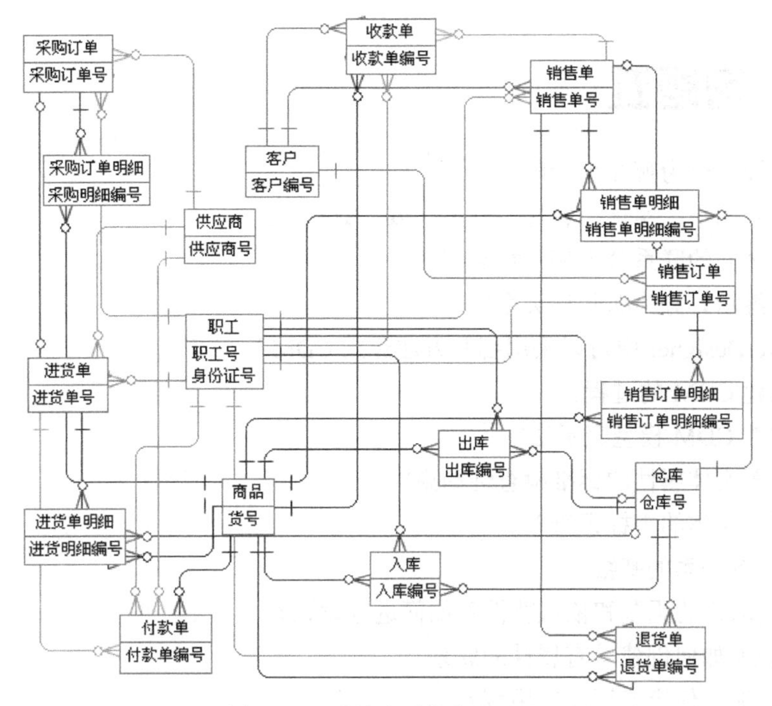

图 5.107　进销存系统全局 CDM

5.5 本章小结

本章介绍了采用 PowerDesigner 完成概念数据模型设计的具体方法，主要包括：概念数据模型设计相关概念、概念数据模型创建方法、创建过程以及操作过程中的注意事项；叙述了设置概念数据模型的模型选项和模型参数的方法；讲述了对概念数据模型进行有效性检查的具体实现过程；最后介绍了概念数据模型与 PowerDesigner 中其他模型之间的转换方法以及具体转换过程。通过本章的学习，读者应掌握如下内容：

1. 掌握概念数据模型相关术语：实体、属性、联系、继承、域、数据项、标识符、引用等。
2. 熟练掌握采用 PowerDesigner 创建概念数据模型的方法和具体实现过程。
3. 熟悉创建概念数据模型过程中常用参数的含义。
4. 掌握利用 PowerDesigner 对概念数据模型进行有效性检查的过程。
5. 掌握利用 PowerDesigner 完成概念数据模型与其他模型的转换方法。

5.6 习题五

1. 数据库设计分为哪几个阶段？
2. 解释下列术语：实体、属性、联系、域、数据项。
3. 实体集之间的联系分为哪几种类型？
4. 什么是继承？分为哪几种类型？
5. 在 PowerDesigner 中可以采用哪些方法建立 CDM？
6. 简述新建 CDM 的过程。
7. 如何修改 CDM 模型表示法？
8. 如何设置实体属性的标准检查性约束？
9. 如何设置实体的主标识符？
10. 如何设置联系的基数？
11. 什么是联系的强制和依赖特性？如何进行设置？
12. 举例说明如何创建带有属性的联系？
13. 举例说明如何定义域及应用域？
14. 如何设置联系的显示参数？
15. 如何设置实体的显示格式？
16. 简述 CDM 模型有效性检查过程？
17. 由 CDM 模型可以生成哪些模型？
18. 由 CDM 生成 PDM 过程中，如何为 PDM 选择数据库类型 DBMS？

第 6 章

逻辑数据模型（LDM）

逻辑数据模型（LDM）介于概念数据模型（CDM）和物理数据模型（PDM）之间，是概念数据模型的延伸，表示概念之间的逻辑次序，是一个属于方法层次的模型。逻辑数据模型一方面描述了实体、属性以及实体之间关系，另一方面又将继承、引用等在实体属性中进行展示。逻辑数据模型使得整个概念数据模型更易于理解，同时又不依赖于具体的数据库实现，使用逻辑数据模型可以生成针对具体数据库管理系统的物理数据模型。采用 PowerDesigner 完成数据建模，逻辑数据模型设计不是必需的，可以由概念数据模型直接生成物理数据模型。

6.1 建立 LDM

在创建 LDM 之前，与 CDM 类似，首先要根据需求分析结果，从中提取系统需要处理的数据，包括实体、联系、特殊的业务规则等等，为创建 LDM 奠定基础。

6.1.1 建立 LDM 的方法

建立 LDM 可以采用下面几种形式：

- 新建 LDM
- 从已有 LDM 生成新的 LDM
- 从 CDM 生成 LDM
- 通过逆向工程由 PDM 生成 LDM

本章主要叙述新建 LDM 以及从已有 LDM 生成新的 LDM 的方法；从 CDM 生成 LDM 的方法已在第 5 章介绍；由 PDM 生成 LDM 的方法将在第 7 章中讲解。

6.1.2 创建 LDM

下面以“进销存系统”数据为例讲述 LDM 的创建过程。具体操作步骤如下：

1. 建立 LDM 模型

选择 File→New Model 菜单项，打开新建模型窗口，如图 6.1 所示。在新建模型窗口中选择 Logical Data Model，即逻辑数据模型 LDM。在 Model Name 处输入模型名称“进销存管理系统逻辑数据模型”，然后单击 OK 按钮，创建一个 LDM 模型。默认情况下新建模型将出现在 PowerDesigner 浏览器窗口中，同时打开用于设计选定图形对象的工具箱。LDM 工具箱中特有工具选项含义如表 6.1 所示。

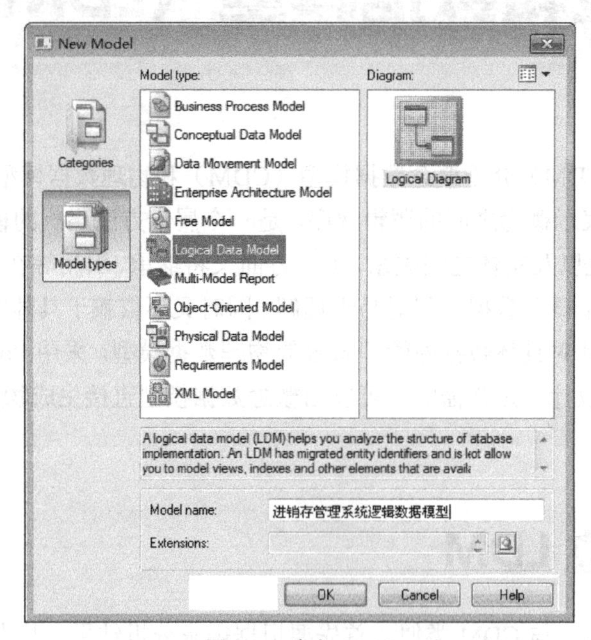

图 6.1　建立 LDM

表 6.1　LDM 工具箱各选项含义

序号	图标	英文名称	含义
1		Entity	实体
2		Relationship	联系
3		Inheritance	继承
4		n-n Relationship	多对多联系
5		Package	包
6		File	文件

2. 定义实体

选择工具箱中的 Entity 图标，光标形状由指针状态变为选定图标的形状；在图形设计工作区适当位置单击鼠标左键放置实体。可以连续放置多个实体；在 LDM 工作区空白处单击鼠标右键，结束实体定义工作。

3. 设置实体属性

双击实体符号，打开实体属性窗口，如图 6.2 所示。属性窗口中各选项卡的参数含义同 CDM。

图 6.2　实体属性窗口

（1）在 General 选项卡中设置实体的名称、代码和注释等信息。

（2）在 Attributes 选项卡中设置实体属性信息，如图 6.3 所示。在该窗口中输入全部属性。另外，还可以在该窗口中右键单击需要进行参数设置的属性行，在快捷菜单中选择 Properties，打开该属性参数设置窗口，设置该属性的标准检查性约束等特性。

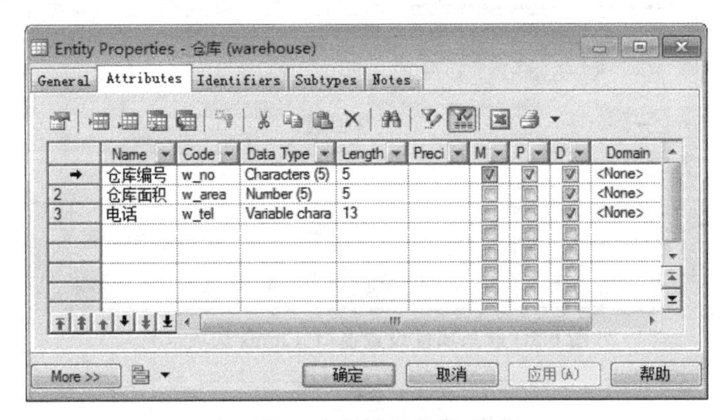

图 6.3　属性定义窗口

（3）在 Identifiers 选项卡中设置主标识符（主键）信息，如图 6.4 所示。

图 6.4　设置主键

4. 定义联系

在逻辑数据模型中联系有一般联系（Relationship）、多对多联系（n-n Relationship）和继承联系（Inheritance）三种类型。

（1）定义一般联系

一般联系用于定义“1:1”、“1:n”、“n:1”联系以及基数为“1:1”、“1:n”、“n:1”的递归联系和多元联系。具体操作步骤如下：

① 单击工具箱上的 Relationship 工具选项，在两个实体之间创建联系。

② 鼠标双击联系图形符号，打开联系属性窗口。其中，General 选项卡用于设置联系的基本信息；Cardinalities 选项卡用于设置联系基数信息；Joins 选项卡用于设置联系两端实体属性链接信息，如图 6.5 所示。设置结束后，单击“确定”按钮，结果如图 6.6 所示。

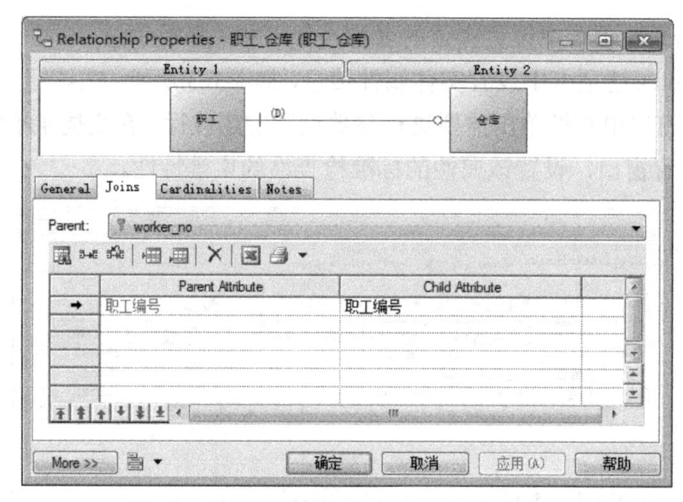

图 6.5　联系属性设置窗口（Joins 选项卡）

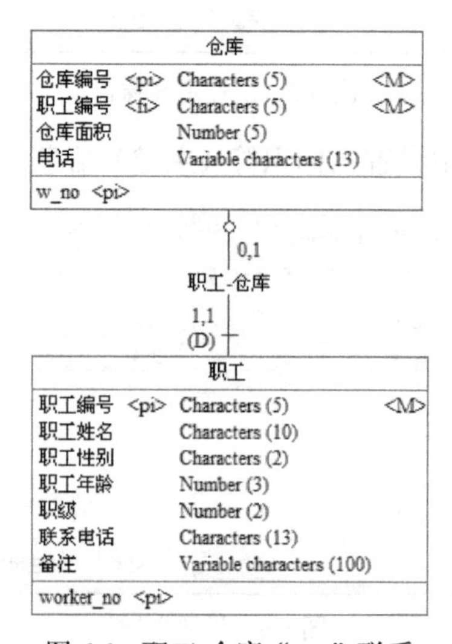

图 6.6　职工-仓库“1:1”联系

联系两端连接的属性可以是主键、候选建、外键属性，也可以是其他属性，但通常情况下设置的是两端实体的外键关联信息。具体设置方法如下：

首先在 Parent 下拉列表框中选择父实体主键，即根据父实体主键属性建立链接；然后在 Child Attribute 列表中设置子实体的链接属性。子实体属性可以选择子实体中已有属性（通过下拉列表选择），也可以设置为父实体属性。另外，也可以在 Parent 列表中选择 None，直接在 Parent Attribute 列表中设置父实体链接属性；然后在 Child Attribute 列表中设置子实体链接属性。

子实体属性设置过程中可以辅助使用（Reuse Attributes）、（Migrate Attributes）（Cancel Migrate）几个工具。其中，表示重用子实体已有属性；表示迁移父实体属性到子实体；表示取消迁移。

针对“1:1”联系，Parent 列表中出现的主键与 Cardinalities 选项卡中 Dominant role 参数设置相关，如果 Dominant role 参数设置为 None，则不可以设置 Joins 选项卡信息；如果 Dominant role 参数已设置，则选择 Dominant role 参数指定角色左端实体为父实体。例如：Dominant role 参数设置为“职工→仓库”，则父实体为“职工”，在 Parent 列表中列出的是“职工”实体的主键。

针对“1:n”联系，则父实体为 1 端实体。

（2）定义“m:n”联系

① 单击工具箱中的 n-n Relationship 工具选项，在两个实体之间创建联系。在 LDM 模型中，如果在模型选项设置中允许多对多联系，则工具选项将创建一个多对多联系，其中，Joins 选项卡信息不设置，其余选项卡参数设置方法同 CDM；如果不允许多对多联系，则多对多联系直接被两个一对多联系替换。如图 6.7 所示。

商品
商品编号 <pi> Characters (15) <M>
商品名称 Characters (20)
商品类别 Characters (5)
商品单价 Number (8,1)
商品单位 Characters (20)
生产产地 Characters (30)
保存期 Number (4)
包装 Number (3)
g_no <pi>

Relationship_3 1,1 0,n

Relationship_2
供应商编号 <pi,fi2> Characters (5) <M>
商品编号 <pi,fi1> Characters (15) <M>
Identifier_1 <pi>

Relationship_4 0,n 1,1

供应商
供应商编号 <pi> Characters (5) <M>
供应商名称 Characters (30)
供应商地址 Variable characters (30)
联系人 Characters (10)
电话 Variable characters (13)
供应商等级 Number (1)
供应商所在城市 Characters (20)
备注 Variable characters (100)
sup_no <pi>

图 6.7　LDM“m:n”联系

② 鼠标双击新增实体，打开该实体属性窗口，添加“m:n”联系属性。

③ 鼠标双击联系符号，打开联系属性窗口，设置联系属性。在 General 选项卡中设置联系的基本信息；在 Cardinalities 选项卡中设置联系基数信息；在 Joins 选项卡中设置联系两端实体属性链接信息。设置方法同一般联系。

④ “m:n”联系定义结果如图 6.8 所示。

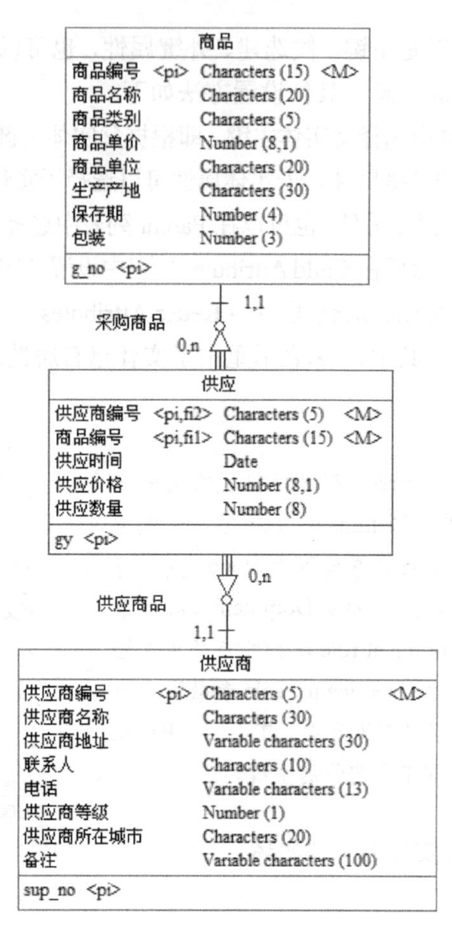

图 6.8 商品-供应商 “m:n” 联系

LDM 中可以定义域，定义方法与 CDM 相同；LDM 中不存在数据项以及关联。另外，也可以对 LDM 模型进行有效性检查，以保证模型的合理有效。

6.1.3 设置 LDM 模型选项

LDM 的显示参数及模型选项的设置方法与 CDM 类似。这里主要叙述 LDM 模型选项中属性迁移的设置，LDM 模型显示参数的设置方法请读者参考 5.2.7 节。

设置方法如下：

打开 LDM 模型，选择 Tools→ Model Options 菜单，打开模型选项设置窗口，如图 6.9 和图 6.10 所示。

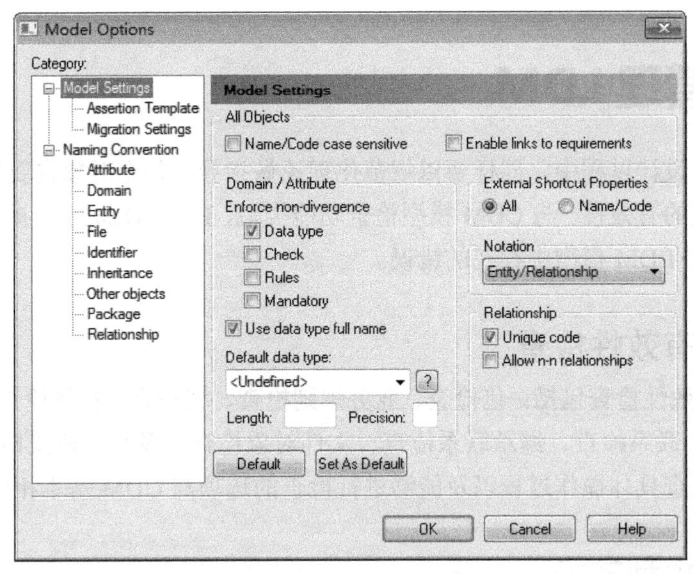

图 6.9　模型选项设置窗口

其中，Allow n-n relationships 参数用于设置 LDM 模型中是否允许多对多联系。其余参数同 CDM。

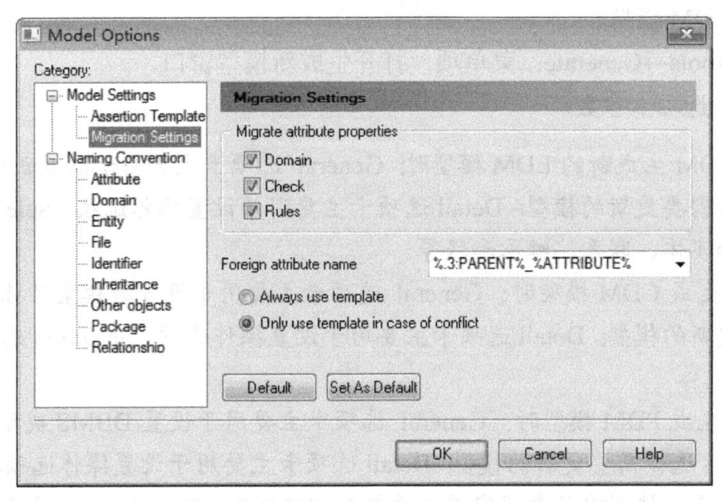

图 6.10　模型选项设置窗口（Migration Settings 节点）

其中：Migration Settings 节点用于设置属性迁移时包括的内容，主要有域（Domain）、检查性约束（Check）、业务规则（Rules），以及外键属性的命名模版样式和规则。其中命名模版在下拉列表中选择，可以全部采用模版（Always use template）命名，也可以仅在命名冲突时（Only use template in case of conflict）采用模版命名。

6.2 管理 LDM

在 LDM 模型设计过程中，同样要以规范化理论做指导，每个对象也要符合一定的规范，以保证 LDM 模型的有效性。与 CDM 模型检查功能类似，PowerDesigner 提供了 LDM 模型检查功能，用于检查 LDM 模型中存在的错误。

6.2.1 LDM 有效性检查

LDM 模型有效性检查包括：包检查、业务规则检查、域检查、实体检查、实体属性检查、实体标识符检查、联系检查、继承联系检查、文件对象检查以及数据格式检查等等。

LDM 模型检查具体操作过程以及能够进行检查的选项与 CDM 基本相同，这里不再赘述。

6.2.2 LDM 模型转换

LDM 模型转换主要包括由已有 LDM 生成新的 LDM；由 LDM 生成 CDM；由 LDM 生成 PDM。具体转换过程如下：

（1）打开 LDM 模型。

（2）选择 Tools→Generate...菜单项，打开生成新模型窗口。

（3）设置各选项卡参数。

- 由已有 LDM 生成新的 LDM 模型时：General 选项卡主要用于设置新模型名称、代码，或者选择需要更新的模型；Detail 选项卡主要用于设置操作选项；Selection 选项卡主要用于选择实体、联系、继承和域等。
- 由 LDM 生成 CDM 模型时：General 选项卡主要用于设置新模型名称、代码，或者选择需要更新的模型；Detail 选项卡主要用于设置操作选项；Selection 选项卡主要用于选择实体等。
- 由 LDM 生成 PDM 模型时：General 选项卡主要用于设置 DBMS 类型，新模型名称、代码，或者选择需要更新的模型；Detail 选项卡主要用于设置操作选项，表名、索引名、外键名称定义规则以及参照完整性更新和删除规则。Selection 选项卡主要用于选择实体等。

（4）单击“确定”按钮生成新模型。

6.3 进销存系统逻辑数据模型应用实例

设计好 CDM 模型后，可以直接由 CDM 生成 LDM 模型，LDM 模型不是建模必需的阶段，但 LDM 模型较 CDM 模型更易于理解。

由 CDM 生成 LDM 的过程如下：

（1）打开 CDM 模型，如图 5.107 所示。

（1）选择 Tools→Generate Logical Data Model 菜单项，打开生成 LDM 模型窗口。

（3）设置各选项卡参数。

（4）单击“确定”按钮生成 LDM 模型，由图 5.107 生成的 LDM 如图 6.11 所示。

（5）生成 LDM 模型后通常要进行模型检查与优化工作。在 LDM 模型中进行优化，可以减少在 PDM 模型中的优化工作。

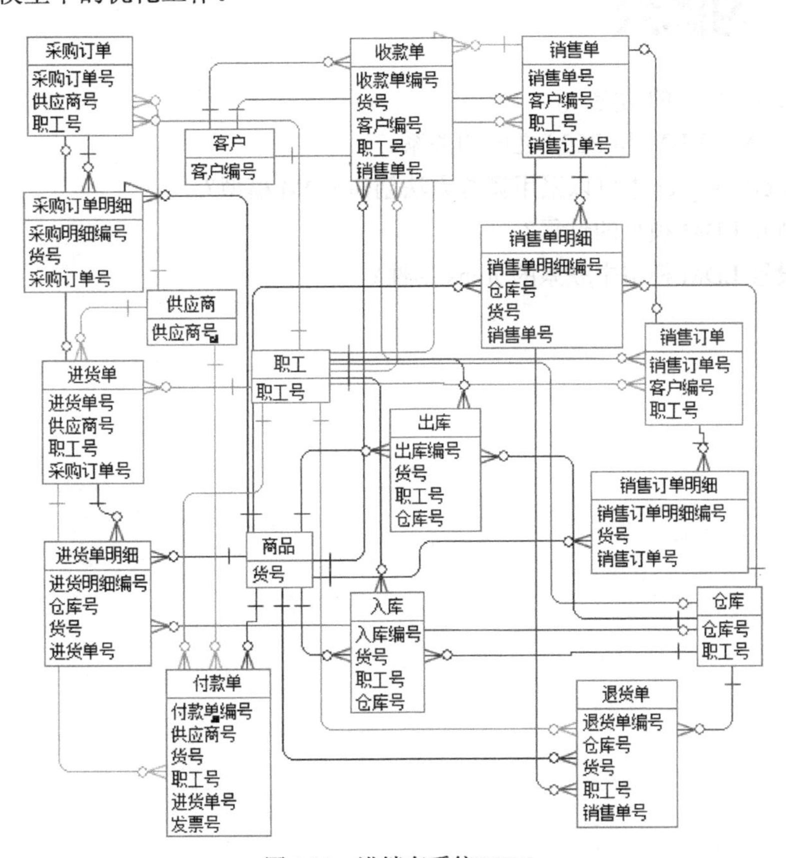

图 6.11　进销存系统 LDM

6.4 本章小结

本章首先叙述了逻辑数据模型的概念，以及逻辑数据模型、概念数据模型和物理数据模型之间的关系；接着叙述了创建逻辑数据模型的方法以及采用 PowerDesigner 完成逻辑数据模型创建的详细过程；最后，简要叙述了逻辑数据模型的有效性检查以及与其他模型的转换问题。通过本章的学习，读者应该掌握和了解以下内容：

1. 掌握逻辑数据模型的概念和作用。
2. 了解逻辑数据模型与概念数据模型和物理数据模型之间的关系。
3. 掌握采用 PowerDesigner 创建逻辑数据模型的方法和具体实现过程。
4. 了解逻辑数据模型与其他模型的转换方法。

6.5 习题六

1. 简述 LDM 模型的功能。
2. 简述 CDM、LDM 和 PDM 之间的关系。
3. 在 PowerDesigner 中可以采用哪些方法创建 LDM 模型？
4. 简述新建 LDM 模型的过程？
5. 如何设置 LDM 模型中联系的 Joins 属性？

第 7 章

◂ 物理数据模型（PDM）▸

概念数据模型用于数据库概念结构设计阶段，用 E-R 图描述实体以及实体之间的联系。主要包括实体、实体属性、联系、域、数据项等对象；物理数据模型则是在概念数据模型（或逻辑数据模型）基础上采用图形的方式描述数据的物理组织，主要包括表、列、主键和外键、索引、视图、存储过程、触发器等对象。

7.1 PDM 介绍

物理数据模型（Physical Data Model，PDM）描述了数据在存储介质上的组织结构，与具体数据库管理系统（DataBase Management System，DBMS）有关。它是在概念数据模型或逻辑数据模型的基础上，考虑各种具体实现因素，进行数据库体系结构设计，真正实现数据在数据库中的表示。目标是为一个给定的概念数据模型或逻辑数据模型选取一个最适合应用要求的物理结构。

物理数据模型的主要功能：

- 可以将数据库的物理设计结果从一种数据库移植到另一种数据库。
- 可以通过逆向工程将已经存在的数据库物理结构重新生成物理数据模型。
- 可以定制生成标准的模型报告。
- 可以转换为 CDM、LDM、OOM、XML。
- 完成多种数据库的物理结构设计，并生成数据库对象的.sql 脚本。

7.1.1 PDM 中的基本术语

PDM 设计中涉及的基本术语包括：表、列、主键、候选建、外键、域等，分别和 CDM 中的实体、属性、主标识符、候选标识符、联系、域相对应。除此之外，PDM 中还有参照、索引、视图、触发器、存储过程、存储函数等对象。

1. 表

表是存储数据库信息的基本单位。PDM 中的表与 CDM 中的实体相对应。

2. 列

列是组成表的基本单元，通常也称为字段。一个表由多个列组成。PDM 中的列与 CDM 中的实体属性相对应。

3. 主键和候选键

表中用于唯一标识每一条记录的一个或多个列的组合称为候选键，从候选键中选定一个作为表的主键。一个表只能有一个主键，但可以有多个候选键。PDM 中的主键和候选键与 CDM 中的主标识符和候选标识符相对应。

4. 外键

如果表 A 中的一个列或多个列的组合不是表 A 的主键，而是另一个表 B 的主键，则该列或列的组合称为表 A 的外键。其中表 B 称为被参照表或主表。外键和主表中的主键可以具有不同的属性名，但类型必须相同。

例如：在班级表（班级编号，班级名称，系部，专业）和学生表（学号，姓名，性别，年龄，班级编号）中，“班级编号”属性是班级表的主键，是学生表的外键。

5. 完整性约束

完整性约束用于保证数据库中数据的正确性、有效性和兼容性。完整性约束分为实体完整性、参照完整性和用户自定义完整性约束三类。

实体完整性：实体完整性要求表的主键不能取空值。例如：上述学生表中“学号”属性以及班级表中“班级编号”属性不能取空值。

参照完整性：参照完整性要求表的外键或者取空值，或者取主表中已经存在的主键值。例如：上述学生表中“班级编号”属性，可以取班级表中已经存在的“班级编号”属性值，也可以取空值，表示还没有分配班级；但不允许取其他值。

用户自定义完整性：是指由应用环境决定的、针对某一具体应用而制定的约束条件。例如：上述学生表中“性别”属性的取值范围定义为（“F”，“M”），分别代表“女”和“男”；“年龄”属性的取值范围定义为“15”至“30”之间的整数等等。

6. 域

域是具有相同数据类型的一组值的集合。在 PDM 中允许用户定义域，指定域的数据类型、长度、检查参数以及业务规则等。多个列可以共享同一个域。

7. 索引

索引是基于表的一种特殊的数据结构，用来提高数据查询速度。

索引通常分为以下几种类型：

- 唯一索引：唯一索引意味着不会有两行记录相同的索引键值。

- 非唯一索引：不对索引列的属性值进行唯一性限制的索引。
- 复合索引：基于多个列的索引。

使用索引的原则：

- 根据查询要求合理建立索引。
- 限制表中索引的数量。
- 在表中插入数据后创建索引。

8. 视图

视图是从一个或多个表或视图导出的表，有时也称为虚表。即数据库中仅存储视图的定义。视图定义后，可以对其进行查询、修改、删除和更新操作，操作方法与表类似。

使用视图有下列优点：

- 提高数据安全性，简化用户权限管理。
- 简化用户的数据处理工作。
- 便于数据共享。
- 屏蔽数据库的复杂性。

9. 存储过程和存储函数

存储过程是为了完成某种特定功能而编写的程序块，通常由 SQL 语句和过程化控制语句构成，永久存储在数据库中，属于数据库的一部分。可以在应用程序中调用预先编译好的存储过程，完成相应功能。使用存储过程可以简化程序代码，提高代码的重用性，提高程序的执行效率。存储函数与存储过程相似，存储函数能够向调用程序返回一个值。

10. 触发器

与存储过程类似，触发器也是存储在数据库中为完成某特定功能而编写的程序块，与存储过程不同的是，触发器不能在应用程序中显示调用并执行，而由特定事件触发。即在某事件发生时，数据库管理系统自动调用触发器，完成该触发器功能。触发器主要用于维护数据的安全性和完整性。

触发器通常包括以下三个要素：

- 触发器的对象：表、视图、数据库等。
- 触发器的事件：是指引起表、视图以及数据库发生变化的事件，触发器对象不同，触发器事件不同。针对表或视图的事件主要有 Insert、Delete、Update 3 种，分别表示插入、删除、修改事件。
- 触发器的主体：由 SQL 语句以及过程化控制语句构成的能够完成某种功能的程序块。

物理数据模型与具体数据库管理系统相关，不仅概念种类与具体数据库管理系统相关，创建、维护及使用物理数据模型中涉及的参数也略有区别。下面叙述的内容以 Oracle11g 为基础。

7.1.2 PDM 的建立方法

建立 PDM 可以采用下面几种形式：

- 新建 PDM。
- 从已有物理数据模型 PDM 生成新的 PDM。
- 从已有概念数据模型 CDM 生成 PDM。
- 从已有逻辑数据模型 LDM 生成 PDM。
- 从已有面向对象模型 OOM 生成 PDM。
- 从已有数据库或数据库 SQL 脚本逆向工程生成 PDM。

本章主要叙述新建 PDM 的方法。

7.2 建立 PDM

数据库设计通常按步骤进行，由需求分析开始，经过概念结构设计和逻辑结构设计，然后进行物理结构设计并完成数据库实施工作，最后是运行与维护。采用 PowerDesigner 完成数据建模，允许直接从 PDM 开始。与创建 CDM 类似，从 PDM 开始数据建模，首先以需求分析结果为基础，从中提取系统需要处理的数据，主要包括表、列、主键、外键、索引、视图、规则等等，从而为创建 PDM 模型奠定基础。

7.2.1 创建 PDM

创建 PDM 的过程，实质上就是在 PDM 图中绘制并设置 PDM 中包括的各种模型对象。PDM 中常用的模型对象如表 7.1 所示。创建 PDM 模型对象的过程，实质上是根据指定的数据库管理系统生成创建及设置数据库对象的相应 SQL 脚本的过程。在创建 PDM 模型对象的过程中，可以随时查看相应的 SQL 脚本。

表 7.1　PDM 中的模型对象

序号	模型对象	含义
1	Business Rule	(业务规则)
2	Table	表
3	Column	列
4	Primary key	主键
5	Alternate key	候选键

（续表）

序号	模型对象	含义
6	Foreign key	外键
7	Index	索引
8	Default	默认值
9	Domain	域
10	Sequence	序列
11	Abstract data type	抽象数据类型
12	Reference	参照 / 引用
13	View	视图
14	View Reference	视图参照 / 引用
15	Trigger	触发器
16	Stored Procedure	存储过程
17	Database	数据库
18	Storage	存储
19	Tablespace	表空间
20	User	用户
21	Role	角色
22	Group	组
23	Synonym	同义词

创建 PDM 的步骤如下：

步骤 01　选择 File→New Model 菜单项，打开新建模型窗口，如图 7.1 所示。在新建模型窗口中选择 Physical Data Model，即物理数据模型 PDM。

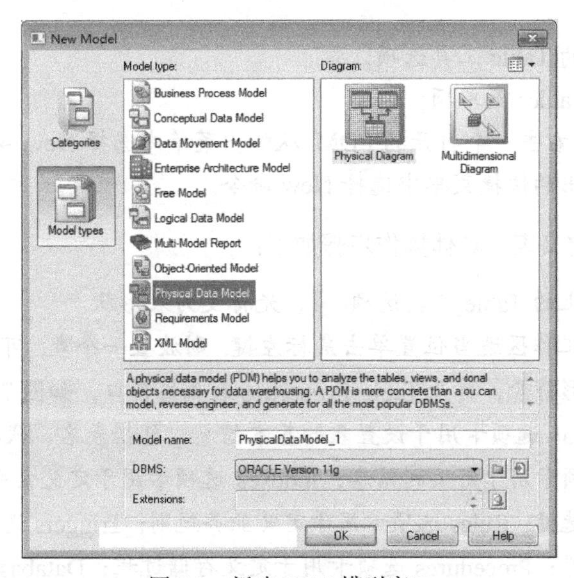

图 7.1　新建 PDM 模型窗口

其中：

- Model Name：用于指定模型名称。
- DBMS：用于指定数据库管理系统类型及版本。"Select Path" 按钮用于选择数据库资源文件路径，"Embed Resource in Model" 按钮用于将资源文件内容嵌入模型文件中。
- Extensions：用于选择扩展文件。

步骤02 输入模型名称并选择数据库管理系统，然后单击 OK 按钮，创建一个 PDM 模型。默认情况下新建模型将出现在 PowerDesigner 浏览器窗口中，同时打开用于设计选定图形对象的工具箱，PDM 工具箱中特有工具选项含义如表 7.2 所示。

表 7.2 PDM 工具箱各选项含义

序号	图标	英文名称	含义
1		Table	表
2		View	视图
3		Reference	参照 / 引用
4		Procedure	存储过程
5		Package	包
6		File	文件

步骤03 利用 PDM 工具箱中的工具选项在工作区中设计 PDM。

7.2.2 定义表

表是 PDM 中最基本的模型对象，表的设计直接影响 PDM 能否正确反映系统需求。

定义表的方法：

- 使用工具箱上的 Table 工具选项；
- 使用 Model→Tables 菜单项；
- 在浏览器窗口，右击一个打开的 PDM，从弹出菜单中选择 New→Table，或者右击 Tables 文件夹，从弹出的快捷菜单中选择 New 命令。

采用第一种方法定义表，具体操作步骤如下：

步骤01 选择工具箱上的 Table 工具选项 ，光标变为表形状。

步骤02 在图形设计工作区适当位置单击鼠标左键，则放置一个表，可连续放置多个表对象。

步骤03 双击表的图形符号，打开 Table Properties 表属性窗口，如图 7.2 所示，设置表属性。其中，General 选项卡用于设置表的基本信息，包括表名、代码以及描述信息等等；Columns 选项卡用于定义列信息；Indexes 选项卡用于定义索引；Keys 选项卡用于定义主键或候选键；Rules 选项卡用于定义业务规则；Triggers 选项卡用于定义在该表上建立的触发器；Procedures 选项卡用于定义存储过程；Database Packages 选项卡用于定义包；Physical Options 选项卡则用于设置与该表相关的详细的物理选项，物理选项根据 PDM 所选 DBMS 的不同参数有所不同；Join Index 选项卡用于定义外连接；Partitions 选项卡用于定义表的分区设置，在 Oracle11g 中，可以根据列表（List）、哈希（Hash）或者范围（Range）进行分区；Physical Options（Common）选项卡用于定义表的常见物理选项，主要是表的组织方式。如果按照聚簇组织表数据，需要设置簇的名称和簇列；如果不按照聚簇方式组织表，则选择堆、索引或者外部方式组织表数据，并分别设置相应段属性以及表的压缩特性和使用的外部表信息； Preview 选项卡用于显示 SQL 语句；Oracle 选项卡用于创建或删除 Oracle 物化视图日志。

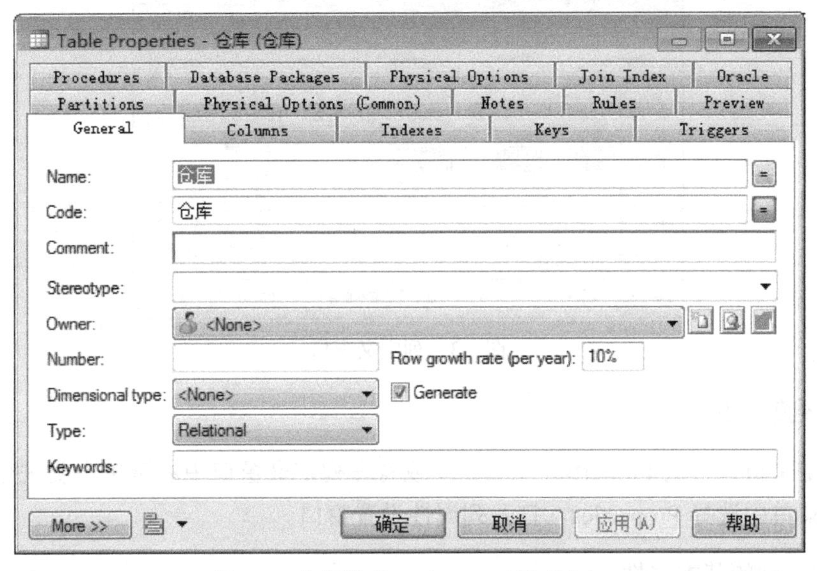

图 7.2　表属性窗口（General 选项卡）

General 选项卡中主要参数含义如下：

- Name：表名。
- Code：表代码。
- Comment：表的描述信息。
- Owner：表的所有者。
- Number：该表中存放记录的最大数。Row growth rate（per year）：行增长率。
- Generate：选定复选框表示这个表将在数据库中生成一个 Table 对象。
- Dimensional type：在下拉列表框中选择 Dimension 或者 Fact 之一，选择 Dimension 表示该表为维表，选择 Fact 表示该表为事实表。
- Type：在下拉列表框中选择 Relational、Object 或者 XML3 种类型之一，选择 Relational 表示该表是基于关系的二维表；选择 Object 表示该表是对象数据类型表；选择 XML 表示该表是 XML 数据表。
- Keywords：关键字。

7.2.3 定义列

列（Column）通常也称字段，每个表至少包含一个列。例如：仓库表包括仓库编号、仓库面积、电话等列。列的定义方法如下：

1. 设置 Columns 选项卡

单击表属性窗口的 Columns 选项卡，打开列定义窗口，如图 7.3 所示。在该窗口中定义表中列的基本信息，主要包括列名称、代码、数据类型、长度、精度等等。

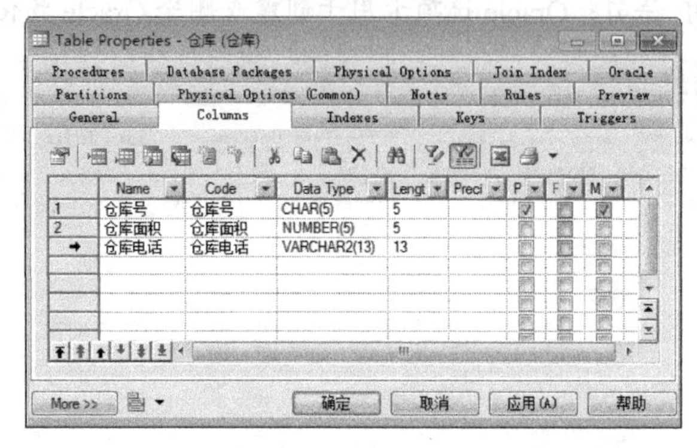

图 7.3　列定义窗口

2. 设置列的属性

单击列定义窗口中的 Properties 工具，或者在列定义窗口中右键单击要进行属性设置的列，在快捷菜单中选择 Properties，打开列属性设置窗口。

（1）定义列的基本属性

在列属性窗口中选择 General 选项卡，打开列基本信息设置窗口，如图 7.4 所示。设置“仓库号”列的基本信息，其中，名称和代码设置为“仓库号”；所属表为“仓库”，字符类型，长度为 5，并且是表的主键。

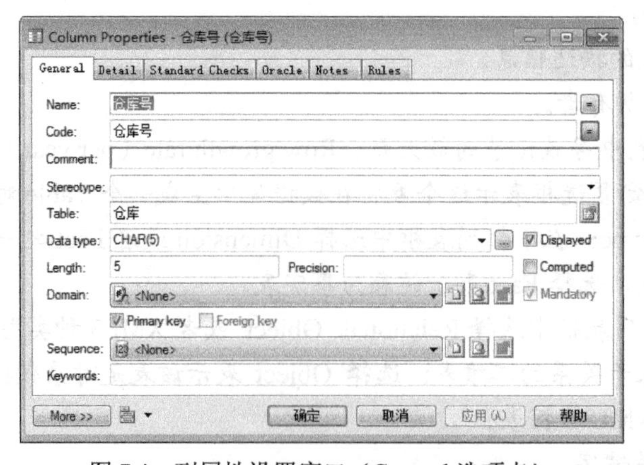

图 7.4　列属性设置窗口（General 选项卡）

General 选项卡各参数含义如下：

- Name：列名称。
- Code：列代码。
- Comment：描述信息。
- Table：列所在表。
- Data Type：数据类型。可以通过下拉列表框直接为该列选择数据类型，也可以通过指定域，定义列的数据类型。
- Length：数据类型长度。
- Precision：数据类型精度。
- Computed：计算列。
- Displayed：是否在表中显示该列。
- Domain：应用到该列上的域。
- Primary Key：主键。
- Foreign Key：外键。
- Mandatory：强制，属性值是否允许为空。
- Sequence：附加在列上的序列。
- Keywords：关键字。

（2）定义列的统计值属性

在列属性窗口中选择 Detail 选项卡，打开列统计值设置窗口，如图 7.5 所示。

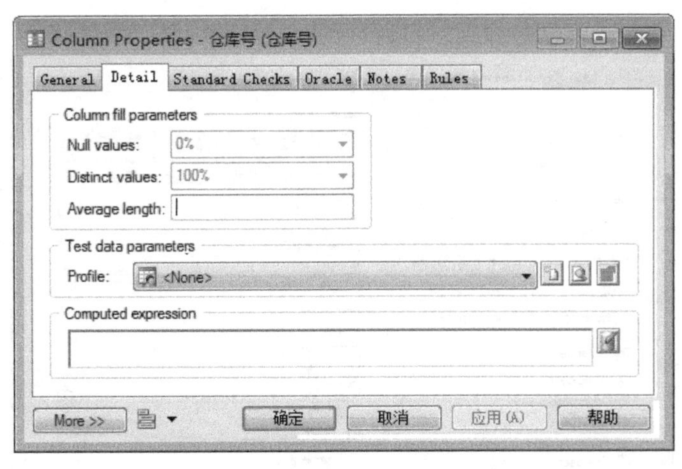

图 7.5　列属性设置窗口（Detail 选项卡）

Detail 选项卡各参数含义如下：

- Null Values：允许空值的百分比。
- Distinct Values：允许不同值的百分比。
- Average Length：列的平均长度。

- Profile：生成该列测试数据的描述文件。
- Computed expression：用于设置计算列表达式。

（3）定义列的约束

约束主要用来保证数据完整性。在数据库理论中约束包括：

- 实体完整性约束：要求主键不能取空值。
- 参照完整性约束：要求外键或者取空值，或者取主表中已经存在的值。
- 自定义完整性约束：根据应用的实际需要由用户定义的约束。

其中，实体完整性约束通过定义表的主键实现，主键的定义见 7.2.4 节；参照完整性约束通过定义表的外键实现，在 PDM 中通过定义参照及参照完整性实现，参照及参照完整性的定义见 7.2.5 节；自定义完整性约束在 PDM 中通过定义规则（Rules）、标准检查性约束（Standard Checks）以及扩展检查性约束（Additional Checks）实现。

另外，从约束的范围角度看，约束分为表级约束和字段级约束两种。其中，表级约束是指针对两个或两个以上字段的约束；字段（列）级约束是指定义在一个字段上的约束。表级约束在表属性窗口中的 Check 选项卡中定义，定义方法与字段级约束定义方法相同。

① 定义标准检查性约束

在列属性窗口中选择 Standard Checks 选项卡，打开标准检查性约束设置窗口，如图 7.6 所示，定义“仓库面积”列的标准检查性约束。其中，最小值设置为 100；最大值设置为 1000；默认值为空；并且仅有 100，300，500，1000 4 个值可以使用。

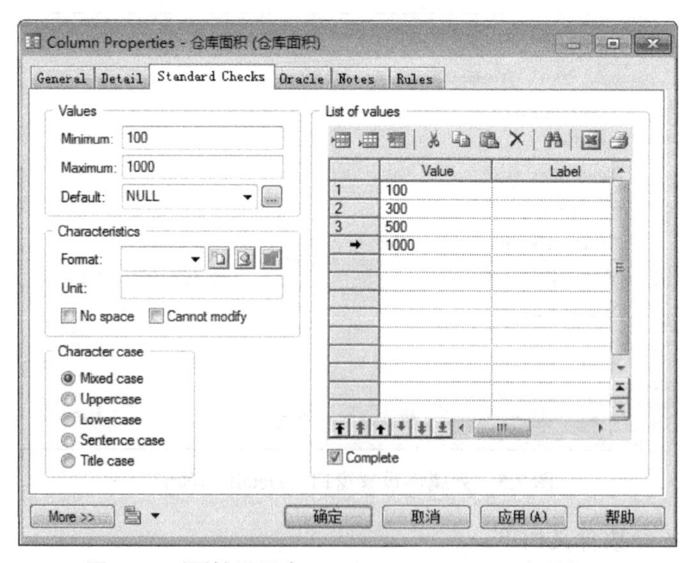

图 7.6　列属性设置窗口（Standard Checks 选项卡）

Standard Checks 选项卡各参数含义如下：

- Minimum：最小值。

- Maximum：最大值。
- Default：默认值。
- Format：数据显示格式，例如：9999.99。此处可以直接输入格式，也可以选择已经创建的格式对象，还可以创建新的格式对象，并且可以对格式进行属性设置。
- Unit：单位，如吨、米等。
- No space：不允许空格。
- Cannot modify：初始化后不允许修改。
- Character case：字符大小写设置。可以选择：Mixed case（大小写混合形式）、Lowercase（全部小写）、Uppercase（全部大写）、Sentence case（句子形式）、Title case（标题形式）。
- List of values：属性值列表，如果该列表中填入数值，则属性必须从列表中取值，不能取其他值。
- Complete：用于排出没有出现在列表中的值。

② 定义扩展约束

在列属性窗口中选择 Additional Checks 选项卡，打开扩展约束设置窗口，如图 7.7 所示。

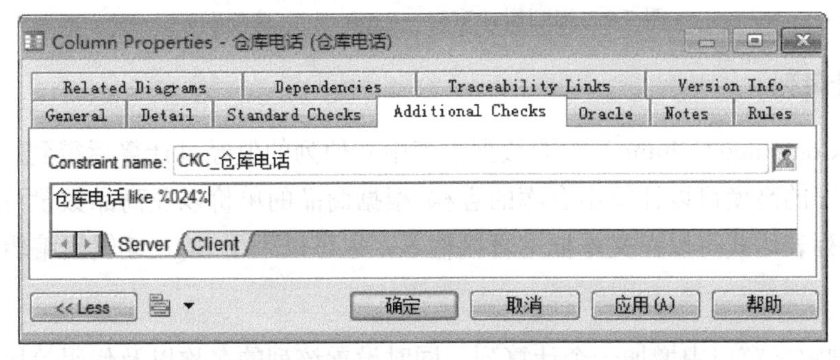

图 7.7 列属性设置窗口（Additional Checks 选项卡）

其中，Constraint name 参数用于设置约束名称；约束的具体 SQL 语句可以直接编辑在文本框中。例如：上述文本框中的”仓库电话 like %024%”，表示“仓库电话”必须以“024”开始。另外，约束的具体内容也可以通过规则等进行定义，也可以使用两者混合方式定义，例如：“仓库电话 like %024% and %RULES%”。

③ 定义规则

在列属性窗口中选择 Rules 选项卡，打开列规则设置窗口，单击列规则设置窗口中的 Create an Object 工具，创建一个规则，如图 7.8 所示，定义规则“Tel_Rule”。在规则属性窗口中选择 Expression 选项卡，编辑规则，如图 7.9 所示。定义“Tel_Rule”规则约束表达式为“仓库电话 like ‘024’”。

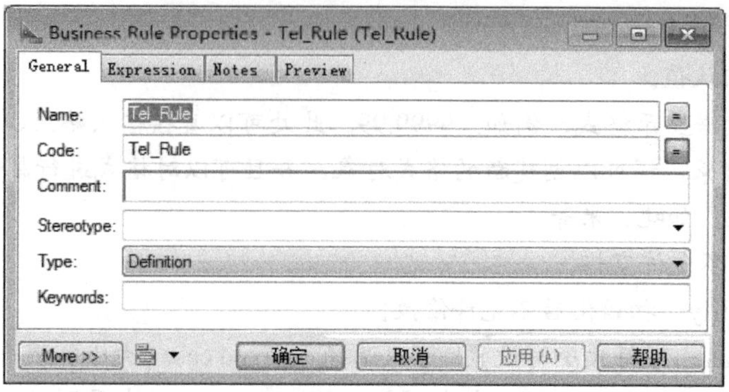

图 7.8 规则属性窗口（General 选项卡）

图 7.9 规则属性窗口（Expression 选项卡）

3. 定义计算列

计算列（Computed Column）中的数据由表中其他列的值经过计算后得到。例如，根据仓库面积以及仓库的高度可以计算出仓库的容积；根据商品的单价以及商品数量可以计算商品总价等等。计算列表达式可以在文本框中直接输入，也可以采用 SQL 编辑器编辑。计算列的定义方法如下：

（1）在列定义窗口中增加一个计算列，同时设置该列的名称以及代码等属性。如图 7.10 所示，添加“仓库容积”计算列，同时设置了计算列的名称、代码、类型以及长度和精度。

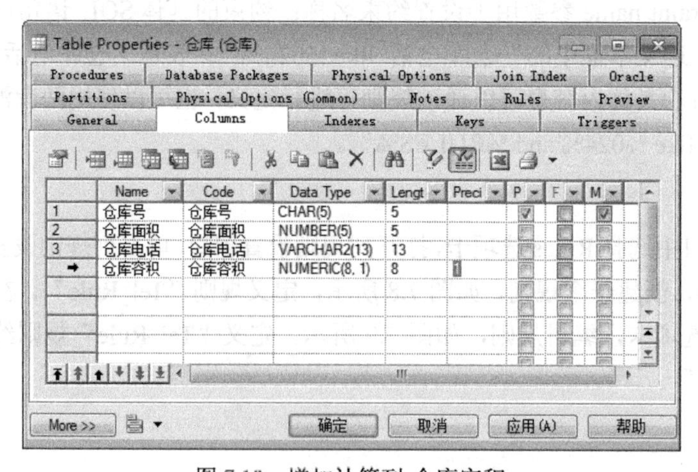

图 7.10 增加计算列-仓库容积

（2）打开计算列属性设置窗口，并选择 Detail 选项卡，如图 7.11 所示。

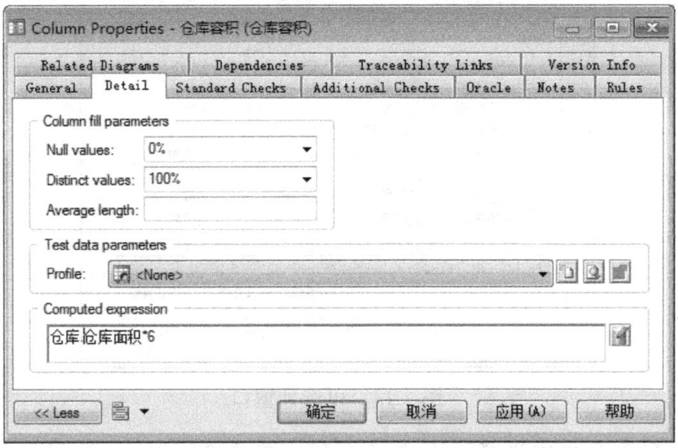

图 7.11　计算列 Detail 选项卡

在 Computed expression 编辑框中直接输入计算列表达式，或者单击 Edit With SQL Editor 工具，采用 SQL 编辑器编写计算表达式，如图 7.12 所示。其中， 工具提供了关系运算符、谓词运算符等操作符； 工具提供了分组函数、数值函数、字符串函数以及日期函数等。可以利用 SQL 编辑器中提供的各种工具完成计算列表达式的编辑工作。设置结束后，单击 OK 按钮，返回上一级设置窗口，同时计算列表达式将出现在 Computed expression 编辑框中。

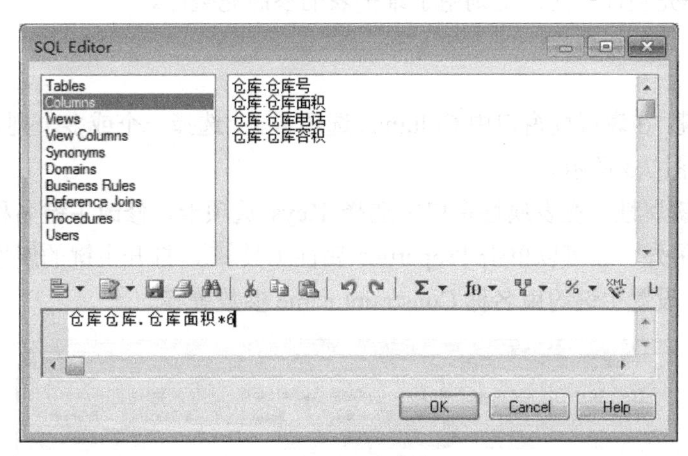

图 7.12　SQL 编辑器

4. 列的复制

在表定义过程中，允许将一个表中的列复制到另一个表中，以简化表的定义过程，具体操作步骤如下：

步骤 01　单击表属性窗口中 Columns 选项卡上的 Add Columns 工具，打开模型可选列窗口，如图 7.13 所示。

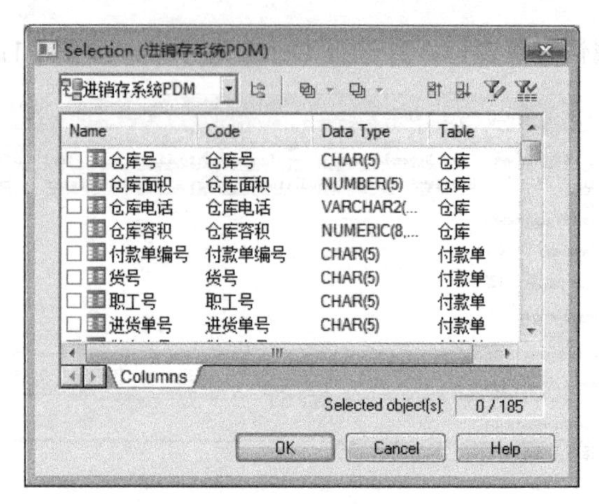

图 7.13　可选列窗口

步骤 02　在打开的列表窗口中选择一个或多个列，单击 OK 按钮，复制列到当前表中。

7.2.4　定义键

键主要包括候选键（Alternate Key）、主键（Primary Key）和外键（Foreign Key），分别简记为<ak>、<pk>和<fk>。表中用于唯一标识每一条记录的一个或几个列的组合，称为表的候选键，选定其中的一个作为表的主键。一个表中候选键可以有多个，但主键只能有一个。主键用于维护表的实体完整性，而外键则用于维护表的参照完整性。

1. 定义主键

（1）定义主键：在表属性窗口中 Columns 选项卡上，选择一个或多个列后面的 P（Primary Key）复选框，如图 7.3 所示。

（2）修改主键属性：在表属性窗口中选择 Keys 选项卡，修改主键名称、代码等属性，如图 7.14 所示；另外，还可以单击 Properties 属性工具，打开主键的属性设置窗口，修改主键属性。例如：设置主键约束名称 Constraint name 参数等等。

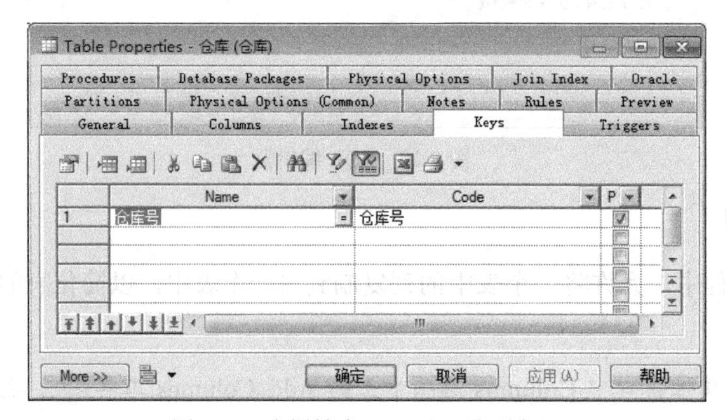

图 7.14　表属性窗口（Keys 选项卡）

Keys 选项卡中参数含义如下：

- Name：主键名称。
- Code：主键代码。
- P：主键。

2. 定义候选键

（1）在表属性窗口中选择 Keys 选项卡，单击 Add a Row 工具，增加一行。

（2）单击 Properties 工具，打开新增键的属性设置窗口，修改该键的属性。如图 7.15 所示。

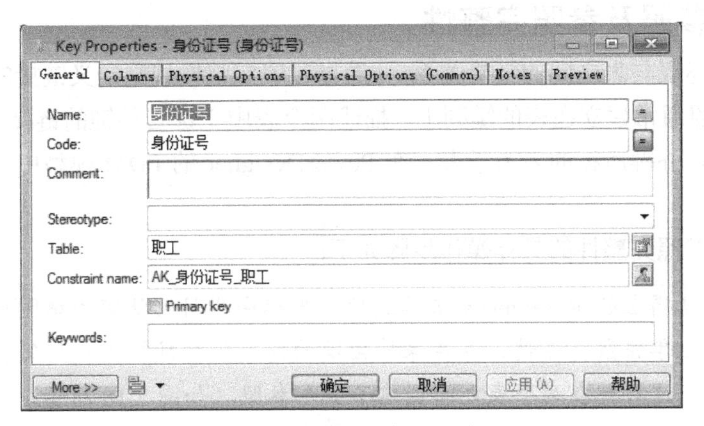

图 7.15　新增键属性设置窗口

其中，选择复选框 Primary key 表示主键，否则为候选键。

（3）选择键属性设置窗口中的 Columns 选项卡，为新增键指定列。

（4）在 Columns 选项卡中，单击 Add Columns 工具，打开列选择窗口，如图 7.16 所示。例如选择"身份证号"为候选键。选择一个或多个列后，单击 OK 按钮，被选择的列将出现在键属性设置窗口中，如图 7.17 所示。单击图 7.17 中的"确定"按钮，结束候选键的定义。

图 7.16　指定候选键列

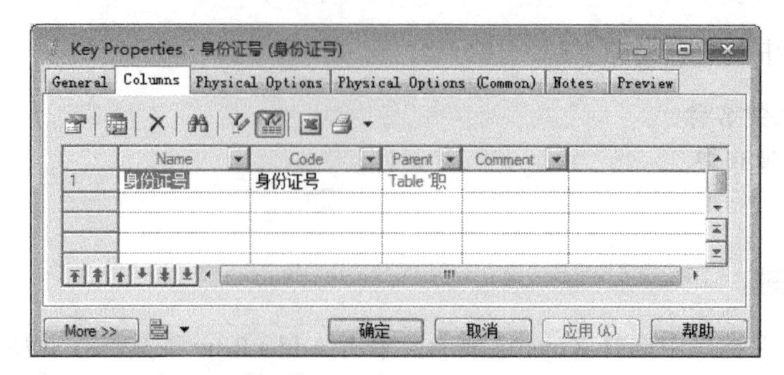

图 7.17 键属性设置窗口（Columns 选项卡）

7.2.5 定义参照及参照完整性

参照用于描述表与表之间的链接关系，并通过参照完整性规则定义链接的两个表中相应列的取值约束。参照通常建立在表的键列上，描述两个表中主键与外键的链接关系。其中，主键所在的表为父表，外键所在的表为子表。在 PowerDesigner 的 PDM 模型中，参照也可以建立在非键列上。

定义参照及参照完整性的具体操作步骤如下：

步骤 01 单击工具箱上的 References 工具选项，光标由指针形状变为该图标形状，在子表图形符号上单击鼠标左键，并在保持按键的情况下将鼠标拖曳到父表上，然后释放鼠标左键。这样就在两个表之间创建了一个参照。如图 7.18 所示。

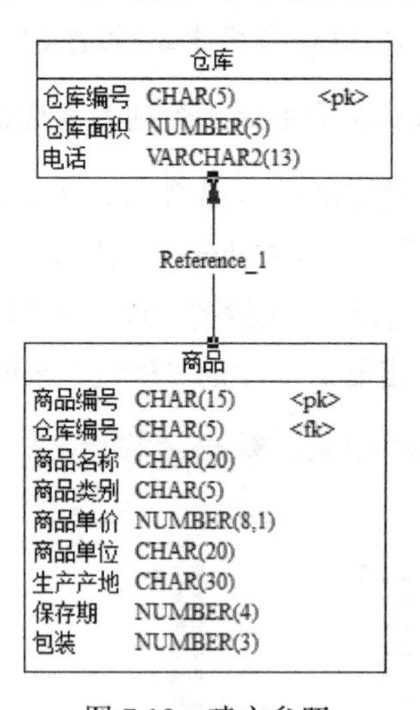

图 7.18 建立参照

步骤 02 鼠标双击参照图形符号，打开参照属性设置窗口，如图 7.19 所示。其中，General 选项卡用于设置参照的基本信息；Joins 选项卡用于设置两个表中列的链接信息；Integrity 选项卡用于设置参照完整性规则；Preview 选项卡则用于显示建立参照的 SQL 语句。

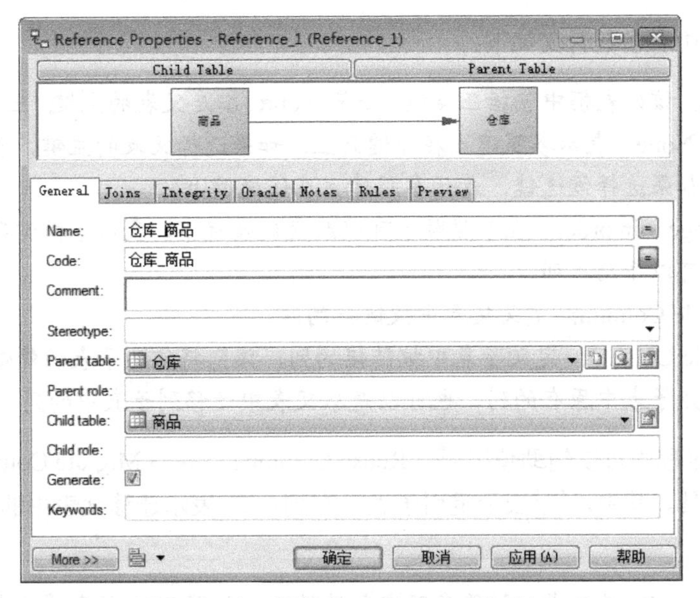

图 7.19　参照属性窗口（General 选项卡）

General 选项卡中一些特有的参数含义如下：

- Parent table：父表。
- Parent role：父角色名，显示在参照中靠近父表的一端。
- Child table：子表。
- Child role：子角色名，显示在子表一端。
- Generate：选择该复选框表示在数据库中生成该参照。

步骤 03　单击 Joins 选项卡，设置参照的链接属性，如图 7.20 所示。将主表“仓库”中的“仓库编号”与子表“商品”中的“仓库编号”进行链接。

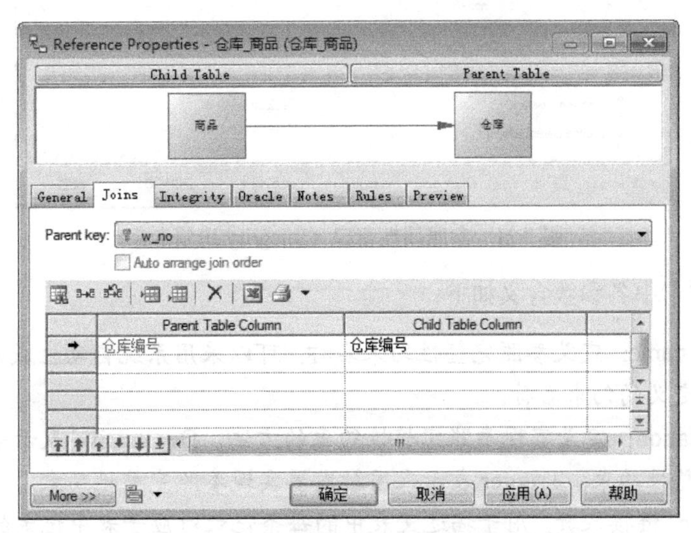

图 7.20　参照属性窗口（Joins 选项卡）

Joins 选项卡中各参数含义如下：

- Parent key：该列表框中包括三类值：一是 None；二是父表的主键；三是父表的候选键。如果选择 None，表示参照建立在非键列上；如果选择父表的主键，表示参照建立在主键列上；如果选择候选键，表示参照建立在候选键上。
- Auto arrange join order：在参照顺序可以改变的情况下，表示根据键列顺序自动排列参照，否则可以手动排列。
- Parent Table Column：定义父表中被链接的列。
- Child Table Column：定义子表中被链接的列，该列将作为子表的外键。子表中被链接的列可以是子表中原有的列，也可以是从父表中迁移到子表中的列。

链接列设置过程中可以辅助使用（Reuse Columns）、（Migrate Columns）（Cancel Migrate）几个工具。其中，表示重用子表已有列；表示迁移父表中的列到子表；表示取消迁移。

步骤 04 单击 Integrity 选项卡，设置参照完整性约束，如图 7.21 所示。其中，参照完整性约束名称设置为“FK_商品_仓库”；定义参照完整性约束的实现方法为采用声明的方式实现；链接基数设置为“0..*”；更新约束和删除约束都设置为受限形式（Restrict）。

图 7.21　参照属性窗口（Integrity 选项卡）

Integrity 选项卡中各参数含义如下：

- Constraint name：定义参照完整性约束名称。可以采用系统自动生成的名称，也可以采用用户自定义的约束名称。
- Implementation：定义实现参照完整性约束的方法。Declarative 表示采用声明的方式实现参照完整性约束；Trigger 表示采用触发器实现参照完整性约束。
- Cardinality：链接基数。用于描述父表中的每条记录对应子表中记录的最小数量和最大数量。其中，“0..*”表示父表中的一条记录对应子表中的 0 条或多条；“0..1”表示对应 0 条或 1 条；“1..*”表示对应 1 条或多条；“1..1”表示 1 对 1 的关系。另外，在列表框中还可以输入如下格式的基数，例如：x..y，其中 x 和 y 为确定的整数。

- Update Constraint：更新约束。用于定义对父表中被链接列进行修改时，子表中相应列的变化规则。
  - None：无影响。对父表被链接列的修改，对子表相应列没有影响。
  - Restrict：限制修改。如果子表中存在与父表中匹配的记录，则不允许对父表中被链接列进行修改。
- Delete constraint：删除约束。
  - None：无影响。删除父表被链接列，对子表相应列没有影响。
  - Restrict：限制删除。如果子表中存在与父表中匹配的记录，则不允许删除父表中被链接列。
  - Cascade：级联删除。如果删除父表中被链接列的值，则级联删除子表中与之匹配的列值。
  - Set null：置空。如果删除父表中被链接列的值，则子表中与之匹配的列值置空。
- Mandatory parent：强制。子表中被链接列的值在父表中相应列上必须存在。
- Change parent allowed：允许修改父表中被链接列的值。
- Check on commit：事务提交时检查参照完整性。

步骤 05　单击“确定”按钮，结束参照的定义。

表的定义主要包括表的建立及其属性设置，表的基本属性则包括列的定义、约束（实体完整性约束、参照完整性约束以及自定义完整性约束）的定义等。前面几个小节叙述了表的建立、列及其属性的设置、约束的定义方法等等，与上述操作相应的创建表的 SQL 语句语法格式如下：

```
CREATE TABLE table_name
(column_name datatype [DEFAULT expression]  [column_constraint],…n)
```

其中参数含义如下：

- CREATE TABLE：定义表的关键字。
- table_name：表名。
- column_name：列名。
- Datatype：列的数据类型。
- [DEFAULT expression]：列的默认值。
- [column_constraint]：约束。

column_constraint 子句的语法格式为：

```
CONSTRAINT constraint_name
    [NOT] NULL
```

```
    [UNIQUE]
    [PRIMARY KEY]
    [FOREIGN KEY(column_name) REFERENCES  table_name(column_name)]
    [CHECK(condition)]
```

其中，CONSTRAINT constraint_name 用于设置约束名称；[NOT] NULL 用于指定列值是否可以为空；[UNIQUE]用于设置唯一性约束；[PRIMARY KEY]用于设置主键约束；[REFERENCES table_name（column_name）]用于设置外键约束；[CHECK（condition）]用于设置检查性约束。

例如：创建“采购订单”表的 SQL 语句如下。

```
create table 采购订单 (
   采购订单号              CHAR (5)                        not null,
   供应商号               CHAR (5)                        not null,
   订货日期               DATE
   constraint CKC_订货日期 check (订货日期 between '1990-1-1' and sysdate),
   截止日期               DATE
   constraint CKC_截止日期 check (截止日期 between '1990-1-1' and sysdate),
   业务员                CHAR (5) ,
   制单人                CHAR (5) ,
   总价                 NUMBER(15,2),
   不含税价               NUMBER(15,2),
   税额                 NUMBER(15,2),
   constraint PK_采购订单 primary key (采购订单号) ,
constraint "供应商-采购订单" foreign key (供应商号) references 供应商 (供应商号) ,
constraint "职工-采购订单" foreign key (业务员) references 职工 (职工号) ,
constraint "职工-采购订单-制单人" foreign key (制单人) references 职工 (职工号) );
```

由上述定义可知：“采购订单”表包括 9 个字段，分别为采购订单号、供应商号、订货日期、截止日期、业务员、制单人、总价、不含税价和税额；其中订货日期和截止日期的检查性约束设置为 1990 年 1 月 1 日至当前系统日期；该表的主键为“采购订单号”；有三个外键，分别为供应商号、业务员和制单人。其中供应商号与供应商表的供应商号外键关联，业务员和制单人与职工表的职工号外键关联。

7.2.6 定义域

域（Domain）是具有相同数据类型的值的集合。例如：整数、正数、{0，1}、{“男”，“女”}等等，都可以作为域。域定义后可以被多个列共享，引用同一个域的列具有相同的数据类型（Data Type）、长度（Length）、精度（Precision）、检查参数（Check Parameter）、业务规则（Business Rules）和强制（Mandatory）特性等，从而使不同表中列的标准化更容易。而且，修改域的定义，所有引用该域的列的数据类型属性都会随之改变。

定义域的具体方法如下：

（1）选择 PDM 模型，单击鼠标右键，在快捷菜单中选择 New→Domain；或者选择菜单栏中的 Model→Domains 菜单，打开域列表窗口（List of Domains），如图 7.22 所示。在该窗口中定义域的基本信息，包括：Name（域名称）、Code（域代码）、Data Type（数据类型）、Length（类型长度）、Precision（精度/小数位数）、M（强制特性：表示使用该域的列不能为空）、Test Data Profile（测试数据配置文件）等。设置后单击 OK 按钮结束域的定义。

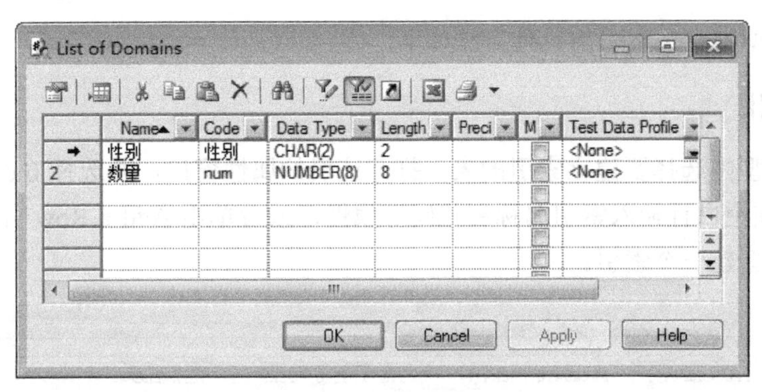

图 7.22　域列表窗口

（2）单击 Properties 属性工具，或者右键单击正在编辑的域，在快捷菜单中选择 Properties，打开域属性窗口，设置域属性。其中，General 选项卡用来设置域的基本信息；Standard Checks 选项卡用来设置域的标准检查性约束，例如：“性别”域只能取{“男”，“女”}；另外还可以设置域的业务规则（Rules）以及注释信息（Notes）等。

（3）应用域在列属性设置窗口中选择 General 选项卡，在 Domain 下拉列表框中选择应用到该列的域，如图 7.23 所示。将“性别”域应用到“性别”列。

图 7.23　域的应用

7.2.7 定义索引

索引是一种非常重要的数据库对象，是附加在表上的一种特殊的数据结构，能够对表中的数据按照某种规则进行逻辑排序，从而提高数据查询速度。可以针对表中的一列或多列建立索引，也可以针对表达式或函数建立索引。一个表可以建立多个索引。不同的 DBMS 对索引类型的支持不同。

在 PDM 模型中定义索引的具体方法如下：

1. 新建索引

在 PDM 模型中选择要建立索引的表，打开该表的属性窗口，并选择 Indexes 选项卡，如图 7.24 所示。在空白行输入索引名称和代码等属性，或者单击 Add a Row 工具或 Insert a Row 工具，新建一个索引。

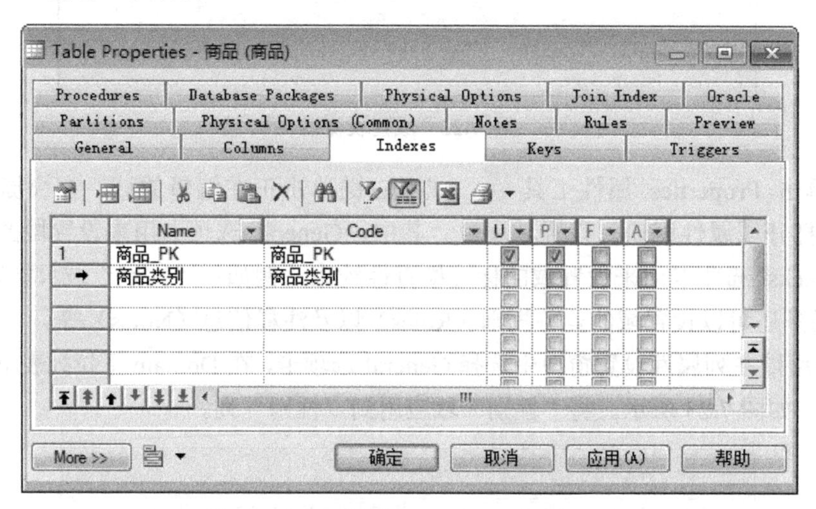

图 7.24 表属性窗口（Indexes 选项卡）

Indexes 选项卡中各参数含义如下：

- Name：索引名称。
- Code：索引代码。
- U：唯一索引。
- P：主键索引。
- F：外键索引。
- A：候选键索引。

2. 打开索引设置窗口

单击 Properties 属性工具，打开索引属性设置窗口，如图 7.25 所示。在 General 选项卡中设置索引的基本信息，包括索引名称、代码、类型以及所有者等等。

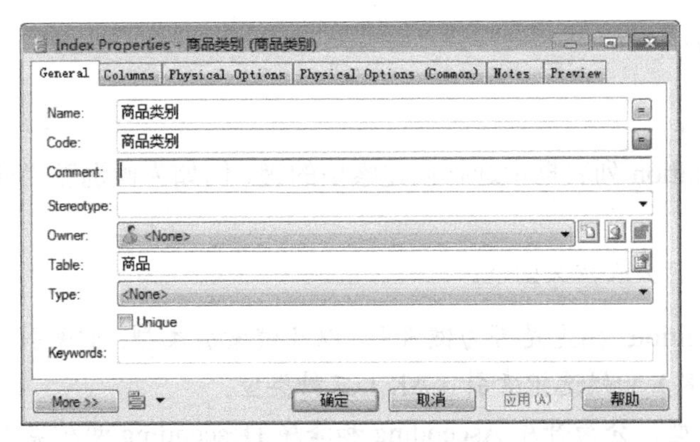

图 7.25　索引属性设置窗口（General 选项卡）

General 选项卡中参数含义如下：

- Name：索引名称。
- Code：索引代码。
- Comment：索引的描述信息。
- Stereotype：构造类型。
- Owner：索引的所有者。
- Table：索引表。
- Type：索引类型。在 Oracle 11g 中包括位图（Bitmap）索引和 B 树索引两种类型。
- Unique：唯一索引。此索引要求表中不允许有索引值相同的行，从而禁止重复的索引或键值。系统在创建该索引时检查是否有重复的索引值，并在每次使用 INSERT 或 UPDATE 语句时进行检查。

DBMS 不同，General 选项卡中包含的参数和参数值不同。

3. 设置 Columns 选项卡

选择索引属性设置窗口中的 Columns 选项卡，如图 7.26 所示，定义索引列，以及索引排序类型和基于函数索引的 SQL 表达式。

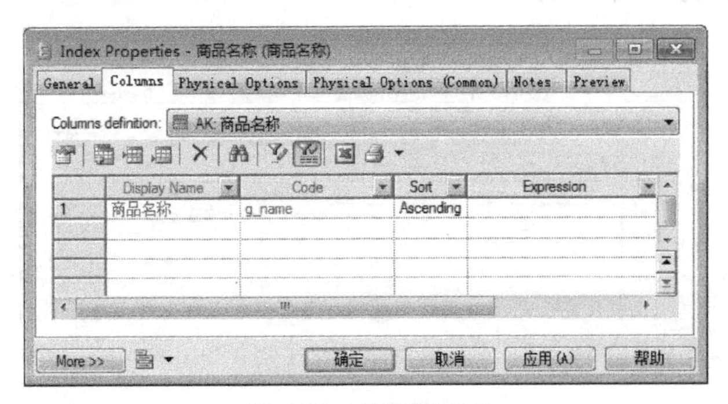

图 7.26　候选键索引

4. 设置索引属性

（1）定义键索引

在 Columns definition 列表框中选择创建索引的键，例如为候选键“商品名称”创建索引。如图 7.26 所示。

Columns 选项卡中参数含义如下：

- Columns definition: 指定是否为键索引，以及键索引类型。键索引分为主键索引（PK）、外键索引（FK）和候选键索引（AK）三种类型。
- Sort: 排序类型，分为升序 Ascending 和降序 Descending 两种类型。
- Expression: 用于定义基于函数索引的 SQL 表达式。

（2）定义非键索引

在 Columns definition 列表框中选择 None 则创建非键索引，可以采用以下几种方法建立非键索引：

① 单击 Add Columns 工具，打开列选择窗口，从中选择一个或多个列。然后单击 OK 按钮，返回索引属性窗口的 Columns 选项卡，然后设置索引的 Sort 排序类型等属性。

② 单击 Columns 选项卡中的空白行，或者单击 Add a Row 工具或 Insert a Row 工具，添加一个索引，然后设置索引的 Sort 排序类型等属性，并单击 Expression 下拉列表框，从中选择所需列。

（3）定义基于函数的索引

具体操作步骤如下：

步骤 01 单击 Columns 选项卡中的空白行，或者单击 Add a Row 工具或 Insert a Row 工具，在 Columns 选项卡中增加一个索引。

步骤 02 在 Sort 下拉列表框中选择 Ascending 或 Descending，即升序或降序。

步骤 03 单击 Expression 下拉列表框，从中选择所需列。

步骤 04 单击 Expression 后的省略号按钮，打开 SQL 编辑器，编写 SQL 表达式。

步骤 05 单击 OK 按钮，结果如图 7.27 所示。

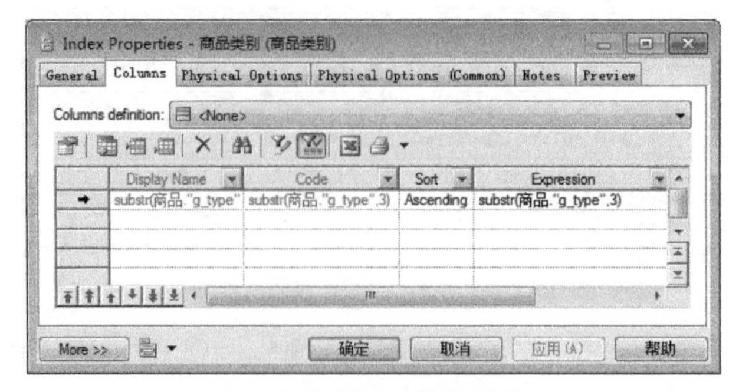

图 7.27 基于函数的索引

定义上述索引的 SQL 语句为：

```
create index 商品类别 on 商品 (substr (商品.商品类别,3) ASC) ;
---针对商品表的商品类别字段的前3个字符创建升序索引“商品类别”。
```

5. 索引设置结果

为“商品”表设置的索引如图 7.28 所示。共创建了 3 个索引，分别为：主键索引“商品编号”、候选键索引“商品名称”、基于函数的索引“商品类别”。

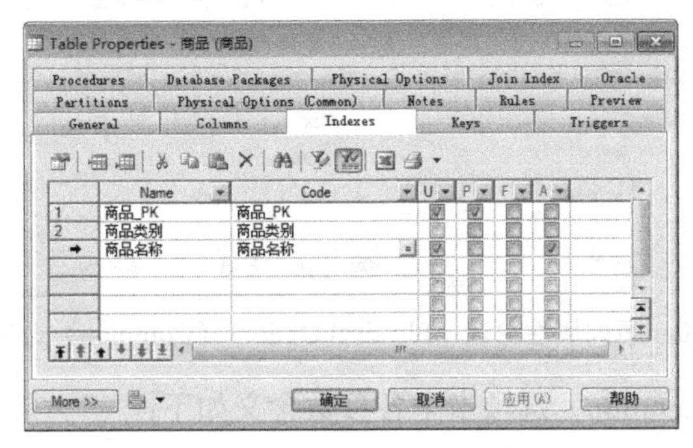

图 7.28　“商品”表上的索引

7.2.8　定义序列

序列是能够生成一系列有规律的数值的数据库对象。例如：生成 1，2，3，...数值。如果表的主键比较复杂或很难确定，可以将序列附加到表中的列上，并将该列作为表的主键。

有些 DBMS 支持序列，有些不支持序列。本书以支持序列的 Oracle 为例讲述序列的定义及使用方法。

1. 定义序列的步骤

序列定义的具体步骤如下：

步骤 01　打开 PDM 模型（DBMS 选择 Oracle 11g），单击 Model→Sequences 菜单项，打开 List of Sequences 窗口，如图 7.29 所示。单击序列列表窗口中的空白行，新建一个序列，同时修改新建序列的名称和代码。

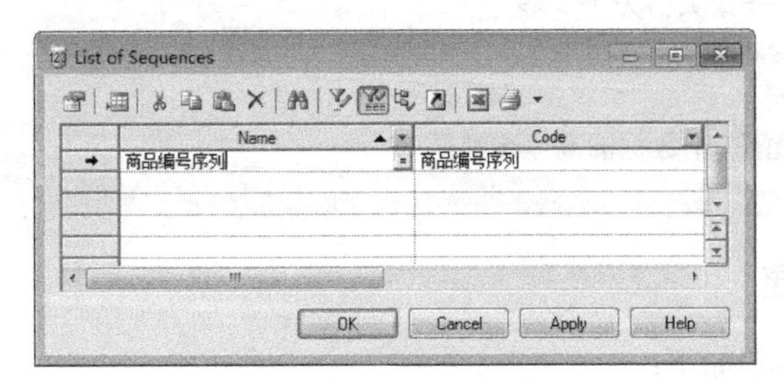

图 7.29　序列列表窗口

步骤02 单击 Properties 工具，打开序列属性设置窗口，在 General 选项卡中设置序列的基本信息，主要包括序列名称、代码、所有者等信息；在 Physical Options（Common）选项卡中设置序列的特性，如图 7.30 所示。序列 1 的特性为：开始值为 1，增量值为 1，最小值为 1，最大值为 99999，预留 20 个数值，序列值排序，但不循环生成序列值。设置结束后，单击“确定”按钮，生成序列。

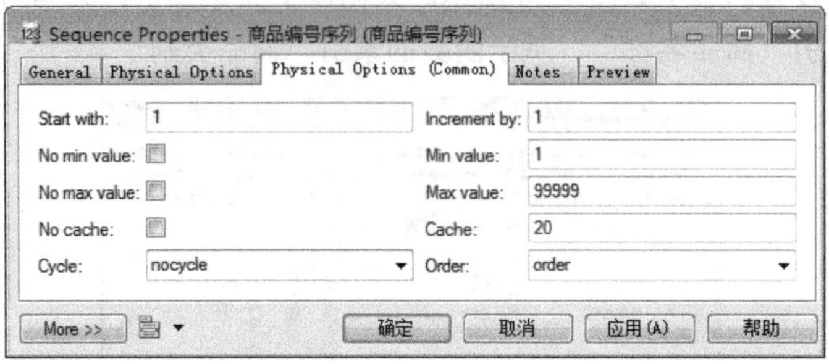

Start with:	1	Increment by:	1
No min value:	☐	Min value:	1
No max value:	☐	Max value:	99999
No cache:	☐	Cache:	20
Cycle:	nocycle	Order:	order

图 7.30 序列属性窗口（Physical Options（Common）选项卡）

Physical Options（Common）选项卡中各参数含义如下：

- Start with：序列开始值。
- Increment by：序列增量。
- No min value：无最小值。
- Min value：最小值。
- No max value：无最大值。
- Max value：最大值。
- No cache：无高速缓存。
- Cache：高速缓存的个数。
- Cycle：是否循环。
- Order：是否排序。

创建上述序列的 SQL 语句为：

```
create sequence "序列名称"----创建序列
increment by 1----步长值为1
start with 1-----初始值为1
maxvalue 99999----最大值为99999
minvalue 1-----最小值为1
nocycle-----不循环
cache 20------预留20个数据的高速缓存区
order;-----排序
```

2. 应用序列的步骤

序列应用的具体步骤如下：

步骤01 打开 PDM 模型，选择要附加序列的表，如图 7.31 所示。从中选择要附加序列的列。例如在“商品编号”列上附加序列。

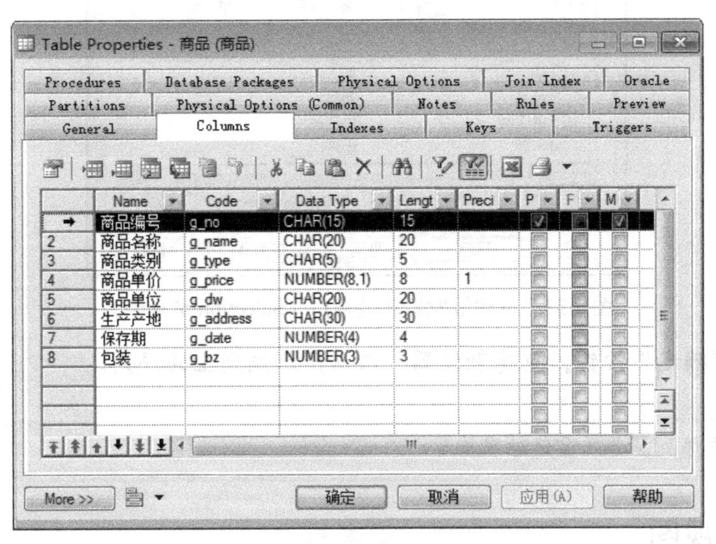

图 7.31 附加序列的表和列

步骤02 单击 Properties 工具，打开 Column Properties 属性窗口，如图 7.32 所示。在 Sequence 列表框中选择附加到列上的序列，然后单击“确定”按钮。

图 7.32 列属性窗口

步骤03 单击 Tools→Rebuild Objects →Rebuild Triggers 菜单项，打开 Trigger Rebuild 重建触发器窗口，并选择 Selection 选项卡，如图 7.33 所示，从中选择要附加序列的表。

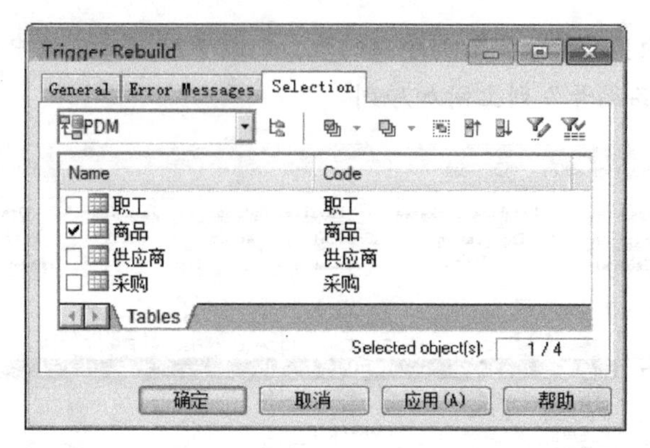

图 7.33　重建触发器属性窗口（Selection 选项卡）

步骤 04　单击“确定”按钮，重建触发器，激活附加到列上的序列。

要启用序列，必须重建触发器。

7.2.9　定义视图

视图（View）是建立在一个或多个表上的虚表，使用视图可以简化用户的操作，可以提高数据的安全性。

1. 定义视图的方法

- 使用工具箱上的 View 工具选项。
- 使用 Model→Views 菜单项。
- 右键单击浏览器窗口的 PDM 模型，从弹出的快捷菜单中选择 New→View。
- 右键单击 PDM 模型下的 Views 文件夹，从弹出的快捷菜单中选择 New 命令。
- 使用 Tools→Create View 菜单项。

2. 定义视图的步骤

（1）选择工具箱上的 View 图标，光标形状由指针状态变为选定图标的形状。

（2）在图形设计工作区适当位置单击鼠标左键放置视图。

（3）双击视图图形符号，打开视图属性窗口，设置视图属性。其中，General 选项卡用于设置视图的基本信息，包括：视图名称、代码、所有者、用途、类型等，如图 7.34 所示。View1 的名称和代码设置为“商品库存”，并且设置为基本只读视图；Columns 选项卡用于设置视图包括的列，如图 7.35 所示。视图 View1 包括 3 列，分别为仓库表中的仓库名、商品表中的商品名称和生产产地；SQL Query 选项卡用于编写该视图的查询语句，如图 7.36 所示。

图 7.34 视图属性窗口（General 选项卡）

其中：

- Usage：定义视图的用途，query only 表示创建只读视图，仅用于查询；updatable 表示创建可更新视图，允许对视图数据进行更新；with check options 表示创建可更新视图，但更新时需满足基表的约束。
- Dimensional Type：定义视图的维类型，Dimensional Type 表示创建维视图；Fact 表示创建基于事实的视图；None 表示创建基本视图。
- Type：定义视图类型，View 表示基本视图；XML 表示 XML 类型视图。
- User-defined：选中表示视图不采用 PowerDesigner 内部解析器解析，保护视图的用户定义语法，并且不受模型变化的影响。

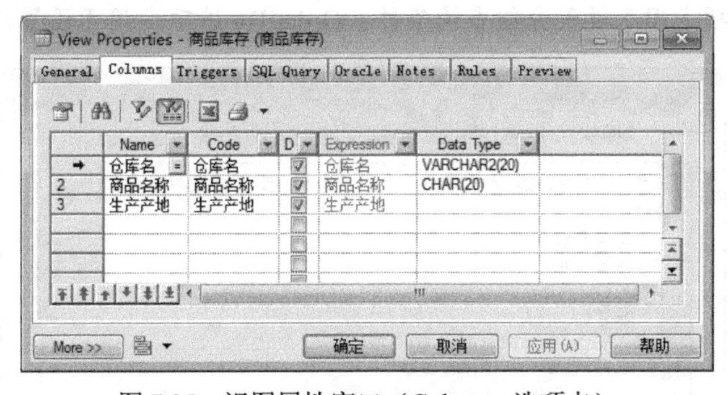

图 7.35 视图属性窗口（Columns 选项卡）

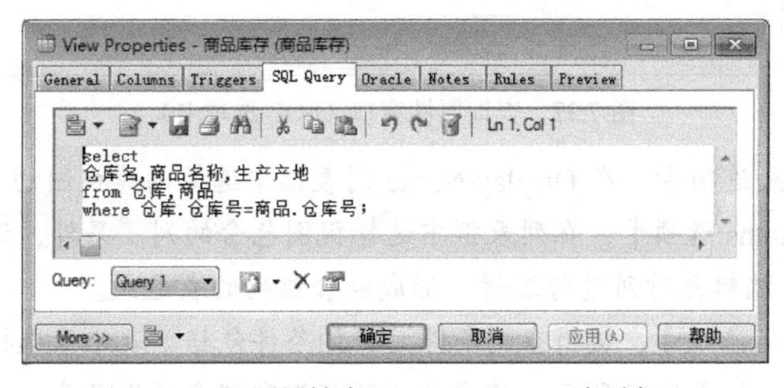

图 7.36 视图属性窗口（SQL Query 选项卡）

其中：

- 图标表示文本编辑菜单 Editor Menu。
- 图标表示记事本编辑器。
- 图标表示增加一个查询 Add a Query。包括：Union 合并两个查询的全部记录，并去掉重复的记录；Union All 合并两个查询的全部记录；Intersect 取得两个查询的交集；Minus 取得两个查询的差集。
- 图标表示查询属性 Properties of the selected query。
- 图标表示 SQL 编辑器。

查询语句的创建方法：

- 直接在 SQL Query 选项卡空白处输入查询语句。
- 使用 SQL 编辑器编辑查询语句。
- 使用记事本编辑查询语句。
- 单击图标编辑查询。
- 在 Query 列表框中选择已经建立好的查询。

查询语句的创建步骤：

步骤 01 在图 7.36 中单击图标，打开查询属性窗口，如图 7.37 所示。其中，SQL 选项卡用于显示查询语句；Tables 选项卡用于选择创建视图的表；Columns 选项卡用于选择视图包含的列；Where 选项卡用于设置查询条件；Group By 选项卡用于设置分组查询的列；Having 选项卡用于设置分组查询条件；Order By 选项卡用于设置排序的列。

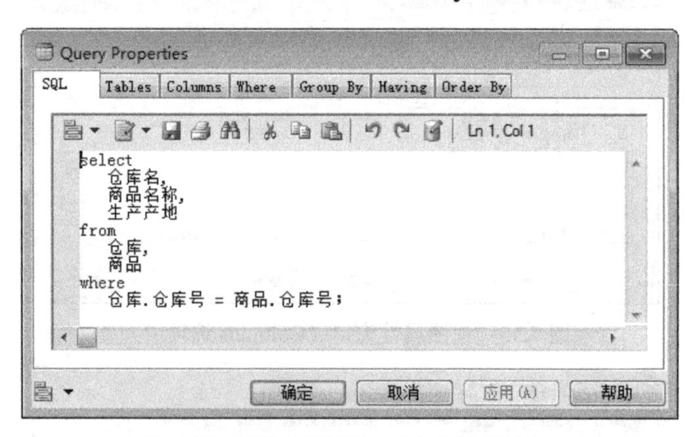

图 7.37　查询属性窗口（SQL 选项卡）

步骤 02 单击 Tables 选项卡，在 Display Name 列表框中选择创建视图的表。

步骤 03 单击 Columns 选项卡，在列表框中选择视图包含的列。另外，还可以通过图标，打开 SQL 编辑器对列进行编辑，形成包含该列的表达式。

步骤 04 单击 Where 选项卡，编辑查询条件。查询条件包括单表记录选择条件和多表查询的链接条件。如图 7.38 所示，建立了“商品”和“仓库”两表之间的查询链接条件。

设置结束后，单击“确定”按钮，返回视图属性窗口。

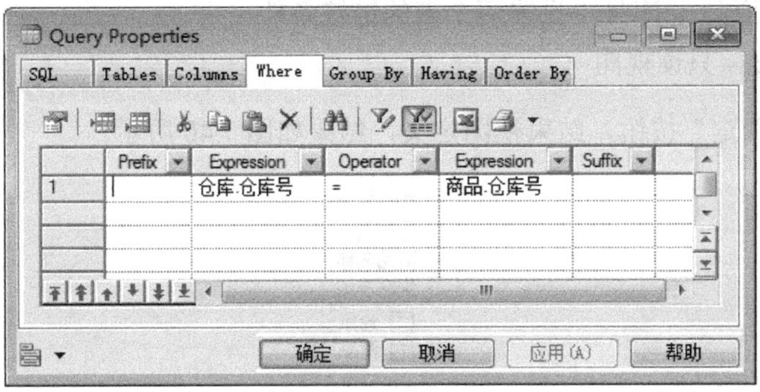

图 7.38　查询属性窗口（Where 选项卡）

（4）单击 Preview 选项卡，打开 SQL 语句预览窗口，查看视图定义语句，如图 7.39 所示。

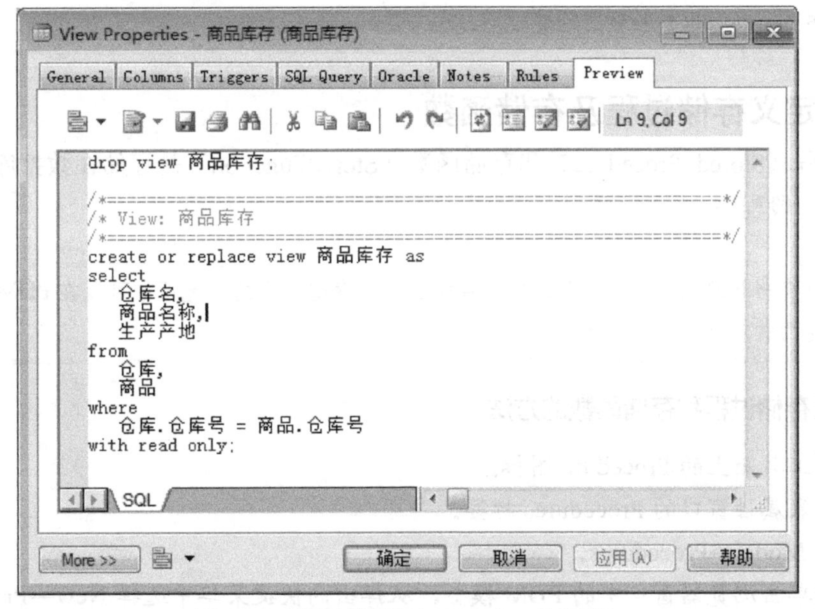

图 7.39　视图属性窗口（Preview 选项卡）

创建上述视图的 SQL 语句及其含义如下：

create or replace view　商品库存 as---创建视图“商品库存”

select---设置该视图对应的查询语句

仓库.仓库名,

商品.商品名称,

商品.生产产地

from---从仓库与商品两个表中提取仓库、商品名称以及生产产地三个字段

仓库,商品

where
仓库.仓库号=商品.仓库号---设置两个表的链接条件
with read only; ---只读视图

（5）单击“确定”按钮，结束视图定义，结果如图 7.40 所示。

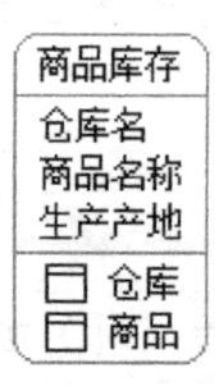

图 7.40　定义好的视图

视图不仅可以建立在表上，也可以建立在视图上，还可以建立在基于表或视图的同义词上；另外，还可以针对参照创建视图。

7.2.10　定义存储过程及存储函数

存储过程（Stored Procedure）和存储函数（StoredFunction）是存储在数据库中能够完成特定功能的一段程序。

只有当 PDM 选定的 DBMS 支持存储过程和存储函数的情况下才可以在 PDM 模型中创建这两种对象。

1. 定义存储过程和存储函数的方法

- 使用工具箱上的 Procedure 图标。
- 单击表属性窗口的 Procedures 标签。
- 选择 Model→Procedures。
- 右键单击浏览器窗口中的 PDM 模型，从弹出的快捷菜单中选择 New→Procedure。
- 右键单击浏览器窗口中 PDM 模型下的 Procedures 文件夹，从弹出的快捷菜单中选择 New。

2. 定义存储过程和存储函数的过程

（1）选择工具箱上的 Procedure 工具选项，光标形状由指针状态变为选定图标的形状。

（2）在图形设计工作区适当位置单击鼠标左键放置存储过程。

（3）双击存储过程图形符号，打开存储过程属性窗口，设置存储过程属性。其中，General 选项卡用于设置存储过程的基本属性，如图 7.41 所示，基于仓库表创建存储过程“仓库统计”，其名称和代码属性都设置为“仓库统计”；Definition 选项卡用于定义存储过程体，如图 7.42 所示。定义结束后，单击“确定”按钮，结束存储过程定义。

图 7.41　存储过程属性窗口（General 选项卡）

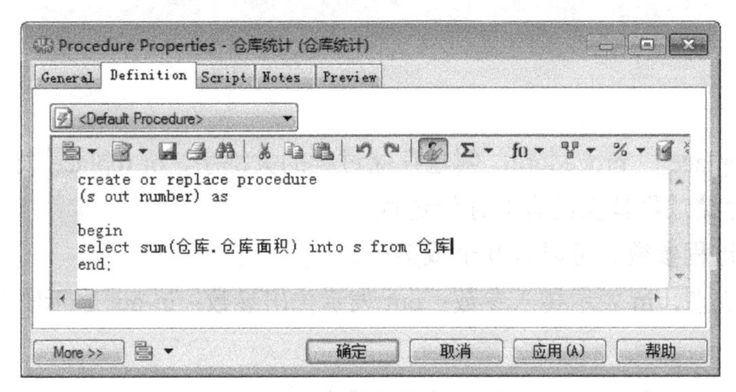

图 7.42　存储过程属性窗口（Definition 选项卡）

定义过程如下：

① 选择模板

PowerDesigner 中既可以使用系统提供的存储过程模板，也可以使用自定义的模板。系统提供的模板包括：

- Default Function：存储函数默认模板。
- Default Procedure：存储过程默认模板。
- Insert Procedure：插入操作存储过程模板。
- Update Procedure：更新操作存储过程模板。
- Delete Procedure：删除操作存储过程模板。
- Select Procedure：查询操作存储过程模板。

可以使用 Database→Edit Current DBMS 菜单项，打开 DBMS 属性窗口，选择 Procedure Templates 选项卡，修改已有存储过程和存储函数模板，或者自定义新模板。

② 定义存储过程体

使用窗口上部的工具，例如操作符Σ▾、函数fo▾、宏▾和变量%▾等，或者使用 SQL

编辑器获取表、视图以及列，从而完成存储过程代码的编辑工作。

3. 定义存储过程和存储函数的语法格式

定义存储过程的语法格式如下：

```
create  [or replace] procedure  存储过程名
(<arg> in out <type>)
as
declare
…
begin
…
end;
```

其中：

create ［or replace］ procedure：创建存储过程的关键字，or replace 表示若存在同名的存储过程则用新的存储过程替换已有的存储过程。

<arg>：存储过程参数。可以有 0 个或多个。

in out：参数类型，in 表示传入参数；out 表示传出参数；in out 表示既是传入参数又是传出参数。

<type>：参数数据类型，例如 char、number 等等。

as：关键字。

declare：关键字，后面是类型或变量声明的代码。

begin：关键字，后面是实现存储过程功能的代码。与 end 配对使用。

end：关键字，与 begin 配对使用。

例如：

```
create or replace procedure 仓库统计
(s out number)
 as
begin
select sum(仓库.仓库面积) into s from 仓库
end;
```

上述存储过程的功能是：创建存储过程“仓库统计”，功能是统计仓库总面积，并将结果通过传出参数“s”传递给调用环境。

定义存储函数的语法格式如下：

```
create or replace function 存储函数名
(<arg> in out <type>)
 return <type>
 as
```

```
declare
   <retval>  <type>;
begin
   return (<retval>);
end;
```

其中：

return <type>：表示存储函数返回值类型。

return (<retval>)：存储函数返回值。

其余参数含义与存储过程相同。

例如：

```
create or replace function 累计
(n in number)
return number
as
declare
lj_sum number:=0;
begin
for k in 0..n
loop
lj_sum:=lj_sum+k;
end loop;
return(lj_sum);
end;
```

上述存储函数完成的功能是：计算 1+2+3+…n 的和，并将和返回给调用环境。

不同的 DBMS 创建存储过程和存储函数的语法略有不同。上述为 Oracle 11g 下的语法格式。

7.2.11　定义触发器

触发器是存储在数据库中由特定事件触发的存储过程。触发器与存储过程的不同之处在于触发器由数据库系统在满足触发条件时自动运行，而无须编程调用它。触发器对于保证数据的完整性和安全性具有重要的作用。

不同的 DBMS，支持的触发器类型不同，创建触发器的语法格式不同。

在 Oracle 11g 中，触发器主要分为三种类型：

- DML 触发器。针对表的 insert、update、delete 语句进行触发，并且分为行级和语句级两种类型。

- 替代触发器。针对可更新视图的 insert、update、delete 语句进行触发。
- 系统触发器。Oracle8i 开始提供了系统触发器。针对 DDL 语句或数据库系统事件进行触发。DDL 语句包括：CREATE、ALTER 和 DROP 等；数据库系统事件包括：数据库的启动或关闭，用户登录与退出等。

另外，在 Oracle 11g 中新增加了复合类型的触发器。

1. DML 触发器

定义 DML 触发器具体操作步骤如下：

步骤 01 双击需要建立触发器的表，打开表属性窗口，并选择 Triggers 选项卡，如图 7.43 所示。单击空白行，输入新触发器的名称和代码。

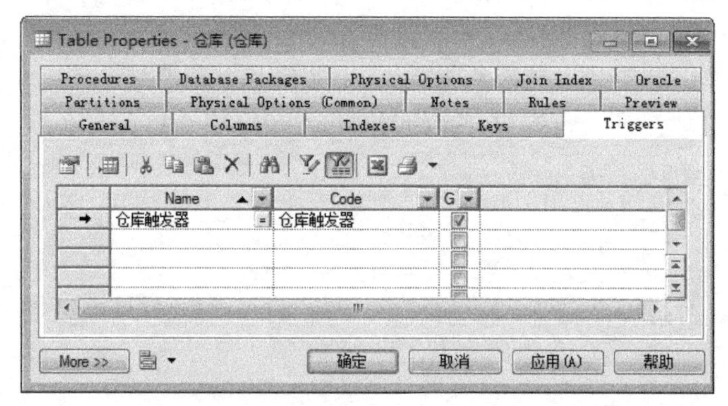

图 7.43 表属性窗口（Triggers 选项卡）

步骤 02 单击 Properties 工具，打开触发器属性窗口。其中，General 选项卡用于定义触发器的基本信息，如图 7.44 所示，基于“仓库”表创建触发器，名称和代码都设置为“仓库触发器”；Definition 选项卡用于定义触发器主体，如图 7.45 所示。设置结束后，单击“确定”按钮。

图 7.44 触发器属性窗口（General 选项卡）

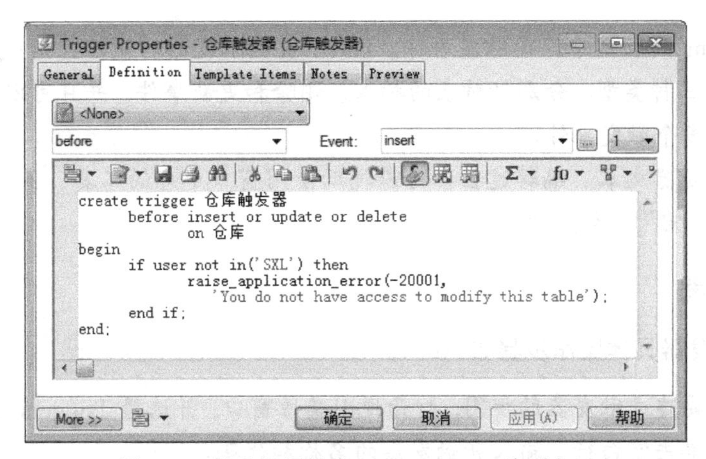

图 7.45　触发器属性窗口（Definition 选项卡）

触发器主体定义步骤如下：

步骤 01　在窗口上部第一个列表框中选择触发器模板。可以使用系统提供的模板，也可以使用自定义的模板。在 PowerDesigner 中，触发器模板分为针对数据库的模板和针对模型的模板两种。并且不同的 DBMS 对应的触发器模板不同。在 Oracle 11g 中，针对 DML 类型触发器，系统提供的模板包括：

- AfterDeleteTrigger：删除触发器，在事件之后触发。
- AfterInsertTrigger：插入触发器，在事件之后触发。
- AfterUpdateTrigger：更新触发器，在事件之后触发。
- BeforeDeleteTrigger：删除触发器，在事件之前触发。
- BeforeInsertTrigger：插入触发器，在事件之前触发。
- BeforeUpdateTrigger：更新触发器，在事件之前触发。
- CompoundDeleteTrigger：复合删除触发器。
- CompoundInsertTrigger：复合插入触发器。
- CompoundUpdateTrigger：复合更新触发器。

复合类型触发器中包括 before 类型、after 类型触发器。

修改或自定义触发器模板的方法是：

- 使用 Database→Edit Current DBMS 菜单项，打开 DBMS Properties 窗口，选择 Trigger Templates 选项卡，修改或定义针对数据库的触发器模板。
- 使用 Model→Triggers→Trigger Template 菜单项，打开 List of User-Defined Trigger Templates 窗口，修改或定义针对模型的触发器模板。

步骤 02　在窗口上部第二个列表框中选择触发器的触发时机，分为事件之前触发 Before 和事件之后触发 After 两种类型。

步骤 03　在 Event 列表框中选择触发事件。DML 类型触发器的事件包括：Insert、Delete 和 Update 三种类型。分别针对表的插入、删除和更新事件。并且可以通过...图标，同时选择多个触发事件。

步骤 04　编辑触发器文本。编辑过程中可以辅助使用窗口中部的工具，例如操作符Σ▾、函数f()▾、宏▾和变量%▾等。

2. 替代触发器

定义替代触发器具体操作步骤如下：

步骤 01　双击需要建立触发器的视图，打开视图属性窗口，并选择 Triggers 选项卡，如图 7.46 所示。单击空白行，输入新触发器的名称和代码。

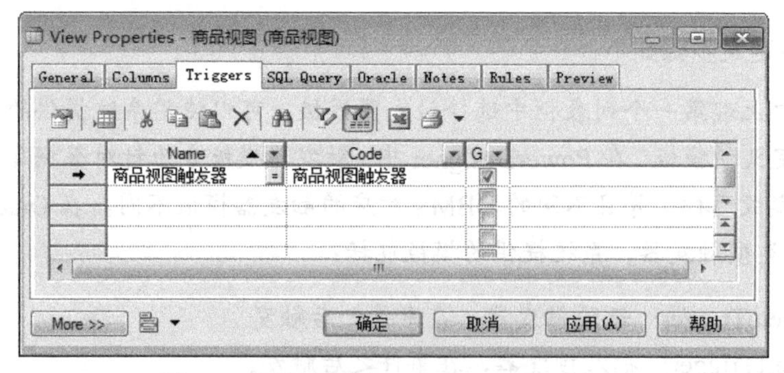

图 7.46　视图属性窗口（Triggers 选项卡）

步骤 02　单击 Properties 属性工具，打开触发器属性窗口。其中，General 选项卡用于定义替代触发器的基本信息，如图 7.47 所示，针对视图“商品视图”创建替代触发器，触发器名称和代码都设置为“商品视图触发器”；Definition 选项卡用于定义替代触发器主体，如图 7.48 所示。设置结束后，单击“确定”按钮。

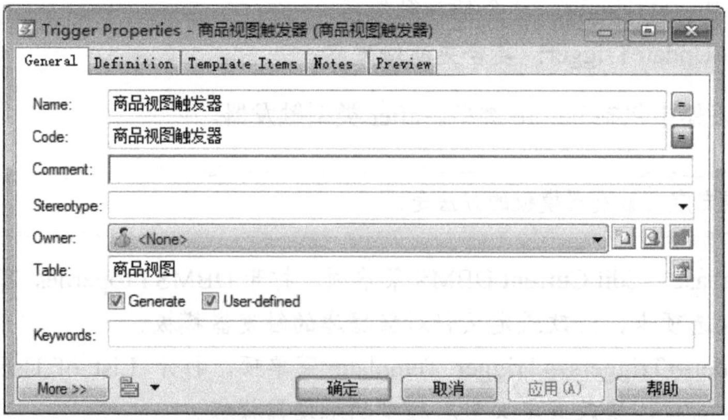

图 7.47　替代触发器属性窗口（General 选项卡）

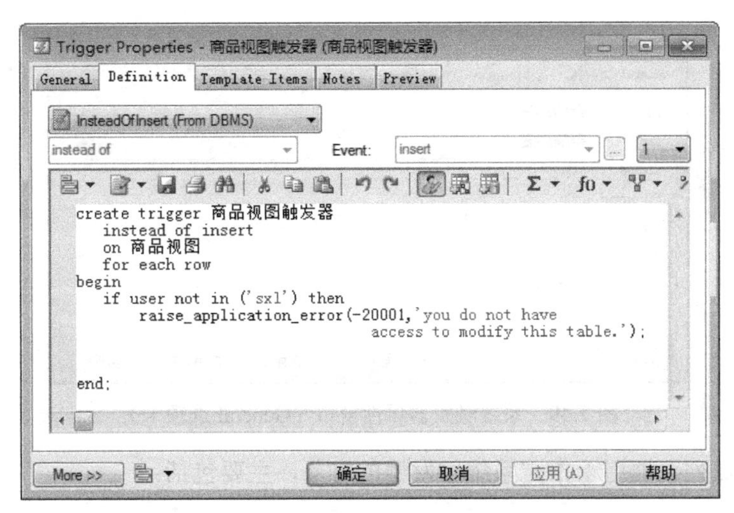

图 7.48　替代触发器属性窗口（Definition 选项卡）

替代触发器主体定义步骤如下：

步骤 01　在窗口上部第一个列表框中选择替代触发器模板。在 Oracle 11g 中，针对替代类型触发器，系统提供的模板包括：

- InsteadOfDeleteTrigger：替代删除触发器。
- InsteadOfInsertTrigger：替代插入触发器。
- InsteadOfUpdateTrigger：替代更新触发器。

步骤 02　在窗口上部第二个列表框中显示替代触发器的标志：instead of。

步骤 03　在 Event 列表框中选择触发事件。替代类型触发器的触发事件与 DML 类型触发器的事件相同。

步骤 04　编辑替代触发器文本。

3. 系统触发器

定义系统触发器具体操作步骤如下：

步骤 01　选择 Model→Triggers→DBMS Triggers 菜单项，打开系统触发器列表窗口，在窗口空白处输入新建触发器名称和代码，然后单击 Properties 属性工具，打开系统触发器属性窗口；或者右键单击浏览器窗口中的 PDM 模型，在快捷菜单中选择 New→DBMS Trigger 菜单项，打开系统触发器属性窗口，在 General 选项卡中设置系统触发器的基本信息，如图 7.49 所示。针对数据库创建“系统触发器”。

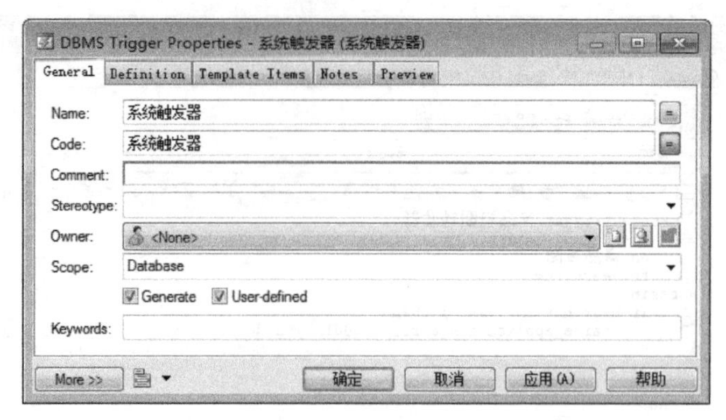

图 7.49　系统触发器属性窗口（General 选项卡）

其中，Scope 列表框用于指定系统触发器的对象，主要包括：

- Database：针对数据库创建系统触发器。
- Schema：针对方案创建系统触发器。
- 具体方案：针对指定方案创建系统触发器。

系统触发器的对象不同，相应事件不同。

步骤 02　单击 Definition 选项卡，设置系统触发器主体，如图 7.50 所示。设置结束后，单击“确定”按钮，结束系统触发器的定义。

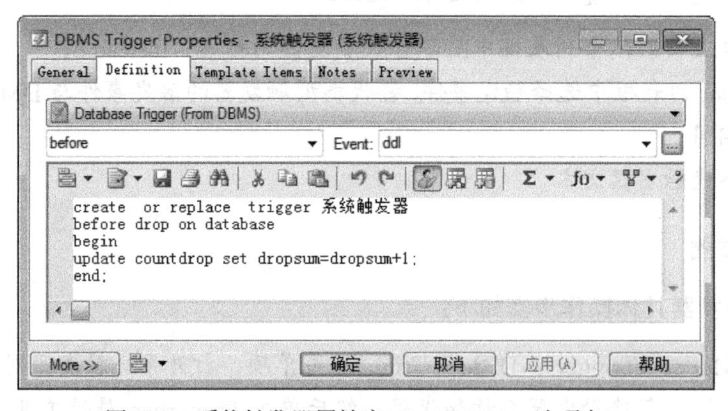

图 7.50　系统触发器属性窗口（Definition 选项卡）

系统触发器主体具体定义步骤如下：

步骤 01　在窗口上部第一个列表框中选择系统触发器模板。在 Oracle 11g 中，针对系统触发器，系统提供的模板包括：

- DatabaseTrigger：数据库触发器模版。
- SchemaTrigger：方案触发器模版。

步骤 02　在窗口上部第二个列表框中选择触发器的触发时机，分为事件之前触发 Before 和事件之后触发 After 两种类型。

步骤03　在 Event 列表框中选择触发事件。系统触发器事件如图 7.51 所示。可以同时选择多个触发事件。

步骤04　编辑系统触发器文本。

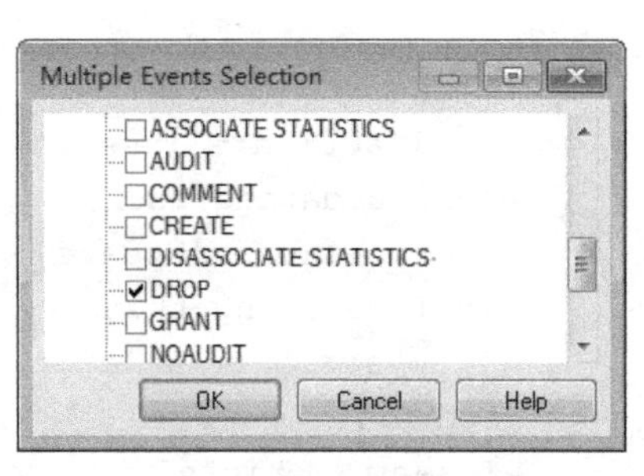

图 7.51　系统触发器事件

4. 定义触发器的语法格式

（1）DML 类型触发器

```
CREATE OR REPLACE TRIGGER trigger_name
{ BEFORE | AFTER }
{ DELETE [OR INSERTE] [OR UPDATE [ OF column,…n ]] ON table_name
[ FOR EACH ROW [ WHEN(condition) ] ]
Trigger_body
```

其中：

- BEFORE | AFTER：表示触发时机。
- DELETE [OR INSERTE] [OR UPDATE [OF column,…n]]：表示触发事件，多个事件间用 OR 分开，更新事件可以具体指定列。
- FOR EACH ROW [WHEN（condition）]：表示行级触发器，否则为语句级触发器。WHEN（condition）为具体触发条件。
- Trigger_body：触发器主体。

例如：

```
Create trigger 仓库触发器
Before insert or update or delete On 仓库
Begin
      If user not in ('SXL') then
         Raise_application_error(-20001,'You do not have access to modify this
table.');
      End if;
End;
```

上述代码功能为：针对“仓库”表的插入、更新、删除事件，创建触发器“仓库触发器”，判断用户是否为“SXL”，如果不是则抛出异常，停止对“仓库”表的修改。

例如：

```
Create or replace trigger biud_employee
Before insert or update or delete On employees
for each row
Declare
   L_action employees_log.action%type;
```

```
    Begin
        if inserting then
            l_action:='Insert';
        elsif updating then
            l_action:='Update';
        elsif deleting then
            l_action:='Delete';
         end if;
         Insert      into      employees_log(Who,action,when)     Values(     user,
l_action,sysdate);
     End;
```

上述代码功能为：针对“employees”表的插入、更新、删除事件创建行级触发器“biud_employee”，将修改“employees”表的用户、操作和时间记录在日志表“employees_log”中。

（2）替代触发器

```
    CREATE OR REPLACE TRIGGER trigger_name
    INSTEAD OF
    {DELETE [OR INSERTE] [OR UPDATE [ OF column,…n ]] ON view_name
    [ FOR EACH ROW [ WHEN(condition) ] ]
    Trigger_body
```

其中：

INSTEAD OF：表示替代触发器。

例如：

```
    create or replace trigger view_trigger
    instead of insert or delete or update on 商品视图
    for each row
    begin
    If user not in ('SXL') then
             Raise_application_error(-20001,'You do not have access to modify this
table.');
         End if;
    end;
```

（3）系统触发器

```
    CREATE OR REPLACE TRIGGER trigger_name
    { BEFORE | AFTER }
    { ddl_event_list | databse_event_list }
    ON { DATABASE | SCHEMA }
    [when_clause]
    tigger_body
```

其中：

- ddl_event_list：表示一个或多个 DDL 事件，事件间用 OR 分开。
- database_event_list：表示一个或多个数据库事件，事件间用 OR 分开。
- DATABASE：表示是数据库级触发器，而 schema 表示是用户级触发器。
- Trigger_body：触发器的 PL/SQL 语句。

例如：

```
create or replace trigger database_trigger
before drop on database
begin
update countdrop set dropsum=dropsum+1;
end;
```

上述代码的功能是针对数据库对象的删除事件创建系统触发器“database_trigger”，统计当前数据库中对象的删除数量，并将数据存储在“countdrop”表中。

7.2.12　定义用户和组

数据库中存储大量数据，数据库的安全极其重要，因此，不同数据库管理系统都提供了相应的安全管理措施。这些安全管理措施主要包括：用户（User）、用户组（Group）、角色（Role）、系统权限（System Privilege）、对象权限（Object Permission）等，采用这些措施可以有效地保证数据库的安全。

用户（User）是指能够连接到数据库上的一个账户。用户可以同时拥有系统权限（System Privilege）和对象权限（Object Permission）；用户可以属于某一个特定用户组或角色，也可以属于一个公共用户组（Public Group）。

权限：是指操作数据库的权力，分为系统权限和对象权限两种。其中，系统权限是指用户针对一类数据库对象或数据库管理的操作权力，例如创建表，连接数据库等；对象权限是指用户对某一个具体数据库对象的操作权力，例如对“仓库”表的查询、更新等。

用户组或角色是指具有相似操作特性以及权限的一组用户。通过用户组或角色方便用户的统一管理。

在 PowerDesigner 中能够完成用户、角色的创建以及权限授予、收回等工作。

1. 定义用户

定义用户的方法：

- 使用 Model→Users and Roles→Users 菜单项。
- 使用鼠标右键单击正在设计的 PDM 模型，从快捷菜单中选择 New→ User。
- 使用鼠标右键单击浏览器窗口 PDM 下的 Users 文件夹，从弹出的快捷菜单中选择 New 命令。

定义用户的具体操作过程如下：

步骤 01 选择 Model→Users and Roles→Users 菜单项，打开用户列表窗口，单击空白行，或单击 Add a Row 工具增加一个用户。

步骤 02 单击 Properties 工具，打开用户属性窗口，如图 7.52 所示。General 选项卡主要用于设置用户名称、代码、注释和口令信息。

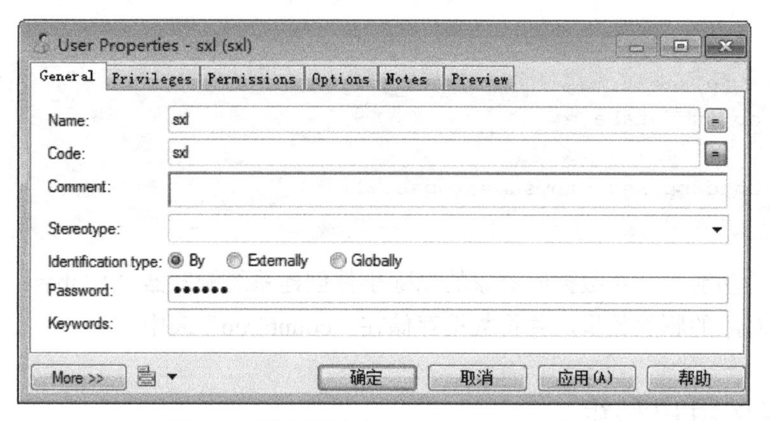

图 7.52 用户属性窗口（General 选项卡）

步骤 03 单击 Privileges 选项卡，打开系统权限设置窗口，如图 7.53 所示。其中，工具表示 Show/Hide all inherited privileges，即显示或隐藏用户继承来的系统权限；标识表示 Grant，即把该权限授权给当前用户；标识表示 Grant with admin option，即把该权限授权给当前用户，并且允许该用户把这个权限继续授权给其他用户；Revoke 表示撤销从用户组或角色继承来的权限，该选项只有当用户从用户组或角色中继承权限时才有效。

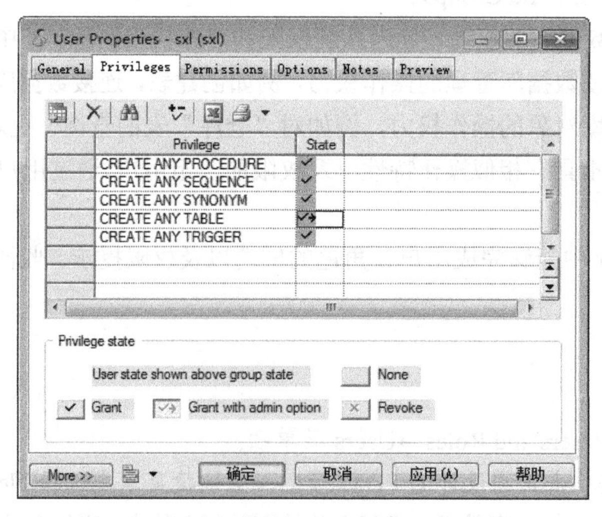

图 7.53 用户属性窗口（Privileges 选项卡）

步骤 04 单击 Add Privileges 工具，打开系统权限列表，如图 7.54 所示，从中选择需要添加的系统权限，并单击 OK 按钮返回用户属性窗口。

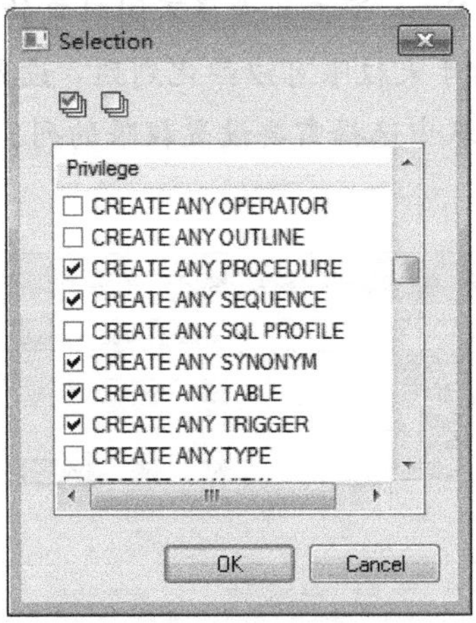

图 7.54　系统权限列表

步骤 05　单击 Permissions 选项卡，打开对象权限设置窗口，如图 7.55 所示。其中，Grant 表示把对象权限授予用户；Grant with grant option 表示把对象权限授予用户，并允许用户把该权限传递给其他用户；Revoke 表示撤销当前用户从用户组或角色继承来的对象权限；Revoke with cascade 工具表示撤销当前用户从用户组或角色继承来的对象权限，并撤销该用户传递给其他用户的此权限；None 表示撤销用户的任何状态，并清空单元格。

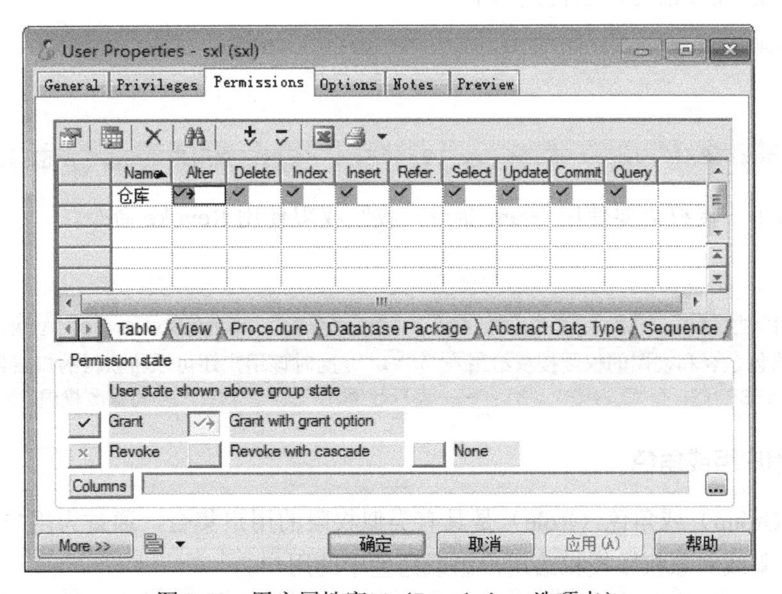

图 7.55　用户属性窗口（Permissions 选项卡）

对象权限设置方法如下：

步骤 01　单击窗口下方的标签页，例如：Table、View、Procedure 等等。每个标签页中显示的数据库对象不同，权限不同。图 7.55 显示的是表（Table）的列表及其权限。

步骤 02 使用 Grant、Revoke、None 等工具设置不同对象的不同权限，完成将对象权限授予用户的任务。另外，对于表权限可以细化到列。设置方法是单击 Columns 后的 ... 按钮，如图 7.56 所示，从中选择需要设置权限的列，设置后单击 OK 按钮，返回用户属性窗口。

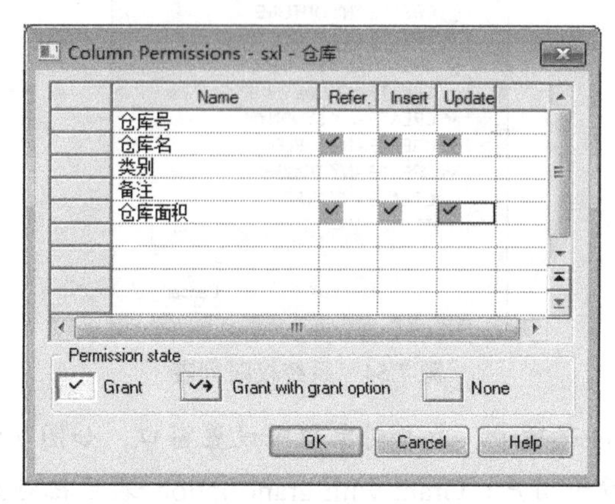

图 7.56 列权限设置窗口

步骤 03 在用户属性窗口中定义好用户的基本信息、系统权限以及对象权限后，单击“确定”按钮，结束用户定义。

定义用户的 SQL 语句语法格式如下：

```
CREATE USER user_name [IDENTIFIED BY password] ;
```

例如：

```
create user "SXL" identified by 123456;---表示创建用户“SXL”，密码为123456。
```

另外，给用户授权需要使用 Grant 命令，收回权限使用 Revoke 命令。

例如：

```
GRANT CREATE ANY TABLE,CREATE ANY VIEW TO SXL WITH ADMIN OPTION;
--- 表示将创建表和视图的权限授权给用户“SXL”，同时该用户还可以将获得的权限再授予其他用户。
REVOKE ALTER ON 仓库 FROM SXL; ---表示收回用户对“仓库”表的修改权限。
```

2. 定义用户组或角色

用户组（Group）或角色（Role）是具有类似权限的用户集合，通过为用户组或角色授权可以把系统权限或对象权限授权给用户组或角色中的用户。

不同数据库管理系统分别支持用户组或角色，Oracle 11g 仅支持角色和公共用户组。用户组和角色的定义方法基本相同。下面叙述 Oracle 11g 中角色的定义方法。

定义角色的方法：

- 使用 Model→Users and Roles→ Roles 菜单项；
- 使用鼠标右键单击正在设计的 PDM 模型，从快捷菜单中选择 New→ Role;
- 使用鼠标右键单击浏览器窗口 PDM 下的 Roles 文件夹，从弹出的快捷菜单中选择 New 命令。

定义角色的具体操作过程如下：

步骤 01　选择 Model→Users and Roles→Roles 菜单项，打开角色列表窗口。单击空白行，或单击 Add a Row 工具增加一个角色，如图 7.57 所示。

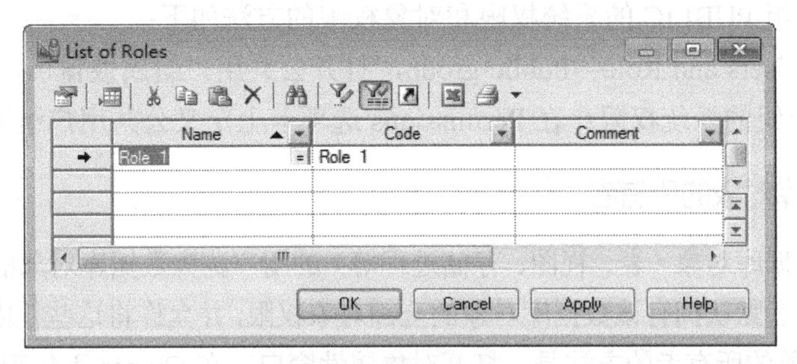

图 7.57　角色列表窗口

步骤 02　单击 Properties 工具，打开角色属性窗口，在 General 选项卡中设置角色名称、代码和注释信息。

步骤 03　单击 Privileges 选项卡，打开系统权限设置窗口，为角色授予系统权限，方法同用户系统权限的授予。

步骤 04　单击 Permissions 选项卡，打开对象权限设置窗口，为角色授予对象权限。

步骤 05　单击 Users 选项卡，打开角色用户列表窗口，如图 7.58 所示。单击 Add Objects 工具，打开用户列表窗口，从中选择一个或多个用户，然后单击 OK 按钮，所选用户添加到角色中；或者单击 Create an Object 工具，创建一个新的用户，同时设置用户的属性。

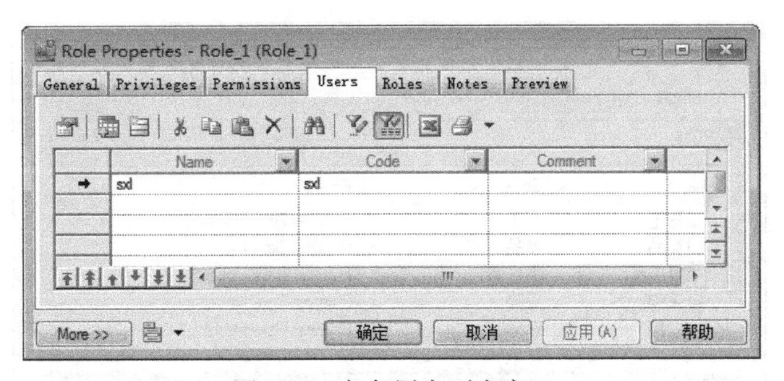

图 7.58　角色用户列表窗口

步骤 06　单击 Roles 选项卡，打开角色列表窗口，添加角色，可以选择已有的角色，也可以新建角色。

步骤07 在角色属性窗口中设置角色参数后，单击“确定”按钮，结束角色定义。

创建角色的 SQL 语句如下：

```
create role "Role_1";
```

3. 设置公共用户组

不属于任何一个用户组或角色的用户则属于公共用户组 PUBLIC，通过定义公共用户组的系统权限和对象权限，可以使公共用户组中的用户拥有这些系统权限和对象权限。

设置公共用户组 PUBLIC 的系统权限和对象权限的方法如下：

选择 Model→Users and Role→Public group，打开公共用户组属性窗口，在 Privileges 选项卡上定义公共用户组的系统权限；在 Permissions 选项卡上定义公共用户组的对象权限。

4. 定义数据库对象的所有者

通常把产生数据库对象（表、视图、存储过程等）的用户称为数据库对象的所有者（Owner），数据库对象的所有者默认拥有该数据库对象的全部对象权限，并允许将这些权限授权给其他用户。

定义 PDM 对象的所有者的方法是：打开对象属性窗口，在 Owner 下拉列表框中选择一个用户，或者单击 Owner 下拉列表框后的省略号按钮，增加一个用户。该用户将成为此对象的所有者。

7.2.13 定义同义词

同义词（Synonym）就是数据库对象的别名。一个数据库对象可以创建多个同义词。同义词与其源对象具有相同的对象属性。在源对象属性窗口中的 Dependencies 选项卡上可以查看该对象的同义词。同义词主要用于简化用户的操作，屏蔽源对象的名称、所有者以及位置等信息。

定义同义词的具体操作步骤如下：

步骤01 选择 Model→Synonyms 菜单项，打开同义词列表窗口，单击 Create synonyms from a selection of objects 工具创建同义词，如图 7.59 所示。

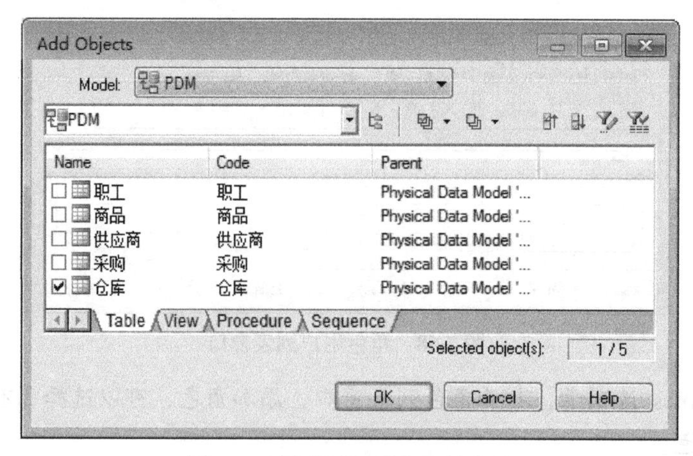

图 7.59 同义词源对象选择窗口

步骤 02　在同义词源对象选择窗口中选择需要建立同义词的对象。在 PDM 中可以为表、视图、过程、序列等对象创建同义词。

窗口中显示的标签页与当前 PDM 模型相关。

步骤 03　单击 OK 按钮，返回同义词列表窗口，如图 7.60 所示。针对“仓库”表创建的同义词名称和代码设置为“仓库同义词”。

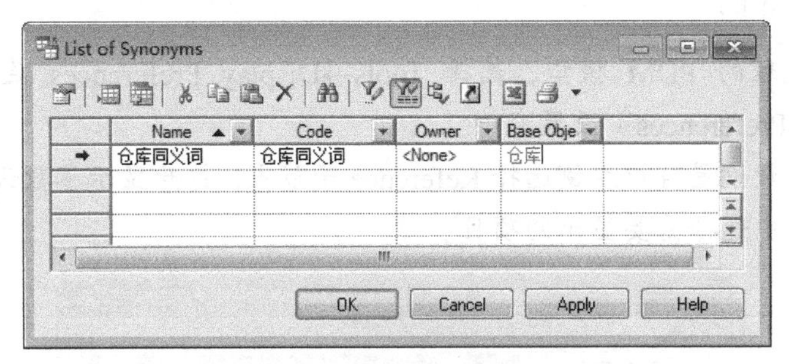

图 7.60　同义词列表窗口

步骤 04　在同义词列表窗口中单击 Properties 属性工具，打开同义词属性设置窗口，如图 7.61 所示。针对“仓库”表创建公有同义词“仓库同义词”。

图 7.61　同义词属性窗口

各参数含义如下：

- Base object：同义词源对象。
- Visibility
  - ➢ Public：公有同义词。允许数据库中任何用户使用。
  - ➢ Private：私有同义词。仅允许授权用户使用。

步骤 05　单击“确定”按钮，结束同义词定义。

创建上述同义词的语句为：

```
create or replace public synonym 仓库同义词 for 仓库;
```

同义词创建后，可以像使用源对象一样使用同义词。例如上述为“仓库”表创建的公有同义词“仓库同义词”。可以对其进行查询、更新等操作，也可以对其建立视图。

7.2.14 设置 PDM 显示参数

PDM 显示参数及模型选项的设置方法与 CDM 类似，本节主要叙述物理数据模型中参照（Reference）对象的显示参数设置方法。

具体操作步骤如下：

步骤 01 打开待处理的 PDM 模型，选择 Tools→Display Preferences 菜单，打开显示参数（Display Preferences）设置窗口。

步骤 02 在显示参数设置窗口左侧选择 Reference 子节点，打开显示参数设置窗口，如图 7.62 所示，从中选择需要显示的项目。

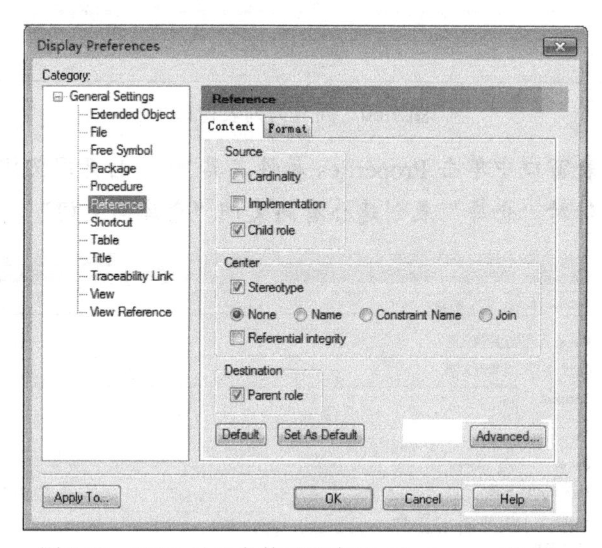

图 7.62 PDM 显示参数设置窗口（Reference 节点）

各参数含义如下：

- Cardinality：是否显示基数信息。
- Implementation：是否显示实施方法。
- Child role：是否显示子节点角色名称。
- Stereotype（None：无；name：名称；Constraint Name：约束名称；Join：链接。）
- Referential integrity：是否显示参照完整性约束。
- Parent role：是否显示父结点角色名称。

上述设置结果表示不显示任何参照描述信息，仅有连线。这样的设置方法适合于描述复杂系统的 PDM 模型。具体应用实例见 7.4 节中“进销存系统”PDM 图。

7.3 管理 PDM

为了创建正确合理的 PDM，设计过程中必须遵循科学的规范化理论，以保证 PDM 模型对象的有效性；并且 PowerDesigner 同样提供了 PDM 模型检查功能，用于检查模型中存在的错误，从而保证模型的正确有效。PDM 的模型检查与 CDM 类似，这里不再赘述。

7.3.1 PDM 模型转换

PDM 模型转换主要包括由已有 PDM 生成新的 PDM；由 PDM 生成 LDM；由 PDM 生成 CDM；由 PDM 生成 OOM；由 PDM 生成 XML。

1. 由已有 PDM 生成新的 PDM

具体操作步骤如下：

步骤 01　打开已有 PDM 模型。

步骤 02　根据问题需要修改已有 PDM 模型。

步骤 03　生成新的 PDM。

① 选择 Tools→Generate Physical Data Model 菜单项，打开生成新 PDM 模型窗口，在生成 PDM 模型窗口中，选择不同的选项卡设置生成模型参数。

② 设置 General 选项卡参数。General 选项卡主要用于选择是否生成新的 PDM 或者替换已经存在的 PDM 模型，并设置相应参数。

③ 设置 DBMS Preserve Options 选项卡参数，如图 7.63 所示。该选项卡主要用于设置一些保护选项。也就是当新的 PDM 更新已有 PDM 时，是否保护已有 PDM 中的各选项。

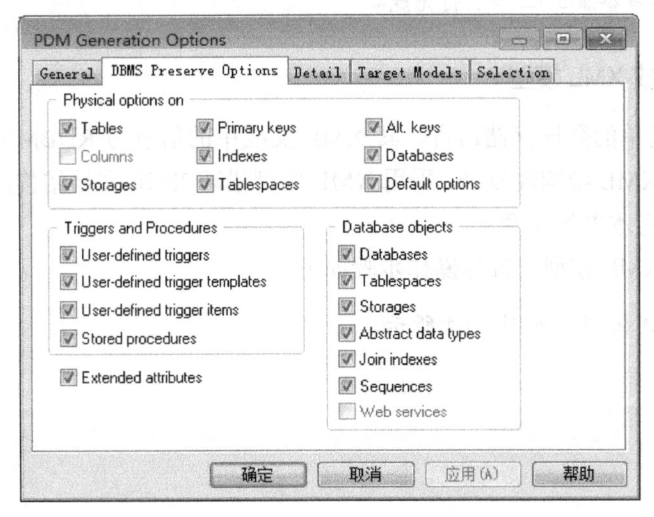

图 7.63　生成 PDM 模型窗口（DBMS Preserve Options 选项卡）

各参数含义如下：

- Physical options on: 保护的物理选项，主要包括 Tables（表）、Columns（列）、Storages（存储）、Primary keys（主键）、Indexes（索引）、Tablespaces（表空间）、Alt keys（候选键）、Databases（数据库）、Default options（默认选项）。
- Triggers and Procedures: 保护的触发器和存储过程，主要包括 User-defined trigger（用户定义的触发器）、User-defined trigger templates（用户定义的触发器模板）、User-defined trigger items（用户定义的触发器项）、Stored procedures（存储过程）。
- Database objects: 保护的数据库对象，主要包括 Databases（数据库）、Tablespaces（表空间）、Storages（存储）、Abstract data types（抽象数据类型）、Join indexes（链接索引）、Sequences（序列）、Web services（Web 服务）。
- Extended attributes: 扩展属性。

④设置 Detail 选项卡参数。该选项卡用于设置 PDM 的生成选项，主要包括模型检查、模型对象之间的链接信息以及原模型与新模型之间的映射关系。其中，Generate mappings 表示在当前 PDM 和生成的 PDM 之间建立一个映射关系。并且选择 Generate mappings 复选框，系统会自动选择 Save generation dependencies 复选框，因为 Generate mappings 需要使用对象的原始标识。

⑤设置 Selection 选项卡参数。该选项卡主要用于选择 PDM 模型生成对象。

⑥单击生成 PDM 模型窗口中的“确定”按钮，开始生成模型。如果在 Detail 选项卡中选择了 Check model 复选框，则生成模型过程中会检查模型是否存在错误，如果有错误则停止生成过程；如果没有错误则生成的新 PDM 模型将出现在浏览器窗口中。

由 PDM 生成 CDM、LDM 以及 OOM 的过程与 CDM 生成 CDM、LDM、OOM 的过程相同，请读者参照 5.3.2 节自行完成。

2. 由 PDM 生成 XML 模型

XML 是一种简单的数据存储语言，其 XML 文档中的信息与 RDBMS 中的数据描述有许多相似之处。由于 XML 结构较复杂，采用 XML 模型描述 XML 文档结构，以便于阅读。XML 模型的详细叙述参考本书第 8 章。

由 PDM 生成 XML 模型的具体操作步骤如下：

步骤 01 打开 PDM 模型，如图 7.64 所示。

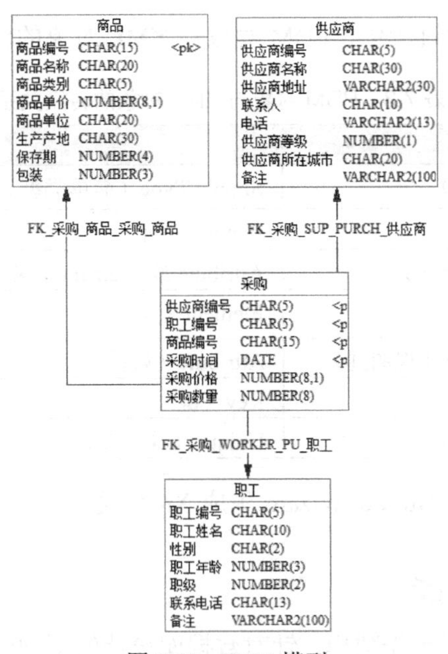

图 7.64　PDM 模型

步骤 02　选择 Tools→Generate XML Model 菜单项，打开生成 XML 模型窗口。

步骤 03　设置各选项卡参数。

其中，General 选项卡主要用于设置 XML 模型的名称、代码以及语言类型和使用 XML 语言资源文件的方式等；Detail 选项卡主要用于设置模型生成选项。其中，Generates a column as: Element 、Attribute 表示 PDM 的列生成为 XML 的元素或属性；Selection 选项卡主要用于选择生成对象。

步骤 04　单击“确定”按钮，生成 XML 模型。图 7.64 所示 PDM 模型生成的 XML 模型如图 7.65 所示。

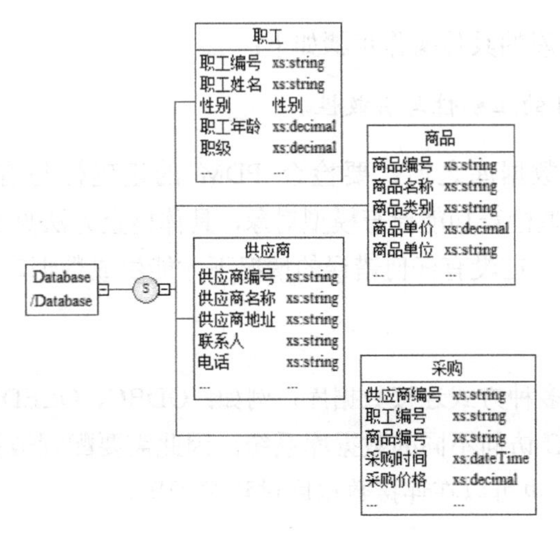

图 7.65　生成的 XML 模型

在 PDM 生成 XML 模型过程中，PDM 对象与 XML 对象的转换关系如表 7.3 所示。

表 7.3　PDM 对象与 XML 对象的转换关系

PDM 模型	XML 模型
Domain（域）	Simple Type（简单类型）
Table（表）	Element（元素）
Table Column（列）	Attribute 或 Element（属性或元素）
View（视图）	Element（元素）
View Column（视图列）	Attribute（属性）
Key（键）	Key（键）
Index（索引）	Unique（唯一性）

另外，还可以使用 XML Builder Wizard 生成 XML 模型。

7.3.2　生成数据库功能

采用 PowerDesigner 完成数据建模，针对数据库设计的不同阶段，每一阶段都提供了相应的模型辅助数据库设计工作。例如：CDM 模型主要针对数据库设计的概念结构设计阶段；LDM 模型针对逻辑结构设计阶段；PDM 则针对物理结构设计阶段；接下来将进入数据库实施阶段，PowerDesigner 同样提供了数据库实施阶段的辅助设计功能。

数据库实施阶段的主要任务是根据逻辑结构以及物理结构设计的结果创建数据库结构，然后载入数据，测试数据库的性能。

PowerDesigner 提供了生成数据库功能，可以将设计好的 PDM 模型生成到数据库中，从而完成数据库结构的创建工作；另外，还提供了生成测试数据的功能，能够根据数据库的特点生成测试数据，并将数据加载到数据库中，辅助完成数据库测试。

1. 将 PDM 生成到数据库

将 PDM 生成到数据库的具体操作步骤如下：

步骤 01　确认当前 PDM 的正确性与有效性。

在将 PDM 生成到数据库之前，要检查 PDM 的正确性与有效性。检查时首先采用 PowerDesigner 提供的模型检查功能检查模型对象，具体检查方法见 5.3.1 节；其次，根据需求确认 PDM 模型的有效性。在没有任何错误的情况下才能生成数据库。

步骤 02　配置数据源。

PowerDesigner 提供多种方式连接数据库，例如：ODBC、OLEDB、JDBC、数据库专用接口等等。本书采用 ODBC 访问不同的数据库系统，因此需要配置数据源。ODBC 数据源可以在连接数据库之前配置，也可以在连接数据库过程中配置。

步骤 03　连接数据库。

在 Powerdesigner 中选择 Database→Connect 菜单项，打开连接数据库窗口，如图 7.66 所示。

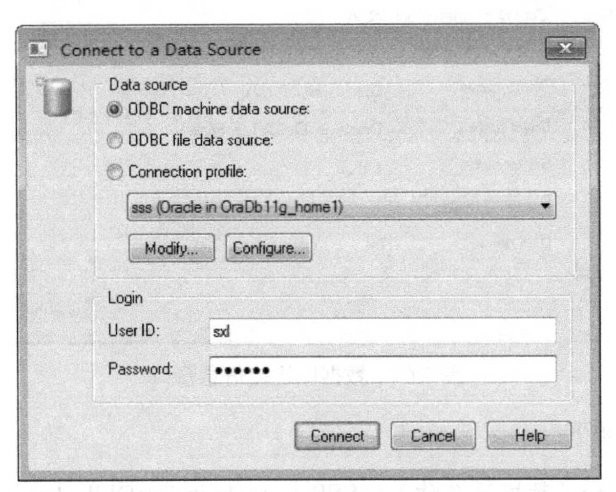

图 7.66　连接数据库窗口

在连接数据库之前，在所选数据库管理系统中必须已经正确创建数据库。

各参数含义如下：

- Data source：数据源，提供了三种连接方式：
  - ODBC machine data source：ODBC 机器数据源。
  - ODBC file data source：ODBC 数据文件。
  - Connection profile：连接配置文件。
- Login：登录信息
  - User ID：用户名。
  - Password：口令。

选择第一种连接方式，然后在下拉列表框中选择配置好的 ODBC 数据源，或者单击 Configure 按钮，配置新的数据源，也可以单击 Modify 按钮修改已经存在的数据源；然后输入用户名和密码；最后单击 Connect 按钮，连接数据库。

如果选择另外两种链接方式，则需要配置相应的 ODBC 数据文件或者链接配置文件。

如果数据库连接成功，没有提示信息。

数据库连接成功之后，可以在 PowerDesigner 中查看数据库连接信息。方法是：选择 Database→Connection Infromation 菜单项，打开数据库连接信息窗口，查看连接信息，如图 7.67 所示。

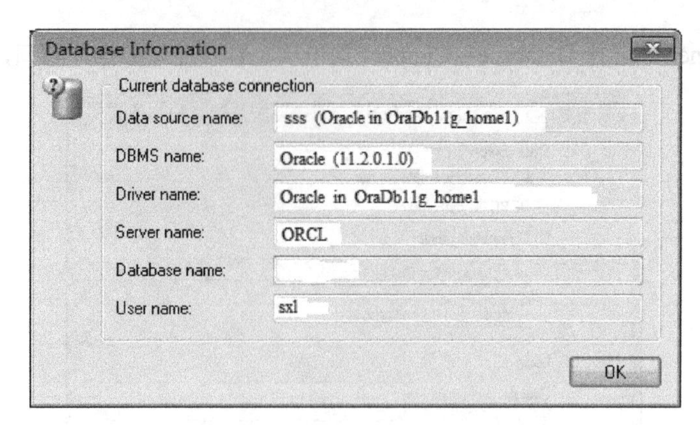

图 7.67　数据库连接信息窗口

其中各参数含义如下：

- Data source name（数据源名称）：SSS（oracle in OraDbllg-homel）
- DBMS name（数据库管理系统名称及版本）：Oracle 11.2.0.1.0
- Driver name（数据库驱动名称）：Oracle in OraDb11g_home1
- Server name（服务名称）：ORCL
- Database name：数据库名称
- User name（用户名称）：sxl

当数据库不再使用时，可以断开PDM与数据库的连接。方法是：选择Database→Disconnect菜单项，打开数据库连接断开窗口，如图 7.68 所示。单击“Yes”按钮，断开数据库连接。

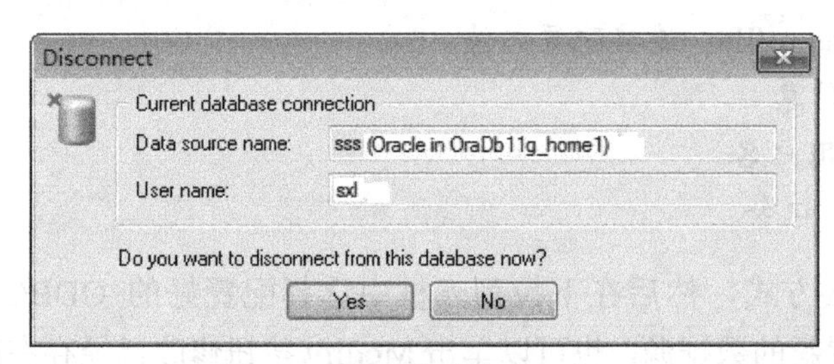

图 7.68　数据库连接断开窗口

将 PDM 生成到数据库中，既可以生成数据库脚本（Database Creation Script），也可以直接生成到数据库中。生成数据库的具体操作步骤如下：

步骤 01　在 PowerDesigner 中选择 Database→Gennerate Database 菜单项，打开生成数据库窗口，如图 7.69 所示。针对当前 PDM 模型，采用数据源“sss”与 Oracle11g 数据库进行连接，直接将 PDM 模型生成到数据库中；同时生成脚本文件 crebas.sql，并可以在生成结束后对其进行查看和修改；在生成过程中需要检查 PDM 模型，如果存在错误，则停止生成；并且生成过程自动归档。

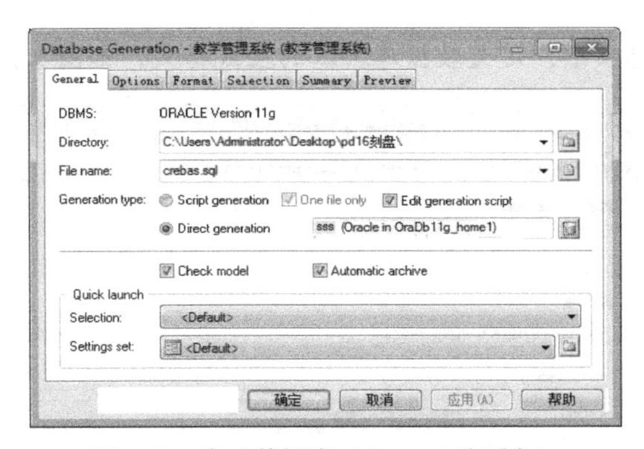

图 7.69　生成数据库（General 选项卡）

各参数含义如下：

- Directory：脚本文件路径。
- File Name：脚本文件名。
- Generation type：生成类型。
  - ➢ Script Generation：表示生成脚本文件，若同时选择 One file only 复选框，表示生成一个脚本文件。
  - ➢ Direct Generation：表示直接生成到数据库中，若同时选择 Edit generation script 复选框，表示生成结束后可以编辑脚本文件。还可以使用右边的 Connect to a Data Source 工具，选择或配置数据源。
- Check model：生成数据库时系统自动检查 PDM 的有效性。
- Automatic archive：自动归档。
- Selection：选择事先配置的生成对象。
- Setting set：选择生成对象类型。

步骤 02　单击 Options 选项卡，定义数据库对象的生成选项，如图 7.70 所示。左边窗格显示 PDM 中对象的类型，右边窗格显示不同对象的生成选项，从右边窗格中选择需要的选项即可。

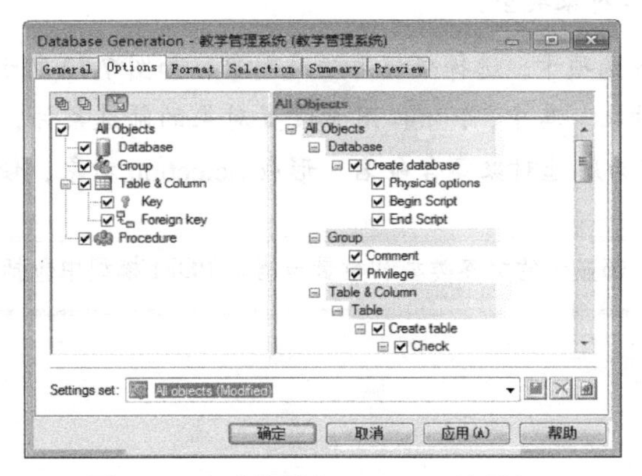

图 7.70　生成数据库（Options 选项卡）

步骤03 单击 Format 选项卡，定义数据库脚本的生成格式，如图 7.71 所示。

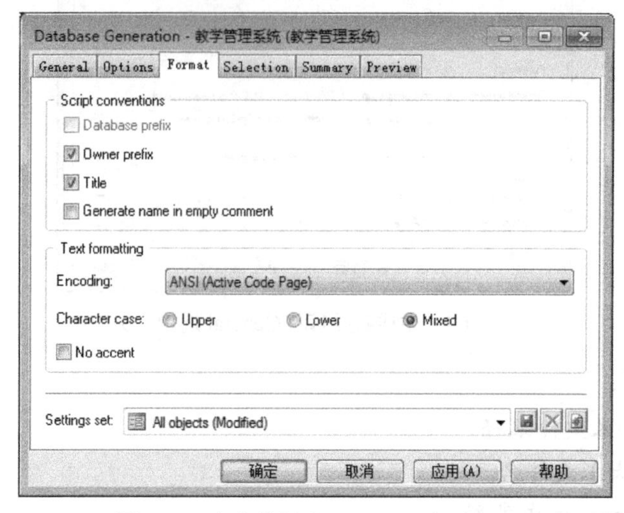

图 7.71 生成数据库（Format 选项卡）

各参数含义如下：

- Script Conventions：脚本协议。
  - Database prefix：代码中表和视图名称的前面带有数据库名的前缀。
  - Owner prefix：代码中表和视图名称的前面带有所有者的名称。
  - Title：代码中每节前面包括一个注释，例如：Database Name：ORCL。
  - Generate name in empty comment：如果表、列、视图等模型对象的注释（Comment）为空，则生成的代码中将使用对象的名称作为注释。
- Text formatting：文本格式。
  - Encoding：选择字符编码。
  - Character case：选择脚本代码为大写字母（Upper）、小写字母（Lower）或混合写字母（Mixed）格式。
- Settings set：选择对象类型。

步骤04 单击 Selection 选项卡，选择数据库生成对象，如图 7.72 所示。从中选择需要生成到数据库中的对象。其中，Filter 用于设置对象的筛选条件，例如："Name=*2"；Selection 表示为所选对象集合命名，形成 Selection 对象，便于重用。

图 7.72 窗口下部显示的标签类型和数量与当前 PDM 模型中包括的对象类型数量相关。

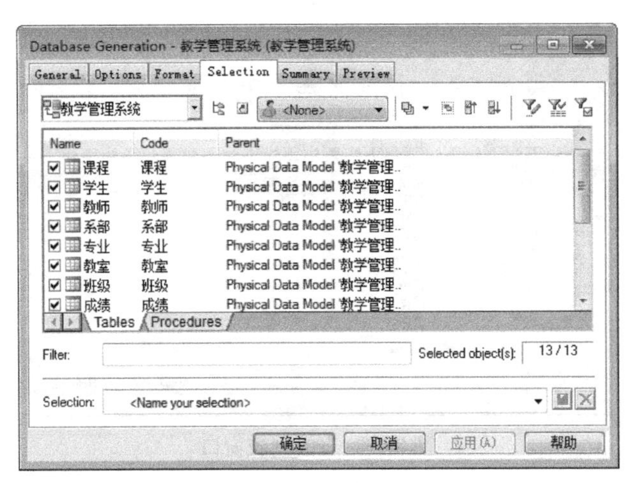

图 7.72　生成数据库（Selection 选项卡）

步骤 05　单击 Summary 选项卡，查看生成选项的汇总，如图 7.73 所示。该窗口中的代码不可以编辑，但可以保存、打印和复制。

步骤 06　单击“确定”按钮，生成数据库或脚本。生成数据库后，在 PLSQL Developer 中的部分显示结果如图 7.74 所示。

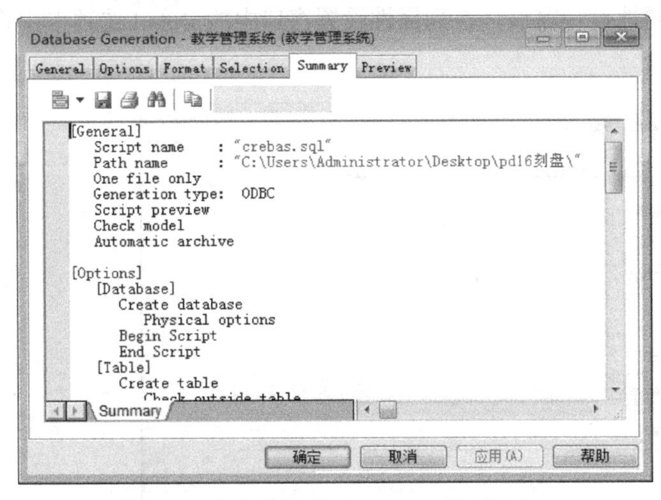

图 7.73　生成数据库（Summary 选项卡）

图 7.74　生成数据库结果

2. 预测数据库的规模

决定数据库规模的主要因素包括：模型中表的数量、表结构以及记录个数，索引个数和表空间、数据存储等等。在 PowerDesigner 中，当 PDM 设计完成后，只要设计者给出每个表的最大记录条数和可变列的平均长度，PowerDesigner 就会根据 DBMS 的不同，自动估算出数据库的规模。

（1）定义 PDM 模型中每个表包含的记录数

选择 Model→Tables 菜单项，打开表的列表窗口，如图 7.75 所示。设置每个表的最大记录个数。

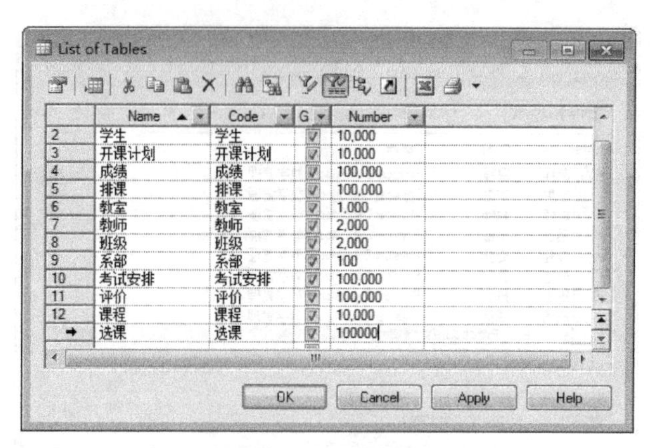

图 7.75　表的列表窗口

如果列表窗口中没有 Number 列，则单击 Customize Columns and Filter 工具，打开用户自定义设置窗口，从中选择 Number of Records 复选框既可。

（2）定义可变列的平均长度

选择 Model→Columns 菜单项，打开列的列表窗口，选择需要设置平均长度的列，并单击 Properties 属性工具，打开列属性设置窗口，在列属性设置窗口中的 Detail 选项卡中设置列的平均长度，如图 7.76 所示。

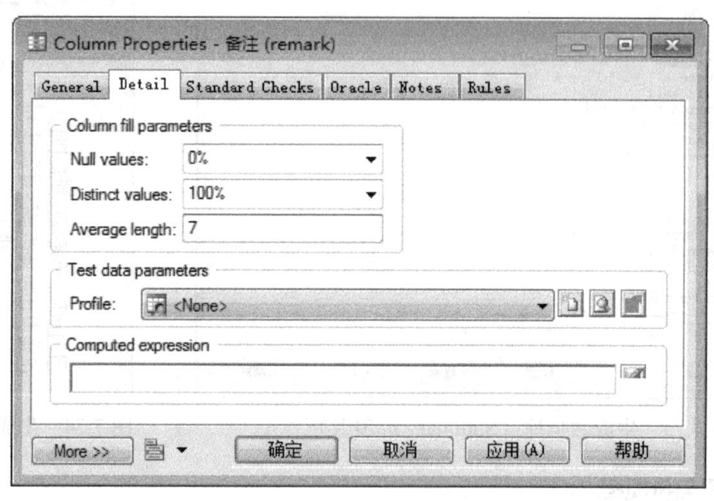

图 7.76　列属性设置窗口

其中各参数含义如下：

- Column fill parameters：列的填充参数。
  - Null values：空值所占的比例数。
  - Distinct values：不同值所占的比例数。
  - Average length：列的平均长度。

- Test data parameters：测试数据参数。
  - ➢ Profile：测试数据描述文件。

（3）预测数据库规模

选择 Database→Estimate Database size 菜单项，打开估算数据库规模窗口，如图 7.77 所示，从中选择参加统计的表。设置结束后，单击“确定”按钮，开始计算数据库规模。结果如图 7.78 所示。

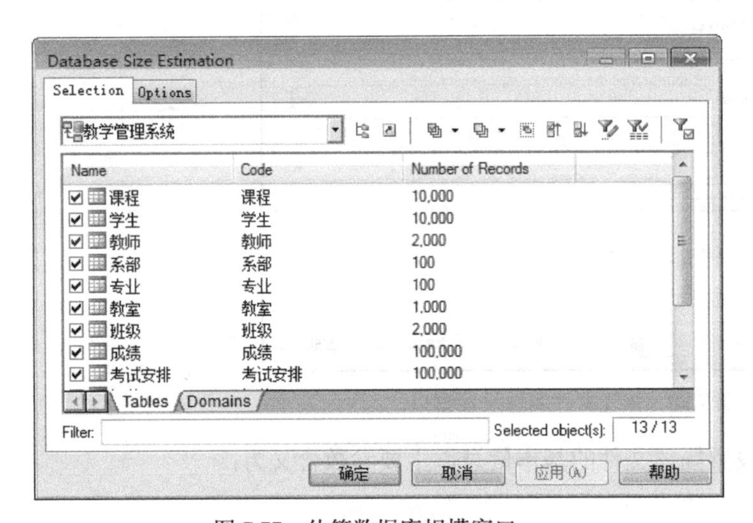

图 7.77　估算数据库规模窗口

图 7.78　数据库规模

3. 生成测试数据

生成数据库结构后，需要在数据库中加载数据，测试数据库性能是否满足要求。PowerDesigner 能够根据用户的描述以及数据库系统的特点生成测试数据，并添加到数据库中。

（1）定义测试数据描述文件

生成测试数据需要首先定义描述文件，PowerDesigner 根据描述文件定义的规则生成测试数据。定义测试数据描述文件的具体操作步骤如下：

步骤 01　选择 Model→Test Data Profiles 菜单项，打开测试数据描述文件列表窗口，如图 7.79 所示。

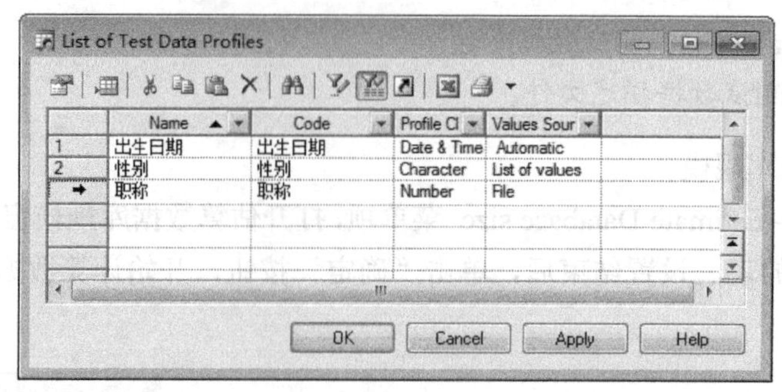

图 7.79　测试数据描述文件列表窗口

步骤 02　在测试数据列表窗口空白行输入测试数据描述文件的名称和代码，然后单击 Properties 属性工具，打开测试数据描述文件属性设置窗口，如图 7.80 所示。

Test Data Profile Properties - 出生日期 (出生日期)
General　Detail　Notes
Name: 出生日期
Code: 出生日期
Comment:
Stereotype:
Class: Date & Time
Generation source
Automatic　List　Database　File
Keywords:
More >>　确定　取消　应用 (A)　帮助

图 7.80　描述文件属性设置窗口

其中，General 选项卡用于设置描述文件的基本信息，主要参数含义为：

- Name：名称。
- Code：代码。
- Class：数据类型。
  - ➢ Number：数值型数据。
  - ➢ Character：字符型数据。
  - ➢ Data & Time：日期和时间型数据。
- Generation source：数据源。
  - ➢ Automatic：自动产生。
  - ➢ List：列表。
  - ➢ Database：数据库。
  - ➢ File：文件。

Detail 选项卡用于定义生成数据参数。在图 7.80 中选择不同的数据类型以及数据源，Detail 选项卡中的内容不同。图 7.81 为自动生成日期型数据的定义窗口；图 7.82 为采用列表方式生成字符型数据定义窗口；图 7.83 为采用文件提供数值型数据的定义窗口。

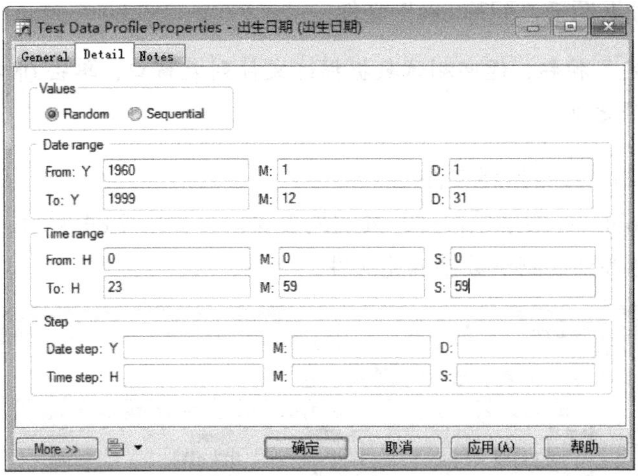

图 7.81 自动生成日期型数据设置窗口

随机自动产生日期和时间，日期范围设置为 1960 年 1 月 1 日至 1999 年 12 月 31 日，时间范围设置为 0：0：0 至 23：59：59。随机自动产生测试数据的方法适合于包括大量数据，但数据又有一定范围的列。

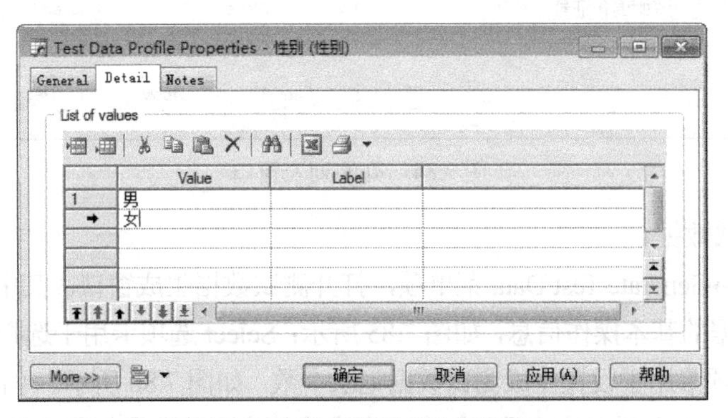

图 7.82 字符型数据列表设置窗口

数据列表方法适合于列的不同值较少的情况，根据上述列表生成的测试数据只有“男”和“女”两个值。

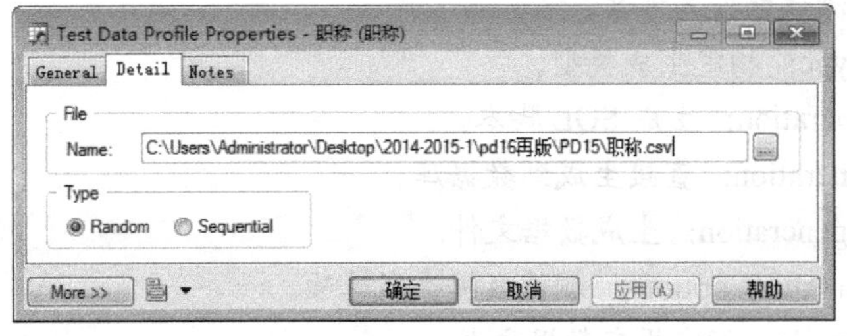

图 7.83 数值型数据文件选择窗口

数据文件方式适合于列的值固定，不能随机产生，但数据值又较多的情况。例如，图 7.83 指定“职称”测试数据源于“职称.csv”文件。

步骤 03 单击“确定”按钮，返回测试数据描述文件列表窗口；单击 OK 按钮，结束测试数据描述文件的定义。

（2）为列指定测试数据描述文件

选择 Model→Columns 菜单项，打开列的列表窗口，如图 7.84 所示。在 Test Data Profile 列的下拉列表中选择各列的测试数据描述文件。

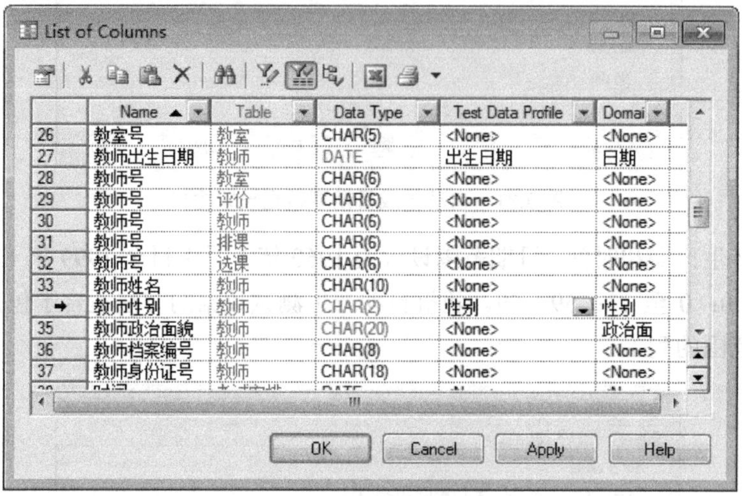

List of Columns

	Name	Table	Data Type	Test Data Profile	Domai
26	教室号	教室	CHAR(5)	<None>	<None>
27	教师出生日期	教师	DATE	出生日期	日期
28	教师号	教室	CHAR(6)	<None>	<None>
29	教师号	评价	CHAR(6)	<None>	<None>
30	教师号	教师	CHAR(6)	<None>	<None>
31	教师号	排课	CHAR(6)	<None>	<None>
32	教师号	选课	CHAR(6)	<None>	<None>
33	教师姓名	教师	CHAR(10)	<None>	<None>
→	教师性别	教师	CHAR(2)	性别	性别
35	教师政治面貌	教师	CHAR(20)	<None>	政治面
36	教师档案编号	教师	CHAR(8)	<None>	<None>
37	教师身份证号	教师	CHAR(18)	<None>	<None>

OK　Cancel　Apply　Help

图 7.84　列的列表窗口

（3）生成测试数据

选择 Database→Generate Test Data 菜单项，打开测试数据生成窗口。其中，General 选项卡用于设置生成测试数据的基本操作信息，如图 7.85 所示；Select 选项卡用于选择生成测试数据的表；Number of Rows 选项卡用于设置生成测试数据记录个数，如图 7.86 所示。单击“确定”按钮生成测试数据。针对图 7.86 中列出的“系部”表，生成的部分测试数据如图 7.87 所示。

General 选项卡各参数含义如下：

- Directory：测试数据文件存放路径。
- File name：测试数据文件名。
- Generation type：指定生成类型。
  - ➢ Script generation：生成 SQL 脚本。
  - ➢ Direct generation：直接生成到数据库。
  - ➢ Data file generation：生成数据文件。
- Test data generation options：测试数据生成选项。
  - ➢ Commit mode：指定提交数据方式。
  - ➢ Data file format：指定数据文件格式。

- ➢ Delete old data：删除原有数据。
- ➢ Check model：检查模型。
- ➢ Automatic archive：自动归档。

- Test data defaults：指定默认生成数据记录个数以及默认描述文件。

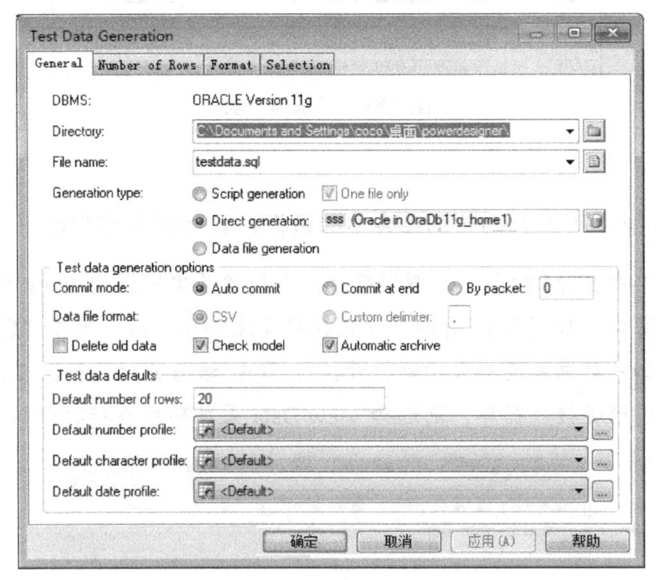

图 7.85　测试数据生成窗口（General 选项卡）

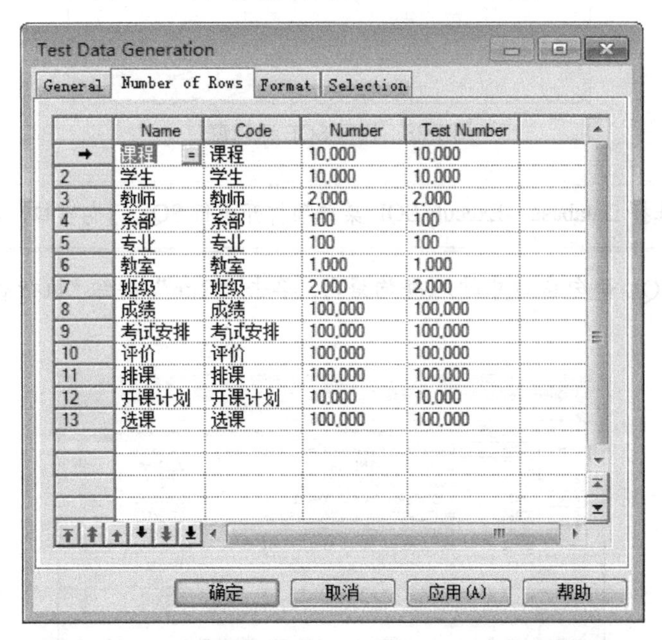

图 7.86　测试数据生成窗口（Number of Rows 选项卡）

dep_no	dep_name	dep_address	dep_telphone
02405	JRQWCULVGOCSPACCTIGQ	D	33521358
07360	WHTGEQJGNMWDXCMEQWSO	F	07134687
11633	IDCRLWJJTAPTOMIUDUUR	D	86276314
16856	DWVPFXSRACANRAMACHPI	B	64538374
24303	QVDHJFTAUIPSNBUQEDQY	C	22237587
26013	IQEBOEDBTIMOXWPDCTEM	A	20828612
31420	YTOMRSAMGBIWMQWOADQM	E	20142552
54102	FHUTBGKNNYNHPRMUIPMV	E	81875827
58476	KCGMPOPMXMPIDGFWLOOC	C	18322645
80576	TQLXNDRETQXHXQLGFADS	B	55044772

图 7.87 “系部”表

4. 访问数据库

在 PowerDesigner 中可以查询数据库表中的数据，具体操作步骤如下：

步骤 01 鼠标右键单击 PDM 模型中表图形符号，在快捷菜单中选择 View Data 菜单项，打开数据库连接窗口，如图 7.66 所示。设置数据库连接参数后，单击“Connect”按钮，连接数据库。如果数据库连接成功则打开执行 SQL 语句窗口，如图 7.88 所示。如果 PDM 模型事先已经连接数据库，则选择 View Data 菜单项后直接打开执行 SQL 语句窗口。

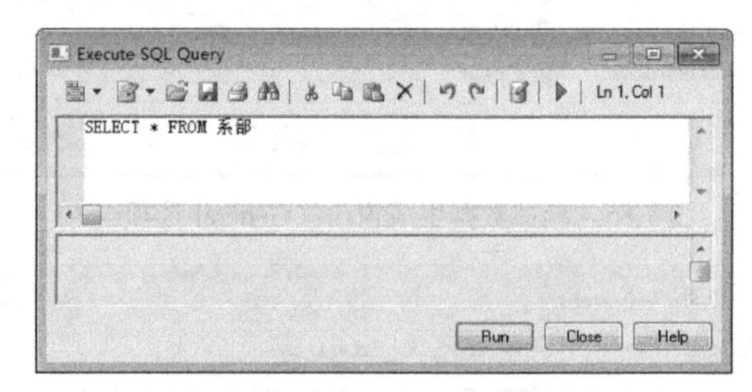

图 7.88 执行 SQL 语句窗口

还可以选择 Database→Execute SQL 菜单项打开执行 SQL 语句窗口。

步骤 02 在执行 SQL 语句窗口中输入查询语句，单击“Run”按钮，执行查询。结果如图 7.89 所示。

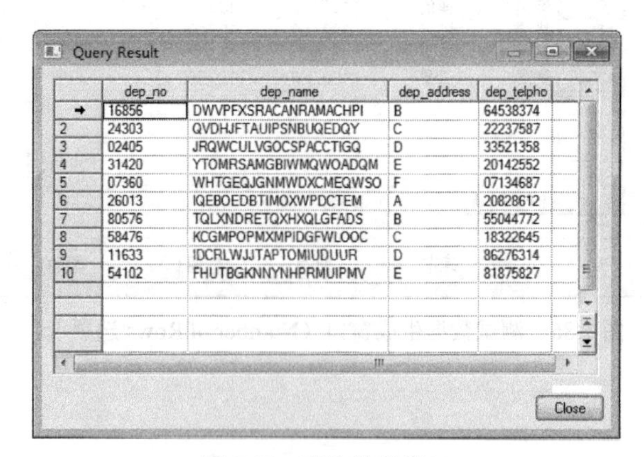

	dep_no	dep_name	dep_address	dep_telpho
→	16856	DWVPFXSRACANRAMACHPI	B	64538374
2	24303	QVDHJFTAUIPSNBUQEDQY	C	22237587
3	02405	JRQWCULVGOCSPACCTIGQ	D	33521358
4	31420	YTOMRSAMGBIWMQWOADQM	E	20142552
5	07360	WHTGEQJGNMWDXCMEQWSO	F	07134687
6	26013	IQEBOEDBTIMOXWPDCTEM	A	20828612
7	80576	TQLXNDRETQXHXQLGFADS	B	55044772
8	58476	KCGMPOPMXMPIDGFWLOOC	C	18322645
9	11633	IDCRLWJJTAPTOMIUDUUR	D	86276314
10	54102	FHUTBGKNNYNHPRMUIPMV	E	81875827

图 7.89 查询结果窗口

步骤03 单击“Close”按钮，关闭查询窗口。

7.3.3 数据库的逆向工程

数据模型能够加强设计人员与用户之间的沟通，有助于用户更好地了解系统；同时，数据模型能够帮助设计人员从全局角度更好地把握数据库的结构。

PowerDesigner 不仅提供了正向模型生成功能，能够将 CDM 转换为 LDM 和 PDM 模型，最终生成到数据库中；同时也提供了逆向工程，能够通过已经存在的数据库或 SQL 文件直接生成 PDM 模型，然后再转换为 LDM 和 CDM 模型，供设计人员和用户参考使用。逆向工程对于数据库重组、重用以及改善性维护具有重要意义。另外，PowerDesigner 不仅提供数据库的逆向工程功能，还提供了从面向对象语言逆向生成面向对象模型，从 XML 定义文件逆向生成 XML 模型等功能。

数据库的逆向工程是指从一个已经存在的数据库或 SQL 文件生成一个 PDM 模型的过程。具体操作步骤如下：

步骤01 选择 File→Reverse Engineer→Database 菜单项，打开数据库逆向工程新建 PDM 模型窗口，如图 7.90 所示，输入 PDM 模型名称，并选择 DBMS。

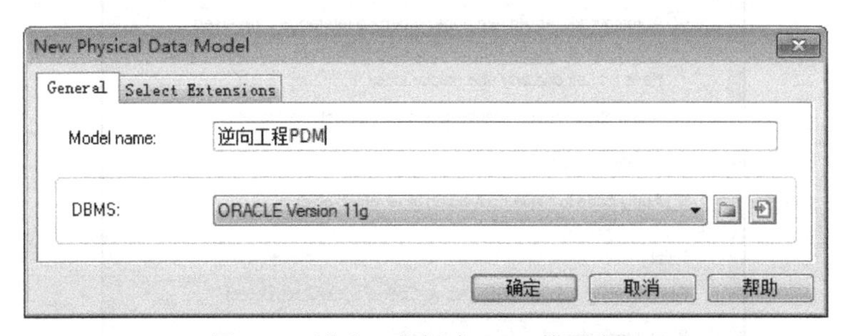

图 7.90 逆向工程新建 PDM 模型窗口

步骤02 单击“确定”按钮，打开数据库逆向工程选项窗口，如图 7.91 所示。其中，Selection 选项卡用于选择逆向工程方式。一种方式是 Using script files：即采用 SQL 文件生成 PDM。通过 Add Files、Clear All、Delete File 等工具添加或删除 SQL 文件；另一种方式是 Using a data source：即采用已经存在的数据库生成 PDM。通过 Connect to a Data Source 工具，选择或新建一个数据源。Options 选项卡用于设置逆向工程选项，如图 7.92 所示。Target Models 选项卡用于设置 PDM 模型，如果选择一个已经存在的 PDM 模型，则逆向工程生成的 PDM 模型将与选定的 PDM 模型合并为一个 PDM 模型；如果不选择，则逆向工程生成一个新的 PDM 模型。

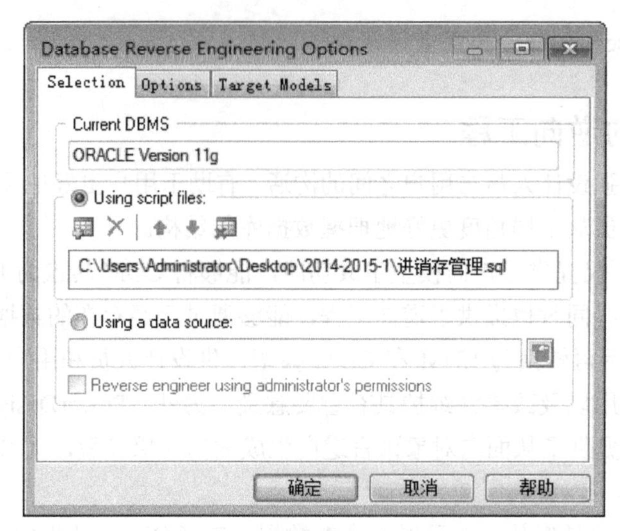

图 7.91　逆向工程选项窗口（Selection 选项卡）

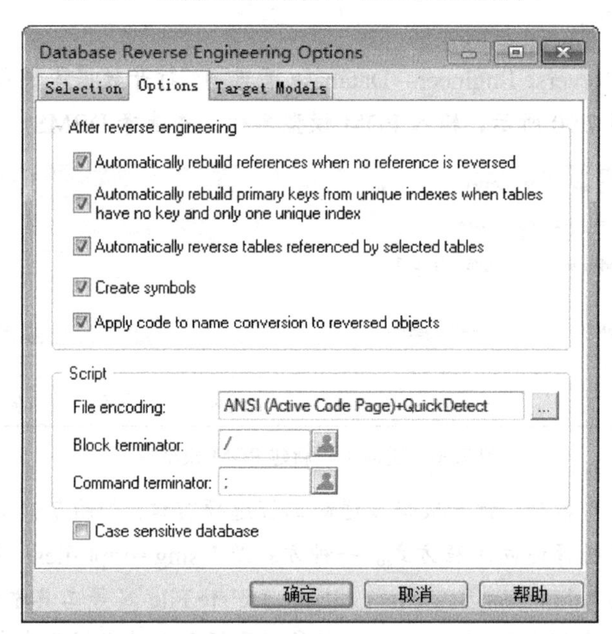

图 7.92　逆向工程选项窗口（Options 选项卡）

各参数含义如下：

- Automatiocally rebuild references when no reference is reversed：是否自动重建参照。
- Automatically rebuild primary keys from unique indexes when tables have no key and only one unique index：是否在表没有主键并且仅有一个唯一性索引的情况下，根据唯一性索引自动生成主键。
- Automatically reverse tables referenced by selected tables：是否自动生成所选表的参照表。
- Create symbols：是否在 PDM 模型中创建对象符号。
- Apply code to name conversion to reversed objects：应用代码名称命名对象。

- File encoding：文件字符编码。
- Block terminator：块结束符。
- Command terminator：命令结束符。
- Case sensitive database：数据库是否大小写敏感。

步骤 03　如果选择采用 SQL 文件的方式生成 PDM 模型，则单击“确定”按钮后开始逆向工程过程；如果选择根据已经存在的数据库生成 PDM 模型，则单击“确定”按钮后打开数据库对象选择窗口，从中选择需要生成到 PDM 中的数据库对象，然后单击 OK 按钮，开始逆向工程过程。生成的 PDM 模型将出现在浏览器窗口中。

7.4 进销存系统物理数据模型应用实例

物理数据模型用于描述数据的物理结构。根据选定的数据库管理系统，为设计好的概念数据模型或逻辑数据模型选取一个合适的物理结构则是数据库物理设计的主要内容。

7.4.1 生成 PDM

设计好 CDM 模型后，可以直接由 CDM 生成 PDM，也可以由 LDM 生成 PDM。具体过程如下：

（1）打开 CDM 模型，如图 5.107 所示。

（2）选择 Tools→Generate Physical Data Model 菜单项，打开生成 PDM 模型窗口。

（3）设置各选项卡参数。

（4）单击“确定”按钮，生成 PDM 模型。

7.4.2 PDM 检查与优化

生成 PDM 模型后，需要对模型进行检查与优化。主要检查表、字段、类型、参照信息等是否与需求一致，是否满足用户要求等等，并根据检查结果对模型进行调整。另外，根据需求，在 PDM 模型中还可以建立存储过程、存储函数、触发器、视图、索引、序列等数据库对象。

针对上述生成的 PDM 模型，其中“采购订单”表中的字段及参照信息与需求不完全一致。需要进行调整。主要存在的问题是：① 没有“职工号”字段；② “业务员”字段应参照“职工”表的“职工号”字段；③ “制单人”字段应参照“职工”表的“职工号”字段。

具体调整过程如下：

（1）鼠标双击“采购订单”表，打开表属性窗口，选择 Columns 选项卡，如图 7.93 所示。

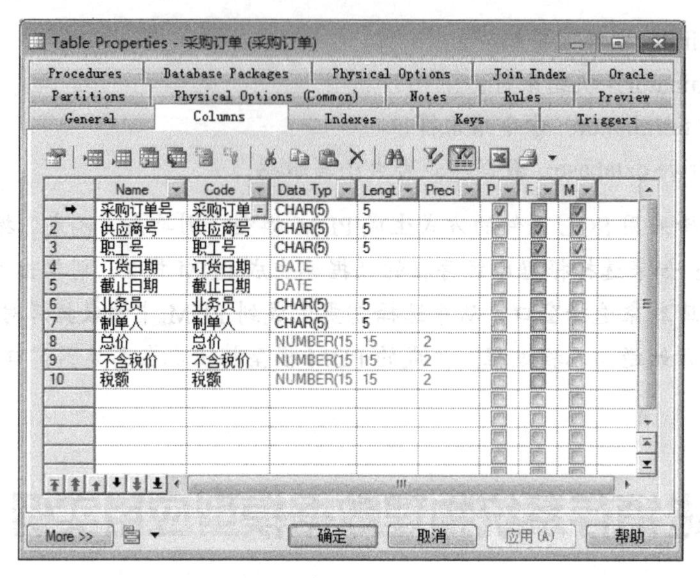

图 7.93　表属性窗口（Columns 选项卡）

（2）鼠标右键单击“职工号”字段，在快捷菜单中选择 Edit→Delete 菜单项，删除“职工号”字段。

（3）由于“职工号”在“采购订单”中是参照字段，删除后需要重新设置参照链接字段。因此，确认删除后系统自动打开参照链接字段选择窗口，如图 7.94 所示，为当前参照设置链接字段。由此，删除了“职工号”字段，并且建立了“业务员”字段的参照链接关系。选择后，单击图 7.94 中的 OK 按钮。

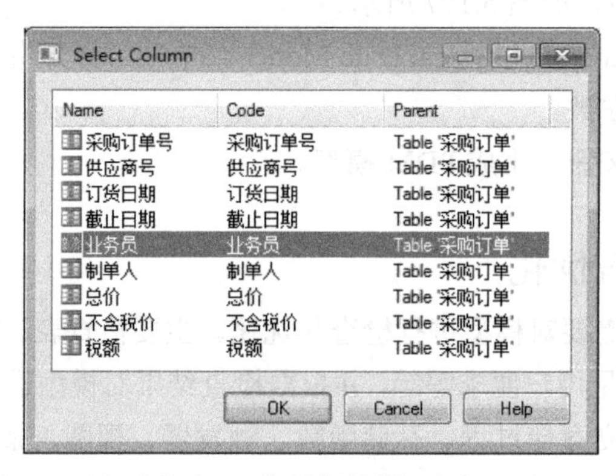

图 7.94　参照字段选择窗口

（4）在“职工”表和“采购订单”表之间再建立一个参照，链接“职工号”和“制单人”字段，从而定义“制单人”与“职工号”的参照关系。参照的建立过程见 7.2.5 节。

（5）采用上述方法调整 PDM 模型。主要操作如表 7.4 所示。

表 7.4　PDM 模型优化操作项目

序号	模型对象名称	操作
1	仓库表	将仓库表中“职工号”字段名称和代码修改为“负责人”。
2	入库表	将入库表中“职工号”字段名称和代码修改为“经手人”。
3	出库表	将出库表中“职工号”字段名称和代码修改为“经手人”。
4	采购订单表	删除采购订单表中“职工号”字段，建立“业务员”、“制单人”字段与职工表中“职工号”的参照关系。
5	进货单表	删除进货单表中“职工号”字段，建立“业务员”、“制单人”、“验收员”、“保管员”字段与职工表中“职工号”的参照关系。
6	销售订单表	删除销售订单表中“职工号”字段，建立“业务员”、“制单人”字段与职工表中“职工号”的参照关系。
7	销售单表	删除销售单表中“职工号”字段，建立“业务员”、“制单人”、“保管员”字段与职工表中“职工号”的参照关系。
8	退货单表	将退货单表中“职工号”字段名称和代码修改为“负责人”。
9	付款单表	将付款单表中“职工号”字段名称和代码修改为“负责人”。
10	收款单表	将收款单表中“职工号”字段名称和代码修改为“负责人”。

优化后的 PDM 模型如图 7.95 所示。

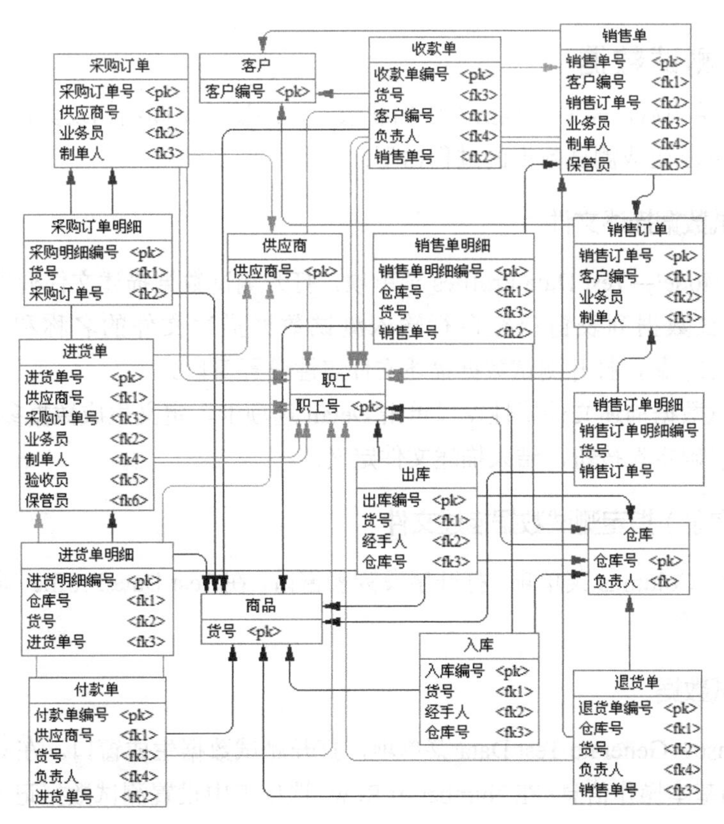

图 7.95　优化后的 PDM 模型

7.4.3 将PDM生成到数据库并生成脚本文件

创建PDM后，就可以将PDM生成到数据库中，从而完成数据库实施工作。将PDM生成到数据库之前，首先要在PDM模型选定的数据库管理系统中创建数据库，并配置连接数据库的ODBC数据源，然后将PDM生成到数据库中。各种数据库管理系统创建数据库的工具不同，创建数据库的详细过程请参考相应的数据库管理系统。

将PDM生成到数据库的具体操作过程如下：

（1）连接数据库在PowerDesigner中选择Database→ Connect菜单项，打开连接数据库窗口，单击“Connect”按钮，连接数据库。

（2）在PowerDesigner中选择Database→ Generate Database菜单项，打开生成数据库窗口。

- 在Options选项卡中定义数据库对象的生成选项。
- 在Format选项卡中定义数据库脚本的生成格式。
- 在Selection选项卡中选择数据库生成对象。

（3）单击“确定”按钮，生成数据库和脚本。

7.4.4 生成测试数据

生成数据库结构后，需要在数据库中加载数据，测试数据库结构及其性能是否满足要求。采用PowerDesigner生成测试数据的过程如下：

1. 定义测试数据描述文件

（1）选择Model→Test Data Profiles菜单项，打开测试数据描述文件列表窗口。

（2）在测试数据列表窗口空白行输入测试数据描述文件的名称和代码，然后单击Properties属性工具，打开测试数据描述文件属性设置窗口。

（3）在测试数据描述文件属性窗口单击Detail选项卡，定义生成数据参数。

（4）单击“确定”按钮，结束描述文件定义。

2. 为列（字段）指定测试数据描述文件

选择Model→Columns菜单项，打开字段列表窗口，在Test Data Profile列的下拉列表中选择各字段的描述文件。

3. 生成测试数据

选择Database→Generate Test Data菜单项，打开测试数据生成窗口。在General选项卡中设置测试数据的基本操作信息；在Number of Rows选项卡中设置测试数据记录个数。单击“确定”按钮生成测试数据。

4. 访问数据库

可以在数据库管理系统中查看测试数据；也可以在 PowerDesigner 中查看数据；另外，还可以通过应用程序访问数据库，从而测试数据库的性能。

7.5 本章小结

本章介绍了采用 PowerDesigner 完成 PDM 设计的具体方法，主要包括：PDM 设计相关概念、PDM 创建方法、创建过程以及操作过程中的注意事项；叙述了设置 PDM 的模型选项和参数的方法；讲述了 PDM 与 PowerDesigner 中其他模型之间的转换方法以及具体转换过程；介绍了由 PDM 生成数据库的方法，同时描述了由已经存在的数据库或 SQL 文件通过逆向工程生成 PDM 的方法。通过本章的学习，读者应掌握如下内容：

1. 掌握 PDM 的相关术语：表、列、主键、外键、参照及参照完整性、存储过程和函数、触发器、索引、视图、序列、同义词等。
2. 熟练掌握采用 PowerDesigner 创建 PDM 的方法和具体实现过程。
3. 熟悉创建 PDM 过程中常用参数的含义。
4. 掌握利用 PowerDesigner 完成 PDM 与其他模型的转换方法。
5. 掌握由 PDM 生成数据库或 SQL 脚本的方法。
6. 掌握逆向工程的思想和方法。

7.5 习题七

1. 简述 PDM 的特点和作用。
2. 解释下列术语：表、列、主键、外键、参照及参照完整性、存储过程和函数、触发器、索引、视图、序列、同义词。
3. 完整性约束分为哪几种？各自的含义是什么？
4. 使用视图有什么优点？
5. 简述存储过程与触发器的相同点和不同点。
6. 简述创建 PDM 的方法和新建 PDM 的过程。
7. 如何修改 PDM 模型表示法？
8. 如何设置表的所有者？
9. 如何设置表的候选键？
10. 如何设置参照的基数？

11. 简述参照完整性的设置方法和参数的具体含义。
12. 举例说明如何定义计算列？
13. 举例说明如何定义域及应用域？
14. 如何设置参照的显示参数？
15. 如何设置表的显示格式？
16. 针对类型为可变长度的列，如何设置列的平均长度？
17. 由 PDM 模型可以生成哪些模型？
18. 举例说明如何定义列的标准约束和扩展约束？
19. 如何定义复合索引？
20. 如何定义序列及应用序列？
21. 举例说明创建基于两个表的视图的过程。
22. 创建一个统计职工平均年龄的存储过程，并将平均年龄返回给调用环境。
23. 创建一个完成级联删除功能的 DML 触发器。
24. 举例说明角色或用户组的作用。
25. 举例说明什么是系统权限？什么是对象权限？
26. 如何为用户授予系统权限？
27. 简述同义词的作用。
28. PowerDesigner 提供了哪些方法与数据库建立连接？
29. 简述将 PDM 生成到数据库的过程。
30. 简述数据库规模大小与哪些因素相关？
31. 如何定义表的最大记录个数？
32. PowerDesigner 可以生成哪几种类型的测试数据？
33. 如何为列指定测试数据描述文件？
34. 在 PowerDesigner 中如何查看数据库表中的数据？
35. 除了支持数据库逆向工程外，PowerDesigner 还支持哪些逆向工程？

第 8 章

◂PowerDesigner的其他模型▸

8.1 XML 模型

XML（Extensible Markup Language）即可扩展的标记语言，可以定义语义标记，是元标记语言。XML 是以一种简单、标准、可扩充的方式将各种信息以原始数据方式储存。在存储过程中，加入可供识别的标记，凭借这些标记，服务器或客户端设备可将信息内容做进一步处理，从而得到所需的信息。

8.1.1 XML 介绍

XML 和 HTML 有着相似的语法，都含有标记，都来自于 SGML。它们之间最大区别在于：HTML 是一个定型的标记语言，它用固有的标记来描述，显示网页内容。比如< H1>表示首行标题，有固定的尺寸。而 XML 则没有固定的标记，不能描述网页具体的外观、内容，只是描述内容的数据形式和结构。

XML 具有如下特点：

1. 良好的可扩展性

允许各个组织、个人建立适合他们自己需要的标记库，并且这个标记库可以迅速地投入使用。

2. 内容与形式分离

- 在 XML 中，显示样式从数据文档中分离出来，放在样式单文件中。这样，如果要改动信息的表现方式，无须改动信息本身，只要改动样式单文件。
- 在 XML 中数据的搜索可以简单高效地进行。搜索引擎没必要再去遍历整个 XML 文档，而只需找一下相关标记下的内容。
- XML 是自我描述语言，即便对一个预先规定的标记一无所知的人，这个文档也是清晰可读的。

3. 遵循严格的语法要求

HTML 语法要求并不严格，浏览器可以显示有语法错误的 HTML 文件。但 XML 不但要求标记配对、嵌套，而且还要求严格遵守 DTD 的规定。

4. 便于不同系统之间信息的传输

各种不同的平台（NT、Unix）、不同的数据库系统（SQL Server、Oracle）之间可以采用 XML 作为信息传输格式。XML 不但简单易读，而且可以标记各种文字、图像甚至二进制文件，只要有 XML 处理工具，就可以轻松读取并利用这些数据，使得 XML 成为一种非常理想的网际语言。

8.1.2 XML 文件类型

XML 文档有 3 种类型，分别是文档类型定义文件（Document Type Definition，DTD）、XML 模式定义文件（XML Schema Definition，XSD）和 XML 数据简化定义文件（XML-Data Reduced，XDR）。

1. 文档类型定义文件

XML 作为一种元标记语言，可以定义新的标记，或者说可以定义新的标记语言。新的标记或新的标记语言是通过文档类型定义（DTD）来定义的。DTD 定义文档的逻辑结构，规定文档中所使用的元素、实体、元素的属性、元素与实体之间的关系。DTD 可以包含在 XML 文档中，也可以独立为一个文件。根据 DTD 定义的位置，可以分成内部 DTD 和外部 DTD 两种。

（1）内部 DTD

内部 DTD 文件表示 DTD 直接写在 XML 文档中，其定义的限制只应用于此 XML 文档。DTD 以“<!DOCTYPE”开始定义，如文档 8-1.xml 所示。

```
<?xml version="1.0" encoding="GB2312" standalone="yes"?>
<!DOCTYPE 商品列表[
<!ELEMENT 商品编号 (#PCDATA)>
<!ELEMENT 商品名 (#PCDATA)>
<!ELEMENT 产地 (#PCDATA)>
<!ELEMENT 出厂日期 (#PCDATA)>
<!ELEMENT 商品 (商品编号,商品名,产地,出厂日期)>
<!ELEMENT 商品列表(商品+)>
<!ATTLIST 商品 分类 CDATA #REQUIRED>
]>
<商品列表>
<商品 分类="日常用品">
<商品编号>200120101</商品编号>
<商品名>牙膏</商品名>
<产地>上海</产地>
```

```
<出厂日期>2011-3-9</出厂日期>
</商品>
<商品 分类="家用电器">
<商品编号>200430202</商品编号>
<商品名>电视</商品名>
<产地>深圳</产地>
<出厂日期>2011-10-10</出厂日期>
</商品>
</商品列表>
```

说明：第 1 行是 XML 的声明，第 2 行到 10 行是内部 DTD 的声明，声明语法为“<!DOCTYPE document_name[元素的内容]>”，其中，document_name 与文档的根元素名相同，如本例的“商品列表”。第 11 行到 24 行是要验证的 XML 文档。

（2）外部 DTD

外部 DTD 文件是作为一个外部文件被 XML 文档引用，其优点是一个 DTD 外部文件可以被多个 XML 文档共享，如文档 8-2.DTD 所示。

```
<?xml version="1.0" encoding="GB2312">
<!DOCTYPE 商品列表[
<!ELEMENT 商品编号 (#PCDATA)>
<!ELEMENT 商品名 (#PCDATA)>
<!ELEMENT 产地 (#PCDATA)>
<!ELEMENT 出厂日期 (#PCDATA)>
<!ELEMENT 商品 (商品编号,商品名,产地,出厂日期)>
<!ELEMENT 商品列表(商品+)>
<!ATTLIST 商品 分类 CDATA #REQUIRED>
]>
```

引用该 DTD 的 XML 文档如 8-3.xml 所示。

```
<?xml version="1.0" encoding="GB2312" standalone="yes"?>
<!DOCTYPE 商品列表 SYSTEM "8-2.DTD">
<商品列表>
<商品 分类="日常用品">
<商品编号>200120101</商品编号>
<商品名>牙膏</商品名>
<产地>上海</产地>
<出厂日期>2011-3-9</出厂日期>
</商品>
<商品 分类="家用电器">
<商品编号>200430202</商品编号>
<商品名>电视</商品名>
<产地>深圳</产地>
<出厂日期>2011-10-10</出厂日期>
</商品>
```

```
</商品列表>
```

DTD约束关系依然可以对XML进行验证。由PowerDesigner建立的商品列表DTD的XML模型如图8.1所示。

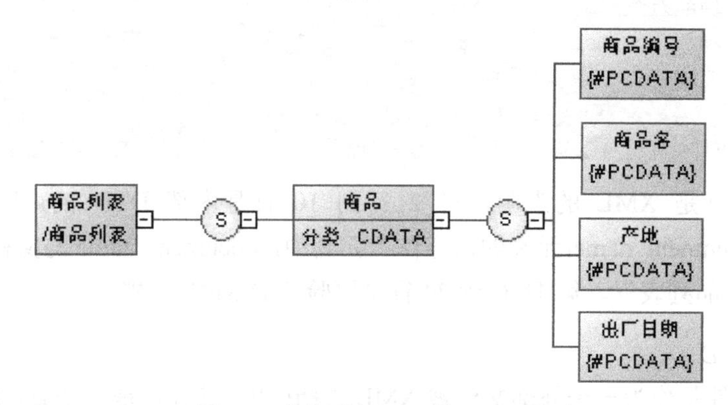

图8.1 商品列表DTD的XML模型

“商品列表”为根元素，可以包含若干个“商品”元素（“分类”为商品元素的属性），“商品”元素中依次包含“商品编号”、“商品名”、“产地”和“出厂日期”子元素。

2. XML模式定义文件

XML Schema如同DTD一样，也是用于对XML文档进行约束、确定XML文档的结构、元素及属性的名称和类型的。与DTD不同的是，XML Schema文件使用XML语法，而且在元素和属性的数据类型定义方面，比DTD更加强大。XML Schema本身是一个XML文档，它符合XML语法结构，可以用通用XML解析器对其进行解析。

XML Schema是由微软首先提出的，也已经被W3C接受并审查，但由于XML Schema在W3C尚未成为最后的标准，因此在使用XML Schema时会出现版本不同的问题。W3C的XML Schema版本称为XSR（XML Schema Definition）或XSDL（ XML Schema Definition Language），统称为XML模式定义文件，扩展名为xsd；而微软的XML Schema版本称为XDR（XML Data Reduced），数据简化定义文件，其扩展名仍为xml，这里先介绍XSR Schema的使用。

Schema文件由一组元素组成，其根元素是Schema，其文件结构为：

```
    <Schema name="schema-name" xmlns="namespace">
......
    </Schema>
```

说明如下：

name：指定该Schema的名称。

xmlns：指定该Schema包含的命名空间，在W3C XML Schema中有两个基础命名空间，一个用于Schema文档的Schema URI，即http://www.w3c.org/2001/XML Schema使用命名空间前缀xs来代表。另一个是Instance URI，用于引用Schema文档文件的XML文档，即

http://www.w3c.org/2001/XMLSchema-instance 使用命名空间前缀 xsi 来代表。

……：指定 XML Schema 子元素的声明，子元素的类型分为简单类型和复杂类型。简单类型是不能分割的原子信息；复合类型类似于编程语言中的自定义类型，是由已存在的简单类型组合而成。

XML Schema 规范中定义了两类简单类型，内置类型和用户自定义类型。内置类型又分为两类：内置基本类型，解析系统直接支持的原始类型；内置派生类型，对基本类型或其他的内置派生类型加以限制生成的。用户自定义类型是对内置类型或其他用户自定义类型加以限制或扩展生成的。Schema 的内置基本类型如表 8.1 所示。内置派生类型如表 8.2 所示。

表 8.1 内置基本类型

类型	说明	类型	说明
string	表示 XML 中任何的合法字符串	gYearMonth	表示 CCYY-MM 格式的时间
boolean	表示二进制逻辑，true 或 false	gYear	表示 CCYY 格式的时间
number	表示任意精度的十进制数,可使用缩写形式	gMonthDay	表示-MM-DD 格式的时间
decimal	表示任意精度的十进制数，与 number 区别未知	gDay	表示-DD 格式的时间
float	表示 32 位精确度的浮点实数	gMonth	表示-MM 格式的时间
double	表示 64 位精确度的浮点实数	hexBinary	表示任意十六进制编码的二进制数
duration	未知以 PnYnMnDTnHnMnS 形式表示的时间段，强调时间长度的概念	base64Binary	表示任意 base64 编码的二进制数
dateTime	表示格式为 CCYY-MM-DD hh:mm:ss 的时间	anyURI	表示一个 URI，可为相对路径或绝对路径
time	表示 HH:MM:SS 格式的时间	QName	表示一个 XML 命名空间的 Qname
date	表示 CCYY-MM-DD 格式的时间	NOTATION	表示 XML 中的 NOTAITION 类型，不能在模式中直接出现的抽象类型，只能用于派生其他类型

表 8.2 内置派生类型

类型	说明	基本类型
normalizedString	不含回车、换行符和 Tab 的串	string
token	不含前导和尾随的空格且内部没有连续两个以上空格的规范串	normalizedString
language	格式为 Primary-tag[-Subtag]，即主标签后可跟子标签，标签总长度不超过 8 个字母，如 en、en-GB、zh-guoyu	token
ID	用于唯一标识文档中的元素，它的值在文档中必须是唯一的	token
IDREF/IDREFS	IDREF 用来引用同一文档中的另一个元素的 ID 属性。IDREFS 是 IDREFS 的复数形式，该类型的属性值是若干个 ID 属性的值	token
ENTITY/ENTITIES	用来引用文档中的不可解析的外部实体，其属性必须为一个有效的 XML 名称，ENTITYS 是 ENTITY 的复数形式	token

（续表）

类型	说明	基本类型
NMTOKEN/NMTOKENS	NMTOKEN 的值必须为一个有效的 XML 名称，NMTOKENS 是 NMTOKEN 的复数形式，该类型的属性值可以包含若干个有效的 XML 名称	token
integer	整型，取值∈{...,-2,-1,0,1,2,...}	decimal
nonPositiveInteger	非正整数，取值∈{...,-2,-1,0}	integer
negativeInteger	负整数，取值∈{..., -2,-1}	nonPositiveInteger
long	长整数，取值∈{-263，263-1}	integer
int	整数，32 位（4B）整数，取值∈{-231，231-1}	long
short	短整数，16 位（2B）整数，取值∈{-215，215-1}	int
byte	字节整数，8 位（1B）整数，取值∈{-27，27-1}	short
nonNegativeInteger	非负整数，取值∈{0，1，2，...}	integer
unsignedLong	无符号长整数，64 位（8B）无符号整数，取值∈{0，264-1}	nonNegativeInteger
unsignedInt	无符号整数，32 位（4B）无符号整数，取值∈{0，232-1}	unsignedLong
unsignedShort	无符号短整数，16 位（2B）无符号整数，取值∈{0，216-1}	unsignedInt
unsignedByte	无符号字节整数，8 位（1B）无符号整数，取值∈{0，28-1}	unsignedByte

简单类型的元素定义直接从表 8.1 和表 8.2 中选取合适的类型即可，如商品名称为简单类型 string，定义如下：

```
<element name="商品名称" type="string"/>
```

用户自定义类型的定义分两步：首先，选择一个合适的简单类型作为基类型；然后，对该基类型添加一些限制条件，如，指定取值范围。例如定义名为订货量（orderQuantity）的数据类型取值范围为 1 到 50：

```
<xs:simpleType name="orderQuantity">
    <xs:restriction base="integer">
        <xs:minInclusive value="1"/>
        <xs:maxInclusive value="50"/>
    </xs:restriction>
  </xs:simpleType>
```

复杂类型由简单类型和其他的复杂类型构造而成。例如：一个地址复杂类型，它包含个人的名称、街道、城市、省份等信息。

```
<xs:complexType name="地址规则">
  <xs:sequence>//定义复杂类型时，必须指明所包含元素的出现顺序，sequence
           //代表按定义顺序出现，还可以选用 choice 或 all，分别表示从包含的元素
               //中选取一个及按任意次数出现
      <xs:element name="name" type="string"/>
      <xs:element name="street" type="string"/>
      <xs:element name="city" type="string"/>
      <xs:element name="state" type="string"/>
```

```
    </ xs:sequence>
  </ xs:complexType>
```

下面给出一个定义订单格式的 XSD 文档：

```
<?xml version="1.0" encoding="UTF-8" ?>
<!--订货单-→
<xs:schema
  elementFormDefault="qualified"
  xmlns:xs="http://www.w3.org/2001/XMLSchema">
  <xs:element name="订单">
    <xs:complexType>
      <xs:sequence>
        <xs:element name="备注">
          <xs:complexType>
            <xs:all>
              <xs:element name="联系人" type="xs:string"/>
              <xs:element name="建议" type="xs:string"/>
            </xs:all>
          </xs:complexType>
        </xs:element>
        <xs:element name="地址">
          <xs:complexType>
            <xs:choice>
              <xs:element name="家庭住址" type="地址类型"/>
              <xs:element name="单位住址" type="地址类型"/>
            </xs:choice>
          </xs:complexType>
        </xs:element>
        <xs:element name="货物">
          <xs:complexType>
            <xs:sequence>
              <xs:element name="名称" type="xs:string"/>
              <xs:element name="数量" type="xs:int"/>
            </xs:sequence>
          </xs:complexType>
        </xs:element>
      </xs:sequence>
      <xs:attribute name="订单日期" type="xs:date">
      </xs:attribute>
    </xs:complexType>
  </xs:element>
  <xs:complexType name="地址类型">
    <xs:sequence>
      <xs:element name="街道" type="xs:string"/>
      <xs:element name="城市" type="xs:string"/>
```

```
        <xs:element name="省份" type="xs:string"/>
      </xs:sequence>
      <xs:attribute name="邮编" type="xs:string">
      </xs:attribute>
    </xs:complexType>
  </xs:schema>
```

由 PowerDesigner 建立的订单 XSD 的 XML 模型如图 8.2 所示。

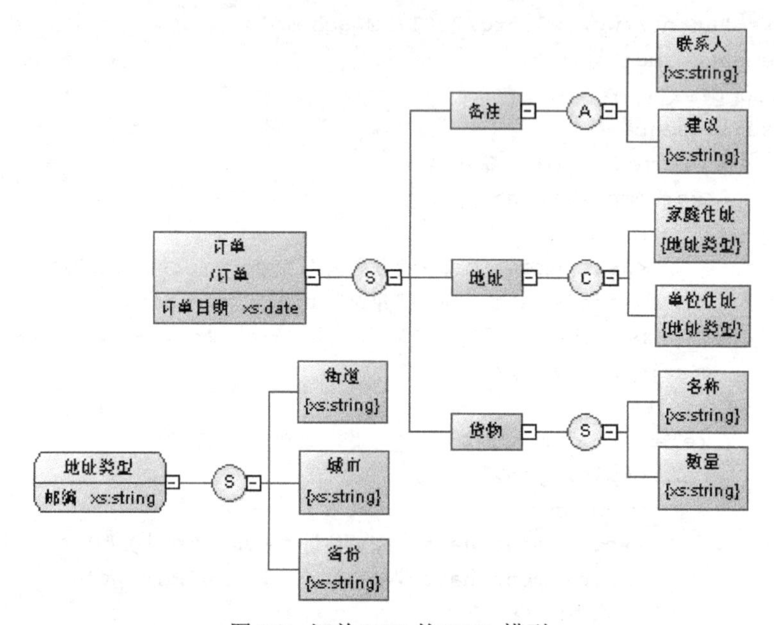

图 8.2　订单 XSD 的 XML 模型

“订单”为根元素（“订单日期”为根元素属性），按顺序依次包含“备注”、“地址”、“货物”子元素；“备注”元素中包含的“联系人”和“建议”子元素可以任意次出现；“地址”元素中包含的“家庭住址”和“单位住址”，每次只能从中选择一个出现，“家庭住址”和“单位住址”的元素类型为自定义的复杂类型“地址类型”，“地址类型”按顺序依次包含“街道”、“城市”和“省份”三个子元素；“货物”元素，按顺序依次包含“名称”和“数量”子元素。

3. XML 数据简化定义文件

XML 数据简化定义文件由一组元素组成，其根元素是 Schema，其文件结构为：

```
<Schema name="schema-name"
xmlns="urn:schemas-microsoft-com:xml-data"
xmlns:dt="urn:schemas-microsoft-com:datatypes">
…
</Schema>
```

说明如下：

Name：指定该 Schema 的名称。

xmlns: 指定该 Schema 包含的命名空间，第一命名空间声明 xmlns= “urn:schemas-microsoft-com:xml-data”，是符合 XML Schema 语法的文件所必须具备的，它表示将引用微软的 XML Schema 类型定义，若准备在 XML Schema 文件中定义元素和属性的数据类型，则以上基本结构中给出的第二个命名空间声明 xmls:dt= “urn:schemas-microsft-com:datatypes” 也是不可缺省的。

…：指定 Schema 元素的声明。

Schema 中关键元素有 8 种，它们对 XML 中允许的语法和结构进行定义，具体说明见表 8.3 所示。

表 8.3　Schema 中的关键元素

元素	说明
<ElementType>	声明 XML 文档中使用的新元素
<element>	对<ElementType>声明的元素的内容进行定义，说明在指定元素类型中允许使用哪些子元素
<group>	将 XML 文档中的元素分组
<AttributeType>	定义 Schema 中使用的属性类型，根据出现位置不同，其作用范围也不一样
<attribute>	对<AttributeType>声明的属性进行具体的定义
<AttrGroup>	将 XML 文档中的属性分组
<datatype>	定义 Schema 元素中的数据类型，用于为 ElementType 和 AttributeType 指定数据类型
<description>	为 ElementType 和 AttributeType 元素提供描述信息

现有 XML 文档如 employeelist.xml 所示。

```
<?xml version="1.0"?>
<职工列表>
  <职工>
    <姓名>杨萍</姓名>
    <联系电话>13889347685</联系电话>
  </职工>
  <职工>
    <姓名>江欣</姓名>
    <联系电话>13578932463</联系电话>
    <联系电话>13889342356</联系电话>
  </职工>
</职工列表>
```

用于验证其有效性的 XDR 文档 employee.xml 如下：

```
<?xml version="1.0"?>
<Schema name="mySchema" xmlns:="urn:schemas-microsoft-com:xml-data"
 xmlns:dt="urn:schemas-microsoft-com:datatypes">
<ElementType name="姓名" content="textonly" dt:type="string"/>
<ElementType name="联系电话" content="textonly" dt:type="string"/>
```

```
<ElementType name="职工" content="eltOnly" order="seq">
<element type="姓名"/>
<element type="联系电话" maxOccurs="*"/>
</ElementType>
<ElementType name="职工列表" content="eltOnly">
<element type="职工" minOccurs="0" maxOccurs="*"/>
</ElementType>
</Schema>
```

由 PowerDesigner 建立的职工列表 XDR 的 XML 模型，如图 8.3 所示。

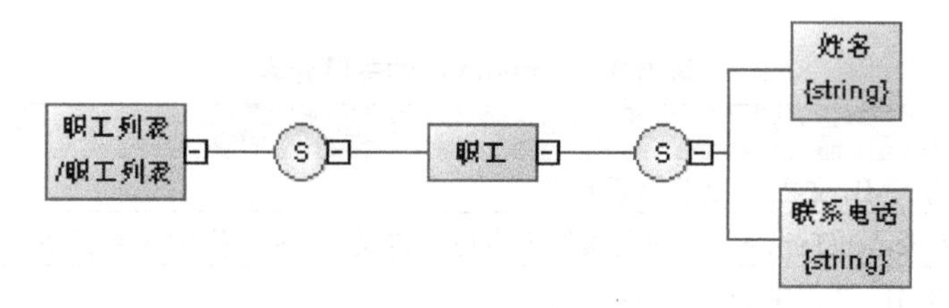

图 8.3　职工列表 XDR 的 XML 模型

其中：

（1）最底层元素制定规则

定义“姓名”“联系电话”为只能包含字符串的文本元素：

```
<ElementType name="姓名" content="textonly" dt:type="string"/>
<ElementType name="联系电话" content="textonly" dt:type="string"/>
```

（2）上一层子元素制定规则

定义“职工”只能包含子元素，且子元素出现的顺序是一定的，然后，在其内部定义它包括一个“姓名”和任意个“联系电话”子元素：

```
<ElementType name="职工" content="eltOnly" order="seq">
<element type="姓名"/>
<element type="联系电话" maxOccurs="*"/>
</ElementType>
```

（3）定义根元素

用同样的方法说明根元素“职工列表”：

```
</ElementType>
<ElementType name="职工列表" content="eltOnly">
<element type="职工" minOccurs="0" maxOccurs="*"/>
</ElementType>
```

8.1.3　创建 XML 模型

使用 PowerDesigner 能够建立 DTD、XSD 和 XDR 三种 XML 模型，并且 3 种模型之间可以相互转换。另外，通过 PDM、OOM 可以生成 XML 模型，使用已有的 XML 模型也可以生成一个新的 XML 模型。

1. 新建 XML 模型

单击 File→New 或鼠标右键单击浏览器窗口中的 Workspace→New→XML Model，打开新建模型窗口，如图 8.4 所示。

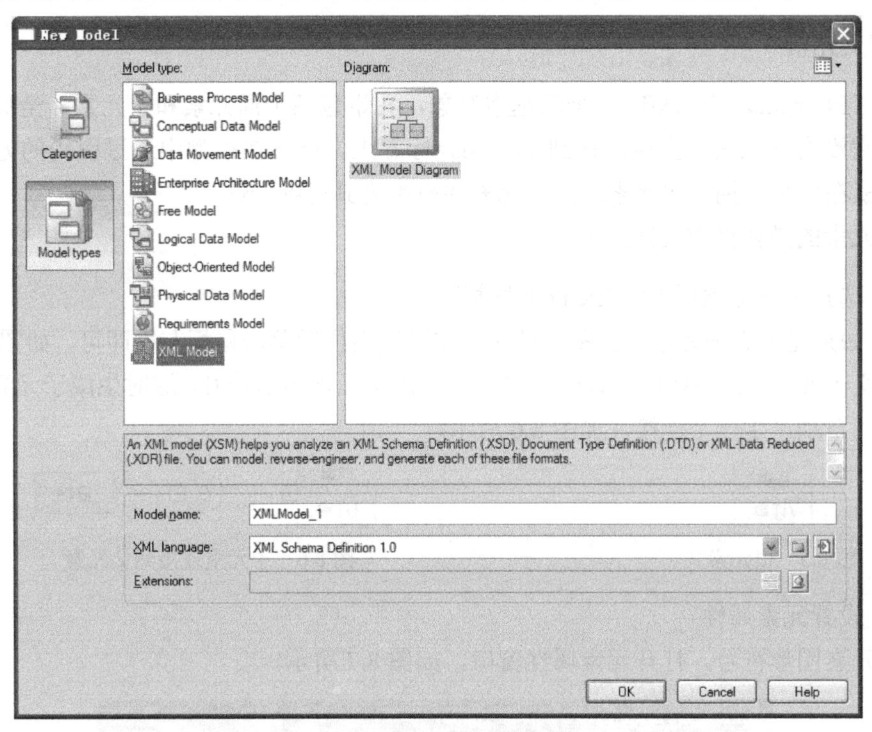

图 8.4　新建模型窗口

在 Model type 中选择 XML Model，在 Model name 文本框中输入模型名称，从 XML language 下拉列表选项 Document Type Definition 1.0、XML Schema Definition 1.0 和 XML-Data Reduced 1.0 中选择一个 XML 语言，如 XML Schema Definition 1.0，单击 OK 按钮，即可创建新的 XML 模型。如果希望在模型上附加 1 个或多个扩展模型定义来扩充当前的 XML 语言，则单击 Extensions...按钮，并从弹出的窗口中选择一个或多个扩展模型定义。

默认情况下，新建模型打开的同时用于设计选定图形对象的工具选项板会自动出现，如果没有出现，单击 View 中 Toolbox 前的复选框，即可出现。XML 工具选项板中特有工具选项的含义如表 8.4 所示。

表 8.4　XML 工具选项板各选项含义

序号	图标	英文名称	含义
1		Element	元素
2		Group	组
3		Complex Type	复杂类型，用于 Element 的类型定义
4		Any	Any 类型对象，只能附加到 sequence 或 choice 上
5		Sequence	按照规定的顺序组织一组 Element
6		Choice	从一组 Element 中选择一个且只能选择一个 Element
7		All	从一组元素中选择任意元素，且每个元素能以任何顺序出现或不出现

2. 定义元素

元素（Element）是 XML 模型的基本对象，元素包括全局元素和子元素。全局元素也叫根元素，它没有父元素，直接连接到<schema>标签上，能够在模型中通过引用的方法重复使用。子元素在图形中拥有父元素，在父元素的范围内具有唯一性。

定义元素的具体操作过程如下：

（1）选择工具选项板上的 Element 图标。

（2）如果是定义根元素，在图形设计工作区适当位置单击鼠标左键即可，如图 8.5 所示；如果是定义子元素，需要在图形设计工作区中单击父元素图形符号，这时生成子元素，并在父子元素之间自动产生一个连接，如图 8.6 所示。

图 8.5　根元素　　　　图 8.6　子元素连接到父元素

（3）设置元素属性

双击元素图形符号，打开元素属性窗口，如图 8.7 所示。

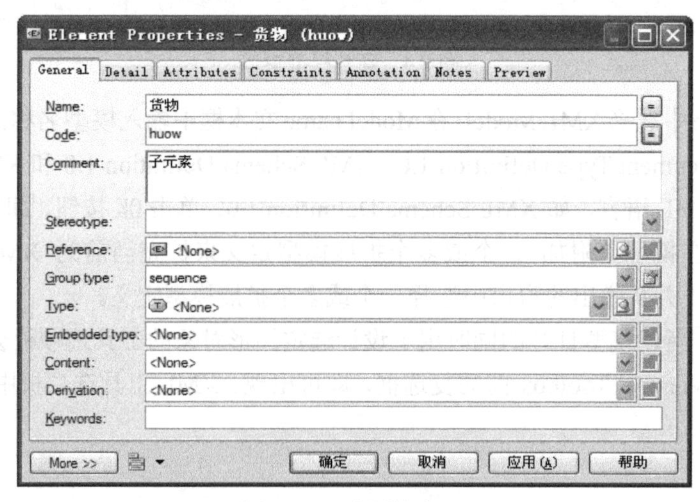

图 8.7　元素属性窗口

选择不同的 XML 语言，其元素属性窗口的内容不完全相同，这里以 XSD 为例说明。

General 选项卡用于设置元素的名称、代码、注释等通用特性。各参数含义如下：

- Name：元素的名字。
- Code：元素的代码。
- Comment：注释。
- Stereotype：版型。
- Reference：用于子元素引用父元素，如果元素是父元素，则这个下拉列表框是灰色的。
- Group type：说明该元素包含的子元素，并指出如何使用这些子元素，其中 all 表示所有的子元素任意出现，choice 表示只能有一个子元素出现，group 表示引用一个预定义的组，sequence 表示所有的子元素必须依照定义顺序出现。
- Type：表示元素的数据类型，可以从下拉列表中选择一种内置的数据类型，也可以从本模型或打开的其他模型中选择一种 Simple type 或 Complex type 类型。
- Embedded type：表示嵌入的数据类型，只应用于当前元素。
- Content：表示元素内容的类型。选择 complex，该元素可以有子元素；选择 simple，该元素不能有子元素
- Derivation：与 Embedded type 有关联，如果定义了 Derivation，系统会根据定义的 Derivation 自动设置 Embedded type。
- Keywords：关键字。

Detail 选项卡用于设置元素的出现次数及默认值等属性，如图 8.8 所示。

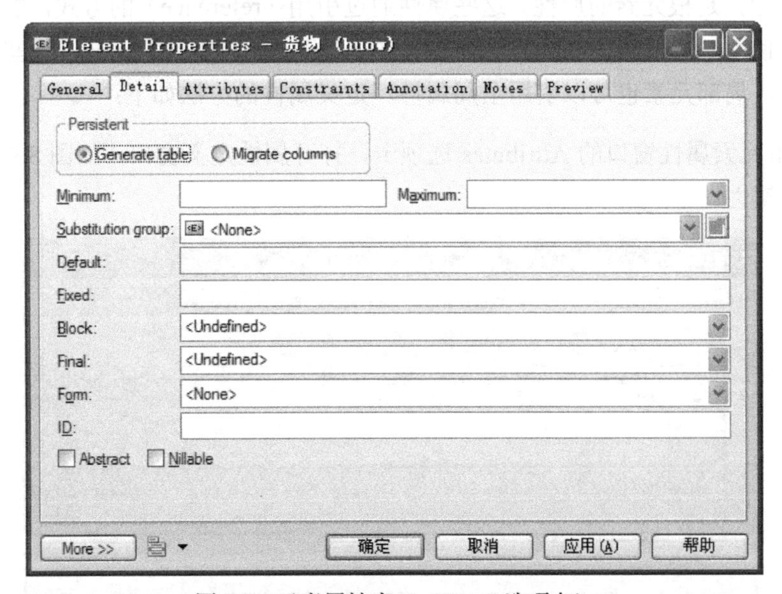

图 8.8　元素属性窗口（Detail 选项卡）

各参数的含义如下：

- Persistent：用于设置持续方式。

➢ Generate table：生成表。

➢ Migrate columns：迁移列。

- Minimum：表示元素在文档中出现的最小次数，若要设置为是可选的，其值为 0。
- Maximum：表示元素在文档中出现的最大次数，若要表示元素可以出现多次，其值设置为 unbounded。
- Substitution group：表示当前元素能够代替的全局元素的名称。
- Default：用于设定元素的默认值，若元素具有固定值（Fixed），则不能存在默认值。
- Fixed：用于设定元素的固定值，若元素拥有默认值（Default），则不能存在固定值；
- Block：表示阻止带有相同类型派生特性的另一个元素用于当前元素。
- Final：表示阻止当前元素的派生，如果不是全局元素则禁止使用。
- Form：表示元素的目标命名空间，若选择 Qualified，则元素前需增加命名空间前缀。
- ID：表示元素的 ID 号，它的值必须是 ID 类型，且在该模型元素中唯一。
- Abstract：定义元素是否出现在 XML 文档中，若选择 Abstract 表示不能出现在 XML 文档中。
- Nillable：定义元素是否为空。

（4）单击“确定”按钮，保存所做的修改。

3. 定义属性

属性用于说明元素的附加信息，包括全局属性和局部属性两种。全局属性直接连接到<schema>标签上，是根元素的属性。这些属性通过引用（reference）的方式，能够在模型的任何元素上重复使用。局部属性在元素特性窗口的 Attributes 选项卡中定义，这些属性只能使用在一个元素上，局部元素也可以引用全局属性。定义属性的方法如下：

（1）单击元素属性窗口的 Attributes 选项卡，打开属性定义窗口，如图 8.9 所示。在该窗口中输入全部属性。

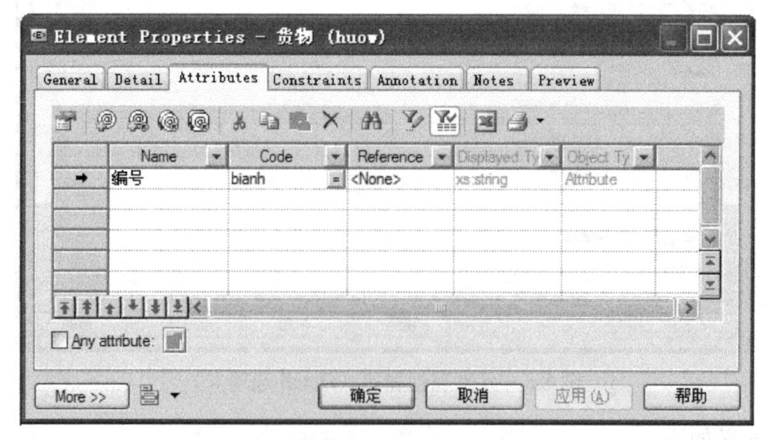

图 8.9　元素属性窗口（Attributes 选项卡）

（2）属性参数设置

在图 8.9 中鼠标右键单击需要进行参数设置的属性行，从快捷菜单中选择“Properties”或单击工具栏中 Properties 工具或双击所选属性，打开该属性参数设置窗口，如图 8.10 所示。

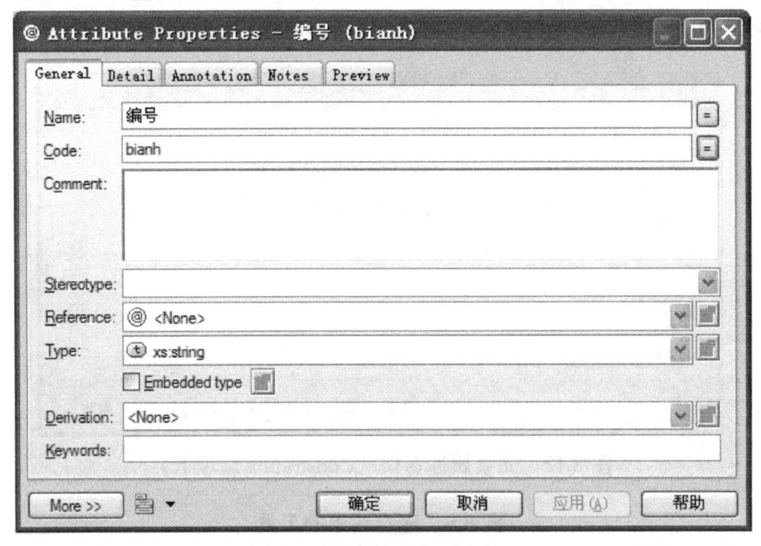

图 8.10　属性参数设置窗口

在 Type 下拉列表框中选择一种内置的数据类型，也可以从本模型或打开的其他模型中选择一种 Simple type 或 Complex type 类型。如果该属性要设置默认值或固定值等参数，在 Detail 选项卡中可以完成，操作同元素属性，这里不再赘述。

（3）单击“确定”按钮，保存所做修改，如图 8.11 所示。

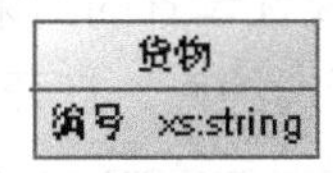

图 8.11　增加“编号”属性

元素属性窗口 Attributes 选项卡上的工具，如表 8.5 所示。

表 8.5　建立属性的工具

工具	说明
	打开属性窗口
	增加一个属性
	增加一个未定义的引用到属性组里
	增加一个属性引用
	增加一个引用到属性组里

4. 定义元素的约束

只有 XML 语言为 XSD 时，才存在约束的概念。它表示在特定范围内元素的值必须是唯一的，约束使用<unique>、<key>或<keyRef>3 种标签，分别声明 3 种类型的约束，即唯一性约束、键约束和键引用约束。其中，每一类约束都具有 selector 和 field 两个特定的属性。定义元素约束的方法如下：

（1）单击元素属性窗口的 Constraints 选项卡，打开属性定义窗口，如图 8.12 所示。使用其中不同的工具可以建立不同类型的约束，工具的说明如表 8.6 所示。

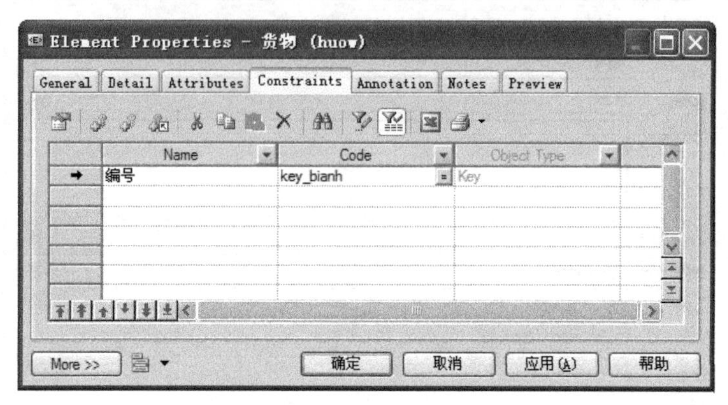

图 8.12　元素属性窗口（Constraints 选项卡）

表 8.6　建立约束的工具

工具	说明
	增加键约束，在 XML 文档中，元素值必须是一个键，即元素值必须唯一、不空，并且必须出现
	增加唯一约束：在 XML 文档中，元素值必须唯一或空
	增加键引用约束：元素值对应到特定的键或唯一性约束上

（2）约束属性设置

在图 8.12 中鼠标右键单击需要进行属性设置的约束行，从快捷菜单中选择“Properties”或单击工具栏中 Properties 工具或双击所选约束，打开该约束属性设置窗口，如图 8.13 所示。

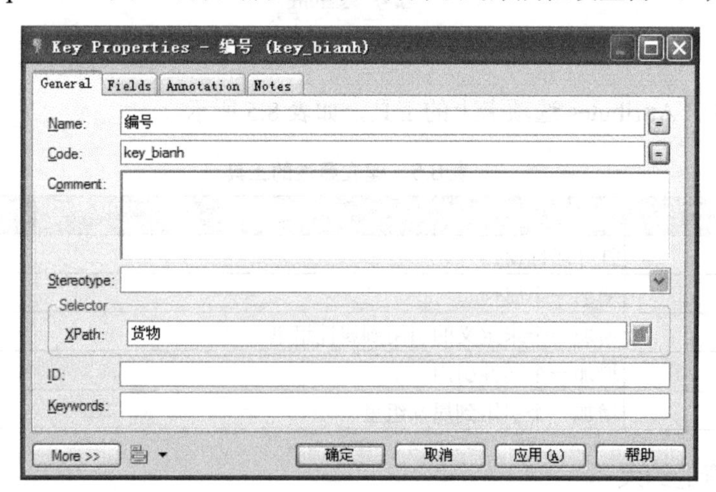

图 8.13　约束属性窗口

General 选项卡各参数的含义如下：

- Name：约束的名称。
- Code：约束的代码。
- Comment：注释。
- Stereotype：版型。
- XPath：用来选择 1 个或多个元素。
- ID：表示约束的 ID 号，它的值必须是 ID 类型，且在该模型中唯一。
- Keywords：关键字。

Fields 选项卡上的 XPath 用来选择一个或多个属性，如图 8.14 所示，这里定位到编号属性上。

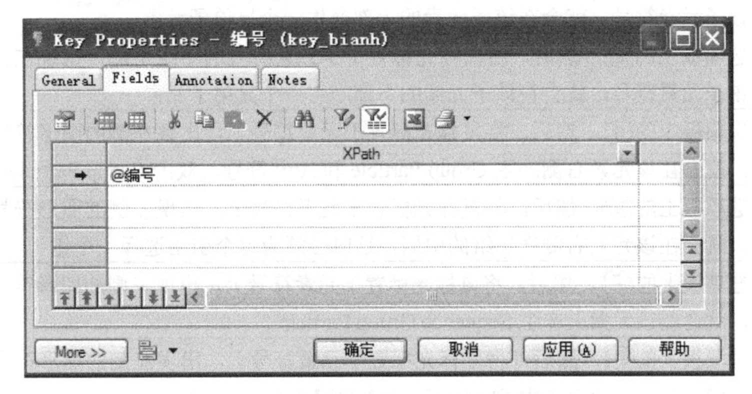

图 8.14　约束属性窗口（Fields 选项卡）

（3）单击“确定”按钮，单击元素属性窗口上的 Preview 选项卡，可看见上述定义产生的对应代码，如图 8.15 所示。

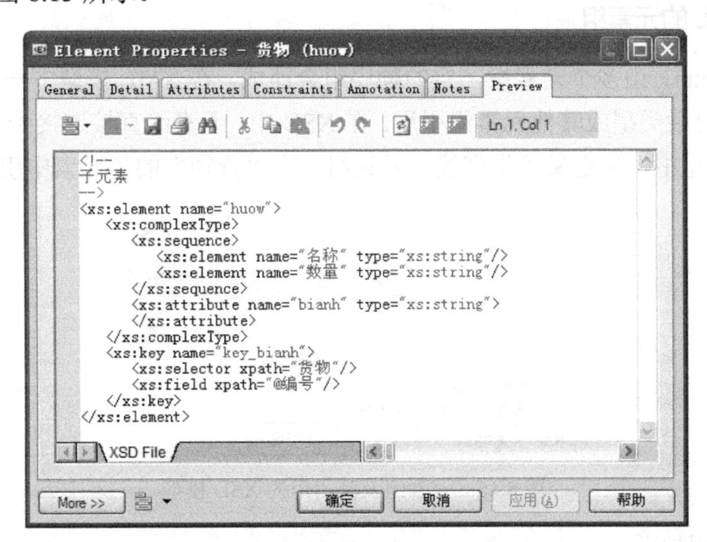

图 8.15　元素属性窗口（Preview 选项卡）

5. 定义对象的连接

要把子对象连接到元素上，首先单击工具选项板上的子对象工具，然后，在图形窗口单击元素符号，系统将自动在两个对象之间产生连接，对象之间能够建立的连接如表 8.7 所示。如果鼠标光标在某个对象上变成带有禁止符号⊘的图形，则该工具对这个对象无效。

表 8.7　对象之间能够建立的连接

工具	说明
→E	单击工具选项板上的<E>，然后，将鼠标光标置于元素符号的中线部分，出现左侧的图形符号，这时，单击该元素符号，就会在元素的右侧产生一个子元素
↑E	单击工具选项板上的<E>，然后，将鼠标光标置于子元素符号的中线上部，出现左侧的图形符号，这时，单击该子元素符号，就会在该子元素的上部产生一个兄弟子元素
↓E	单击工具选项板上的<E>，然后，将鼠标光标置于子元素符号的中线下部，出现左侧的图形符号，这时，单击该子元素符号，就会在该子元素的下部产生一个兄弟子元素
a	单击工具选项板上的a，然后，将鼠标光标置于元素符号上，出现左侧的图形符号，这时，单击该元素符号，就会在该元素右侧产生 Group Particle 和 Any 符号，双击 Group Particle 可修改它的类型
G	单击工具选项板上的G，然后，将鼠标光标置于元素符号上，出现左侧的图形符号，这时，单击该元素符号，就会在该元素右侧产生组的引用，这时必须为这个引用选择一个组
S	单击工具选项板上的S，然后，将鼠标光标置于元素符号上，出现左侧的图形符号，这时，单击该元素符号，就会在该元素上产生 Sequence Group Particle
C	单击工具选项板上的C，然后，将鼠标光标置于元素符号上，出现左侧的图形符号，这时，单击该元素符号，就会在该元素上产生 Choice Group Particle
A	单击工具选项板上的A，然后，将鼠标光标置于元素符号上，出现左侧的图形符号，这时，单击该元素符号，就会在该元素上产生 All Group Particle

6. 定义 XML 的元素组

元素组（Group）由多个元素按一定的顺序组合而成。在 XML 模型中一旦定义了元素组，就可以被元素、复杂类型或其他元素组引用。在 XSD 中，元素组直接连接到<schema>标签上。在图 8.16 所示模型中，先定义“生产线”元素组，在“货物”的子元素中引用这个组。

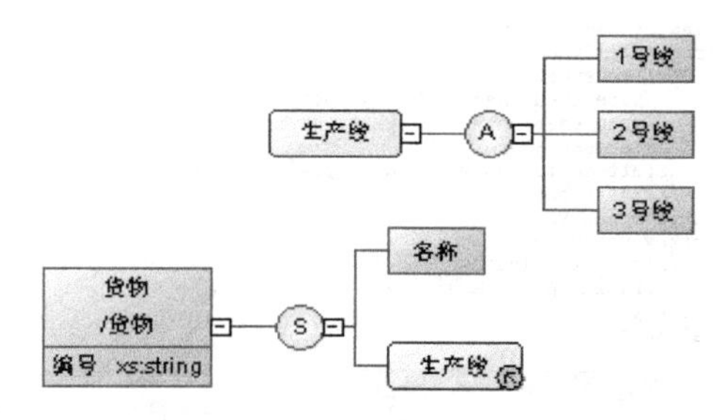

图 8.16　元素组及其引用的 XSD 模型

上例创建过程如下：

（1）在工具选项板中单击G，在图形设计工作区的某一个位置单击即可创建元素组，然后在元素属性窗口中修改此元素组的名称为“生产线”，如生产线所示。

（2）在工具选项板中单击，在图形设计工作区中的“生产线”元素上单击，如 所示，即定义了该元素组中元素可以以任何顺序出现或不出现。

（3）在工具选项板中单击，在图形设计工作区的上单击，即在“生产线”元素组上增加了一个元素，如所示，如想继续增加元素，在工具选项板中单击，将光标置于的中线下部单击，即可增加一个新的元素，如所示，以此方法可以继续增加元素，并在元素属性的窗口中依次修改各元素的名称其他的相关定义。

（4）在工具选项板中单击，在 的上单击，如

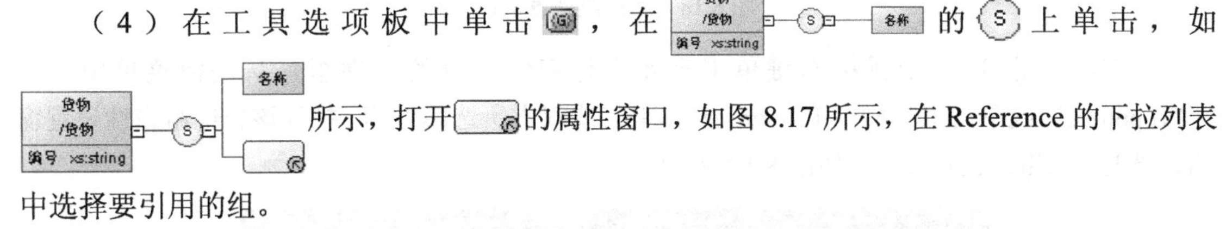

所示，打开的属性窗口，如图 8.17 所示，在 Reference 的下拉列表中选择要引用的组。

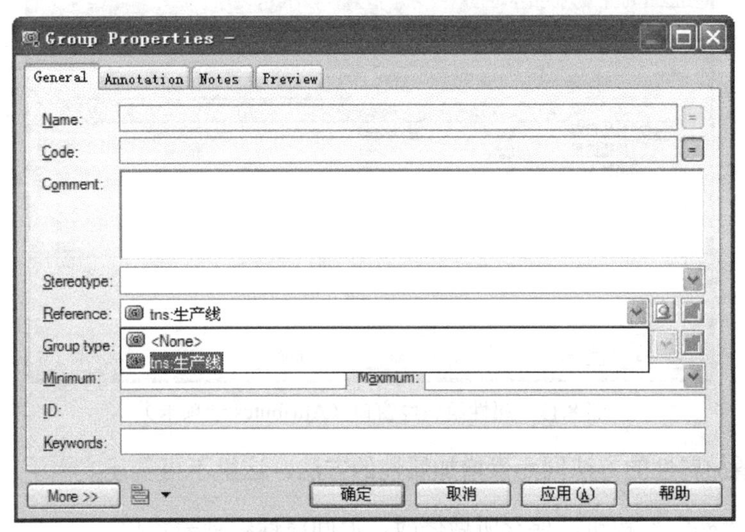

图 8.17　组属性窗口

（5）单击“确定”按钮，完成全部设置，即出现图 8.16 所示的模型。

7. 定义属性组

属性组是由多个属性组成的属性集合。与元素组类似，在模型中一旦定义了一个属性组，就可以被元素、复杂类型或其他属性组所引用；在 XSD 中，属性组直接连接到<schema>标签上；在使用 XSD 语言时，需要先定义属性组，再在元素定义中引用该属性组。不同的是，在工具选项板上并没有创建属性组的图形符号，创建属性组需要选择 Model→Attribute Groups 菜单项，在属性组列表窗口中来实现。定义属性组的方法如下：

（1）选择 Model→Attribute Groups 菜单项，打开属性组列表窗口，如图 8.18 所示。在该窗口输入属性组。

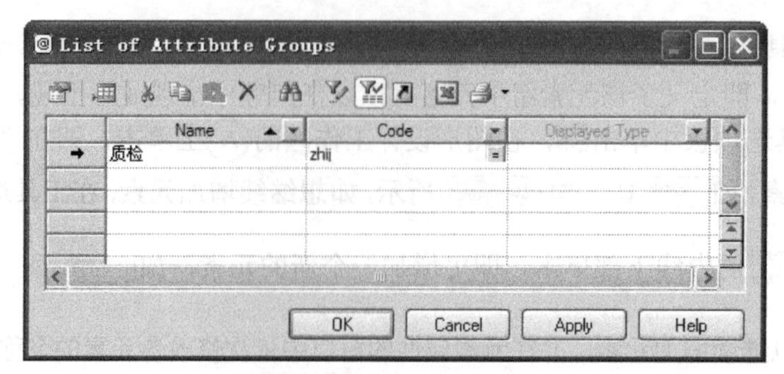

图 8.18　属性组列表窗口

（2）在图 8.18 中鼠标右键单击需要进行属性设置的属性组，从快捷菜单中选择“Properties”或单击工具栏中 Properties 工具或双击所选属性组，打开该属性组属性设置窗口，选择 Attributes 选项卡，如图 8.19 所示。

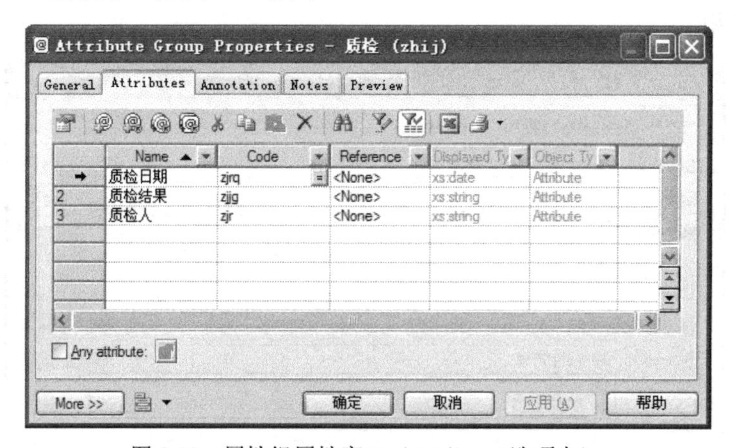

图 8.19　属性组属性窗口（Attributes 选项卡）

属性组中增加属性的方法同元素增加属性的方法，这里不再赘述。

（3）单击“确定”按钮，保存所做修改，退回属性组列表窗口。

（4）单击 OK 按钮，结束属性组的定义。

（5）属性组的引用。

属性组定义完成后，就可以被引用到元素或其他属性组中，这里将“质检”属性组引用到“货物”元素上，具体操作如下：

步骤 01　选中“货物”元素，鼠标右键单击，从弹出菜单中选择“Properties”或鼠标双击，打开元素属性窗口，选择 Attributes 选项卡，单击工具栏中 Add Reference to Attribute Group 工具，打开属性组引用窗口，如图 8.20 所示。

步骤 02　选中“质检”，单击 OK 按钮，返回元素属性窗口。

步骤 03　单击“确定”按钮，完成属性组的引用，如图 8.21 所示。

图 8.20　属性组引用窗口　　　　图 8.21　引用属性组

8. 简单数据类型

只有使用 XSD 时，才能定义简单类型（Simple type），它是为元素或文本性属性定义的一种数据类型，它不能包含元素或属性。简单类型有内置数据类型和用户自定义类型（也叫派生类型）两种，对于内置数据类型，在定义元素、属性的数据类型时直接选择即可；对于派生类型需要经过派生（Derivation）产生一种数据类型，之后在属性、元素或复杂类型定义中就可以重复使用。

定义简单类型的方法如下：

（1）选择 Model→Simple Types 菜单项，打开简单类型列表窗口，如图 8.22 所示。在该窗口输入要定义的简单类型。

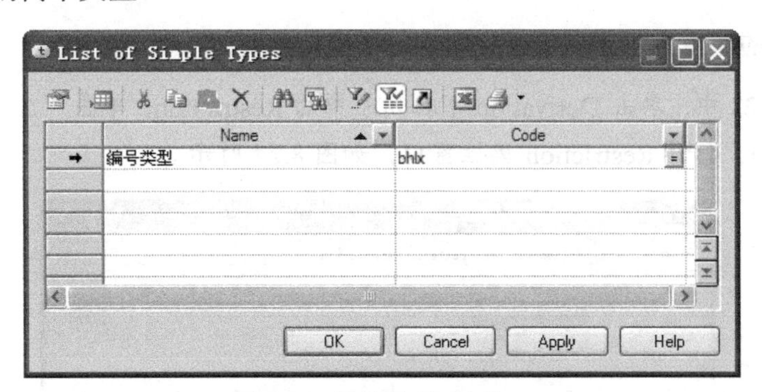

图 8.22　简单类型列表窗口

（2）在图 8.22 中，鼠标右键单击需要进行属性设置的简单类型，从快捷菜单中选择“Properties”或单击工具栏中 Properties 工具或双击所选简单类型，打开该简单类型属性窗口，如图 8.23 所示。

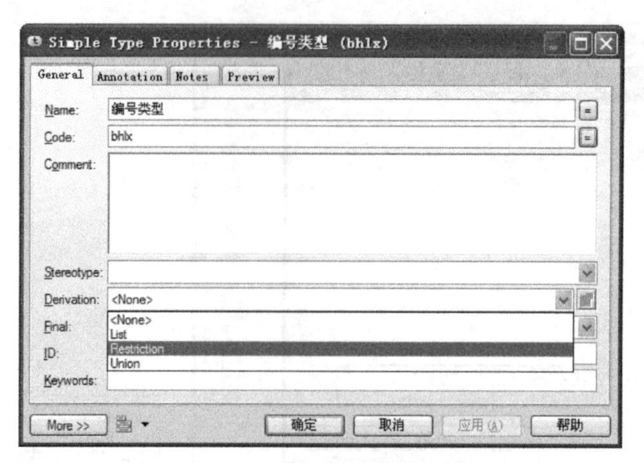

图 8.23　简单类型属性窗口

在该窗口中需要通过 Derivation 的下拉列表选择一种派生方式。派生方式有列表（List）、限制（Restriction）和合并（Union）三种，具体说明如下：

- List（列表）：包含继承的简单类型的值是通过空白分隔的值的列表。例如定义一个简单类型 listOfDates，将日期列表作为其内容，每个列表项日期必须通过空白分隔。
- Restriction（限制）：将简单类型的值的范围限制为继承的简单类型的那些值的子集。例如定义一个简单类型 freezeboilrangeinteger，将整数值限制在最小值 0 和最大值 100 的范围内。
- Union（合并）：包含两个或多个继承的简单类型的值的联合。例如定义一个简单类型 allframesize，该类型是定义枚举值组的两个其他简单类型的组合；一组枚举值通过一组整数值提供公路自行车的尺寸（例如 10、5、1），另一组枚举值枚举山地自行车尺寸的字符串值（例如"large"、"medium"、"small"）。

这里以限制的派生方法为例进行说明，具体操作如下：

步骤 01　在图 8.23 中，单击 Derivation 下拉列表中的 Restriction，单击"应用"，然后单击右侧的 ，打开 Restriction 属性窗口，如图 8.24 所示。

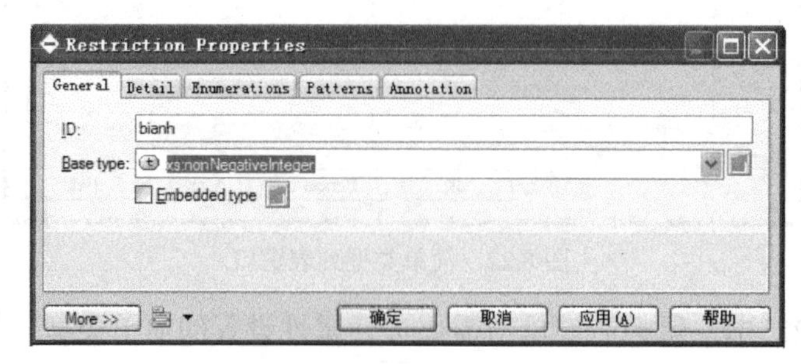

图 8.24　Restriction 属性窗口

各参数的含义如下：

- ID：限制的 ID 号，不允许重复。

- Base type：表示基类型，这里从 Base type 下拉列表中选择一种基类型，这里选择“xs:nonNegativeInteger”。
- Embedded type：表示是否是嵌入类型。

步骤 02 单击 Detail 选项卡，设置简单类型的长度等其他限制，如图 8.25 所示。

各参数的含义如下：

- Length ：定义字符型简单类型的长度。
- Whitespace：定义空格的处理方法。
- Minumum Length：定义最小长度。
- Maximum length：定义最大长度。
- Minimum exclusive：定义排除的最小值。
- Maximum exclusive：定义排除的最大值。
- Minimum inclusive：定义包含的最小值。
- Maximum inclusive：定义包含的最大值。
- Total digits：定义带小数点数值型的总位数。
- Fraction digits：定义小数部分的位数。

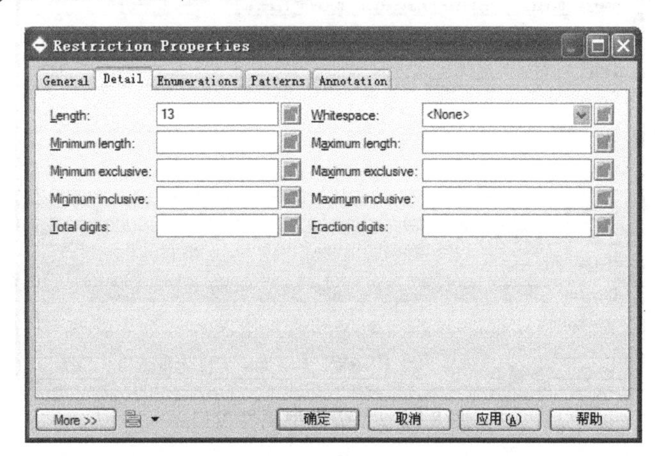

图 8.25 Restriction 属性窗口（Detail 选项卡）

其他选项卡的作用如下：

- Enumerations 选项卡：用来定义简单类型可以接受的值，选中 F 复选框时，表示该值是固定值。
- Patterns 选项卡：用来定义简单类型可以接受的值的样式，选中 F 复选框时，表示该值是固定值。
- Annotation 选项卡：用于填写附加信息。

步骤 03 设置完成后，单击“确定”按钮，退回简单类型属性窗口。

（3）单击“确定”按钮，完成简单类型的定义。之后就可以像内置数据类型一样，被用在元素或属性的定义上。

9. 复杂数据类型

只有使用 XSD 时，才能定义复杂类型（Complex type），它是用来定义属性以及子元素的一种数据类型，一旦定义了复杂类型，就能在多个属性或子元素中使用。可以通过扩展（Extension）和限制（Restriction）的方法定义复杂类型。复杂类型包括全局复杂类型和局部复杂类型。全局复杂类型直接连接到<schema>标签上，供多个属性或子元素使用；局部复杂类型被定义在<element>标签中，供该元素使用。

定义复杂类型的具体操作过程如下：

（1）选择工具选项板上的 Complex Type 图标。

（2）在图形设计工作区适当位置单击鼠标左键放置复杂类型。

（3）设置复杂类型属性

双击复杂类型图形符号，打开复杂类型属性窗口，如图 8.26 所示。

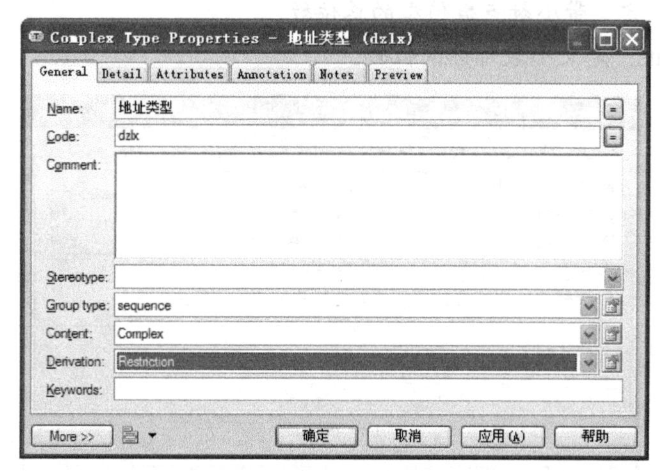

图 8.26　复杂类型属性窗口

各参数含义如下：

- Name：定义复杂类型的名字，具有唯一性。
- Code：定义复杂类型的代码，具有唯一性。
- Comment：定义复杂类型的注释。
- Stereotype：用于描述元素的语义，可以预定义，也可以用户定义。
- Group type：指定该复杂类型具有子元素，以及如何使用它们。all 表示所包含的子元素任意出现；choice 表示只能从所包含的子元素中选取一个；group 表示引用预定义的组；sequence 表示所包含的子元素必须按顺序出现。
- Content：定义复杂类型的内容类型。Simple 表示这个复杂类型不能包含子元素；Complex 表示这个复杂类型可以包含子元素。

- Derivation：定义复杂类型的派生方式。派生方式有扩展（Extension）和限制（Restriction）两种。
- Keywords：关键字。

这里 Group type 中选择 sequence，因此需要对所包含的子元素进行具体定义，定义过程如下：

① 单击右侧，打开组成员属性窗口，如图 8.27 所示。

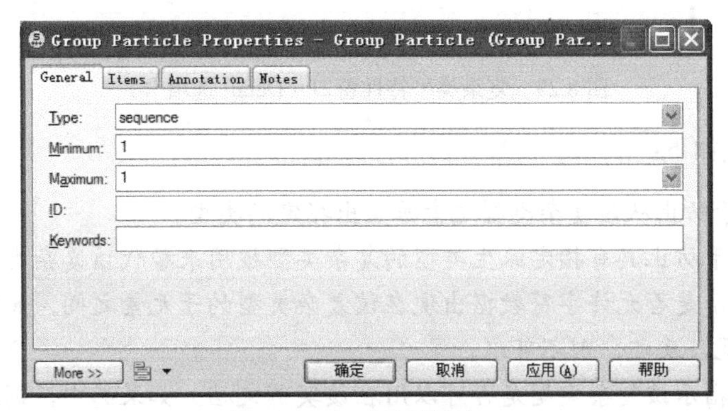

图 8.27　组成员属性窗口

各参数含义如下：

- Minimum：表示可以出现的最小次数。
- Maximum：表示可以出现的最多次数。
- ID：为组的 ID 号，不能重复。

② 单击 Items 选项卡，设置具体的子元素信息，单击，分别添加“街道”、“城市”、“省份”三个子元素，再分别选中每个子元素单击，在各自的属性窗口中进行详细的设置，设置结果如图 8.28 所示。

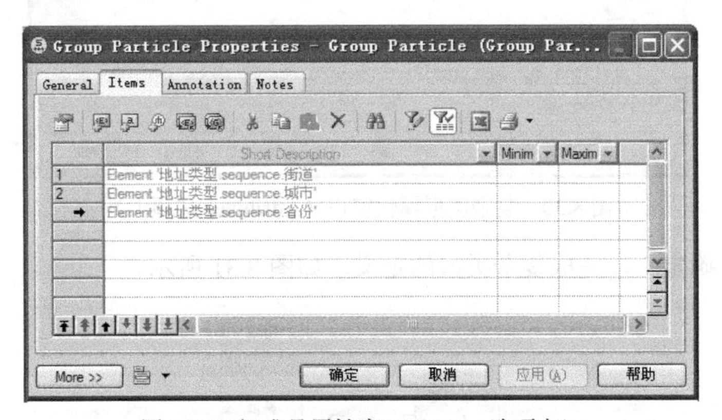

图 8.28　组成员属性窗口（Items 选项卡）

③ 单击“确定”按钮，返回复杂类型属性窗口。

单击 Detail 选项卡，用于设置复杂类型的详细信息，如图 8.29 所示。

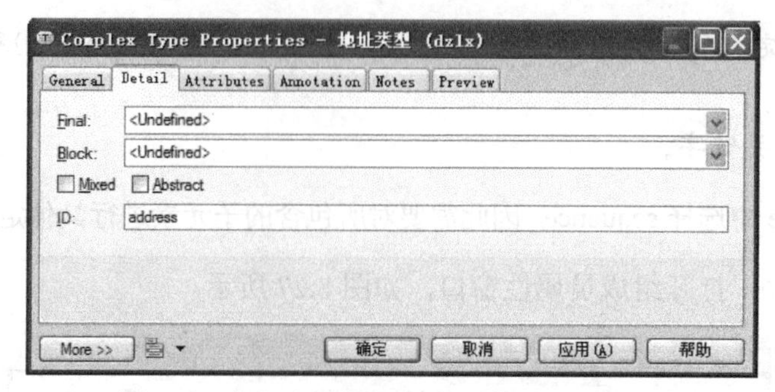

图 8.29　复杂类型特性窗口（Detail 选项卡）

各参数的含义如下：

- Final：用于防止从该复杂类型元素派生出指定的类型。
- Block：用于防止具有指定派生类型的复杂类型被用来替代该复杂类型。
- mixed：指示是否允许字符数据出现在该复杂类型的子元素之间。如果选中，则允许字符数据出现，反之，则不可以。
- Abstract：指示该复杂类型是否可以用在该实例文档。如果选中，则表示可以，反之，则不可以。
- ID：该复杂类型的 ID 号，在当前模型中不允许重复。

单击 Attributes 选项卡，用于设置当前复杂类型所包含的属性，如图 8.30 所示。添加属性的方法与元素添加属性的方法一样，这里不再赘述。

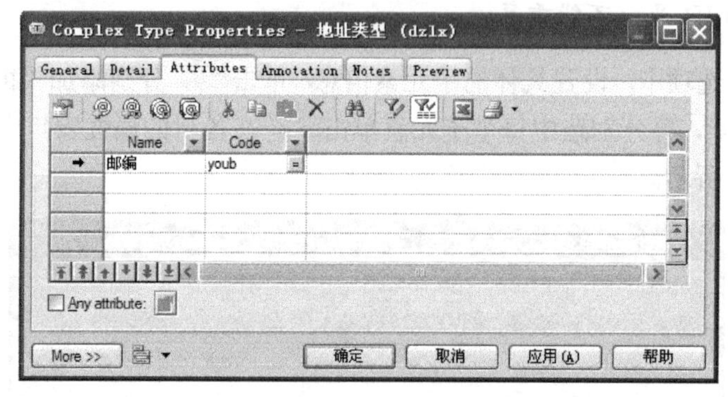

图 8.30　复杂类型属性窗口（Attributes 选项卡）

（4）单击“确定”，完成复杂类型的定义，如图 8.31 所示。

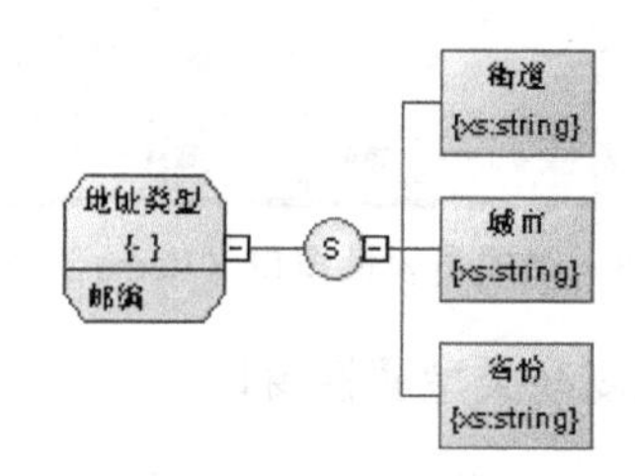

图 8.31　“地址类型”复杂类型

8.2 面向对象模型（OOM）

面向对象模型（Object-Oriented Model，OOM）是利用 UML（统一建模语言）来描述系统结构的模型，它从不同角度表现系统的工作状态，以助于用户、管理人员、系统分析员、开发人员、测试人员和其他人员之间进行信息交流。

8.2.1 OOM 介绍

一个OOM包含一系列包、类、接口和他们的关系， 这些对象一起形成一个软件系统所有（或部分）逻辑设计视图的类结构。一个OOM本质上是软件系统的一个静态概念模型。

面对对象建模的主要工作是建立软件系统的面向对象模型。在 PowerDesigner 中可以设计 UML 的所有图形，如表 8.8 所示。

表 8.8 PowerDesigner 支持的 UML 图形

图形类型	图形名称
用例图	Use Case Diagram（用例图）
结构图	Class Diagram（类图）
	Composite Structure Diagram（组合结构图）
	Object Diagram（对象图）
	Package Diagram（包图）
实现图	Component Diagram（组件图）
	Deployment Diagram（部署图）
动态图	Communication Diagram（通信图）
	Sequence Diagram（时序图）
	Statechart Diagram（状态图）
	Activity Diagram（活动图）
	Interaction Overview Diagram（交互纵览图）

8.2.2 创建 OOM

使用 PowerDesigner 能够建立 UML 中 12 种图形的 OOM 模型，另外，通过 CDM、PDM 可以生成 OOM 模型，使用已有的 OOM 模型也可以生成一个新的 OOM 模型。

新建 OOM 模型的具体操作如下：

单击 File→New 或鼠标右键单击浏览器窗口中的 Workspace→New→Object-Oriented Model，打开新建模型窗口，如图 8.32 所示的。

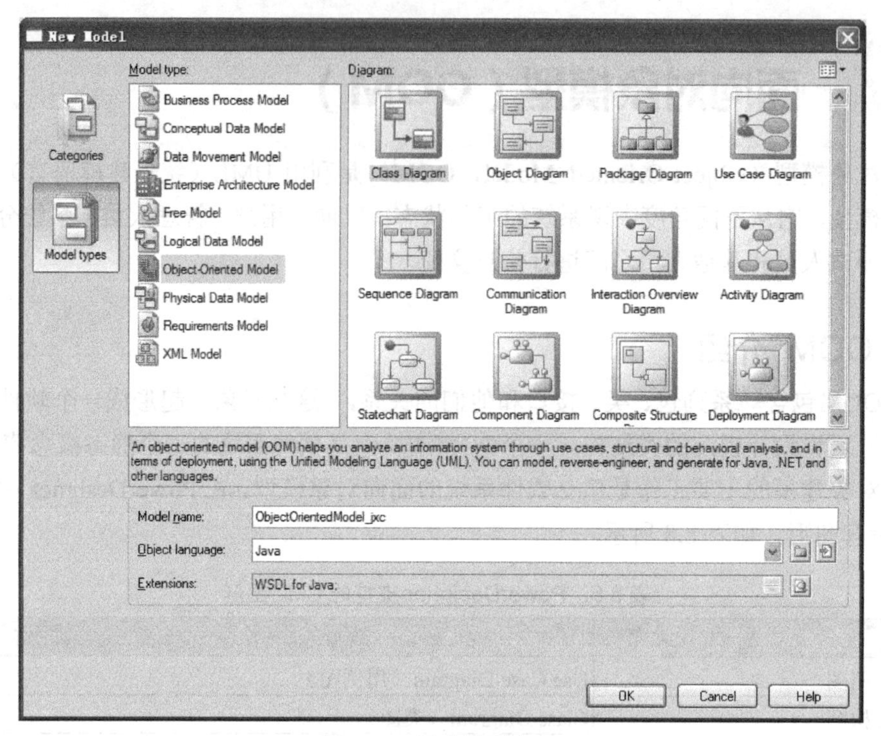

图 8.32 新建模型窗口

在 Model type 中选择 Object-Oriented Model，从 Diagram 中选择一种图形或者使用默认图形，在 Model name 文本框中输入模型名称，从 Object language 下拉列表框选项选择一个对象语言，如 C#、C++、Java 等，默认为 Java，Extensions 表示模型扩展定义，针对对象语言的不同，其值会有所不同，通过可以选择不同的定义方式，单击 OK 按钮，即可创建新的 OOM 模型。

在 UML 的所有图中类图是定义其他图的基础，它和用例图、时序图共同组成了 OOM 的核心。这里主要介绍用例图、时序图和类图。

1. 定义用例图（Use Case Diagram）

用例图（use case）主要用于需求分析阶段，通常用来定义系统的高层次草图，进行系统需求分析和功能设计，是从用户角度出发来描述应用系统功能的，指出了各个功能的外部操作者。用例图中包含参与者和用例两个要素。参与者是指用户在系统中的角色；用例是用户与计算机的一次交互。用例图描述了每个用例将有哪些参与者参与。

（1）参与者和用例

参与者（也可以称为角色，Actor）是系统外部的人或物，它以某种方式参与了系统的执行过程。参与者不是特指人，还可以指系统以外的，在使用系统或与系统交互中所扮演的角色。因此参与者可以是人，可以是事物，也可以是时间或其他系统等等。若用例执行的动作由参与者引起，则这个参与者称为主参与者；若参与者帮助用例完成动作，则这个参与者称为次参与者。执行一个动作后，用例给出结果、文档或信息，这些结果、文档或信息的接收者就是次参与者。通常主参与者放到用例的左侧，次参与者放在用例的右侧，如图 8.33 所示，管理员为主参与者，客户为次参与者。

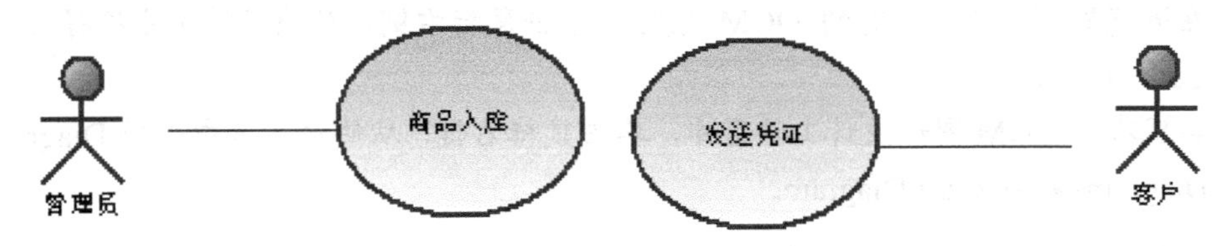

图 8.33　主/次参与者

（2）模型对象之间的关系

参与者通过关联与用例发生作用，关联用一条线段表示。用例之间的依赖关系用带有箭头的一条虚线表示，系统默认提供了扩展（Extend）和包括（Include）两种依赖关系，除此之外用例之间还存在泛化关系。表 8.9 列出了用例图中模型对象之间的关系。

表 8.9　模型对象之间的关系

关系	功能	符号
关联	参与者与用例之间的通信路径	——
扩展	在基础用例上插入基础用例不能说明的扩展部分	«extend» - - ->
包括	在基础用例上插入附加行为，并且具有明确的描述	«include» - - ->
泛化	用例之间的一般和特殊关系，其中特殊用例继承了一般用例的特性并增加了新的特性	——▷

（3）定义用例图

下面以进销存管理系统中销售管理为例，如图 8.34 所示，介绍如何定义用例图。

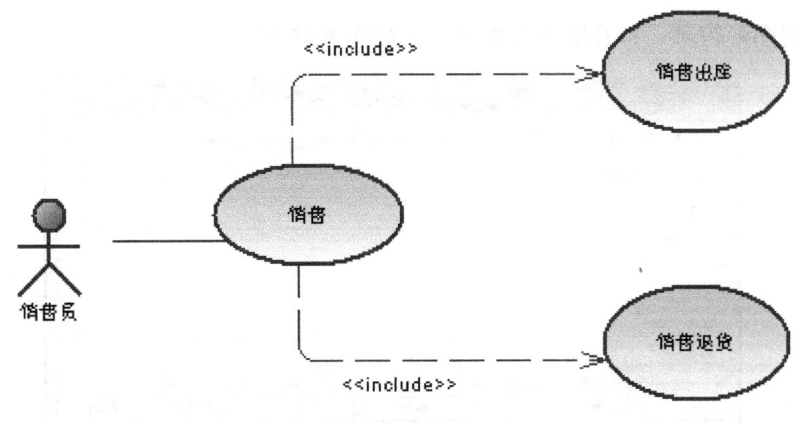

图 8.34　销售管理用例图

定义用例图的具体步骤如下：

① 新建用例图

新建用例图的方法有三种：

- 在新建 OOM 模型时，从 Diagram 中选择 Use Case Diagram 图形。
- 在浏览器窗口找到已有的 OOM 模型，单击鼠标右键，从快捷菜单中选择 New→Use Case Diagram。
- 在现有的 OOM 图形设计工作区中，单击鼠标右键，从快捷菜单中选择 Diagram→New Diagram→Use Case Diagram。

默认情况下，打开新建用例图的同时用于设计用例图的图形对象工具选项板会自动出现。用例图工具选项板中特有工具选项含义如表 8.10 所示。

表 8.10 用例图工具选项板

序号	图标	名称	作用
1		Package	包
2		Actor	参与者
3		Use Case	用例
4		Generalization	派生关系
5		Association	执行者与用例之间的关系
6		Dependency	依赖关系

② 定义用例

定义用例的具体操作过程如下：

选择工具选项板上的 Use Case 图标。

- 在图形设计工作区适当位置单击鼠标左键放置用例。
- 设置用例属性

双击用例图形符号，打开用例属性窗口，如图 8.35 所示。

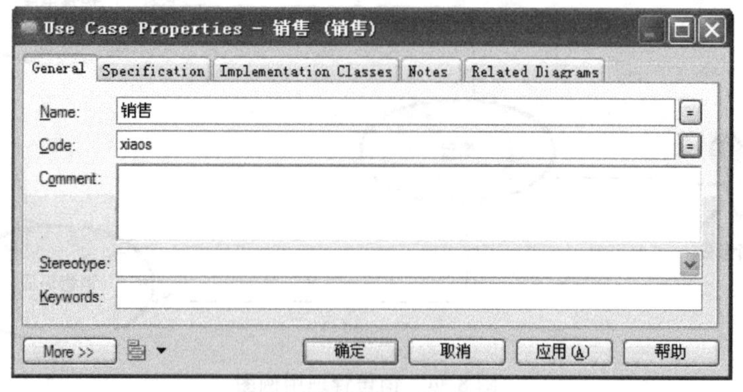

图 8.35 用例属性窗口

General 选项卡用于定义用例的一般信息，各参数含义如下：

- Name：用例的名称。
- Code：用例的代码。
- Comment：注释。
- Stereotype：版型。
- Keywords：关键字。

Specification 选项卡用于定义用例的操作规则，如图 8.36 所示。

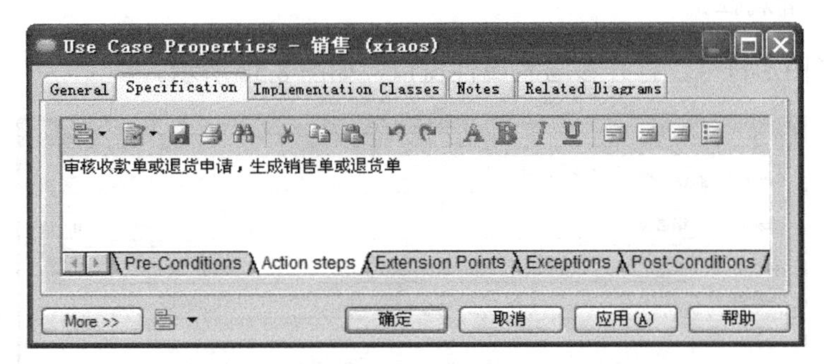

图 8.36　用例属性窗口（Specification 选项卡）

Speciification 选项卡中包含许多标签，可根据实际需要进行相关定义，各标签的含义如下：

- Pre-Conditions：用于定义该操作的先决条件。
- Action Steps：用于定义正常操作步骤的文字说明。
- Extension Points：用于定义该操作的扩展操作。
- Exceptions：用于定义该操作的异常处理。
- Post-Condition：用于定义该操作的后置条件。

Implementation Classes 选项卡用于定义用例实现过程中用到的类或接口，如图 8.37 所示。

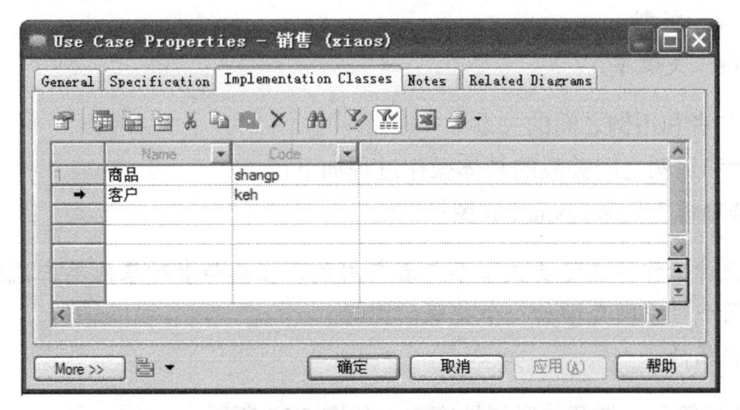

图 8.37　用例属性窗口（Implementation 选项卡）

使用工具栏中 Add Objects 工具可以引用已经定义好的类或接口，使用 Create a New Class 工具可以新定义一个类，使用 Create a New Interface 工具可以新定义一个接口。

Notes 选项卡用于该用例的文字及公式描述。

Related Diagrams 选项卡用于关联模型中其他图表。

③ 定义参与者

定义参与者的具体操作过程如下：

选择工具选项板上的 Actor 图标。

- 在图形设计工作区适当位置单击鼠标左键放置参与者。
- 设置参与者属性。

双击参与者图形符号，打开参与者属性窗口，如图 8.38 所示。

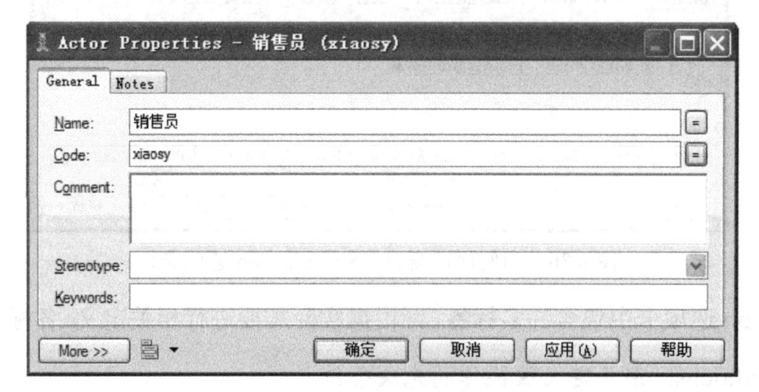

图 8.38　参与者属性窗口

各参数含义如下：

- Name：参与者名称。
- Code：参与者代码。
- Comment：注释。
- Stereotype：版型。
- Keywords：关键字。

④ 定义参与者和用例之间的关系

定义参与者和用例之间关系的具体操作过程如下：

选择工具选项板上的 Association 图标。

- 在图形设计工作区选定要关联参与者与用例，在参与者对象内单击鼠标并拖动鼠标至用例，两个对象间会增加一个关联的图标。
- 设置关联属性。

双击关联图形符号，打开关联属性窗口，如图 8.39 所示。

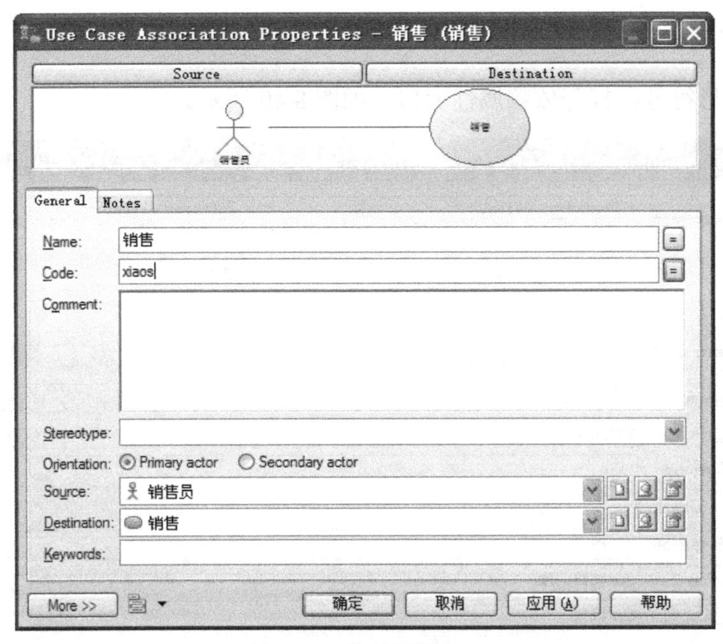

图 8.39　关联属性窗口

各参数含义如下：

- Name：关联的名称。
- Code：关联的代码。
- Comment：注释。
- Stereotype：版型。
- Orientation：关联的方向。
  - Primary actor：表示主参与者。
  - Secondary actor：表示次参与者。
- Source：表示源。
- Destination：表示目标。
- Keywords：关键字。

⑤ 定义用例与用例之间的关系

用例之间存在扩展（Extend）、包括（Include）和泛化（Generalization）三种关系（具体说明见表 8.9）。这里以“销售”和“销售出库”用例之间的包含依赖为例，介绍定义用例间关系的方法。

定义用例与用例之间关系的具体操作过程如下：

选择工具选项板上的 Dependency 图标。

- 在图形设计工作区选定要依赖的两个用例，在第一个用例对象内单击鼠标并拖动鼠标至第二个用例，两个对象间会增加一个依赖的图标。

- 设置依赖属性。

双击依赖图形符号，打开依赖属性窗口，如图 8.40 所示。

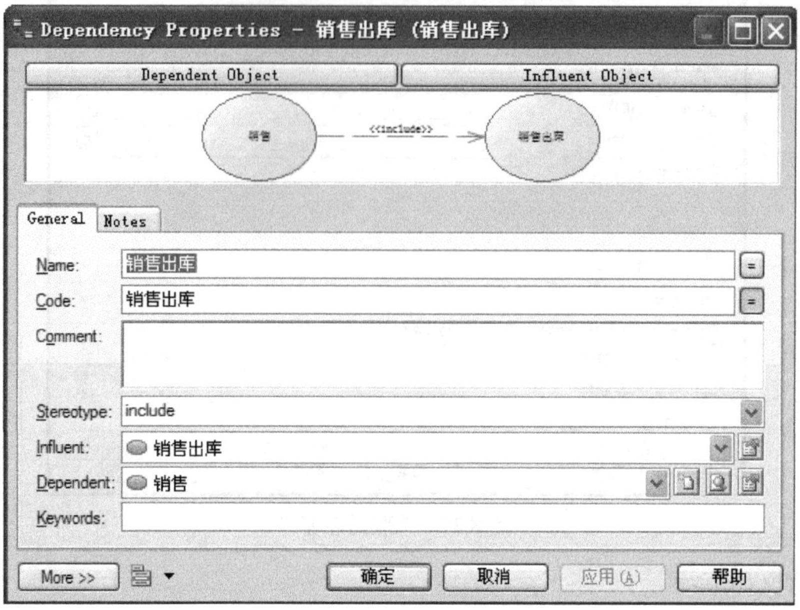

图 8.40　依赖属性窗口

各参数含义如下：

- Name：依赖的名称。
- Code：依赖的代码。
- Comment：注释。
- Stereotype：版型。选择“include”为包括依赖；“extend”为扩展依赖。
- Influent：流入对象。
- Dependent：依赖对象。
- Keywords：关键字。

2. 定义时序图（Sequence Diagram）

时序图用来描述若干对象之间的动态协作关系，说明对象之间发送消息（Message）的先后顺序，反映对象之间的交互过程，以及系统执行过程中，在某一具体位置将发生的事件。时序图的主要用途是表示用例中的行为顺序。当执行一个用例行为时，时序图中的每条消息会对应类的一个操作或引起类状态转换的一个事件。

时序图中一般包括角色（Actor）、对象（Object）、消息（Message）和激活期（Activation）几个部分。其中：角色与用例图中的角色（参与者）具有相同的作用，可以直接从用例图中拖动角色到时序图中，也可以直接在时序图中产生；对象用矩形框来表示，每个对象向下方伸展的虚线表示生命线，在生命线上的矩形条被称为激活，表示对象正在执行某个操作；消息用来完成对象之间的通信，消息有一个发送者、一个接收者和一个动作，用一条带箭头的直线表示，放在两个对象的生命线之间；对象生命线上的矩形条长度表示对象激活持续的时间，称为激活期，当一个消息产生时，就会产生一个激活期。

时序图中强调消息的时间顺序，在图形上时序图是一个二维表。形成时序图时，首先把参与交互的对象或角色放在图的上方，沿水平轴方向排列，把发起交互的对象或角色放在左边，较下级对象或角色依次放在右边。然后，把这些对象发送和接收的消息沿垂直轴方向按时间顺序从上到下放置。

下面以进销存管理系统中采购为例，如图8.41所示，介绍如何定义时序图。

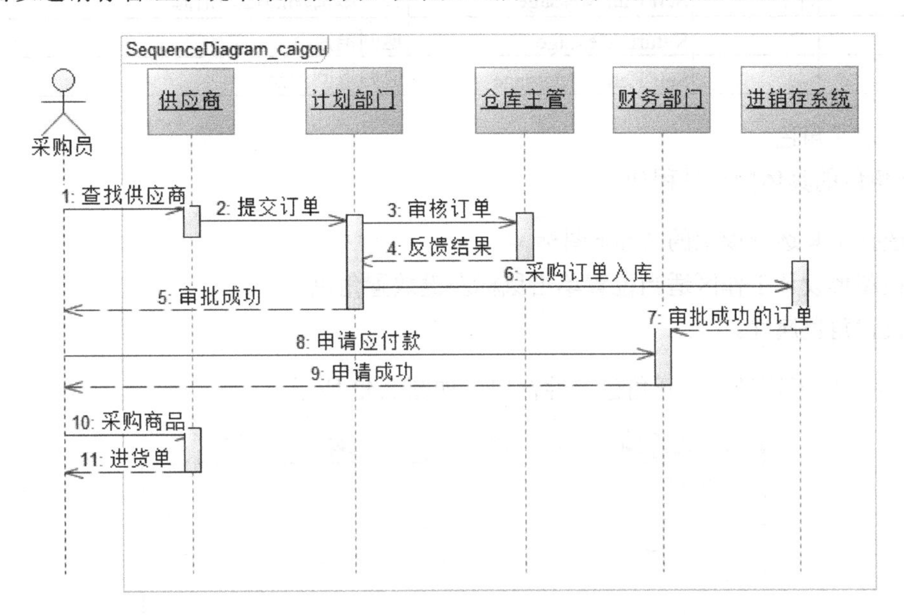

图 8.41　采购时序图

定义时序图的具体步骤如下：

（1）新建时序图

新建时序图的方法有三种：

- 在新建 OOM 模型时，从 Diagram 中选择 Sequence Diagram 图形。
- 在浏览器窗口找到已有的 OOM 模型，单击鼠标右键，从快捷菜单中选择 New→Sequence Diagram。
- 在现有的 OOM 图形设计工作区中，单击鼠标右键，从快捷菜单中选择 Diagram→New Diagram→Sequence Diagram。

默认情况下，打开新建时序图的同时用于设计时序图的图形对象工具选项板会自动出现。时序图工具选项板中特有工具选项含义如表 8.11 所示。

表 8.11　时序图工具选项板

序号	图标	名称	作用
1		Object	对象
2		Actor	角色
3		Activation	激活
4		Message	消息
5		Self Message	递归消息
6		Call Message	带有激活期的消息
7		Self Call Message	带有激活期的递归消息
8		Return Message	返回消息
9		Self Return Message	递归返回消息

（2）定义角色

定义角色的具体操作过程如下：

① 选择工具选项板上的 Actor 图标。

② 在图形设计工作区适当位置单击鼠标左键放置角色。

③ 设置角色属性。

双击角色图形符号，打开角色属性窗口，如图 8.42 所示。

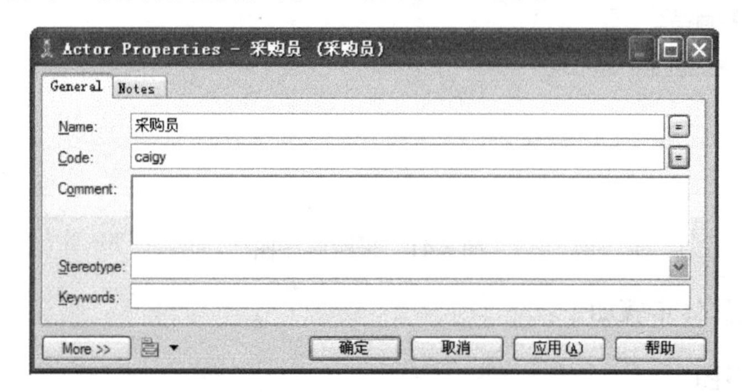

图 8.42　角色属性窗口

各参数含义如下：

- Name：角色的名称。
- Code：角色的代码。
- Comment：注释。
- Stereotype：版型。
- Keywords：关键字。

（3）定义对象

定义对象的具体操作过程如下：

① 选择工具选项板上的 Object 图标。

② 在图形设计工作区适当位置单击鼠标左键放置对象。

③ 设置对象属性。

双击对象图形符号，打开对象属性窗口，如图 8.43 所示。

Object Properties - 供应商 (gongys)
General | Attribute Values | Notes
Name: 供应商
Code: gongys
Comment:
Stereotype:
Classifier: 供应商
Multiple
Keywords:
More >> 确定 取消 应用(A) 帮助

图 8.43　对象属性窗口

各参数含义如下：

- Name：对象的名称。
- Code：对象的代码。
- Comment：注释。
- Stereotype：版型。
- Classifier：关联的类。如果需要的话，可以从下拉列表中选择已经存在的类，或单击，创建新的类。
- Multiple：定义是否允许多个。
- Keywords：关键字。

Attribute Values 选项卡用来设置对象包含的属性，单击 Attribute Values 选项卡，单击工具栏中 Add Attribute Values 工具，如图 8.44 所示，选择需要的属性。

图 8.44　属性选择窗口

（4）定义消息

定义消息的具体操作过程如下：

① 选择工具选项板上的 Message 图标→。

② 在图形设计工作区选定对象下方的虚线处单击鼠标，拖动鼠标至另一个对象下方的虚线释放鼠标，即可在两个对象之间建立消息。

③ 设置消息属性。

双击消息图形符号，打开消息属性窗口，如图 8.45 所示。

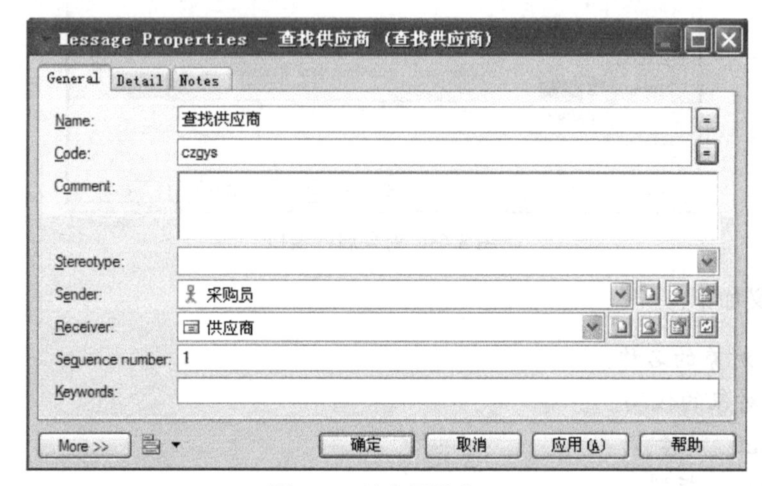

图 8.45　消息属性窗口

各参数含义如下：

- Name：消息的名称。
- Code：消息的代码。
- Comment：注释。
- Stereotype：使用的版型。该选项的默认值为空，可以通过在 Model 菜单中单击 Extended Model Definitions...命令来定义当前 OOM 模型的版型。
- Sender：消息的发送者。
- Receiver：消息的接收者。
- Sequence number：消息的序号。
- Keywords：关键字。

单击 Detail 选项卡，如图 8.46 所示，可以为消息定义更详细的属性。

图 8.46　消息属性窗口（Detail 选项卡）

各参数含义如下：

- Action：定义完成的动作。包含 4 个选项，其含义如表 8.12 所示。

表 8.12　Action 选项的含义

动作类型	含义
None	不完成其他任何操作
Create	消息的发送者通过消息创建接收者，它是发送者和接收者的第一个消息
Destroy	消息的发送者通过消息销毁接收者，它是发送者和接收者的最后一个消息
Self-Destroy	消息的发送者通过消息销毁自己，它是发送者和接收者的最后一个消息

- Control flow：定义消息控制流的类型。包含 4 个选项，其含义如表 8.13 所示。

表 8.13　Control flow 选项的含义

控制流类型	含义	图形符号
Asynchronous	异步消息。消息的发送者不需要等待接收者的应答便可以继续自己的操作。一般用在并发处理中	
Procedure Call	过程调用消息。下一个序列重新开始之前当前序列必须完成。发送者必须等待接收者的应答或激活期结束	
Return	通常与 Procedure Call 一起使用，表示消息返回	
Undefined	未定义	

Action 选项与 Control flow 选项的配合情况，如表 8.14 所示。

表 8.14 Action 选项与 control flow 选项的配合情况

控制流 / 动作	Asynchronous	Procedure Call	Return	Undefined
None	✓	✓	✓	✓
Create	✓	✓	×	✓
Destroy	✓	✓	×	✓
Self-Destroy	×	×	✓	×

注：✓表示允许，×表示不允许

- Operation：定义连接到消息的操作。如果消息的接收者是一个类，则此消息可以调用一个类的操作。操作可以从下拉列表框中选择，也可以通过 Operation 右边的 Create 按钮建立一个新操作，然后从下拉列表框中选择即可。如果消息的控制流是 Return，则不能连接一个操作。
- Condition：通过一个布尔表达式来激活消息。例如，输入密码次数<=3 次。
- Arguments：定义参数。
- Return value：定义返回值。
- Begin time：定义消息开始的时间。
- End time：定义消息结束的时间。例如，约束 =（t1-t2<30 秒），其中 t1 表示开始时间，t2 表示结束时间。
- Support delay：定义消息的传输延迟。如果支持延迟，则 End time 可以与 Begin time 不相同。

用同样方法，添加其他不同类型消息，即可完成图 8.41 中的模型。

3. 定义类图（Class Diagram）

类图是面向对象系统的建模中最常见的图，类图显示了一组类、接口、协作以及它们之间的关系。

类（Class）是类图的主要元素，用矩形表示，矩形的上部显示类名，中部显示属性，下部显示操作。接口、端口是类图中的辅助元素。类图使用关联、依赖、聚合、组合、泛化、需求连接、内部连接和实现等 8 种关系描述图中模型元素之间的联系。

下面以进销存系统中系统管理部分为例，如图 8.47，介绍如何定义类图。

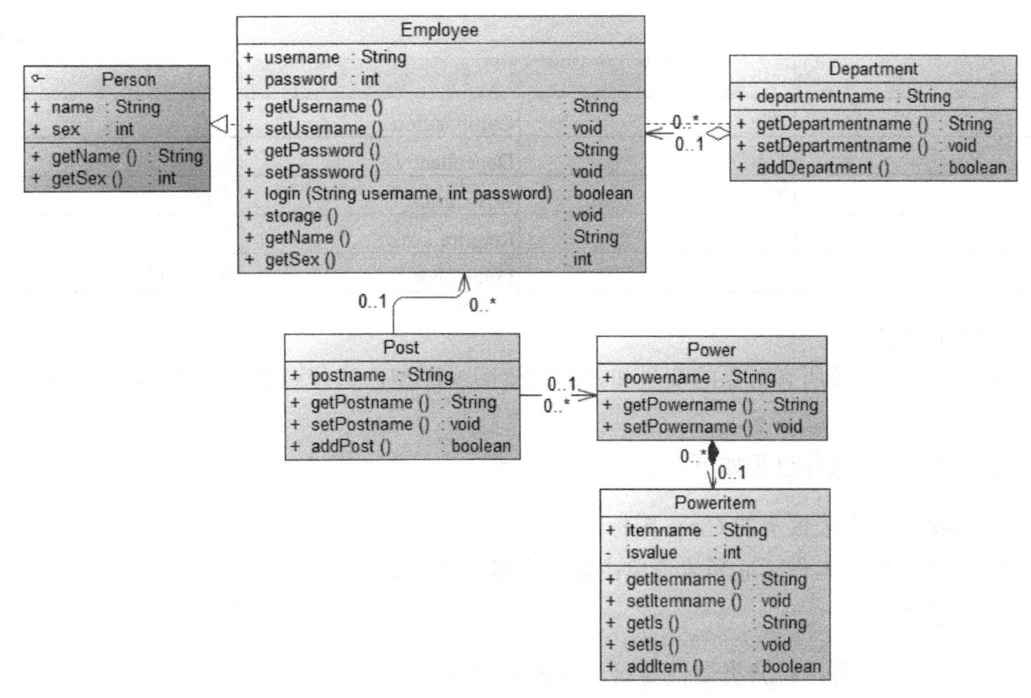

图 8.47　进销存系统中系统管理部分类图

定义类图的具体步骤如下：

（1）新建类图

新建类图的方法有三种：

- 在新建 OOM 模型时，从 Diagram 中选择 Class Diagram 图形。
- 在浏览器窗口找到已有的 OOM 模型，单击鼠标右键，从快捷菜单中选择 New→Class Diagram。
- 在现有的 OOM 图形设计工作区中，单击鼠标右键，从快捷菜单中选择 Diagram→New Diagram→Class Diagram。

默认情况下，打开新建类图的同时用于设计类图的图形对象工具选项板会自动出现。 类图工具选项板中特有工具选项含义如表 8.15 所示。

表 8.15　类图工具选项板

序号	图标	名称	作用
1		Class	类
2		Interface	接口
3		Port	端口
4		Gernaralization	泛化
5		Association	关联
6		Aggregation	聚合

（续表）

序号	图标	名称	作用
7		Composition	组合
8		Dependency	依赖
9		Realization	实现
10		Require Link	需求连接
11		Inner Link	内部连接

（2）定义类

类是定义同一类所有对象的变量和方法的蓝图或原型，这些对象拥有类似的结构和行为，相同的属性、操作、联系等。

定义类的具体操作过程如下：

① 选择工具选项板上的 Class 图标。

② 在图形设计工作区适当位置单击鼠标左键放置类。

③ 设置类属性

双击类图形符号，打开类属性窗口，如图 8.48 所示。

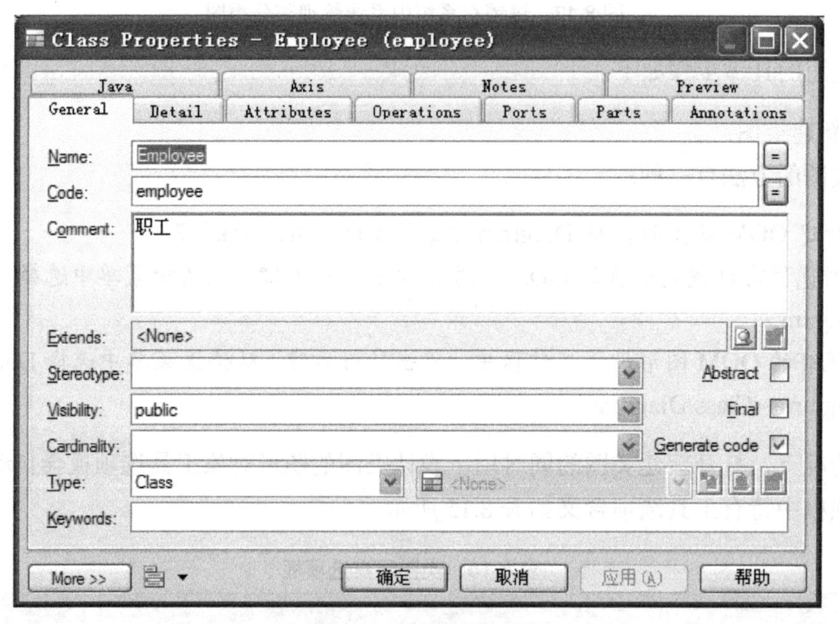

图 8.48　类属性窗口

General 选项卡各参数含义如下：

- Name：类的名称。
- Code：类的代码。
- Comment：注释。
- Extends：继承类，通过选择继承的类。

- Stereotype：类的版型。选择不同的语言，系统会提供不同的版型。
- Visibility：类的可视性，包括 Public、Private、Protected 和 Package。例如，选择 Package，表示包含在同一个包内的所有对象都可见。
- Cardinality：基数，表示类可以拥有实例的最小和最大数量。取值分别为：0..1，类拥有 0 到 1 个实例；0..*，类拥有 0 到无穷个实例；1..1，类拥有 1 个实例；1..*，类拥有 1 到无穷个实例。
- Abstract：抽象类，这种类不能被实例化。
- Final：最终类，表示不能被继承。
- Generate code：表示在内部模型生成时，类自动生成代码。
- Type：类型，包括 Business Object、Class、Storage、Utility、Visual Object 和 JavaBean。
- Keywords：关键字。

单击 Detail 选项卡，可以定义类的类型，如图 8.49 所示。

图 8.49　类属性窗口（Detail 选项卡）

Detail 选项卡中各选项的说明如下：

- Persistent：持久性类。
- Code：类的代码。
- Inner to：当前类附加的类。
- Association class：关联类。

（3）定义属性

类的属性表示类或接口特征的集合。一个类或接口可以拥有多个属性，也可以不包含属性。单击 Attributes 选项卡，可以为类增加属性。单击工具栏中 Insert a Row 工具 或 Add a Row 工具，用于创建新的属性，如图 8.50 所示；也可以单击工具栏中 Add Attributes 工具，打开 Selection 窗口，从其他类中已建好的属性中选择，如图 8.51 所示。

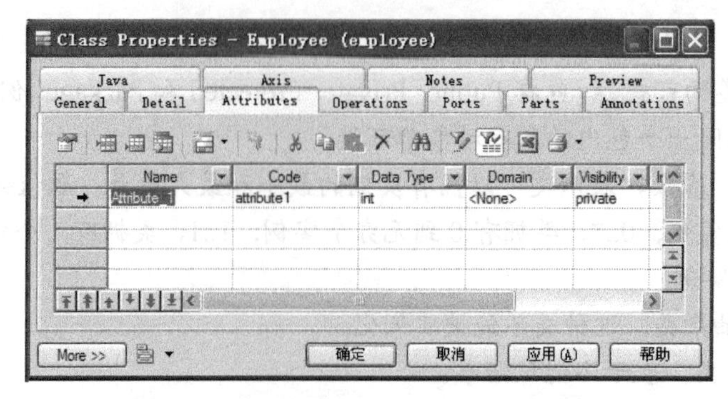

图 8.50　类属性窗口（Attributes 选项卡）

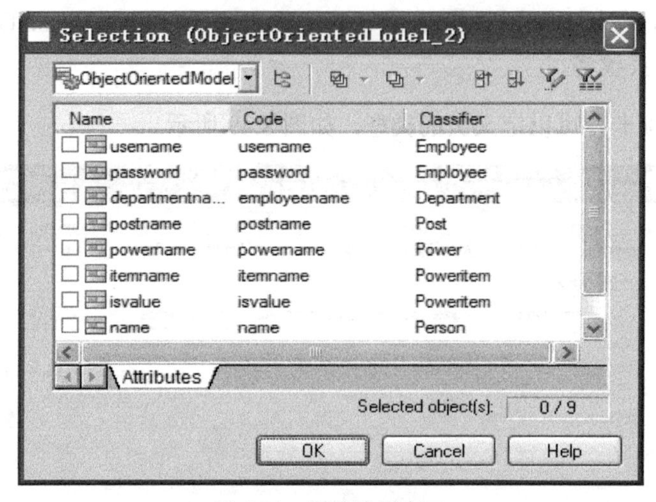

图 8.51　属性选择窗口

在图 8.50 中，单击工具栏中 Properties 工具，打开属性的参数窗口，如图 8.52 所示，可以定义属性参数的一般信息。

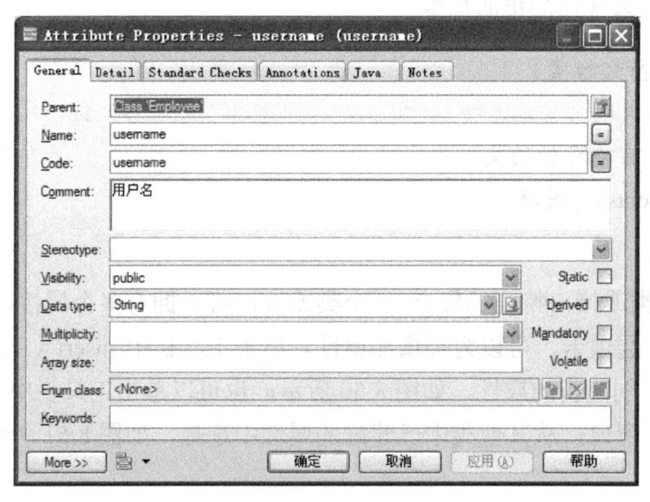

图 8.52　属性的参数窗口

其中主要参数的含义如下：

- Parent：属性所属的类。
- Name 和 Code：属性的名称和代码。
- Comment：注释。
- Stereotype：属性的版型。
- Visibility：属性的可视性。包括 public、private、protected、package。
- Data type：属性的数据类型。
- Multiplicity：基数的范围。包括*、0..*、0..1、1..*、1..1。
- Array size：数组大小。
- Static：属性是静态的。
- Derived：属性是继承的。
- Mandatory：非空的。
- Volatile：并行易变的。
- Enum class：枚举类。
- Keywords：关键字。

单击 Detail 选项卡，如图 8.53 所示，可以定义更详细的参数信息。

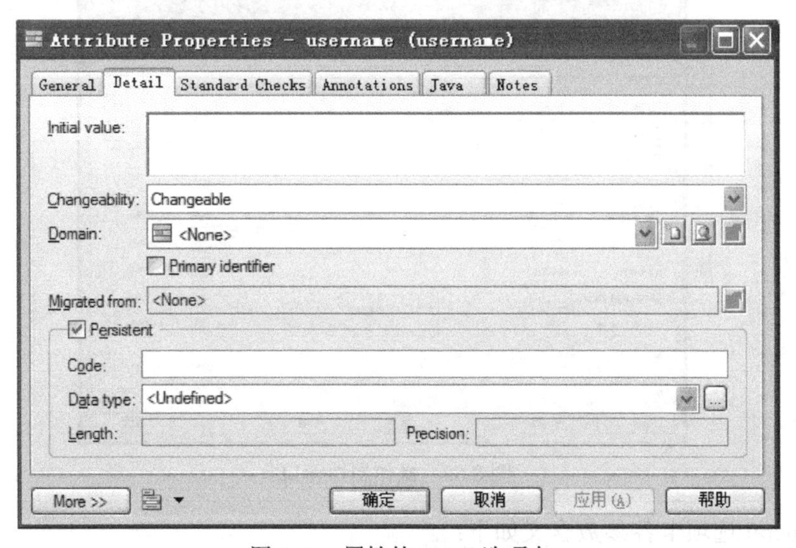

图 8.53　属性的 Detail 选项卡

其中主要参数的含义如下：

- Initial value：初始值。
- Changeability：修改类型，包括 Changeable、Read only、Frozen、Add only。
- Domain：域。
- Primary identifier：主键标识。

用同样方法设置该类的其他属性，结果如图 8.54 所示。

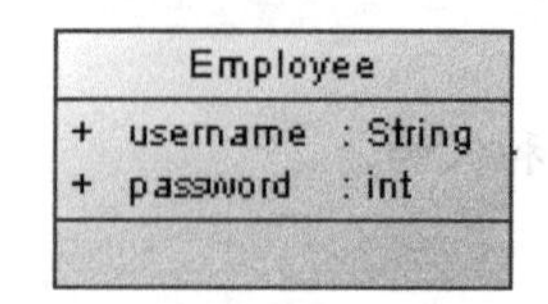

图 8.54 定义了属性的 employee 类

（4）定义操作

操作表示类能够做的事情，或者另外一个类对该类所做的事情。一个类可以没有或有多个操作。在类或接口中增加操作和操作属性的方法如下：

① 单击类属性窗口 Operation 选项卡，单击工具栏中 Add a Row 工具，增加一个新操作，单击“应用”按钮，选择工具栏中 Properties 工具，打开操作属性窗口，如图 8.55 所示。

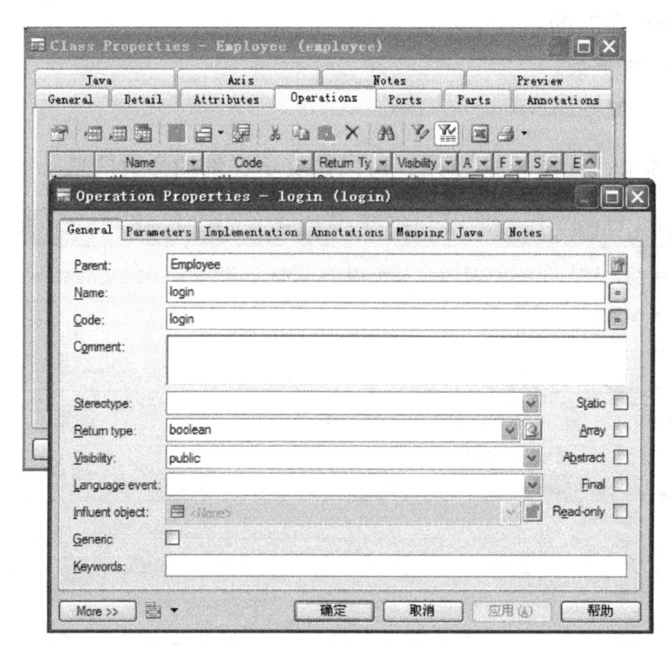

图 8.55 操作属性窗口

其中 General 选项卡各参数含义如下：

- Parent：操作所属的类。
- Name 和 Code：操作的名称和代码。
- Comment：注释。
- Stereotype：版型。storedProcedure/storedFunction 利用 OOM 生成 PDM 时，将该操作转化为数据库存储过程/存储函数的操作。
- Static：如果选择，表示静态方法。
- Return type：返回值的数据类型。

- Array：如果选择，表示返回值是一个表。
- Visibility：可视属性。
- Abstract：如果选择，表示操作不能实例化，即不能有直接实例。
- Language event：操作触发的事件。
- Final：如果选择，表示操作不能被重新定义。
- Influential object：影响对象。
- Read-only：如果选择，表示只读方法。
- Generic：如果选择，表示是泛型方法。
- Keywords：关键字。

② 如果需要为操作定义传入参数，单击 Parameters 选项卡，单击工具栏中 Add a Row 工具，增加一个参数，单击“应用”按钮，选择工具栏中 Properties 工具，打开参数属性窗口，如图 8.56 所示。

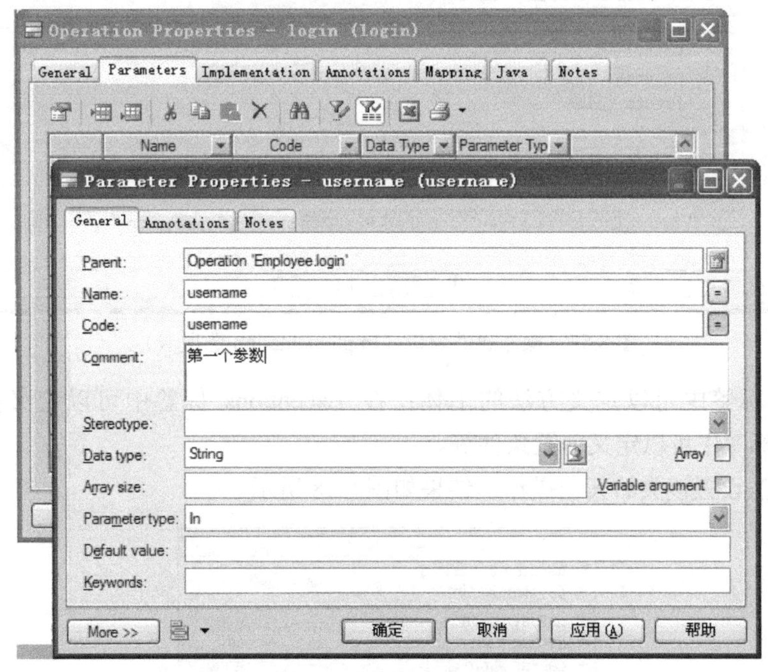

图 8.56　参数属性窗口

各参数含义如下：

- Parent：参数所属的操作名。
- Name 和 Code：参数的名称和代码。
- Comment：注释。
- Stereotype：版本。
- Data type：参数的数据类型。
- Array：如果选择，表示参数是数组。

- Array size：数组的大小。
- Variable argument：如果选择，表示可变参数。
- Parameter type：参数信息流的方向。包括：In，通过值传递方法传入参数。最终结果不能被修改，并且对于其他调用者无效；In/Out，传入参数可以被修改，最终结果可以被修改，并与其他调用者进行交互；Out，传出参数，最终结果可以被修改，并与其他调用者进行交互。
- Default value：默认值。
- Keywords：关键字。

③ 如果需要为操作定义实现代码，单击 Implementation 选项卡，如图 8.57 所示。

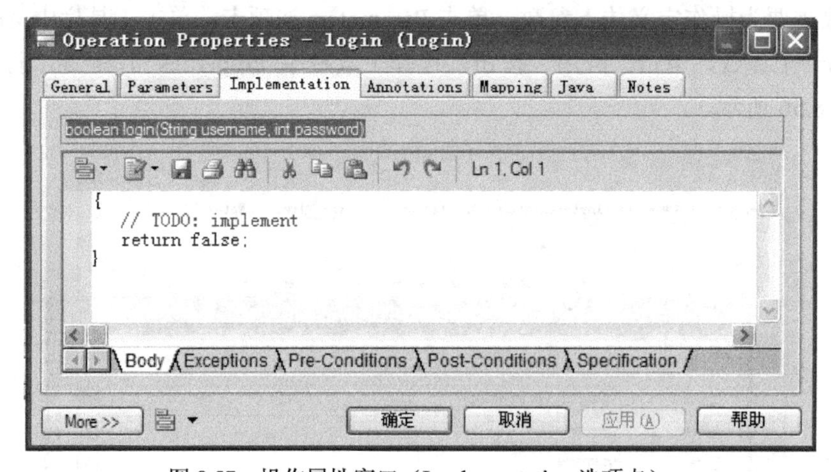

图 8.57 操作属性窗口（Implementation 选项卡）

在 Body 标签中可以定义方法的主体；在 Exceptions 标签中可以定义异常处理；在 Pre-Condition 标签中可以定义前置条件等。

用同样方法设置该类的其他操作，结果如图 8.58 所示。

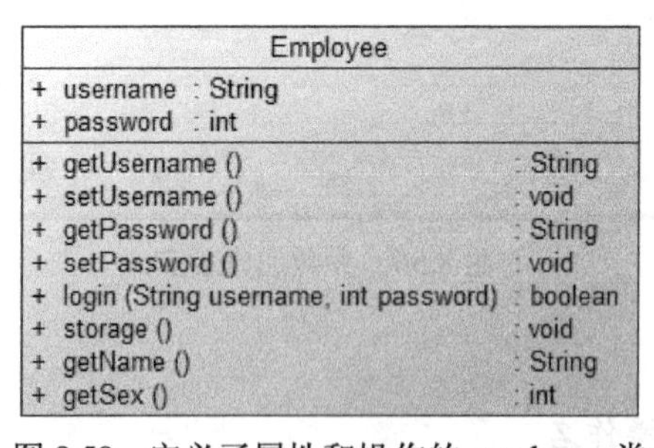

图 8.58 定义了属性和操作的 employee 类

重复步骤（2）～（4），定义图 8.47 中所示的其他类。

（5）定义接口

接口是描述类的部分行为的一组操作，这组操作可以被多个类重复使用。注意，一般是部分操作，指类外部的可以供其他类进行调用的操作，而不是全部操作。但接口与类不同，接口不能自己执行，只能被类调用。

定义接口的具体操作过程如下：

① 选择工具选项板上的 Interface 图标。

② 在图形设计工作区适当位置单击鼠标左键放置接口。

③ 设置接口属性。

双击接口图形符号，打开接口属性窗口，如图 8.59 所示。

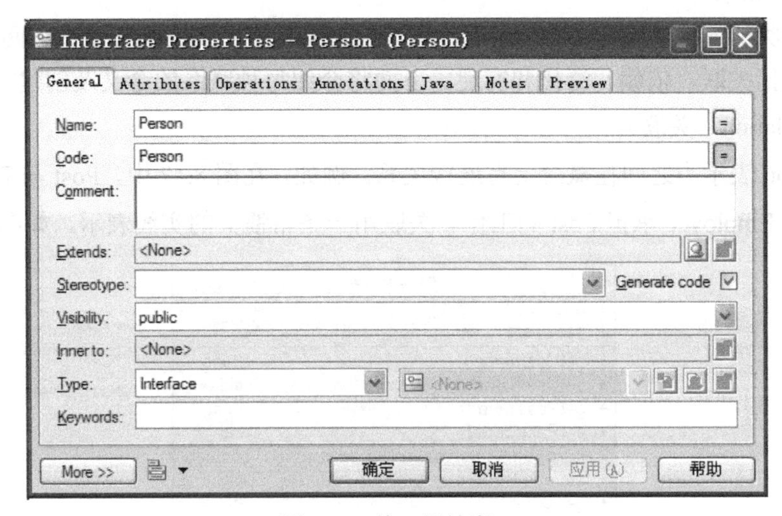

图 8.59　接口属性窗口

其中 General 选项卡各参数含义如下：

- Name：接口的名称。
- Code：接口的代码。
- Comment：注释。
- Extends：继承接口，通过选择继承的接口。
- Stereotype：版型。
- Visibility：接口的可视性，包括 public、private、protected、package。
- Inner to：当前接口所连接的内部类名称。
- Type：接口类型。
- Keywords：关键字。

④ 接口中也可以定义属性和操作，也是通过设置 Attributes 和 Operations 选项卡中的内容来实现，与类的属性和操作的定义类似，不再赘述。定义好的 Person 接口如图 8.60 所示。

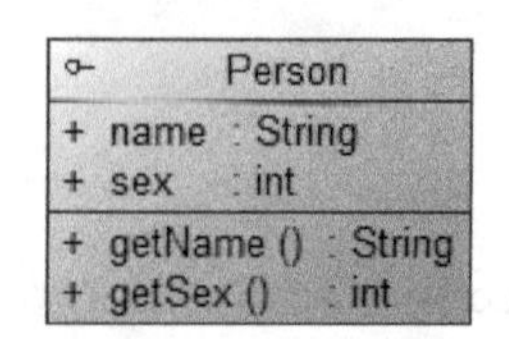

图 8.60　定义好的接口

⑤ 单击“确定”按钮，完成接口的定义。

（6）定义联系

在创建了类的属性、接口、操作之后，就该考虑类与类之间或类与接口之间的联系。在类图中，联系包括关联、依赖、泛化和实现。下面将介绍每种联系的含义及创建方法。

① Association（关联）

Association 表示类之间在概念上有连接关系。例如，在图 8.47 中，Post 与 Employee 之间存在关联，即 Employee 承担 Post 的工作。关联用一条带箭头的实线表示，如图 8.61 所示。

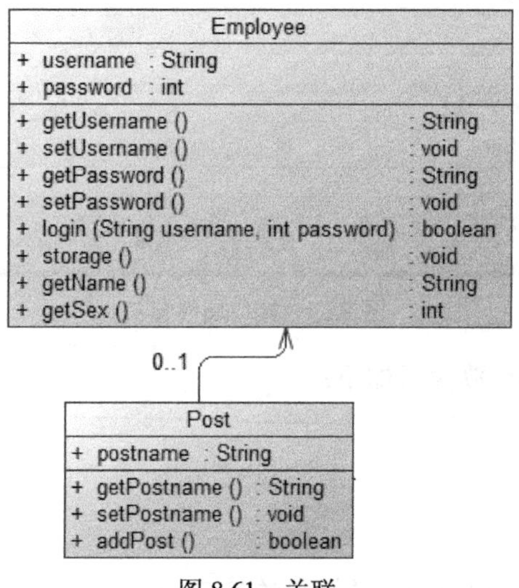

图 8.61　关联

当一个类与其他类发生关联时，每个类通常在关联中都扮演着某种角色，即类的功能。角色用关联线两边的名称表示。

创建关联的过程如下：

步骤01　在工具选项板中选择，单击第一个类或接口的图形符号，按下鼠标左键并将光标拖曳到另外一个类或接口上，释放鼠标，在类之间或类与接口之间就会产生一个关联。

步骤02　双击关联，打开关联属性窗口，如图 8.62 所示。

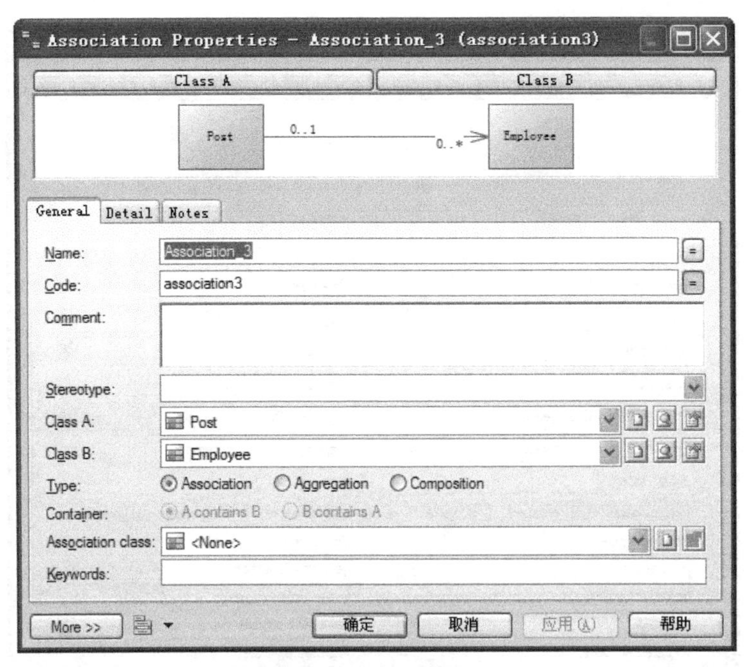

图 8.62　关联属性窗口

其中 General 选项卡各参数含义如下：

- Name 和 Code：关联的名称和代码。
- Comment：注释。
- Stereotype：版型。包括 implicit，表示关联仅仅是一个概念。
- ClassA 和 ClassB：表示用来关联的双方。
- Type：关联的类型，包括 Association（关联）、Aggregation（聚集）和 Composition（组合）。
- Container：包含。
- Associations class：当前关联可以拥有的关联类。关联类表示用一个类进一步细化关联信息。关联类同时具有类和关联的属性。
- Keywords：关键字。

步骤 03　单击 Detail 选项卡，可以详细定义与角色相关的属性，如图 8.63 所示。

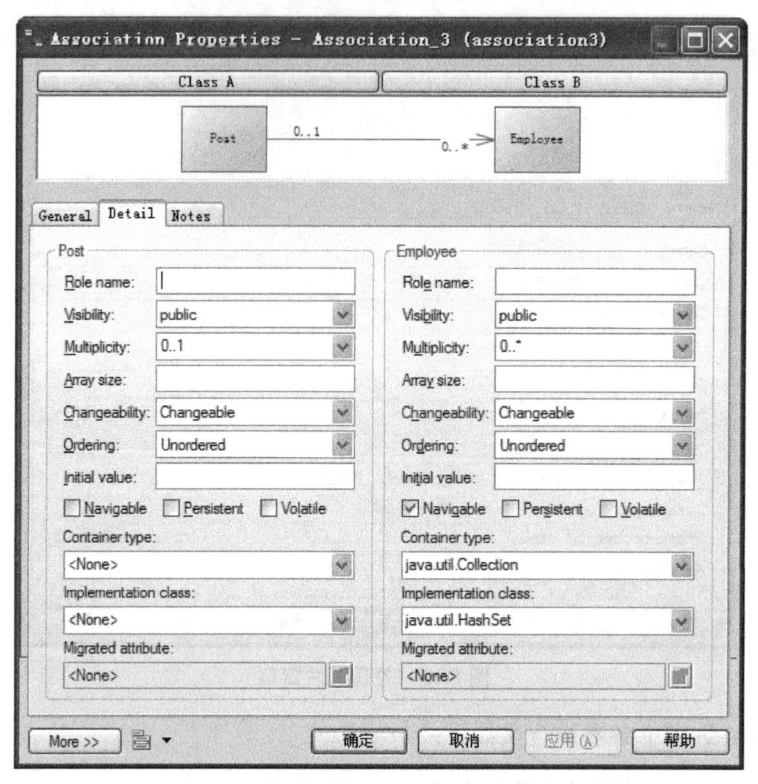

图 8.63　关联属性窗口（Detail 选项卡）

其中各参数含义如下：

- Role name：角色名。
- Visibility：关联的可视性。包括 Public、Private、Protected 和 Package。
- Mulitiplicity：关联类的实例的最小和最大基数。包括 0..1，0..*，1..1，1..*和*。
- Array size：当 Mulitiplicity 取值大于 1 时，指定一个准确的数组的大小。
- Changeability：指定是否可以修改，包括 Add-only，Changeable，Read-only 和 Frozen。
- Ordering：表示排序方式，包括 Stored、Ordered 和 Unordered。
- Initial value：指定初始值。
- Navigable：表示关联的方向性。
- Persistent：表示持久性。
- Volatile：表示不稳定性。
- Container type：容器类型。
- Implementation class：实现类。
- Migrated attribute：迁移属性。

步骤 04　单击“确定”，完成定义。

在创建关联过程中，通过定义 Aggregation 或 Composition 属性，可以把角色定义为聚集或组合类型。聚集表示在参与关联的两个类中，一个代表整体，一个代表部分。例如，一个Department 是由多个 Employee 构成等，这是聚集的一个例子。在类图中聚集用空心的菱形表示，如图 8.64 所示。

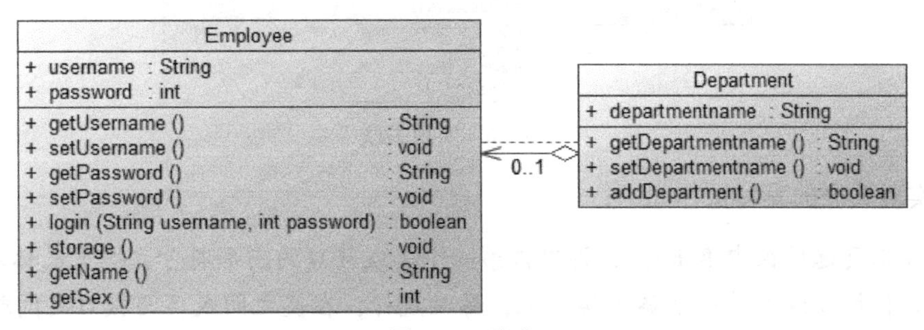

图 8.64 聚集

组合是聚集的一种特殊形式，表示整体拥有各个部分，部分与整体共存亡，整体不存在了，部分也会随之消亡。例如，Power 是多个 Poweritem 组成的，一旦 Power 不存在了，Poweritem 也就没有意义了。在类图中组合用实心的菱形表示，如图 8.65 所示。

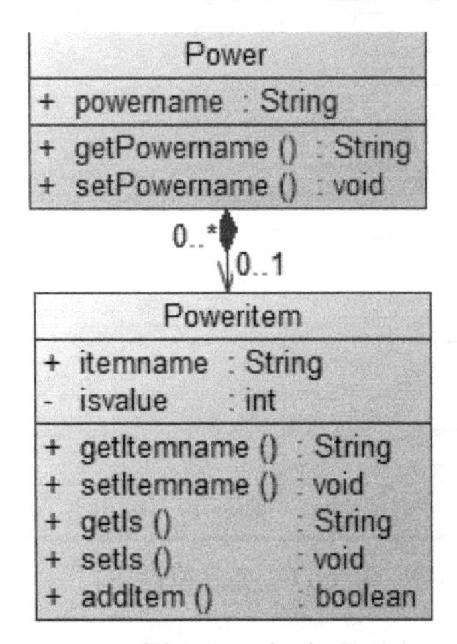

图 8.65 组合

② Realization（实现）

实现是类和接口之间的关联。在实现关联中，类的实现方法在接口中指定，接口被称之为详细说明元素，类被称之为实现元素。在类与接口之间可以建立多个实现关联，但是最好只建立一个，当利用 OOM 产生其他模型时，如果存在多个实现关联，系统会显示警告信息。实现关联是具有方向性的，箭头总是指向接口方向。在 Person 与 Employee 之间产生了一个实现关联，如图 8.66 所示。

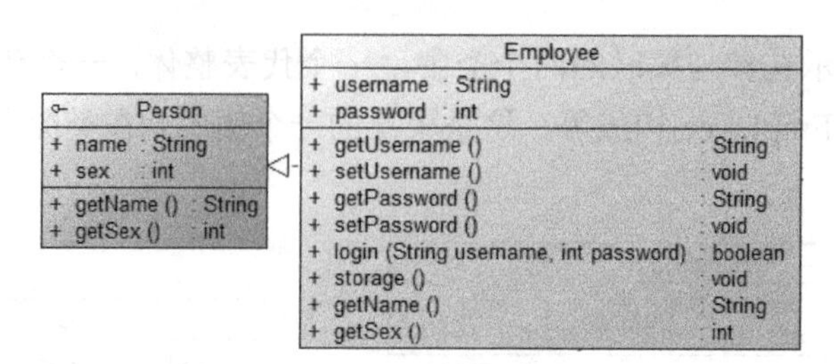

图 8.66 实现关联

创建实现关联的具体操作如下：

步骤01 在工具选项板中单击，再单击第一个类或接口的图形符号，按下鼠标左键，并将光标拖曳到另外一个类或接口上，释放鼠标，在类之间或类与接口之间就会产生一个实现关联。

步骤02 双击实现关联，打开实现关联属性窗口，如图 8.67 所示。

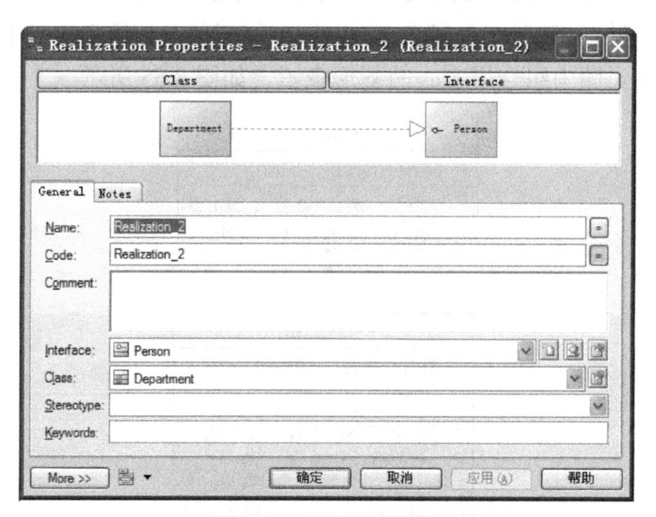

图 8.67 关联属性窗口

其中 General 选项卡各参数含义如下：

- Name 和 Code：名称和代码。
- Comment：注释。
- Interface：接口。
- Class：类。
- Stereotype：版型。
- Keywords：关键字。

步骤03 单击“确定”，完成定义。

除了在图 8.47 中出现的关联和实现两种联系外，还有两种常用的联系：依赖和泛化，现分别介绍如下。

③ Dependency（依赖）

依赖表示一个类依赖于另一个类的定义，其中一个类的变化将影响另外一个类。例如如果 A 依赖于 B，则 B 体现为局部变量，方法的参数或静态方法的调用。在类与接口、两个类或两个接口之间等都可以产生依赖关系。依赖关系使用带箭头的虚线表示，如图 8.68 所示。

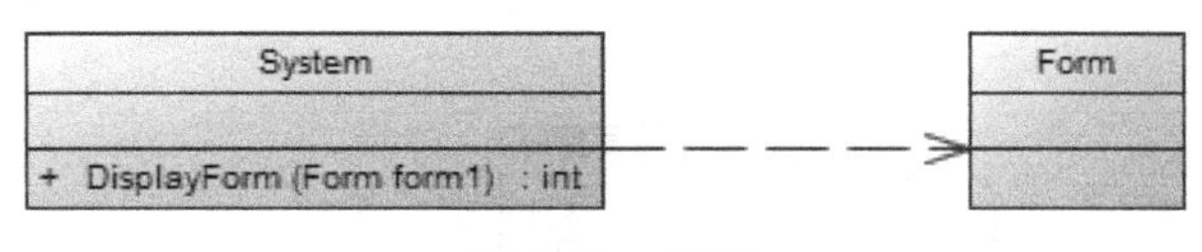

图 8.68　依赖

创建依赖关联的具体操作如下：

步骤 01　在工具选项板中选择，单击第一个类或接口的图形符号，按下鼠标左键并将光标拖曳到另外一个类或接口上，释放鼠标，在类之间或类与接口之间就会产生一个依赖。

步骤 02　双击依赖，打开依赖属性窗口，如图 8.69 所示。

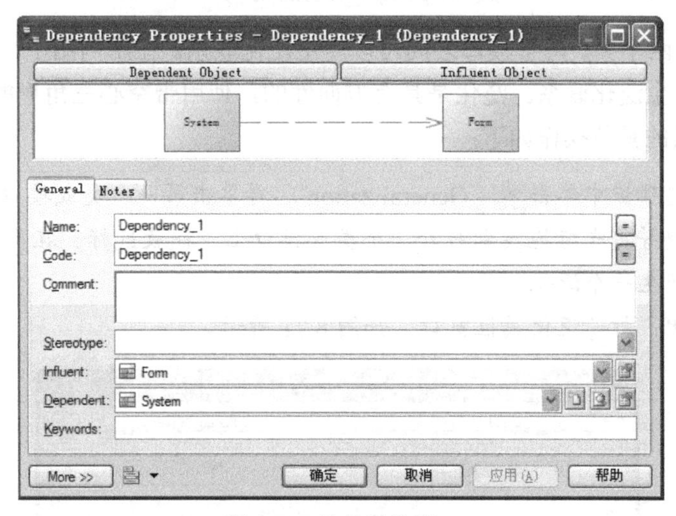

图 8.69　依赖属性窗口

其中 General 选项卡各参数含义如下：

- Name 和 Code：名称和代码。
- Comment：注释。
- Stereotype：版型。
- Influent：被依赖方，对 Dependent 产生影响的接口或类。
- Dependent：依赖方，可以是接口或类。
- Keywords：关键字。

步骤 03　单击“确定”按钮，完成定义。

④ Generalization（泛化）

泛化关系是一般元素和具体元素之间的一种分类关系。具体元素与一般元素完全一致，但包含一些额外的信息。在允许使用一般元素的场合，可以使用具体元素的实例。例如，家具是一个一般概念，而桌子和椅子是一个具体概念。在家具和桌子、椅子之间就可以产生一个泛化联系。如图 8.70 所示。

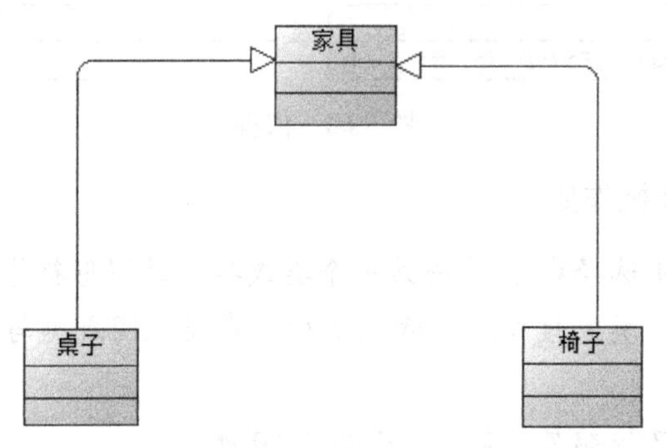

图 8.70　泛化联系

在类图中，在两个类、两个接口之间可以产生泛化联系。在用例图中，在两个用例、两个角色之间都可以产生泛化联系。泛化是具有方向性的，使用带空心三角形的实现表示。

创建泛化关联的具体操作如下：

步骤 01　在工具选项板中单击（Generalization），再单击第一个类或接口的图形符号，按下鼠标左键并将光标拖曳到另外一个类或接口上，释放鼠标，在类之间或类与接口之间就会产生一个泛化。

步骤 02　双击泛化，打开泛化属性窗口，如图 8.71 所示。

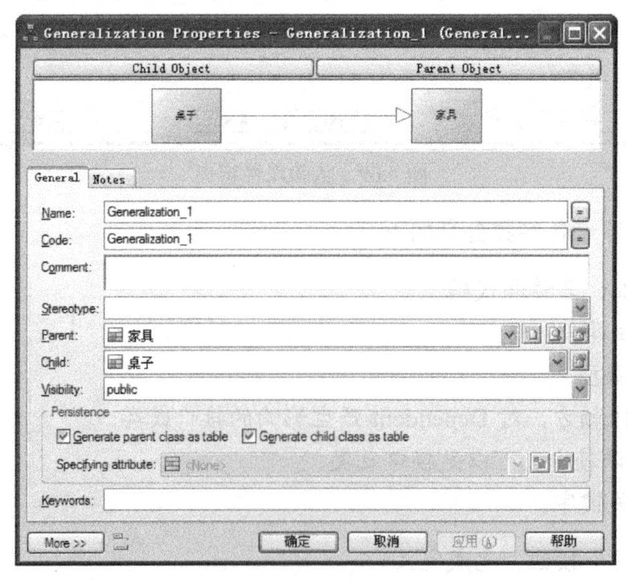

图 8.71　泛化属性窗口

其中 General 选项卡各参数含义如下：

- Name：名称。
- Code：代码。
- Comment：注释。
- Stereotype：版型。
- Parent：父类。
- Child：子类。
- Visibility：可视性。
- Persistence：持久性。
- Keywords：关键字。

步骤 03　单击“确定”按钮，完成定义。

8.2.3　OOM 的代码生成技术

1. 代码生成机制

使用 PowerDesigner 建立的 OOM 能够生成面向对象语言的代码，面对对象语言的代码也可以生成 OOM。这样，既可以通过 OOM 分析和设计应用系统的代码，也可以将现有应用系统的代码生成 OOM 进行可视化分析。PowerDesigner 为所有支持的面向对象的语言源文件提供一个标准接口。

在 PowerDesigner 建立的基于 Java 的 OOM 中的类图，能够生成 Java 代码，生成方法如下：

（1）选择 Language → Generate Java Code 菜单项，打开 Java 代码生成窗口，如图 8.72 所示。

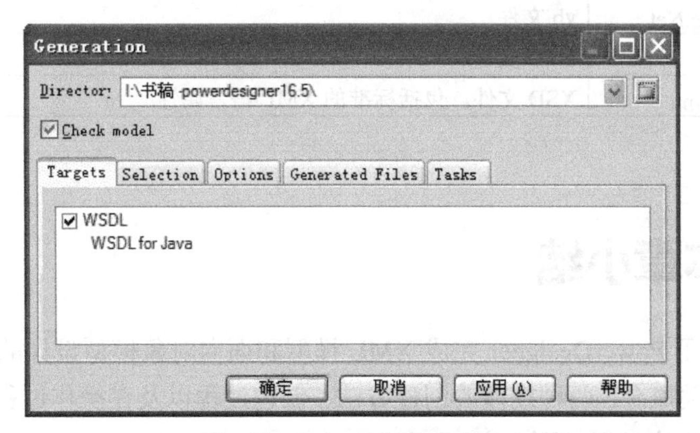

图 8.72　Java 代码生成窗口

（2）使用 Director 下拉列表框后面的 (Select Path)，为生成的文件指定一个目录。

（3）选中 Check model 复选框，表示在生成代码前，先对模型进行有效性检查。

（4）如果该模型使用了扩展模型定义文件，则出现 Targets 选项卡，单击 Targets 选项卡，选择模型中使用的扩展模型定义文件。

（5）单击 Selection 选项卡，指定要生成的对象，默认情况下，所有的对象都会产生，并且 PowerDesigner 的任何后续版本都能识别所做的更改。

（6）单击 Options 选项卡，设置任何必要的生成选项。

（7）单击 Generated Files 选项卡，指定哪些文件将生成。默认情况下，生成所有文件，并且 PowerDesigner 的任何后续版本都能识别所做的更改。

（8）单击 Tasks 选项卡，指定执行任何额外的生成任务。

（9）单击“确定”按钮开始生成。

这时，会出现一个进度框，结果列表显示可以编辑的文件，结果也会显示在位于主窗口底部的“输出”窗口的 Generation 选项中，所有文件都生成在目标目录中。

2. 生成不同代码

默认情况下，PowerDesigner 的 OOM 支持许多类型的面向对象语言代码的生成，支持的类型如表 8.16 所示。

表 8.16　OOM 支持的面向对象语言

对象语言	生成
Analysis	这种语言未生成任何文件，主要用于建模目的
C#	.CS 定义文件
C++	C++定义文件（.h 和.cpp）
IDL-CORBA	IDL-CORBA 定义文件
Java	模型中 Java 类和接口文件，包括支持 EJB 和 J2EE
PowerBuilder	模型中.PBL 的应用程序或.SRU 文件
Visual Basic.Net	.vb 文件
XML–DTD	.DTD 文件
XML–Schema	.XSD 文件，包括标准的 XML 语言属性

8.3 本章小结

本章介绍了采用 PowerDesigner 完成 XML 模型和面向对象模型设计的具体方法，主要包括：两种模型的相关概念、两种模型的创建方法、创建过程以及在操作过程中的注意事项。通过本章的学习，读者应掌握如下内容：

1. 掌握 XML 模型相关术语：文档类型定义文件、XML 模式定义文件和 XML 数据简化定义文件等。

2. 熟练掌握采用 PowerDesigner 创建不同类型 XML 文件的方法和具体实现过程。

3. 掌握创建不同类型 XML 文件过程中常用参数的含义。
4. 掌握 OOM 模型相关术语：用例图、时序图和类图等。
5. 熟练掌握采用 PowerDesigner 创建用例图、时序图和类图的方法和具体实现过程。
6. 掌握创建用例图、时序图和类图过程中常用参数的含义。
7. 掌握 OOM 代码的代码生成技术。

8.4 习题八

1. XML文件具有哪些特点？
2. XML有几种文件类型？
3. 给出 XML 数据简化定义文件的文件结构。
4. 新建OOM时如何指定首先生成的图是用例图？
5. 时序图中包含哪些基本要素？
6. 如何将类中的操作标识为private？
7. 如何预览一个类的代码？

第 9 章 模型报告

PowerDesigner 不仅提供了丰富、灵活的软件系统建模功能，同时还提供了完善的模型报告编辑功能，通过模型报告以文档的形式描述模型，为软件系统提供详尽的文档资料。PowerDesigner 能够对模型报告文档进行精细的控制，不但可以对文档所包含的内容项进行设置，还可以对内容项的格式进行设置。为此，PowerDesigner 提供了多种方法及报告模板，帮助用户迅速完成模型报告的设计、修改、输出工作。

PowerDesigne 16.5 重构了模型报告编辑器，为单模型报告和多模型报告提供了强大的图形环境：可以同步大纲视图和详细设计内容及整体结构；简化了项目报告、内容和格式的编辑。PowerDesigne16.5 支持传统的模型报告编辑格式，允许用户选择，并提供了将现有报告转换为新格式的功能。

9.1 创建单模型报告

针对一个模型生成的模型报告称为单模型报告。在 PowerDesigner 中可以采用报告向导、报告编辑器以及报告模板三种方法生成单模型报告。

9.1.1 采用报告向导生成单模型报告

初学者可以采用报告向导工具生成单模型报告，在报告向导的帮助下一步步完成报告生成工作。具体操作步骤如下：

步骤 01 打开需要生成报告的模型。

步骤 02 选择 Report→Report Wizard...菜单项，打开生成模型报告向导窗口，如图 9.1 所示。

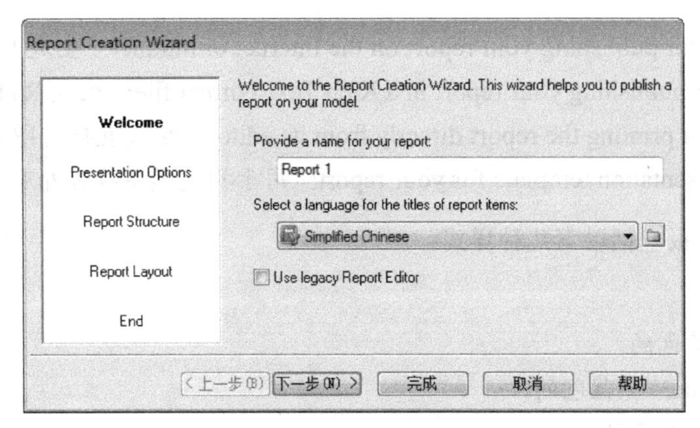

图 9.1 报告向导欢迎界面

其中：

- Provide a name for your report：用于指定模型报告名称。
- Select a language for the titles of report items：用于指定模型报告采用的语言。可以利用 Select Path（路径选择）工具选择语言资源文件所在位置。
- use legacy Report Editor：是否使用传统的报告编辑器。

PowerDesigner 提供了多种语言，例如 English（英语）、French（法语）、German（德语）、Korean（韩语）Simplified Chinese（简体中文）、Traditional Chinese（繁体中文）、Czech（捷克语）。

在 PowerDesigner 中可以使用系统提供的语言资源文件，也可以采用自定义语言资源文件。语言资源文件是一种以.XRL 为后缀的 XML 文件，用于约束报告中可打印字符文本。一个语言资源文件可以被多个报告共享。

步骤 03 单击“下一步”按钮，打开模型报告格式选项设置界面，如图 9.2 所示。

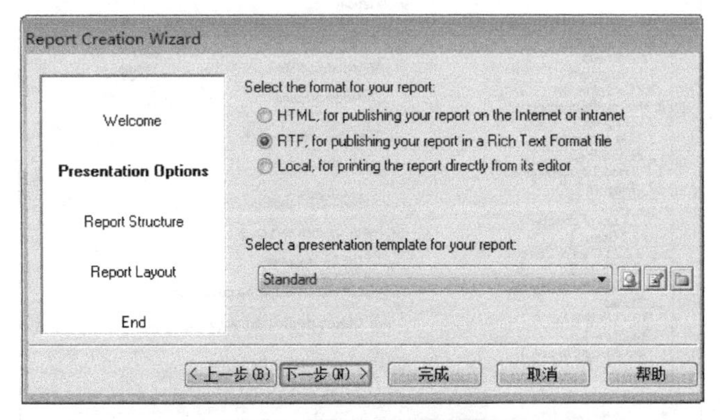

图 9.2 格式选项设置界面

其中：

- Select the format for your report：用于指定模型报告生成格式，包括以下三种格式：

- ➢ HTML, for publishing your report on the Internet or intranet：生成 HTML 文档。
- ➢ RTF, for publishing your report in a Rich Text Format file：生成 RTF 文档。
- ➢ Local, for printing the report directly from its editor：生成直接打印文档。
- Select a presentation template for your report：用于指定模型报告外观模板。

HTML 外观模板包括以下几种样式：

- ➢ None
- ➢ Blue：蓝色的。
- ➢ Light Blue：亮蓝色的。
- ➢ Yellow：黄色的。

RTF 外观模板包括以下几种样式：

- ➢ None
- ➢ Classic：古典的。
- ➢ Modern：现代的。
- ➢ Professional：专业的。
- ➢ Standard：标准的。

可以通过 Preview 查看每一种外观样式。

步骤 04 单击“下一步”按钮，打开模型报告内容结构设置界面，如图 9.3 所示。从中选择报告中包含的内容结构。

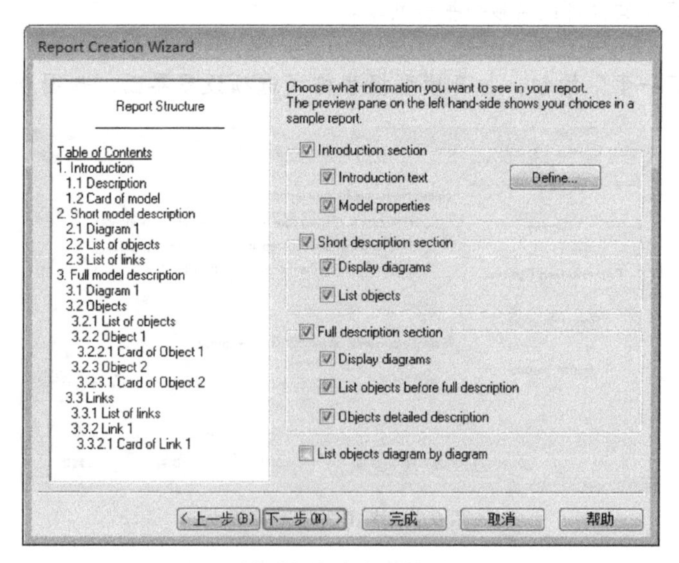

图 9.3　模型报告内容结构设置界面

其中：右侧用于选择报告内容，左侧用于预览报告结构。

报告内容分以下 3 节：

- Introduction Section：简介部分。
  - Introduction Text：介绍性文本。
  - Model propertied：模型属性。
- Short description section：简短描述部分。
  - Display diagrams：显示图形。
  - List objects：对象列表。
- Full description section：完全描述部分。
  - Display diagrams：显示图形。
  - List objects before full description：详细描述前显示对象列表。
  - Objects detailed description：详细描述对象。
- List objects diagram by diagram：是否采用对象图列表代替平面显示。

步骤 05 单击“下一步”按钮，打开模型报告样式设置界面，如图 9.4 所示。

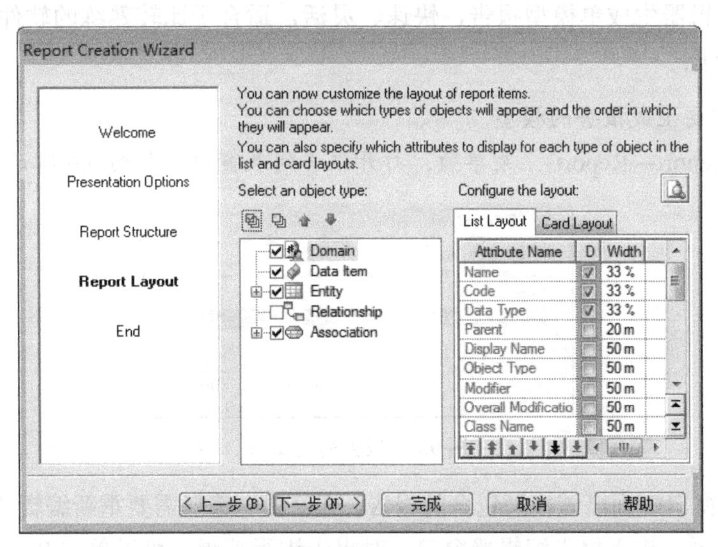

图 9.4 模型报告样式设置界面

其中：

中间列用于指定报告中包括的对象类型。另外，还可以在中间列选定某对象，在右侧列设置该对象的列表样式（List Layout）和卡片样式（Card Layout）。

如果模型中存在包，则在图 9.3 中单击“下一步”按钮后会出现包选项设置界面，在其中完成包显示格式的设置。

步骤 06 单击“下一步”按钮，打开模型报告设置结束界面，如图 9.5 所示。单击“Preview”按钮，预览报告样式。单击“完成”按钮结束模型报告设置工作。

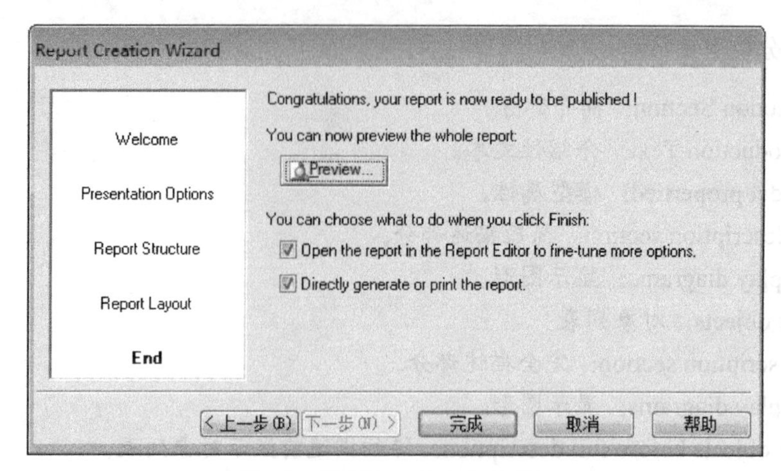

图 9.5　模型报告设置结束界面

9.1.2　采用报告编辑器生成单模型报告

采用报告编辑器生成单模型报告，快速、灵活，适合于比较熟练的软件系统建模人员。具体操作步骤如下：

步骤 01　打开需要生成报告的模型。

步骤 02　选择 Report→Reports...菜单项，打开报告列表窗口，如图 9.6 所示。

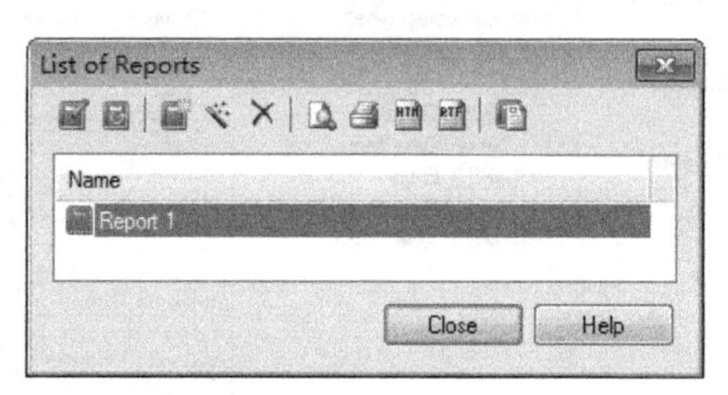

图 9.6　报告列表窗口

在报告列表窗口中列出该模型包含的报告，可以从中选择需要重新编辑的报告，然后单击 Edit Report 工具，进入报告编辑器窗口，对报告进行编辑；可以单击 Report Wizard（报告向导）工具，进入模型报告向导窗口，采用报告向导创建模型报告；可以单击 New Report 工具，如图 9.7 所示，建立新的模型报告。另外，还可以对模型报告进行删除、预览、打印、生成 HTM 文档或 RTF 文档或者进行模板管理等操作。

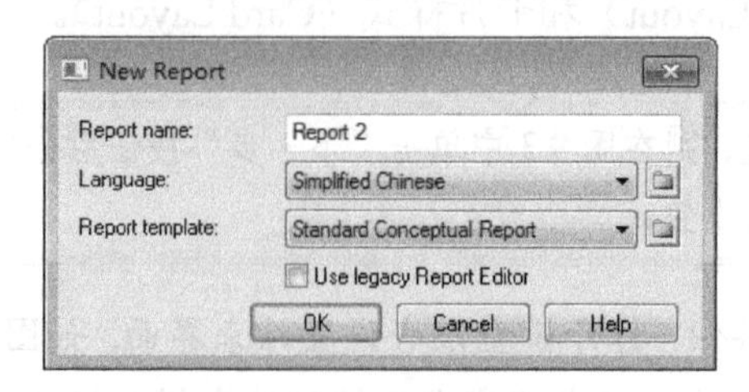

图 9.7　新建模型报告窗口

其中：

- Report name：用于指定报告名称。
- Language：用于指定报告采用的语言。
- Report template：用于指定报告采用的模板。可以利用 Select Path 工具选择报告模板所在位置。
- use legacy Report Editor：是否使用传统的报告编辑器。

系统提供的模板主要包括以下几类：

- None：空报告。
- Full：显示内容包括所有模型选项以及内容列表。
- List：显示内容包括所有列表项以及标题项。
- Standard：显示内容包括模型图、包图、大部分列表项以及内容列表。

在 PowerDesigner 中可以使用系统提供的报告模板，也可以使用自定义报告模板，自定义报告模板的过程以及使用方法详见 9.4 节。

步骤 03　单击 OK 按钮，进入模型报告编辑器窗口，如图 9.8（a~b）所示。其中（a）为新版报告编辑器，（b）为传统报告编辑器。可以在报告编辑器中实现对报告的编辑、预览、打印、生成 HTML 或 RTF 文档工作。编辑结束后保存报告。报告编辑器的具体使用方法见 9.3 节。

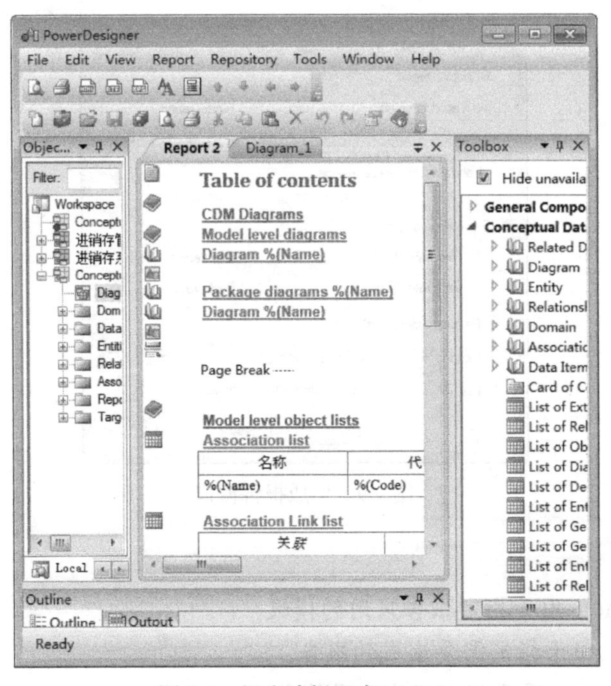

图 9.8　报告编辑器窗口（a）

图 9.8 报告编辑器窗口（b）

9.1.3 采用报告模板生成单模型报告

采用报告模板生成单模型报告具体操作步骤如下：

步骤 01 打开需要生成报告的模型。

步骤 02 选择 Report→Generate Report…菜单项，打开生成报告窗口，如图 9.9 所示。

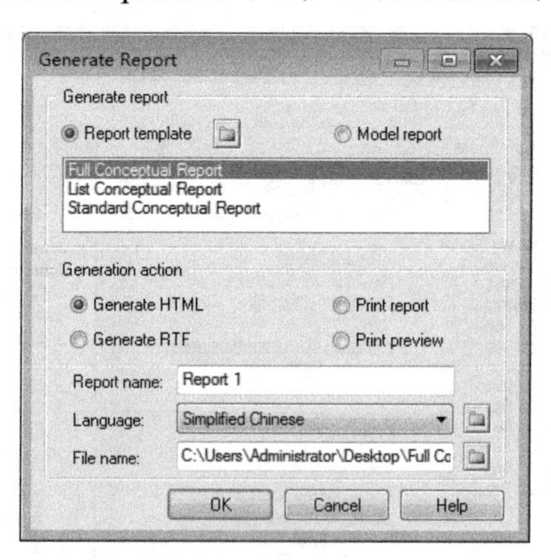

图 9.9 生成报告窗口

其中：

- Report template：用于指定报告采用的模板。
- Model report：用于指定需要生成的报告。
- Generation action：用于指定报告生成格式。

➢ Generate HTML：生成 HTML 报告，文件扩展名为.html。
➢ Generate RTF：生成 RTF 报告，文件扩展名为.rtf。
➢ Print report：打印报告。
➢ Print preview：打印预览。

- Report name：用于指定报告名称。
- Language：用于指定报告采用的语言。
- File name：用于指定报告的文件名及所在位置。

步骤 03　单击 OK 按钮，生成报告。

9.2 创建多模型报告

针对多个模型生成的模型报告称为多模型报告。创建多模型报告的具体操作步骤如下：

步骤 01　打开需要生成报告的多个模型中的任何一个模型。

步骤 02　选择 File→New Model 菜单项，打开新建模型窗口，如图 9.10 所示。在新建模型窗口中选择 Multi-Model Report，建立多模型报告。并输入模型名称和报告名称，选择报告采用的语言和报告模板。

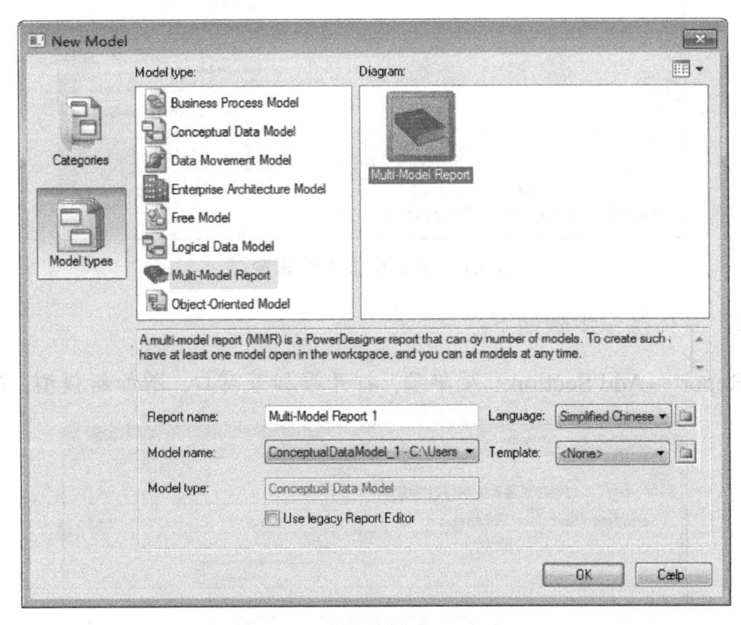

图 9.10　新建多模型报告窗口

其中：

- Report name：用于指定报告名称。

- Model name：用于指定模型名称。
- Model type：用于显示模型类型。
- Language：用于指定报告采用的语言。
- Template：用于指定报告模板。
- use legacy Report Editor：是否使用传统的报告编辑器。

步骤 03 单击 OK 按钮，打开多模型报告编辑窗口，如图 9.11 所示。在 Toolbox 中选择需要的项目，完成报告项目设置工作。项目选择的方式为：鼠标双击需要的项目，或者单击鼠标左键将需要的项目拖曳到报告的合适位置。

由于在上一步中选择了空模板 None，因此图 9.11 中 Section_1 内容为空。

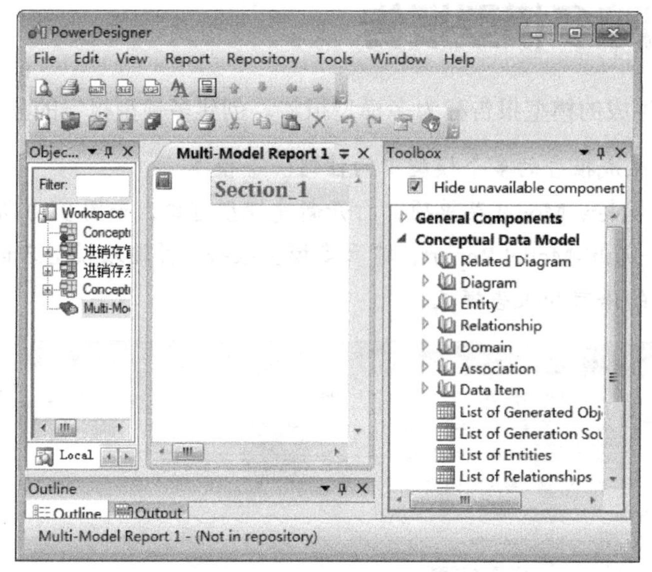

图 9.11 多模型报告编辑窗口

加入新模型，具体操作步骤如下：

步骤 01 选择 Report→Add Section...菜单项，打开添加节窗口，增加新模型，如图 9.12 所示。

图 9.12 添加节窗口

其中：

- Model：用于选择新模型。

- Template：用于指定新增模型的模板。

步骤02　单击 OK 按钮，返回多模型报告编辑窗口。在编辑窗口以及 Toolbox 中将出现新增内容。如图 9.13 所示。

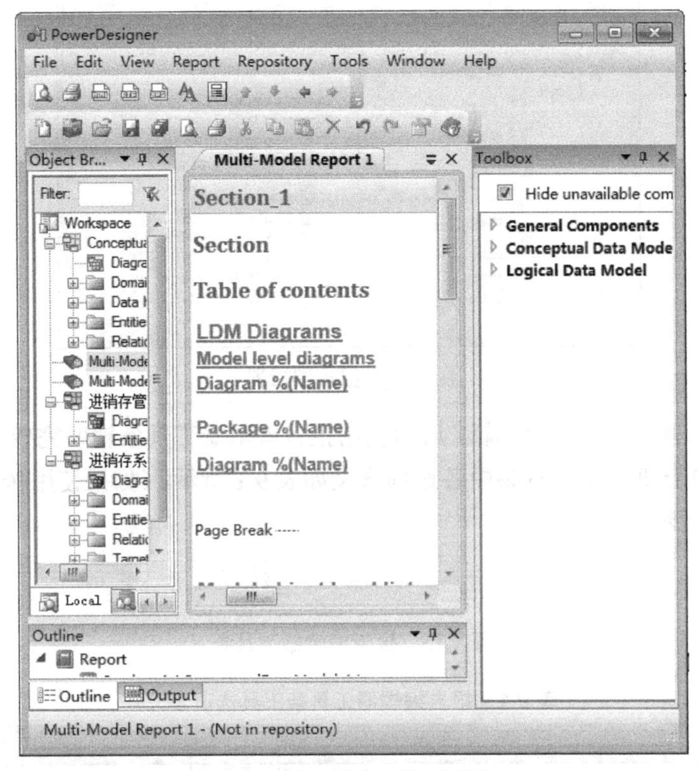

图 9.13　增加模型后的编辑窗口

另外，也可以通过通用项目（General Components）增加节（Section），然后在快捷菜单中选择 Change Section Model..修改该节对应的模型。

步骤03　选择新增节，设置相应模型报告内容。

步骤04　利用报告工具栏预览、打印或生成 HTML、RTF 文档。

步骤05　保存多模型报告，多模型报告文件扩展名为.mmr。

9.3 报告编辑器

报告编辑器用于对模型报告进行编辑。报告编辑器窗口如图 9.14 所示。报告编辑器由大纲视图（Outline）、设计区（Design）、工具箱（Toolbox）和属性（Properties）几个区域组成，大纲视图（Outline）用于显示报告框架结构，设计区（Design）用于显示、设置报告内容结构；工具箱（Toolbox）显示能够加入报告的项目，属性（Properties）用于显示大纲视图（Outline）

或设计区（Design）中正在被编辑的项目属性。

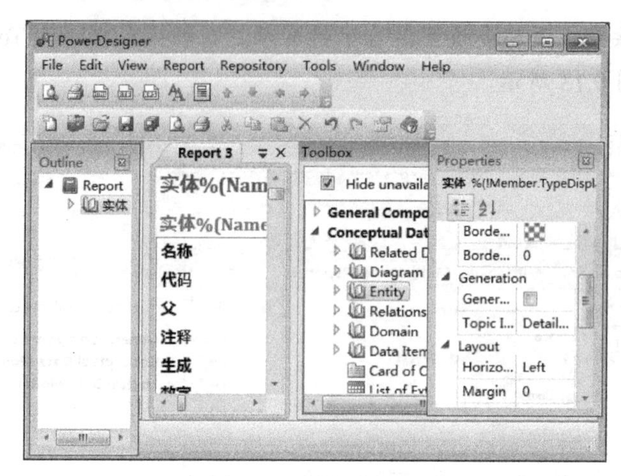

图 9.14 报告编辑器

使用报告编辑器对报告进行编辑，通常使用报告编辑器工具条辅助完成编辑工作。报告编辑器工具条如图 9.15 所示，工具条中各选项含义如表 9.1 所示。（如果使用传统报告编辑模式，工具条如图 2.21 所示）

图 9.15 报告编辑器工具条

表 9.1 报告编辑器工具条工具选项含义

序号	图标	英文名称	含义	序号	图标	英文名称	含义
1		Print Preview	打印预览	7		Show/Hide Header and Footer	显示/隐藏页眉/页脚
2		Print	打印	8		Up One Level	上移一行
3		Generate HTML	生成 HTML 文档	9		Down One Level	下移一行
4		Generate RTF	生成 RTF 文档	10		Raise Level	升一级
5		Generate XML Paper Specification（XPS）	生成 XML 格式文档	11		Lower Level	降一级
6		Edit Styles	编辑样式				

9.3.1 报告项目管理

不同模型包含的项目不同。默认情况下工具箱中仅显示可用的通用项目（General Components）以及与选定模型相关的项目。

1. 添加项目

在报告中添加项目的具体方法如下：

双击工具箱中的项目，该项目将被添加到报告中，出现在报告当前选定项目下方；或者拖曳工具箱中的项目到报告的目标位置。

在图 9.14 中添加多个项目之后的结果如图 9.16 所示。

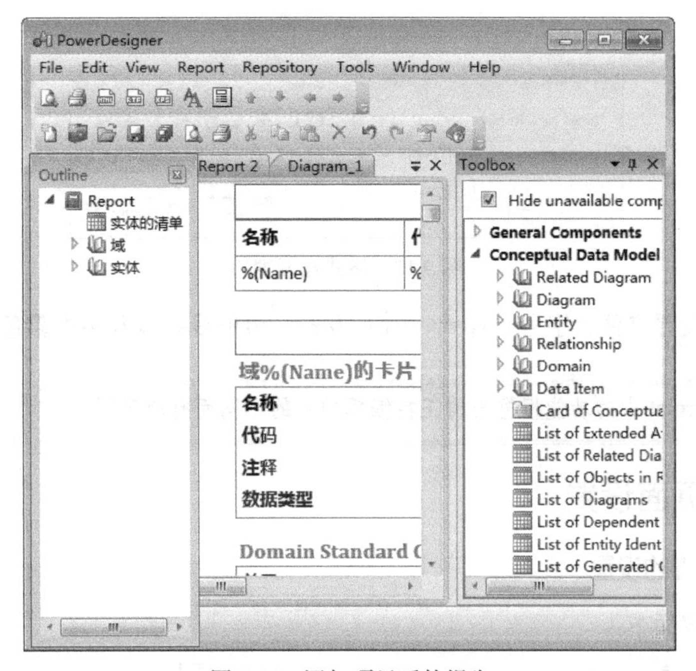

图 9.16 添加项目后的报告

2. 移动项目

在报告中，各个项目的出现顺序以及嵌套深度允许修改，可以采用以下几种方法实现：

- 采用鼠标拖曳的方法将需要移动的项目移动到目标位置。
- 采用工具条中的上移一行工具、下移一行工具、升一级工具和降一级工具实现项目的移动。
- 采用 Report 菜单中的移动项目菜单项完成项目的移动。

3. 设置项目格式

项目格式包括字体，段落，边界等等。可针对 Outline（大纲视图）中的项目整体设置项目格式；也可以针对报告中的子项目进行格式设置。项目格式具体设置步骤如下：

（1）在大纲视图或报告中选择一个项目。

（2）在快捷菜单或工具条中选择相应功能对项目进行编辑。根据项目类别和所处的位置不同快捷菜单中出现的菜单项不同，常用的菜单项如表 9.1 所示。

（3）格式设置

具体操作步骤如下：

① 在报告项目中选择需要修改的项目，例如修改实体名称。

② 在文本框中直接输入需要显示的名称。

③ 在快捷工具条中选择编辑格式（预览或者删除）菜单项，打开格式设置窗口，如图 9.17 所示。

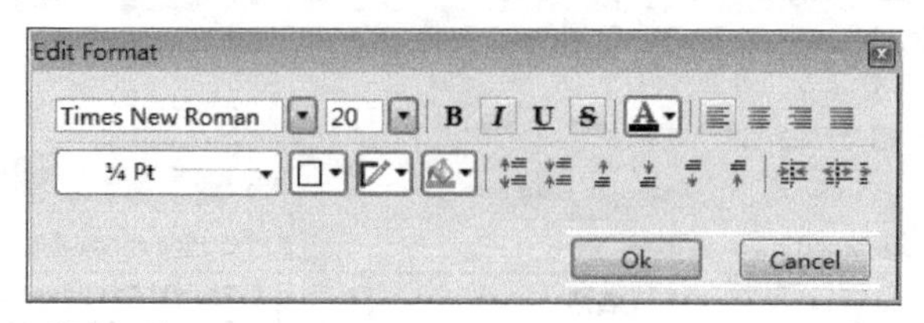

图 9.17 格式设置窗口

其中，可以设置字体、字号、样式、对齐方式、边框线条以及边框颜色和填充色等。

Edit Format 中的功能根据当前正在编辑项目的不同而有所不同。

9.3.2 报告页面设置

1. 页眉和页脚的设置

具体操作步骤如下：

（1）在工具条中选择打开或隐藏页眉页脚工具选项，打开页眉和页脚（Header and Footer）设置窗口，如图 9.18 所示。

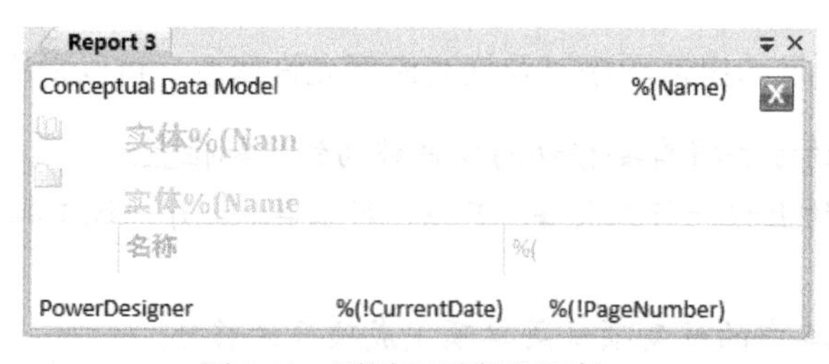

图 9.18 页眉和页脚设置窗口

页眉和页脚都分为三个部分，左、中和右，每个部分都可以写文本和变量。

页眉和页脚中的变量包括：

- %（!CurrentDate）：日期。
- %（!CurrentTime）：时间。
- %（Model.Name）：模型名称。
- %（Model.Code）：模型代码。

- %（Model.Metaclass.Library.LocalizedName）：模块名称。
- %（!ApplicationName）：应用名称。
- %（!PageNumber）：页码。

（2）单击需要修改的页眉或页脚区域，输入修改内容。

（3）设置页眉和页脚的格式。设置结果如图 9.19 所示。

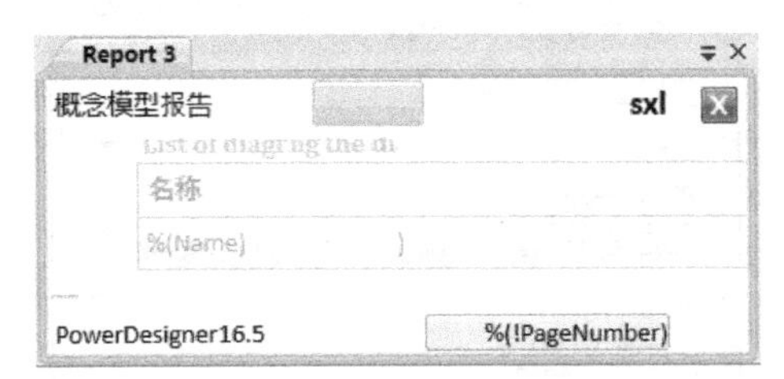

图 9.19　页眉和页脚设置结果

2. 页面设置

具体操作步骤如下：

（1）在工作区中打开模型报告。

（2）在大纲视图（Outline）中选择 Report，在快捷菜单中选择 Page Setup…，打开页面设置窗口，如图 9.20 所示。在页面设置窗口中选择纸张及来源，设置边距及方向。

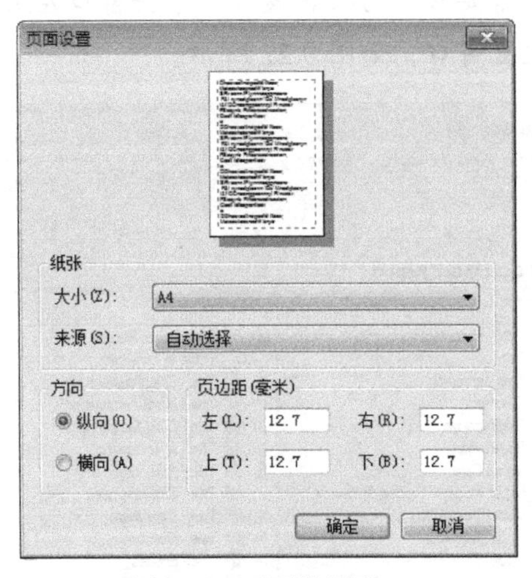

图 9.20　页面设置窗口

9.4 模板管理

采用 PowerDesigner 生成模型报告，不仅可以应用系统模板，也可以应用自定义的模板，并允许修改系统模板。

9.4.1 修改模板

修改系统模板的具体操作步骤如下：

步骤01 选择 Report→Report Templates 菜单项，打开报告模板列表窗口，如图 9.21 所示。也可以通过 Tools→Resources→Report Templates 菜单项打开报告模板列表窗口。

图 9.21 报告模板列表窗口

步骤02 在列表窗口中选择需要修改的报告模板。单击窗口左上方的 Properties 工具，打开报告模板属性设置窗口，如图 9.22 所示。

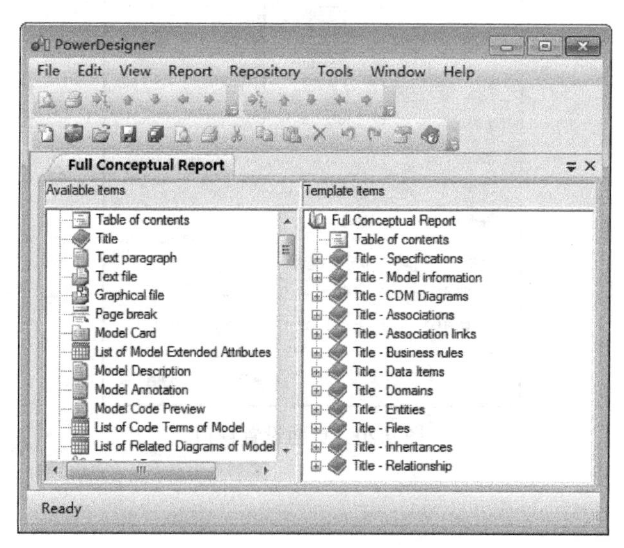

图 9.22 报告模板属性窗口

步骤03 在模板项目中设置模板内容结构及各项目格式。

步骤04 保存模板。

9.4.2　自定义模板

自定义模板的具体操作步骤如下：

步骤 01　选择 Report→Report Templates 菜单项，打开报告模板列表窗口，如图 9.21 所示。单击窗口左上方的 New 工具，打开新建报告模板窗口，如图 9.23 所示。

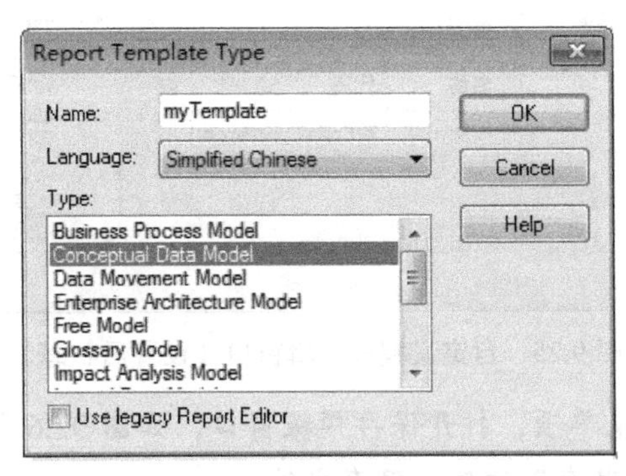

图 9.23　新建报告模板窗口

其中：

- Name：设置新建模板名称。
- Language：选择新建报告模板采用的语言。
- Type：选择新建报告模板类型。

步骤 02　单击 OK 按钮，打开模板编辑窗口，如图 9.24 所示。

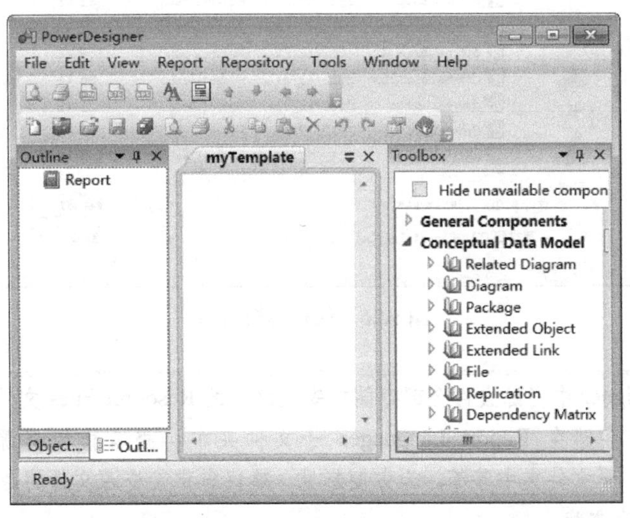

图 9.24　自定义模板编辑窗口（初始状态）

步骤 03　在模板编辑窗口中编辑模板项目及格式，如图 9.25 所示。在 CDM 模板中添加了报告标题以及实体列表项目。

图 9.25　自定义模板编辑窗口（设置后状态）

步骤 04　选择 File→Save 菜单项，打开保存模板窗口，如图 9.26 所示。报告模板文件的扩展名为.rtp。单击“保存”按钮，保存文件。

图 9.26　保存模板窗口

PowerDesigner 中资源文件全部存储在安装路径的 Resource Files 文件夹中，例如报告语言资源文件存储在 Report Languages 子文件夹中；报告模板资源文件存储在 Report Templates 子文件夹中等等。为方便起见，建议自定义资源文件的命名应直观，存储位置方便记忆和查找。

步骤 05　应用自定义报告模板。

可以采用两种方式应用自定义模板，一种是在新建模型报告窗口中选择自定义报告模板，如图 9.27 所示。另一种方式是在生成报告窗口中选择自定义报告模板，如图 9.28 所示。

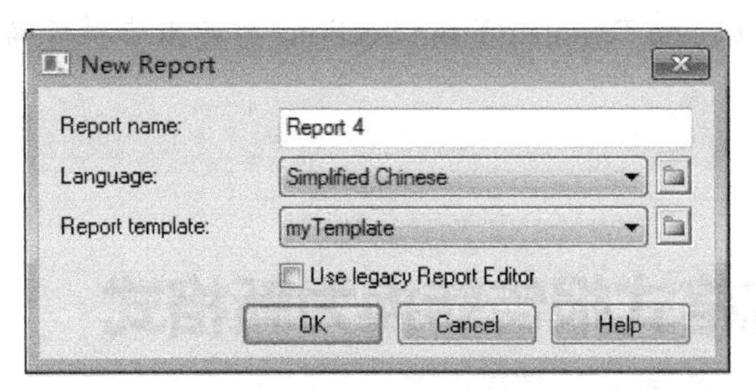

图 9.27　在新建模型报告中选择自定义报告模板

图 9.28　在生成报告窗口中选择自定义报告模板

步骤 06　自定义报告模板应用预览。

采用图 9.25 中定义的报告模板生成的报告如图 9.29 所示。

Conceptual Data Model　ConceptualDataModel_1

1 用户自定义模板

1.1 实体清单

名称	代码
goods	goods
purchase	purchase
sup	sup
worker	worker

PowerDesigner　2014/8/23　Page 1

图 9.29　自定义模板应用实例

另外，还可以通过模型报告生成模板，步骤如下：

步骤01 打开模型报告。

步骤02 选择 Report→Create Template From Section，打开报告模板编辑窗口，编辑报告模板。

步骤03 保存模板。

9.5 传统格式报告转换为新格式

在 PowerDesigner 16.5 中能够将传统格式的模型报告转换为新格式，具体转换步骤如下：

步骤01 在模型报告列表中选择需要转换的模型报告，如图 9.30 所示。

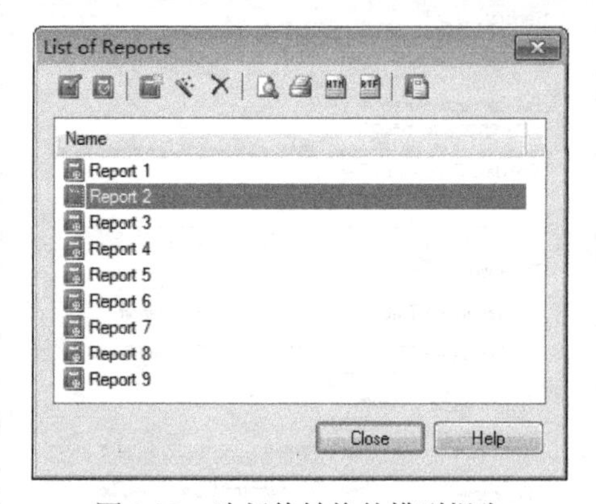

图 9.30 选择待转换的模型报告

步骤02 单击 Upgrade to New Style-Report 图标，进行格式转换。转换过程中可能会丢失信息，系统会给出确认对话框，如图 9.31 所示。

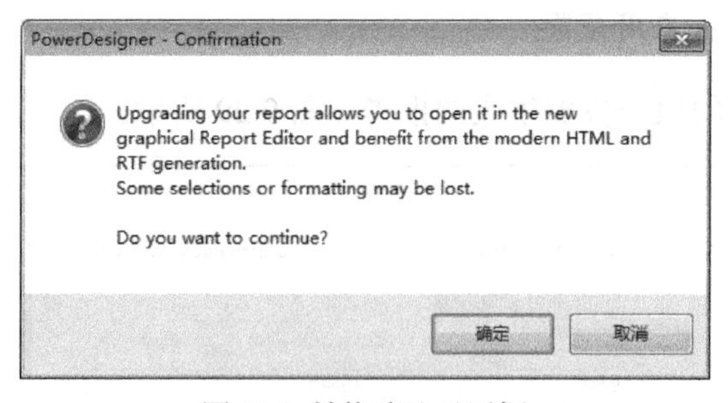

图 9.31 转换确认对话框

步骤03 单击“确定”按钮，完成格式转换。

9.6 本章小结

本章首先介绍了采用 PowerDesigner 生成模型报告的过程，主要包括：单模型报告的生成方法以及具体生成过程，多模型报告的生成过程；然后详细讲述了报告编辑器的使用方法，具体包括：采用报告编辑器设计模型报告内容结构，设置模型报告项目格式，设置模型报告页面格式等；最后介绍了修改报告模板以及自定义报告模板的过程，并讲述了如何应用自定义模板。通过本章的学习，读者应掌握和了解如下内容：

1. 掌握采用 PowerDesigner 生成模型报告的方法和具体操作步骤。
2. 熟练掌握报告编辑器的使用方法。
3. 掌握自定义报告模板的方法，以及应用自定义报告模板的方法。

9.7 习题九

1. 简要叙述采用 PowerDesigner 生成模型报告的特点。
2. 试述采用 PowerDesigner 生成单模型报告有哪几种方法？
3. 简要叙述 PowerDesigner 报告编辑器的功能。
4. 如何在多模型报告中添加模型？
5. 如何为单模型报告增加节（Section）？
6. 如何设置报告的页眉和页脚？
7. 如何改变报告编辑器中报告项目的嵌入深度？
8. 试述 PowerDesigner 安装后，报告语言资源文件及报告模板资源文件默认存放路径。
9. 试述自定义报告模板的方法。

第 10 章 教学管理系统综合实例

本章通过对教学管理系统实例的设计开发，让读者更加熟悉利用 PowerDesigner 进行系统分析和建模的整体过程。

10.1 系统需求概述

教学管理工作关系到高校教学秩序的稳定和教学质量的提高，关系到高校的发展和人才的培养，教学管理在高校中占有相当重要的地位。随着高等教育体制改革的不断深入，传统的教学管理方式早已不能满足教学管理的要求，无法很好地完成教学管理工作。因此，开发高校综合教学管理系统，是深化教务体制改革的有利措施。

10.2 系统分析和设计

该教学管理系统主要包括 6 个核心模块：教学基本信息管理、排课管理、选课管理、考务管理、成绩管理和教学评价管理。教学基本信息管理主要维护学生、教师、教室、课程、教学计划等基本信息，该模块提供了教学管理系统最基础的数据，是后面模块处理的基本依据。排课管理是依据课程、学生、教师、教室、校历、课程课时以及其他条件生成教师课表、教室课表和班级课表。选课管理为学生和教务人员提供不同的入口。学生可以修改个人基本信息，选课、退课、查看自己的课程；教务人员可以及时掌握学生选课的情况，对系统进行全面的管理，如选课信息的录入、查看、修改和删除等。考务管理实现考试计划管理和考场安排管理。成绩管理主要维护成绩信息，方便成绩录入、查询、统计及排名等功能。教学评价管理主要维护评教、评学信息。

10.3 创建需求模型

需求模型用于描述系统需要完成的任务。在管理信息系统中最重要的工作就是保证功能的实现，因此，在本教学管理系统的需求模型中只针对功能需求进行建模，其他内容可由读者补充完成。

根据对“教学管理系统”的需求分析，创建相应的需求模型，具体步骤如下：

1. 新建 RQM

选择 File→New Model 菜单项，打开新建模型窗口，在新建模型窗口中选择 Requirement Model，在 Model Name 处输入模型名称“教学管理系统 RQM”，然后单击 OK 按钮，创建 RQM 模型。

2. 定义用户

创建用户的具体步骤如下：

步骤 01　选择 Model→Users 菜单项，打开用户列表窗口，输入用户名称。

步骤 02　设置用户。属性单击 Properties 工具，打开用户属性窗口，对其设置更详细的信息。

步骤 03　单击“确定”按钮，结束用户定义。

3. 定义用户组

用户组的定义与用户类似，当定义好用户组后，要为用户组分配成员，这样的用户组才有意义。为用户组分配成员的具体步骤如下：

打开 Group 属性窗口，单击 Group Users 选项卡，单击 Add Objects 工具，打开添加对象窗口，从中选择要添加的用户对象，选择结束后单击 OK 按钮，完成为用户组分配成员的操作。

4. 定义业务规则

业务规则是满足业务需求的一系列规则，用于指定信息系统必须做什么或如何构建模型方面的描述清单。定义业务规则的具体步骤如下：

（1）新建扩展模型定义激活业务规则

① 单击 Model→Extended Model Definitions 菜单项，打开扩展模型定义窗口，输入扩展模型定义名称。

② 设置扩展模型定义属性。

单击 Properties 工具，打开扩展模型属性窗口，鼠标右键单击 Profile 节点，从弹出的快捷菜单中选择“Add Metaclasses…”，打开 Metaclass Selection 窗口，单击 PdCommon 标签，

在 Metaclass Selection 列表中选中 BusinessRule，

③ 单击 OK 按钮，退回扩展模型属性定义窗口，此时 Profile 节点下可以看到 BusinessRule 子节点，完成业务规则激活。

（2）选择 Model→Business Rules 菜单项，打开业务规则列表窗口，输入业务规则名称。

（3）选择要编辑的业务规则，单击 Properties 工具，打开业务规则属性窗口，设置业务规则的详细内容，如图 10.1 所示。

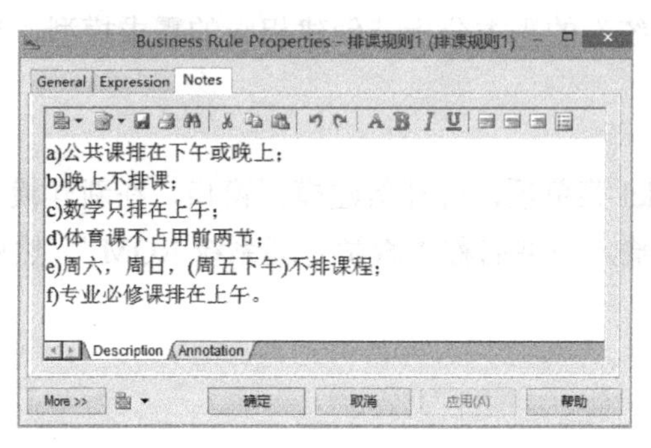

图 10.1　业务规则属性窗口（Notes 选项卡）

其中 Expression 选项卡用来设定公式化的业务规则；Notes 选项卡用来设定业务规则文字说明。

5. 编辑需求文档视图

编辑需求文档视图的具体步骤如下：

（1）增加需求

打开需求文档视图窗口，单击 Insert a Row 工具或单击需求文档视图空白区，增加新的需求；单击 Insert Sub-Object 工具增加子需求；单击 Promote 工具、Demote 工具可以提升或降低子需求的需求层次。

（2）设置需求属性

选择要设置的需求，单击 Properties 工具，打开需求属性窗口，如图 10.2 所示。

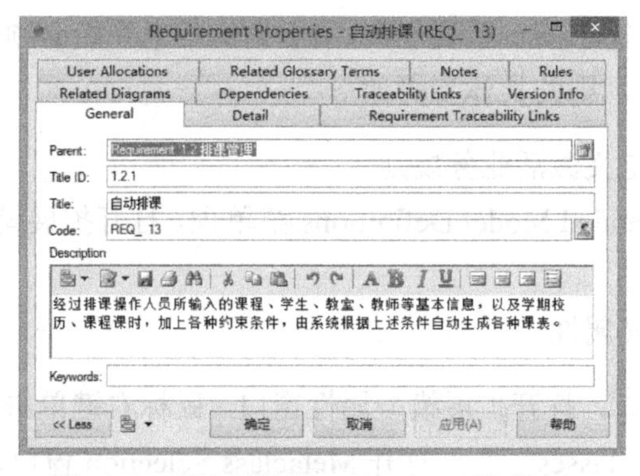

图 10.2　需求属性窗口（General 选项卡）

① General 选项卡用于设置需求的一般信息。

② Detail 选项卡用于设置需求的详细信息，Priority 设定需求的优先级，值越大，优先级越高；Workload 设定开发团队或成员所需要的工作量等。

③ Requirement Traceability Links 选项卡用于进一步扩大需求的范围，为当前需求提供更详细的依据及参考，如图 10.3 所示。

图 10.3　需求属性窗口（Requirement Traceability Links 选项卡）

使用 Add Data Item 工具可以把设计对象连接到当前需求；Add Link to External File 工具可以把外部文件连接到当前需求；Links to Other Requirements 工具可以把同一个模型中的其他需求连接到当前需求。

④ User Allocations 选项卡用于把需求指定到某个用户或用户组上。

⑤ 单击“More>>”按钮，单击 Rules 选项卡，单击 Add Objects 工具，打开选择业务规则窗口，选择所需的业务规则，单击 OK 按钮，如图 10.4 所示，用于将业务规则指定到当前需求上。

图 10.4　需求属性窗口（Rules 选项卡）

⑥ 单击“确定”按钮，完成需求的属性设置。

采用上述方法完成所有需求的设置，结果如图 10.5 所示。

DocumentView_1

	Title ID	Full Description	Code	Priority	Workload	Risk	Status
1	⊟ 1.	功能需求	REQ_ 1	5	62	Undefined	Draft
2	⊟ 1.1	教学基本信息管理 提供教学管理系统最基础的数据，是后面模块处理的基本依据。	REQ_ 2	5	10	Undefined	Draft
3	1.1.1	学生信息管理 维护学生基本信息，包括录入、删除、修改及查看。	REQ_ 8	5	2	Undefined	Draft
4	1.1.2	教师信息管理 维护教师基本信息，包括录入、删除、修改及查看。	REQ_ 9	5	2	Undefined	Draft
5	1.1.3	课程信息管理 维护课程基本信息，包括录入、删除、修改及查看。	REQ_ 10	5	2	Undefined	Draft
6	1.1.4	教室信息管理 维护教室基本信息，包括录入、删除、修改及查看。	REQ_ 12	5	2	Undefined	Draft
7	1.1.5	教学计划管理 维护教学计划基本信息，包括录入、删除、修改及查看。	REQ_ 11	5	2	Undefined	Draft
8	⊟ 1.2	排课管理 依据课程、学生、教师、教室、校历、课程课时以及其他条件生成教师课表、教室课表和班级课表。	REQ_ 3	4.5	10	Undefined	Draft
→	1.2.1	自动排课 经过排课操作人员所输入的课程、学生、教室、教师等基本信息，以及学期校历、课程课时，加上各种约束条件，由系统根据上述条件自动生成各种课表。	REQ_ 13	4.5	5	Undefined	Draft
10	1.2.2	手工调整 将课表的冲突在同一界面中进行显示，用户可直接通过在界面中进行点击、拖拽的操作进行课表调整。	REQ_ 14	4.5	3	Undefined	Draft

图 10.5　需求文档视图

10.4 创建业务处理模型

业务处理模型（BPM）是从业务人员的角度对业务逻辑和规则进行详细描述的概念模型，并使用流程图表示从一个或多个起点到终点间的处理过程、流程、消息和协作协议。创建 BPM 的具体操作如下：

1. 新建 BPM

选择 File→New Model 菜单项，打开新建模型窗口，在新建模型窗口中选择 Business Process Diagram，在 Model Name 处输入模型名称“教学管理系统 BPM”，然后单击 OK 按钮，创建 BPM 模型。

2. 定义业务流程图

选择 View→Diagram→New Diagram→Business Process Diagram 菜单项，在 Name 处输入业务流程图名称“教学管理系统 BPD”。

3. 定义起点

① 选择工具箱上 Start 图标●，在图形设计工作区适当位置单击鼠标左键放置起点，在图形设计工作区空白处单击鼠标右键，或者在工具箱中选择指针（Pointer），将光标形状恢复为指针状态，结束起点定义工作。

② 设置起点属性

双击起点图形符号，打开起点属性窗口，设置起点的基本属性。

默认状态下，在 BPD 中是不显示起点名称的。如果希望显示，通过如下设置来实现。

- 选择 Tools→Display Preferences 菜单项，打开显示参数设置窗口。
- 在 Category 的 Content 节点中选择 Start，打开 Start 的显示参数窗口，选中 Name 复选框。
- 单击 OK 按钮，系统弹出更改格式窗口，选择所做修改要应用的对象。

单击“确定”按钮，完成定义。

4. 定义处理过程

① 选择工具箱上 Process 图标，在图形设计工作区适当位置单击鼠标左键放置处理过程。如果需要定义多个处理过程，只要移动光标到另一合适位置，再次单击鼠标左键即可。在图形设计工作区空白处单击鼠标右键，或者在工具箱中选择指针（Pointer），将光标形状恢复为指针状态，结束处理过程定义工作。

② 设置处理过程属性

双击处理过程图形符号，打开处理过程属性窗口。

- General 选项卡用于设置处理过程的常规属性。
- Implementation 选项卡用于定义处理过程的执行过程。
- Data 选项卡用于定义与处理过程有关的数据对象。数据对象可以新建，也可以使用 Add Objects 工具，选择已有的。

③ 单击“确定”按钮，完成定义。

5. 定义流程

① 选择工具箱上 Flow 图标→，在图形设计工作区选定要设定流程的两个模型对象，在第一个模型对象内单击鼠标并拖动鼠标至第二个模型对象，两个对象间会增加一个流程的图标。在图形设计工作区空白处单击鼠标右键，或者在工具箱中选择指针（Pointer），将光标形状恢复为指针状态，结束流程定义工作。

② 设置流程属性

双击流程图形符号，打开流程属性窗口。

- General 选项卡用于设置流程的常规属性。
- Condition 选项卡用来定义流程条件，当存在多个流程时，可以根据流程条件来选择执行流程。
- Data 选项卡的作用和操作方法同处理过程中的 Data 选项卡。

③ 单击“确定”按钮，完成定义。

6. 定义消息格式

① 在流程图中双击流程图标，打开资源流属性窗口。

② 单击消息格式（Message Format）下拉列表旁的创建工具，打开消息格式属性窗口，定义消息格式的具体信息。如果要用的消息格式已存在，直接在下拉列表中选择。

③ 单击“确定”按钮，完成定义。

7. 定义组织单元

① 选择工具箱上的 Organization Unit 图标，在图形设计工作区适当位置单击鼠标左键放置组织单元。如果需要定义多个组织单元，只要移动光标到另一合适位置，再次单击鼠标左键即可。组织单元放置后，可通过在图形设计工作区空白处单击鼠标右键，或者在工具箱中选择指针（Pointer），将光标形状恢复为指针状态，结束组织单元定义工作。

② 双击组织单元图形符号，打开组织单元属性窗口，定义组织单元信息。

③ 单击“确定”按钮，完成定义。

如果 Organization Unit 图标为不可用，右击图形设计工作区的空白处，从弹出的快捷菜单中选择 Disable Swimlane Mode/Enable Swimlane Mode，可以切换组织单元的表示法。

8. 定义角色关联

① 选择工具箱上的 Role Association 图标，在图形设计工作区选定要设定角色关联的两个模型对象，在第一个模型对象内单击鼠标并拖动鼠标至第二个模型对象，两个对象间会增加一个角色关联的图标。角色关联放置后，可通过在图形设计工作区空白处单击鼠标右键，或者在工具箱中选择指针（Pointer），将光标形状恢复为指针状态，结束角色关联定义工作。

② 双击角色关联图形符号，打开角色关联属性窗口，设置角色关联的属性信息。

③ 单击“确定”按钮，完成定义。

9. 定义资源

① 选择工具箱上的 Resource 图标，在图形设计工作区适当位置单击鼠标左键放置资源。如果需要定义多个资源，只要移动光标到另一合适位置，再次单击鼠标左键即可。资源放置后，可通过在图形设计工作区空白处单击鼠标右键，或者在工具箱中选择指针（Pointer），将光标形状恢复为指针状态，结束资源定义工作。

② 双击资源图形符号，打开资源属性窗口，设置资源的属性信息。

③ 单击“确定”按钮，完成定义。

10. 定义资源流

① 选择工具箱上的 Resource Flow 图标→，在图形设计工作区选定要设定资源流的两个模型对象，在第一个模型对象内单击鼠标并拖动鼠标至第二个模型对象，两个对象间会增加一个资源流的图标。资源流放置后，可通过在图形设计工作区空白处单击鼠标右键，或者在工具箱中选择指针（Pointer），将光标形状恢复为指针状态，结束资源流定义工作。

② 双击资源流图形符号，打开资源流属性窗口，设置资源流的属性信息。

③ 单击“确定”按钮，完成定义。

11. 定义终点

① 选择工具箱上的 End 图标，在图形设计工作区适当位置单击鼠标左键放置终点。如果需要定义多个终点，只要移动光标到另一合适位置，再次单击鼠标左键即可。终点放置后，

可通过在图形设计工作区空白处单击鼠标右键，或者在工具箱中选择指针（Pointer），将光标形状恢复为指针状态，结束终点定义工作。

② 双击终点图形符号，打开终点属性窗口，设置终点的属性信息。

③ 单击“确定”按钮，完成定义。

默认状态下，在 BPD 中同样不显示终点名称，如果想显示，参照起点进行设置。终点不能创建快捷方式，一个复合过程至少有一个终点。

采用上述方法制作“教学管理系统”整体业务流程图，如图 10.6 所示。

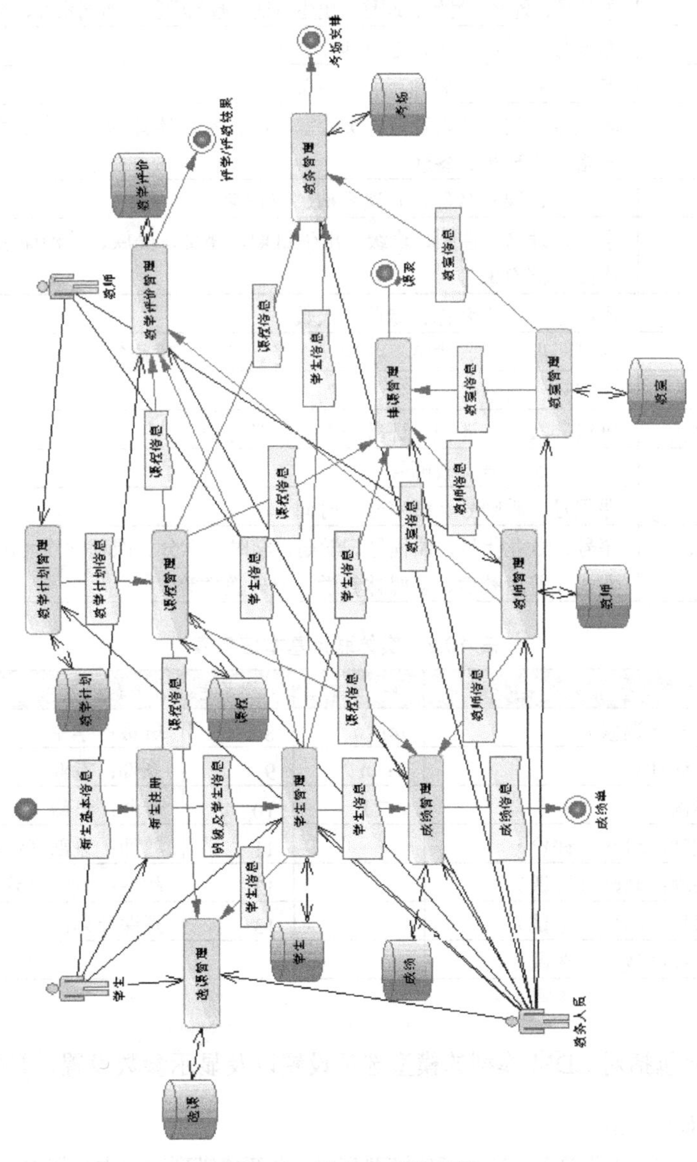

图 10.6　整体业务流程图

10.5 创建概念数据模型

根据对“教学管理系统”的需求分析，创建了相应的需求模型以及业务处理模型，接下来创建系统的概念数据模型。首先根据“教学管理系统”需求分析结果对实体以及联系等信息进行汇总，其中，实体及其属性如表 10.1 所示；实体联系信息如表 10.2 所示。

表 10.1　实体及属性基本信息表

序号	名称	基本属性
1	教师	教师号、姓名、性别、职称、出生日期、政治面貌、所属系部、身份证号、档案编号
2	系部	系部号，系部名称、办公地点、电话
3	专业	专业代号、专业名称、所属系部
4	教室	教室号、类型（语音室、实验室、微机室、体育场、多媒体教室、普通教室）、规格、管理员、备注
5	课程	课程号、课程名称、开课系部、课程简介
6	学生	学号、姓名、性别、班级、出生日期、籍贯、民族、政治面貌、身份证号、高考成绩、档案编号
7	班级	班级号、班级名称、专业、人数
8	成绩	学号、课程号、成绩、备注（缓考、补考、重修等）
9	考试安排	课程号、教室号、学生、时间
10	评学/评教	班级、教师、课程、评教分数、评学分数
11	选课	学号、课程号、教师号、
12	排课	课程号、教师号、教室号、时间
13	开课计划	序号、专业代号、课程号、学期、学时、学分、课程性质（选修、必修）、教学方式（普通教学、多媒体教学、户外教学等）

表 10.2　实体联系基本信息表

序号	相关实体	联系	序号	相关实体	联系
1	学生：课程（选修）	m：n	8	班级：学生	1：n
2	课程：开课计划	1：n	9	系部：专业	1：n
3	课程：系部	n：1	10	专业：班级	1：n
4	课程：教师：班级（评价）		11	教师：系部（组成）	n：1
5	教室：课程：教师（排课）		12	教室：教师（管理）	n：1
6	教室：课程：学生（考试）		13	开课计划：专业	1：1
7	学生：课程：教师（选课）				

1. 环境设置

环境设置主要包括对 CDM 模型的模型选项设置以及显示参数设置，具体步骤如下：

（1）创建 CDM 模型

选择 File→New Model 菜单项，打开新建模型窗口，在新建模型窗口中选择 Conceptual Data Model，在 Model Name 处输入模型名称“教学管理系统”，然后单击 OK 按钮，创建 CDM 模型。

（2）设置模型选项

模型选项主要设置 CDM 模型的 Notation 属性，设置方法如下：

打开 CDM 模型，选择 Tools →Model Options 菜单，打开模型选项设置窗口，在 Model Settings 节点中将 Notation 设置为：E/R+Merise。设置结束后，单击 OK 按钮。

（3）设置显示参数

显示参数主要定义 CDM 的整体外观特征以及模型对象显示格式。具体操作步骤如下：

① 打开显示参数设置窗口

选择 CDM 模型，单击 Tools →Display Preferences 菜单，打开显示参数设置窗口。

② Relationship 显示参数设置

在显示参数设置窗口中，单击 Relationship 子节点，在 Content 选项卡中设置联系的显示参数。显示参数包括联系的名称（Name）和基数（Cardinality）；单击 Format 选项卡，打开联系显示格式设置窗口，单击 Modify 按钮，打开 Symbol Format 窗口，接着选择 Font 选项卡，设置字体参数，将全部图形符号显示字体设置为 Times New Roman；字号（Size）设置为 9 磅。

③ Entity 显示参数设置

在显示参数设置窗口中，单击 Entity 子节点，在 Content 选项卡设置实体的显示参数。显示参数包括实体属性（All attributes）、类型（Data types）和标识符（Identifiers）；单击 Format 选项卡，打开实体显示格式设置窗口，单击 Modify 按钮，打开 Symbol Format 窗口，选择 Fill 选项卡，设置填充颜色，将填充颜色设置为白色；选择 Font 选项卡，设置字体参数，将全部图形符号显示字体设置为 Times New Roman；字号（Size）设置为 9 磅。

2. 设计 CDM 模型对象

在“教学管理系统”CDM 模型中，涉及的模型对象主要包括域、实体、联系等。

（1）创建域

域（Domain）是一组具有相同数据类型的值的集合，定义后可被多个实体属性共享。“教学管理系统”中包括的域如表 10.3 所示。

表 10.3 域清单

序号	域名称	类型	约束	备注
1	性别	Char（2）	“男”，“女”	在 Standard Checks 选项卡中设置
2	民族	Char（20）	汉族、回族等	在 Standard Checks 选项卡中设置
3	政治面貌	Char（20）	中共党员、共青团员等	在 Standard Checks 选项卡中设置
4	日期	date	介于 1950-1-1 和当前日期之间	在 Standard Checks 选项卡中设置
5	职称	Char（20）	教授、讲师等	在 Standard Checks 选项卡中设置
6	备注	Varchar2（50）		在域列表窗口中设置

域的具体定义步骤如下：

① 选择 Model→Domains 菜单项，打开域列表窗口，如图 10.7 所示。在该窗口中定义域的基本信息，包括：Name（域名称）、Code（域代码）、Data Type（数据类型）、Length（类型长度）、Precision（小数位数）。

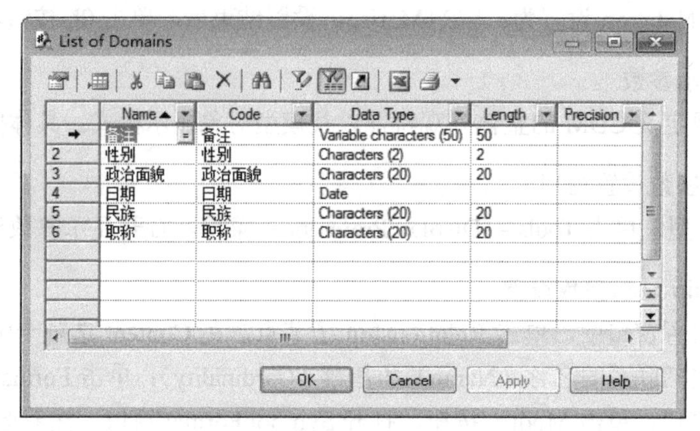

图 10.7　域列表窗口

② 选择需要进行属性设置的域，单击域列表窗口左上角的 Properties 工具，或者右键单击正在编辑的域，在快捷菜单中选择 Properties，打开域属性窗口，设置域属性。

- 在 General 选项卡中设置该域的基本信息。
- 在 Standard Checks 选项卡中设置域的标准检查性约束，如图 10.8 所示。设置了性别域的标准检查性约束，在值列表中定义了性别域的取值，包括“男”和“女”两个值。

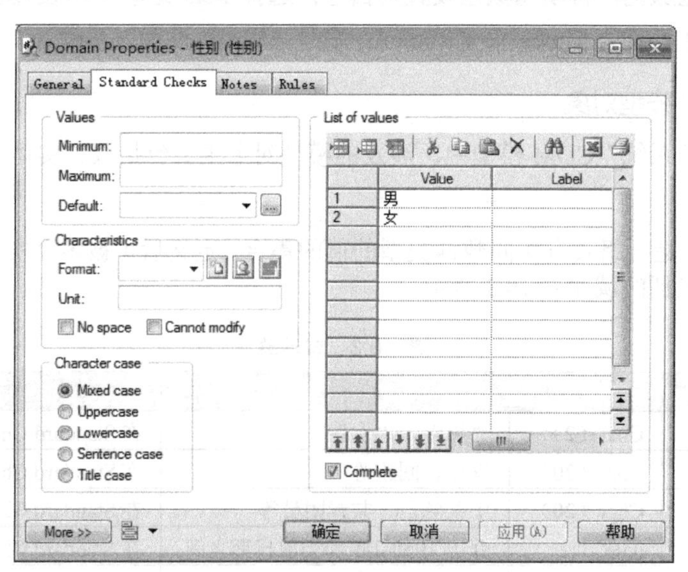

图 10.8　域属性窗口（Standard Checks 选项卡）

- 在 Additional Checks 选项卡中设置域的附加检查性约束。

- 在 Rules 选项卡中设置域的业务规则。

③ 采用上述方法，定义“教学管理系统”中的全部域。然后，单击域列表窗口中的 OK 按钮，结束域的定义。

（2）定义实体

创建实体首先要定义实体对象，然后设置实体属性，具体步骤如下：

① 选择工具箱上的 Entity 实体工具选项，在图形设计工作区适当位置单击鼠标左键放置各实体。

② 设置实体基本属性。

双击实体图形符号，打开实体属性窗口，在 General 选项卡中输入实体名称。

③ 设置实体属性列。

单击实体属性窗口的 Attributes 选项卡，打开属性定义窗口，如图 10.9 所示。在该窗口中输入该实体包括的全部属性信息。

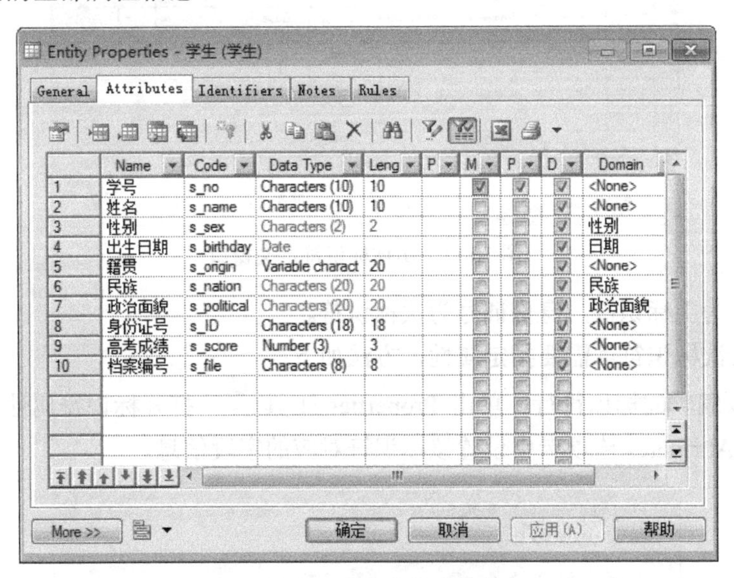

图 10.9 “学生”实体属性信息

右键单击需要进行参数设置的属性，在快捷菜单中选择 Properties 菜单项，打开属性参数设置窗口。其中，General 选项卡用于设置该属性的基本信息；Standard Checks 选项卡用于设置属性的标准检查性约束；Rules 选项卡用于设置业务规则；Additional Checks 选项卡用于设置属性的附加检查性约束，如图 10.10 所示，设置“高考成绩”字段的值介于 500~700 之间。该约束也可以采用 Standard Checks 选项卡或 Rules 选项卡作为标准检查性约束或业务规则进行设置。

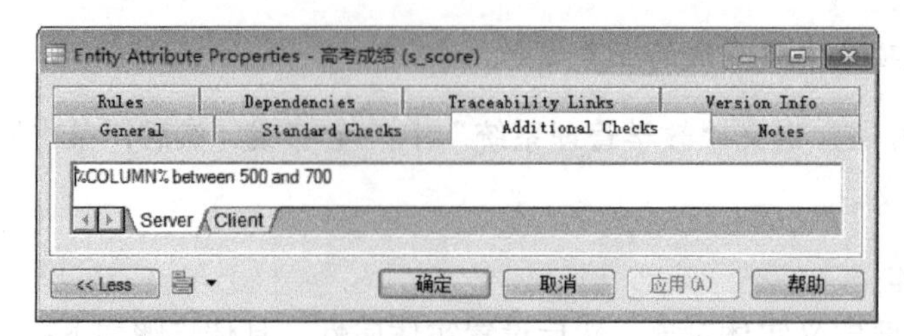

图 10.10　实体属性设置窗口（Additional Checks 选项卡）

④ 设置实体标识符。

单击实体属性窗口的 Identifiers 选项卡，打开标识符定义窗口，如图 10.11 所示。在该窗口中定义实体的主标识符与次标识符。其中，P 表示主标识符，一个实体只能有一个主标识符，可以有多个次标识符。

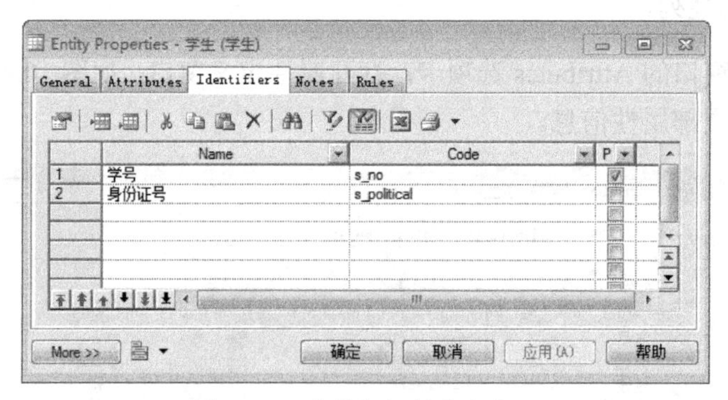

图 10.11　实体标识符定义窗口

其中，学号为主标识符，身份证号为次标识符。

注意：定义次标识符后需要指定属性，方法如下：

a. 选择需要编辑的标识符行，单击 Properties 工具，打开标识符属性设置窗口，如图 10.12 所示，在 Attributes 选项卡中设置该标识符对应的字段信息。

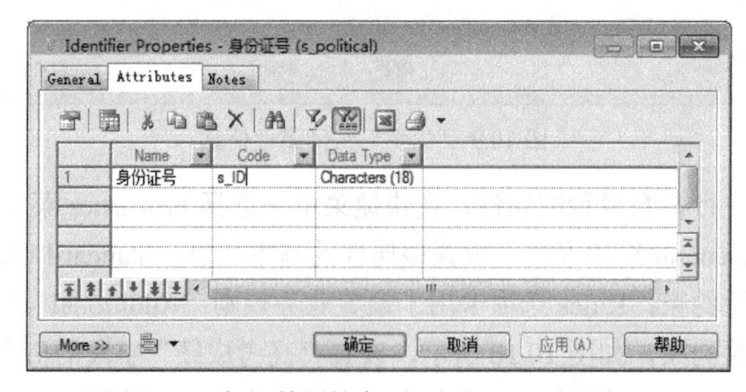

图 10.12　标识符属性窗口（Attributes 选项卡）

在标识符属性窗口中单击 Add Attributes 工具，打开属性选择窗口，从中选择所需属性；然后，单击 OK 按钮，返回标识符属性窗口。

b. 单击“确定”按钮，结束标识符定义。

（3）定义联系

“教学管理系统”中存在的联系有“1:1”、“1:n”、“m:n”和多元联系，具体定义方法如下：

单击工具箱上的 Relationship 工具，在一个实体上单击鼠标左键，并拖曳至另一个实体，这样就在两个实体之间创建了一个联系；然后鼠标双击联系图形符号，打开联系属性设置窗口，设置联系属性。

① General 选项卡用于设置联系的基本信息，如图 10.13 所示，设置“系部”和“教师”之间的联系。

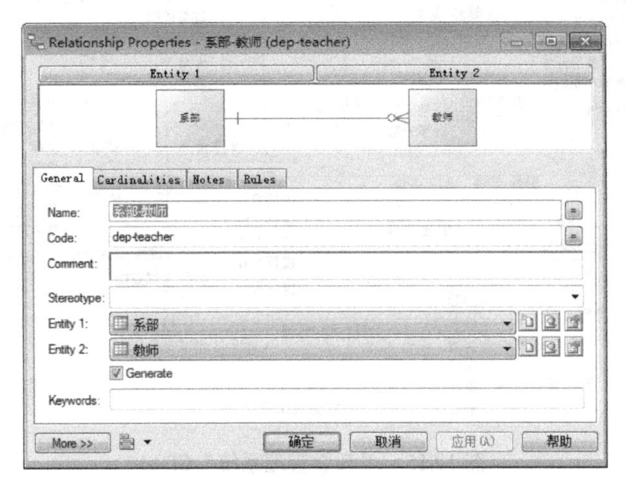

图 10.13　联系属性设置窗口（General 选项卡）

② Cardinalities 选项卡用于设置联系基数信息，如图 10.14 所示，设置“系部”和“教师”之间的联系为“1:n”。

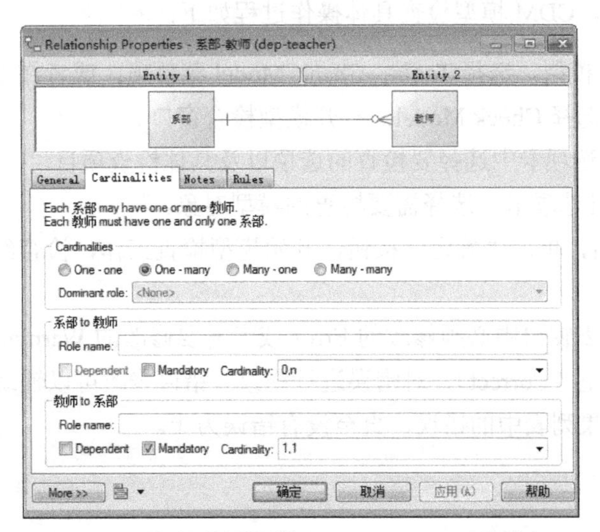

图 10.14　联系属性设置窗口（Cardinalities 选项卡）

③ 采用上述方法设计“教学管理系统”中的全部联系，结果如图 10.15 所示。

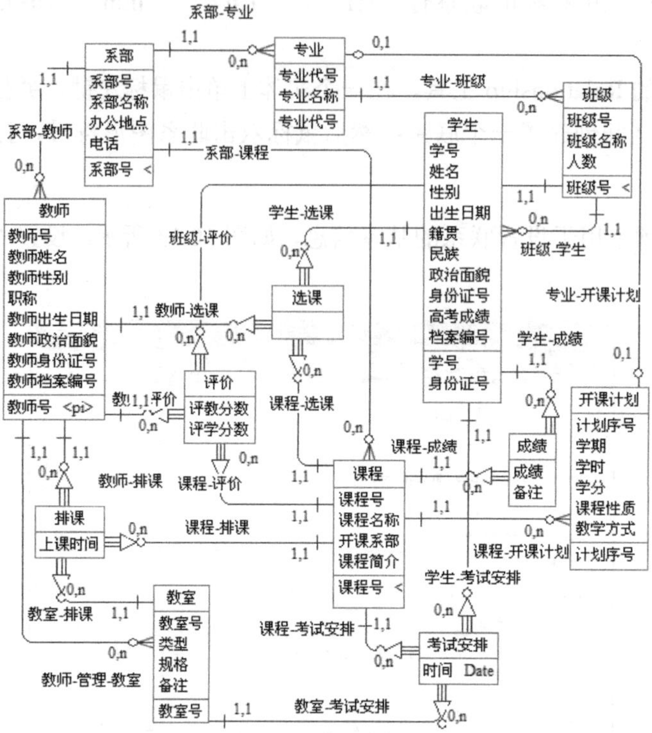

图 10.15 “教学管理系统”CDM

3. 检查模型有效性

模型设计结束以后，通常要对模型进行有效性检查，以保证模型的正确、合理、有效，然后进行下一步工作，CDM 模型检查具体操作过程如下：

（1）打开 CDM 模型，选择 Tools→Check Model 菜单项；或者在工作区空白处单击鼠标右键，在快捷菜单中选择 Check Model，打开模型检查窗口。

（2）在 Options 选项卡中选择要检查的选项以及具体检查项目。

（3）在 Selection 选项卡中选择需要检查的模型对象。

（4）设置结束后，单击“确定”按钮，开始模型检查工作，检查结果显示在结果列表窗口中。

（5）选择结果列表窗口中必须修改的 Error 或者需要修改的 Warning，右键单击该项错误，在快捷菜单中选择更正（Correct），对错误进行修改。错误修改可以辅助 Check 工具栏中的工具完成。逐项修改结果列表中的错误，直至没有错误为止。

10.6 创建逻辑数据模型

设计好 CDM 模型后，可以直接由 CDM 生成 LDM 模型，LDM 模型不是建模必需的阶段，但 LDM 模型较 CDM 模型更易于理解。

由 CDM 生成 LDM 的过程如下：

（1）打开 CDM 模型，如图 10.15 所示。

（2）选择 Tools→Generate Logical Data Model 菜单项，打开生成的 LDM 模型窗口。

（3）设置各选项卡参数。可采用默认值。

（4）单击“确定”按钮生成 LDM 模型，由图 10.15 生成的 LDM 如图 10.16 所示。

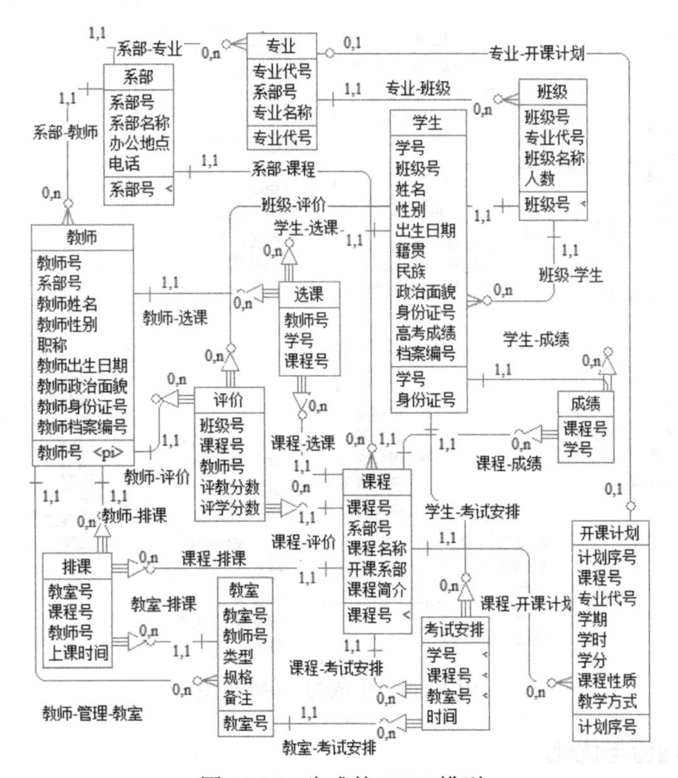

图 10.16　生成的 LDM 模型

由 CDM 向 LDM 转换主要依据“E-R”图向关系模式转换的原则。

10.7 创建物理数据模型

设计好 CDM 模型后，可以直接由 CDM 生成 PDM 模型，也可以由 LDM 生成 PDM。

1. 生成 PDM

具体过程如下：

（1）打开 CDM 模型，如图 10.15 所示。

（2）选择 Tools→Generate Physical Data Model 菜单项，打开生成 PDM 模型窗口。

（3）设置各选项卡参数。

（4）单击“确定”按钮，生成 PDM 模型。图 10.15 生成的 PDM 如图 10.17 所示。

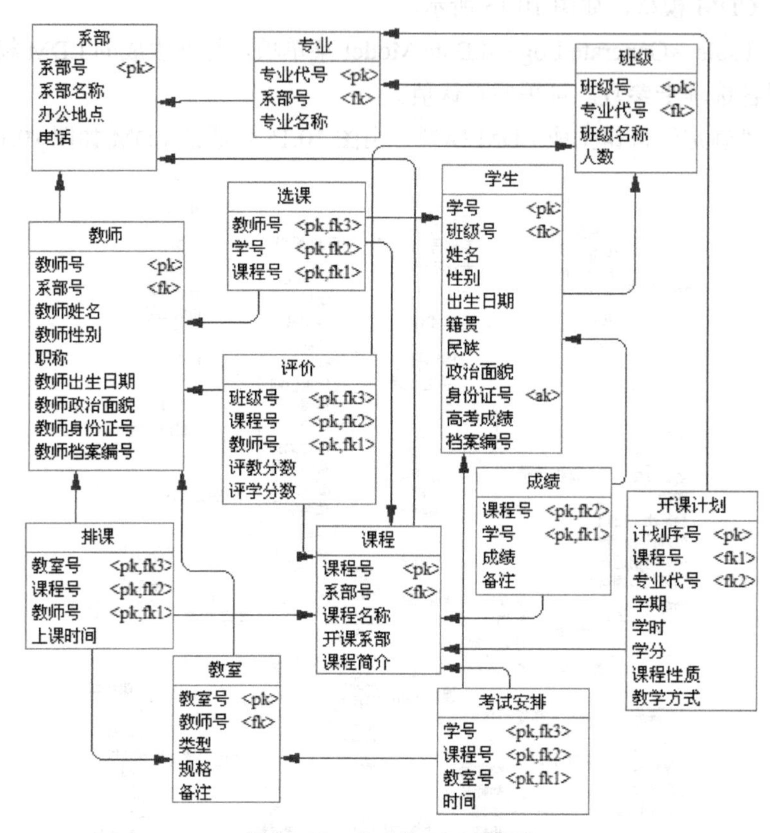

图 10.17 生成的 PDM 模型

2. PDM 模型检查与优化

生成 PDM 模型后，需要对模型进行检查与优化。主要检查表、字段、类型、参照信息等是否与需求一致，是否满足要求等等，并根据检查结果修改模型。另外，根据需求，在 PDM 模型中还可以建立存储过程、存储函数、触发器、视图、索引、序列等数据库对象。

根据需求分析可知，“教学管理系统”中的查询工作非常烦琐，为提高系统查询性能，在数据库中创建若干存储过程以加速系统查询效率。“教学管理系统”中包括的存储过程如表 10.4 所示。

表 10.4　存储过程清单

序号	存储过程名称	功能
1	P_bukao	统计各门课程补考信息
2	P_jiangji	统计需要降级学生信息
3	P_kcjidian	计算某班某门课程成绩的绩点
4	P_grjidian	计算学生个人成绩的绩点
5	P_kctongji	按班级统计某门课程成绩
6	P_xktongji	统计某门课程选修人数
7	P_tkebiao	生成教师课表
8	P_ckebiao	生成班级课表
9	P_rkebiao	生成教室课表

存储过程是一种数据库对象，通常由 SQL 语句和过程化控制语句构成，永久存储在数据库中。使用存储过程可以简化程序代码，提高代码的重用性，提高程序的执行效率。

具体创建过程如下：

（1）选择工具箱上的 Procedure 工具选项，在图形设计工作区适当位置单击鼠标左键放置存储过程。

（2）双击存储过程图形符号，打开存储过程属性窗口，设置存储过程属性。其中，General 选项卡用于设置存储过程的基本属性，如图 10.18 所示；Definition 选项卡用于定义存储过程体，如图 10.19 所示。定义结束后，单击“确定”按钮，结束存储过程定义。

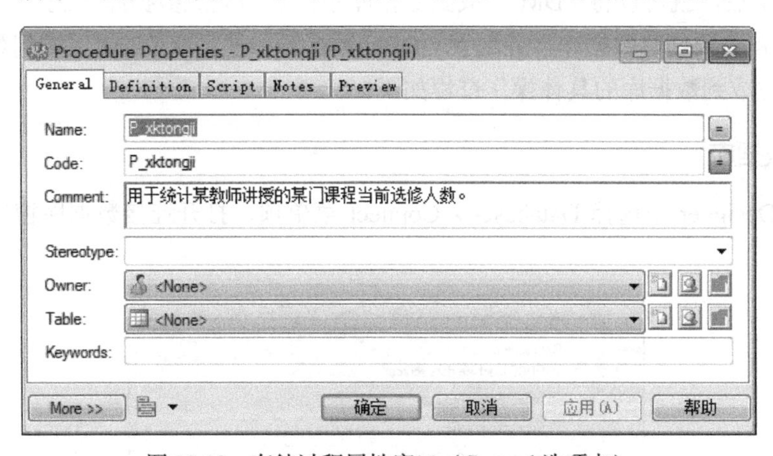

图 10.18　存储过程属性窗口（General 选项卡）

创建存储过程“P_xktongji”，其名称和代码属性都设置为“P_xktongji”。

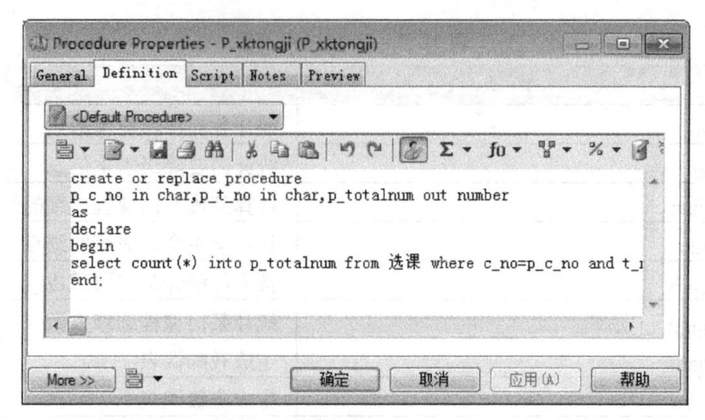

图 10.19　存储过程属性窗口（Definition 选项卡）

存储过程“P_xktongji”完成的功能是根据课程编号以及教师编号统计某门课程的当前选修人数。并将统计人数返回给调用程序。

（3）采用上述方法，创建“教学管理系统”全部存储过程。

10.8 创建数据库

创建 PDM 后，就可以将 PDM 生成到数据库中，从而完成数据库实施工作。将 PDM 生成到数据库，首先要创建数据库，并配置 ODBC 数据源，然后将 PDM 生成到数据库中。

将 PDM 生成到数据库的具体操作过程如下：

1. 连接数据库

在 PowerDesigner 中选择 Database→ Connect 菜单项，打开连接数据库窗口，如图 10.20 所示。

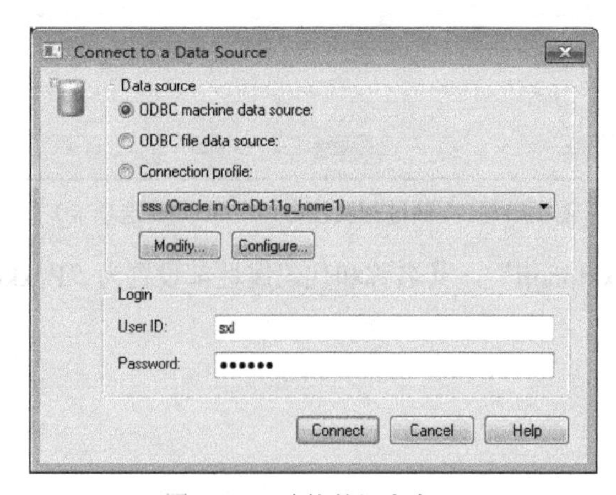

图 10.20　连接数据库窗口

选择第一种连接方式，然后在下拉列表框中选择配置好的 ODBC 数据源“sss”，并且输入用户名和密码，最后单击“Connect”按钮，连接数据库。

2. 生成数据库

在 PowerDesigner 中选择 Database→ Generate Database 菜单项，打开生成数据库窗口，设置生成数据库参数。

（1）在 General 选项卡中定义基本生成信息，如图 10.21 所示。设置生成数据库脚本路径以及文件名称；生成数据库时要对 PDM 模型进行检查，同时自动归档生成过程。

图 10.21　生成数据库（General 选项卡）

（2）在 Options 选项卡中定义数据库对象的生成选项。采用默认设置。

（3）在 Format 选项卡中定义数据库脚本的生成格式。采用默认设置。

（4）在 Selection 选项卡中选择数据库生成对象，如图 10.22 所示。默认选择所有模型选项。

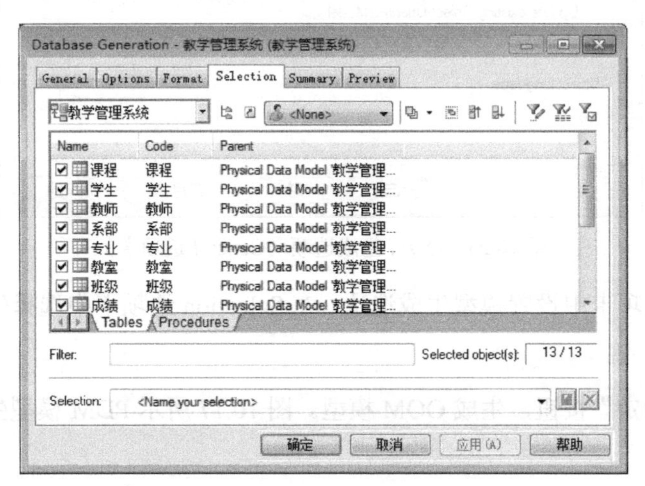

图 10.22　生成数据库（Selection 选项卡）

（5）单击“确定”按钮，生成数据库和脚本。

10.9 创建面向对象模型并生成应用程序代码

创建 CDM 或 PDM 后，可以将 CDM 或 PDM 转换为 OOM，从而生成应用程序代码。下面介绍由 PDM 转换为 OOM 以及生成应用程序代码的具体操作过程。

1. 生成 OOM

由 PDM 生成 OOM 的具体操作过程如下：

（1）打开 PDM 模型，如图 10.17 所示。

（2）选择 Tools→ Generate Object Oriented Model 菜单项，打开生成 OOM 模型窗口。

（3）设置各选项卡参数

① 在 General 选项卡中设置面向对象模型的名称、代码以及目标语言等，如图 10.23 所示，生成“教学管理系统 OOM”，目标语言为 Java。

图 10.23　OOM 生成选项（General 选项卡）

② 在 Detail 选项卡中设置模型生成选项；在 Selection 选项卡中选择生成对象。全部采用默认设置。

（4）单击“确定”按钮，生成 OOM 模型。图 10.17 所示 PDM 模型生成的 OOM 模型如图 10.24 所示。

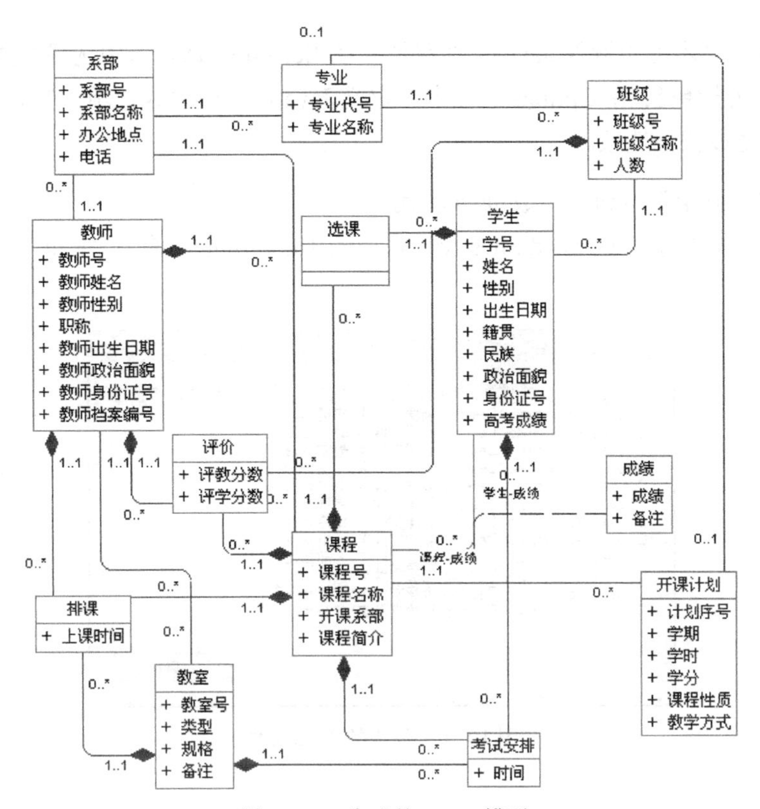

图 10.24　生成的 OOM 模型

2. 生成应用程序代码

创建 OOM 模型之后，就可以由 OOM 生成程序代码。由上述 OOM 生成 Java 文件的具体操作过程如下：

（1）打开 OOM 模型，如图 10.24 所示。

（2）选择 Language→ Generate Java Code 菜单项，打开 Generation 窗口，设置生成选项，如图 10.25 所示。

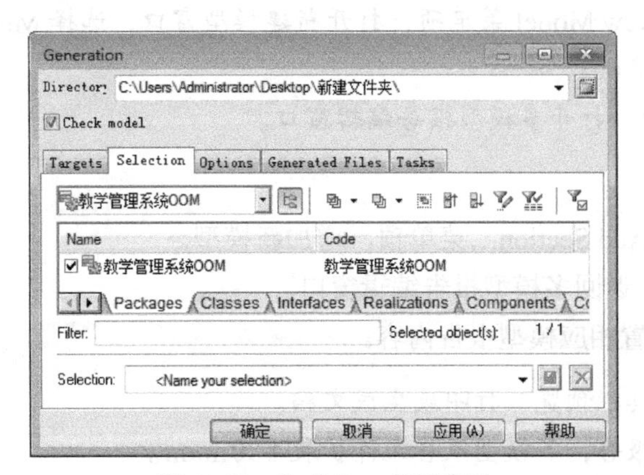

图 10.25　生成 Java 代码窗口

在 Directory 文本框中输入 Java 文件路径；在 Selection 选项卡中选择生成对象，例如在 Classes 标签页中选择类；在 Options 选项卡中定义 Java 源代码生成选项；在 Tasks 选项卡中定义 Java 源代码生成任务选项。

（3）单击“确定”按钮，生成 Java 源代码。

（4）生成后，显示 Generated Files 窗口，如图 10.26 所示，单击“Edit”按钮，查看代码生成情况。

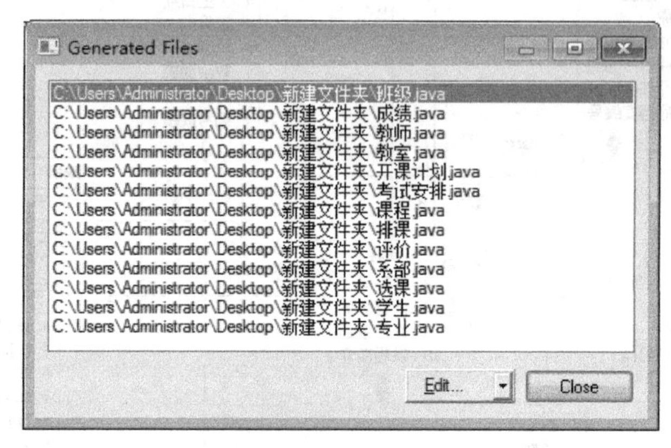

图 10.26　生成的 Java 文件

10.10 创建模型报告

模型报告以文档的形式描述模型，能够为软件系统提供详尽的文档资料；并且可以将所有模型组织到一起，从而起到总揽全局的作用。因此，在创建模型后，通常创建面向全局的模型报告。具体操作步骤如下：

步骤 01　打开需要生成报告的多个模型中的任何一个模型。

步骤 02　选择 File→New Model 菜单项，打开新建模型窗口，选择 Multi-Model Report，并输入模型报告名称。

步骤 03　单击 OK 按钮，打开多模型报告编辑窗口。

步骤 04　加入新模型。

① 选择 Report→Add Section…菜单项，增加新模型。

② 单击 OK 按钮，返回多模型报告编辑窗口。

③ 在新增节中设置相应模型报告内容。

步骤 05　利用报告工具栏预览、打印或生成文档。

步骤 06　保存多模型报告，多模型报告文件扩展名为.mmr。

10.11 本章小结

本章以教学管理系统为例，介绍了采用 PowerDesigner 完成系统建模的全过程，主要包括：需求模型、业务处理模型、概念数据模型、逻辑数据模型、物理数据模型、面向对象模型的建立以及程序代码的生成；同时讲述了模型之间的转换方法，主要包括从概念数据模型到逻辑数据模型的转换，由概念数据模型向物理数据模型的转换，由物理数据模型向面向对象模型的转换以及将物理数据模型生成到数据库的过程。通过本章的学习，读者能够全面掌握 PowerDesigner 建模思想和方法，从而提高系统建模综合实践能力。

第 11 章

图书管理系统综合实例

本章通过对图书管理系统实例的设计开发，让读者更加熟悉利用 PowerDesigner 进行系统分析和建模的整体过程。

11.1 系统需求概述

图书馆在正常运营中会面对大量书籍、读者信息以及两者间相互联系产生的借书信息、还书信息，早先的人工记录方法既效率低又错误多，大大影响图书馆的正常管理工作。因此，需要对书籍资料、读者资料、借书信息、还书信息进行有效管理，及时了解各个环节中信息的变更，实现一个将各种图书管理和服务功能集合起来的管理信息系统就显得十分必要，既可以节省资源又可以有效存储、更新查询信息，提高工作和服务效率。

11.2 系统分析和设计

在图书管理系统中，管理员为每个读者建立一个账户，账户内存储读者个人的详细信息，并依据读者类别的不同给每个读者发放借书卡（提供借书卡号、姓名、部门或班级等信息）。读者可以凭借书卡在图书馆进行图书的借、还、续借、查询等操作，不同类别的读者在借书限额、还书期限以及可续借的次数上要有所不同。

借阅图书时，由管理员录入借书卡号，系统首先验证该卡号的有效性，若无效，则提示无效的原因；若有效，则显示卡号、姓名、借书限额、已借数量、可再借数量等信息，本次实际借书的数量不能超出可再借数量的值。完成借书操作的同时要修改相应图书信息的状态、读者信息中的已借数量、在借阅信息中添加相应的记录。

归还图书时，由管理员录入借书卡号和待归还的图书编号，显示借书卡号、读者姓名、读书编号、读书名称、借书日期、应还日期等信息，并自动计算是否超期以及超期的罚款金额，若进行续借则取消超期和罚款等信息。完成归还操作的同时，修改相应图书信息的状态、修改读者信息中的已借数量、在借书信息中对相应的借书记录做标记、在还书信息中添加相应的记录。

图书管理员不定期地对图书信息进行添加、修改和删除等操作，在图书尚未归还的情况下不能对图书信息进行删除。也可以对读者信息进行添加、修改、删除等操作，在读者还有未归还的图书的情况下不能进行删除读者信息。

系统管理员主要进行图书管理员权限的设置、读者类别信息的设置、图书类别的设置以及罚款和赔偿标准的设置、数据备份和数据恢复等处理。

图书管理系统的功能层次图如图 11.1 所示。

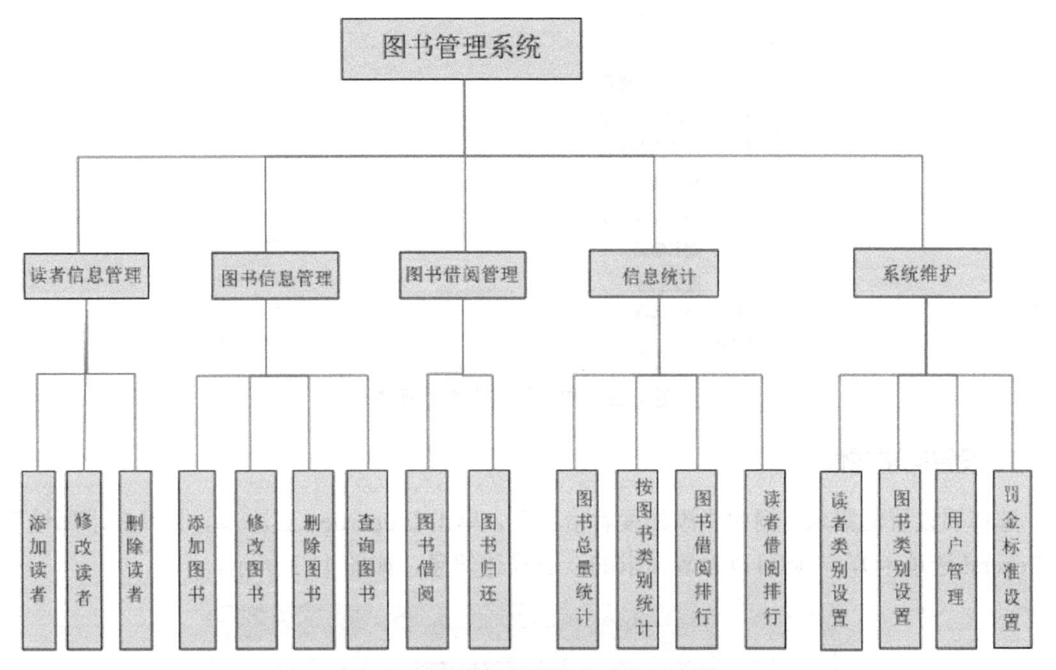

图 11.1　图书管理系统的功能层次图

11.3 创建需求模型

根据前面对图书管理系统的需求分析，创建具体的需求模型，主要步骤如下：

1. 创建 RQM 模型

选择 File→New Model 菜单项或鼠标右键单击 Workspace→New→Requirement Model，在新建模型窗口中选择 Requirement Model，在 Model Name 处输入模型名称“图书管理系统 RQM”，然后单击 OK 按钮，创建 RQM 模型。

2. 增加需求

在新建的 RQM 模型上，单击 Insert a Row 工具或单击需求文档视图空白区，增加新的需求；单击 Insert Sub-Object 工具增加子需求；单击 Promote 工具、Demote 工具可以提升或降低子需求的需求层次，建立初步的需求文档视图，如图 11.2 所示。

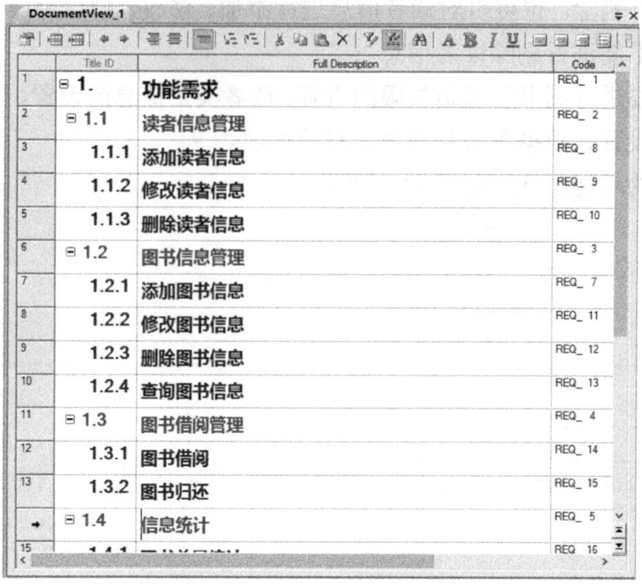

DocumentView_1

	Title ID	Full Description	Code
1	⊟ 1.	功能需求	REQ_ 1
2	⊟ 1.1	读者信息管理	REQ_ 2
3	1.1.1	添加读者信息	REQ_ 8
4	1.1.2	修改读者信息	REQ_ 9
5	1.1.3	删除读者信息	REQ_ 10
6	⊟ 1.2	图书信息管理	REQ_ 3
7	1.2.1	添加图书信息	REQ_ 7
8	1.2.2	修改图书信息	REQ_ 11
9	1.2.3	删除图书信息	REQ_ 12
10	1.2.4	查询图书信息	REQ_ 13
11	⊟ 1.3	图书借阅管理	REQ_ 4
12	1.3.1	图书借阅	REQ_ 14
13	1.3.2	图书归还	REQ_ 15
→	⊟ 1.4	信息统计	REQ_ 5
15			REQ_ 16

图 11.2　初步的需求文档视图

3. 设置需求属性

选择要设置的需求，例如“添加读者信息”，单击 Properties 工具，打开需求属性窗口（General 选项卡），在此可以设置需求的一般描述信息，如图 11.3 所示。

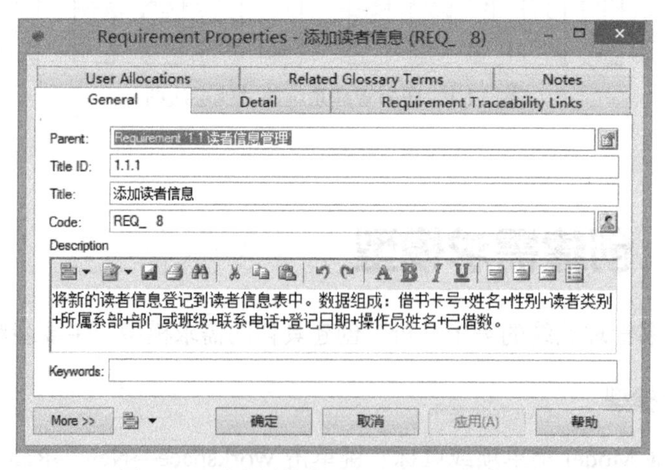

图 11.3　需求属性窗口（General 选项卡）

4. Detail 选项卡的设置

Detail 选项卡用于设置需求的详细信息，Priority 设定需求的优先级，值越大，优先级越高，最大值为 5；Workload 设定开发团队或成员所需要的工作量等，如图 11.4 所示。

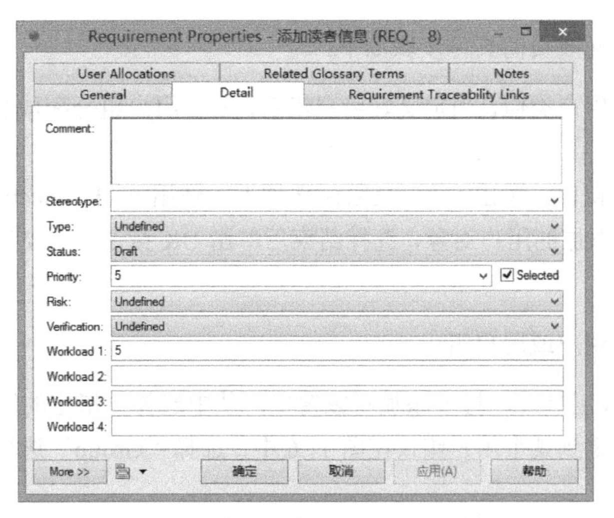

图 11.4　需求属性窗口（Detail 选项卡）

5. Requirement Traceability Links 选项卡的设置

Requirement Traceability Links 选项卡用于进一步扩大需求的范围，为当前需求提供更详细的依据及参考。使用 Add Links to Design Objects 工具可以把设计对象连接到当前需求；Add Link to External File 工具可以把外部文件连接到当前需求；Add Links to Other Requirements 工具可以把同一个模型中的其他需求连接到当前需求。这里使用把外部文件"读者说明"连接到当前需求，如图 11.5 所示。

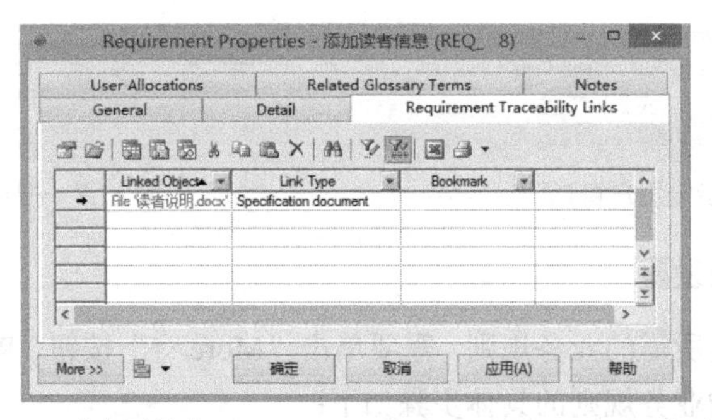

图 11.5　需求属性窗口（Requirement Traceability Links 选项卡）

6. User Allocations 选项卡的设置

User Allocations 选项卡用于把需求指定到某个用户或用户组上。在设置此选项卡功能前，要先建立好用户及用户组。

（1）创建用户的具体步骤如下：

① 选择 Model→Users 菜单项，打开用户列表窗口，输入用户名称。

② 设置用户属性单击 Properties 工具，打开用户属性窗口，对其设置更详细的信息。

③ 单击"确定"按钮，结束用户定义。

（2）为用户组分配成员的具体步骤如下：

用户组的定义与用户类似，当定义好用户组后，要为用户组分配成员，这样的用户组才有意义。

打开 Group 属性窗口，单击 Group Users 选项卡，使用 Add Objects 工具，打开添加对象窗口，从中选择要添加的用户对象，选择结束后单击 OK 按钮，完成为用户组分配成员的操作。

（3）指定需求到用户或用户组

单击 Add Objects 工具，打开添加对象窗口，从中选择要指定的用户，如图 11.6 所示。

如果要将需求指定到某个用户组，在图 11.6 中，选择“Group”选项卡，从中进行选择即可，如图 11.7 所示。

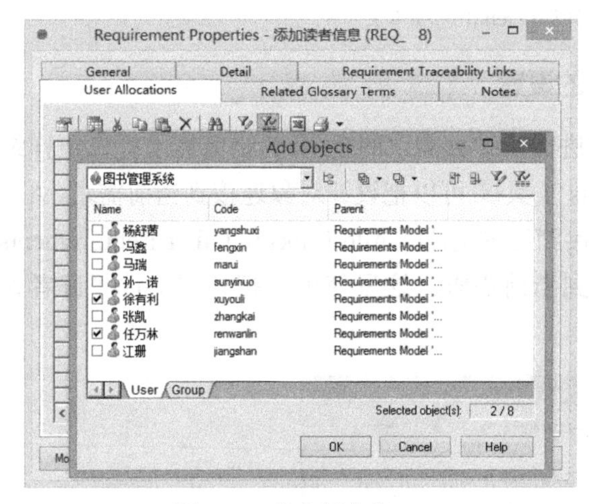

图 11.6　指定用户窗口

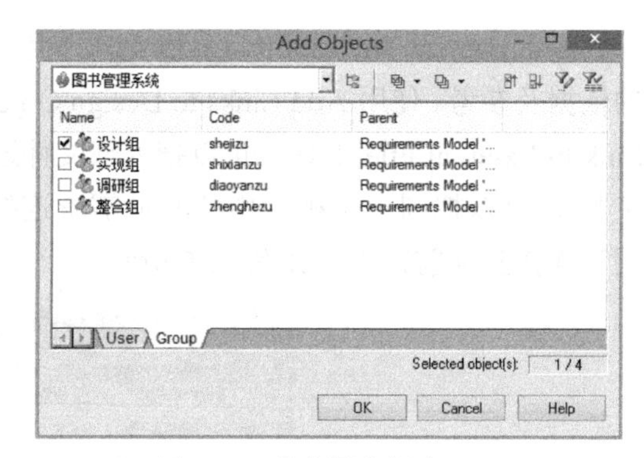

图 11.7　指定用户组窗口

7. Rules 选项卡的设置

如果要为需求指定所需的业务规则，需要单击“More>>”按钮，Rules 选项卡才会显露出来，为需求指定所需的业务规则的具体步骤如下：

（1）定义业务规则

① 新建扩展模型定义激活业务规则。

a. 单击 Model→Extensions 菜单项，打开扩展模型定义窗口，输入扩展模型定义名称。

b. 设置扩展模型定义属性。单击 Properties 工具，打开扩展模型属性窗口，鼠标右键单击 Profile 节点，从弹出的快捷菜单中选择“Add Metaclasses…”，打开 Metaclass Selection 窗口，单击 PdCommon 标签，在 Metaclass Selection 列表中选中 BusinessRule。

c. 单击 OK 按钮，退回扩展模型属性定义窗口，此时 Profile 节点下可以看到 BusinessRule 子节点，完成业务规则激活。

②选择 Model→Business Rules 菜单项，打开业务规则列表窗口，输入业务规则名称。

③选择要编辑的业务规则，单击 Properties 工具，打开业务规则属性窗口，设置业务规则的详细内容。

（2）指定业务规则

单击 Add Objects 工具，打开选择业务规则窗口，选择所需的业务规则，单击 OK 按钮，如图 11.8 所示，用于将业务规则指定到当前需求上。

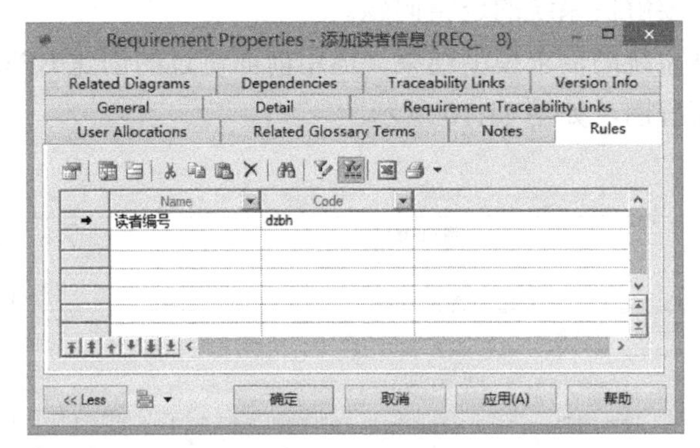

图 11.8　需求属性窗口（Rules 选项卡）

8. 其他选项卡的设置

根据实际情况的需要，可以对其他选项卡进行设置，对需求文档视图进行更详尽的定义，单击“确定”按钮，完成需求的属性设置。

采用上述方法完成所有需求的设置，结果如图 11.9 所示。

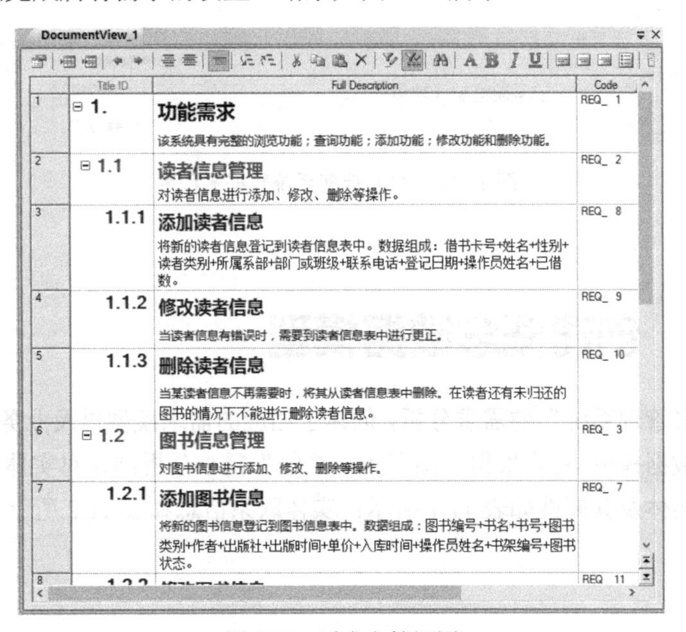

图 11.9　需求文档视图

11.4 创建业务处理模型

数据流程图的作用是让用户明确系统中的数据流动和处理的情况，即系统的基础逻辑功能，对于软件的后续开发具有重要的指导意义。需求分析阶段的主要任务是理清系统的功能，系统分析员与用户充分交流后，应得出系统的逻辑模型，BPM 模型就是为达到这个目的而设计的，业务流程建模主要解决系统的逻辑问题。

根据上述图书管理系统的需求模型结果，运用前面讲过的创建 BPM 各对象具体方法，完成图书管理系统数据流程图，如图 11.10 所示。

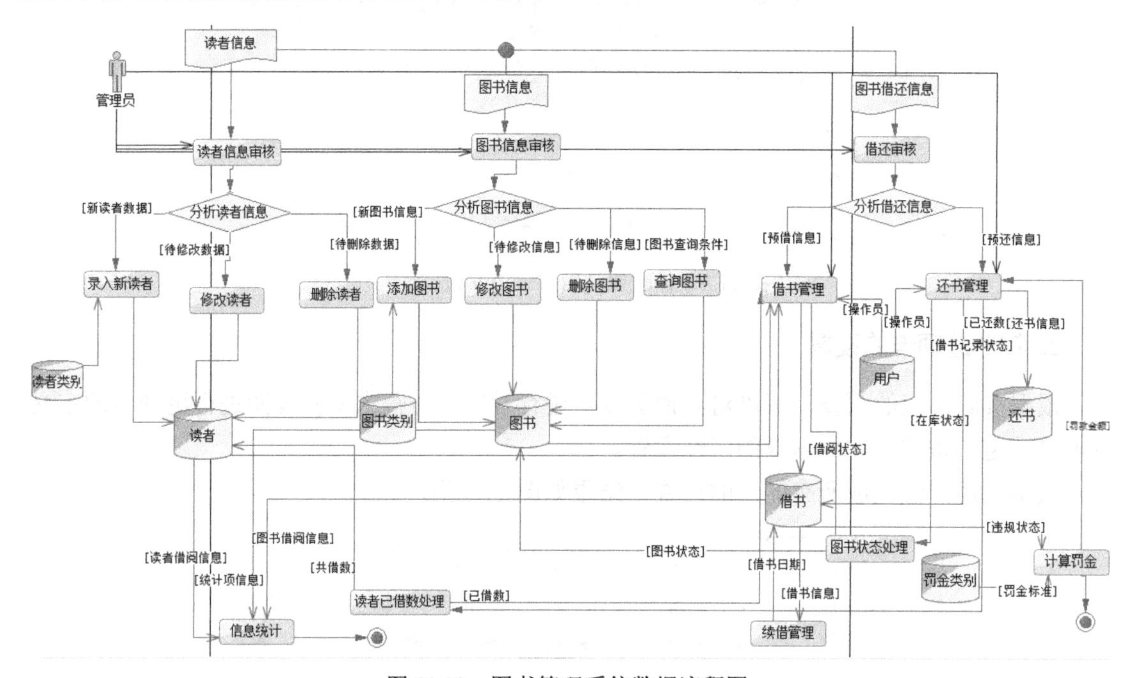

图 11.10　图书管理系统数据流程图

11.5 创建概念数据模型

根据对“图书管理系统”的需求分析，创建了相应的需求模型以及业务处理模型，接下来创建系统的概念数据模型。首先根据“图书管理系统”需求分析结果对实体以及联系等信息进行汇总，其中，实体及其属性如表 11.1 所示；实体联系信息如表 11.2 所示。

表 11.1　实体及属性基本信息表

序号	名称	基本属性
1	读者	卡号、读者姓名、读者类别、状态
2	图书	图书编号、图书类别、图书名称、数量、出版社、出版时间、单价
3	读者类别	读者类别编号、读者类别名称、借书数量限额、借书期限、续借次数
4	图书类别	图书类别编号、图书类别名称、描述
5	罚金标准	罚金类别、罚金名称、单位金额、单位描述
6	出版社	出版社编号、出版社名称、出版社地址、出版社电话
7	部门	部门编号、部门名称、办公地点、部门电话
8	班级	班级编号、班级名称、人数
9	教师	教师编号、教师姓名、教师性别、教师民族、教师政治面貌、教师出生日期、职称、部门
10	学生	学生编号、学生姓名、学生性别、学生出生日期、学生民族、学生政治面貌、班级

表 11.2　实体联系基本信息表

序号	相关实体	联系	序号	相关实体	联系
1	读者：图书（借）	m：n	6	教师：部门	n：1
2	读者：图书（还）	m：n	7	读者：读者类别	n：1
3	图书：图书类别	n：1	8	学生：班级	n：1
4	图书：出版社	n：1	9	读者：罚金标准	m：n
5	学生：读者	1:1	10	教师：读者	1:1

1. 环境设置

环境设置主要包括对 CDM 模型的模型选项设置以及显示参数设置，具体步骤如下：

（1）创建 CDM 模型

选择 File→New Model 菜单项，打开新建模型窗口，在新建模型窗口中选择 Conceptual Data Model，在 Model Name 处输入模型名称“图书管理系统”，然后单击 OK 按钮，创建 CDM 模型。

（2）设置模型选项

模型选项主要设置 CDM 模型的 Notation 属性，设置方法如下：

打开 CDM 模型，选择 Tools →Model Options 菜单，打开模型选项设置窗口，在 Model Settings 节点中将 Notation 设置为：E/R+Merise。设置结束后，单击 OK 按钮。

（3）设置显示参数

显示参数主要定义 CDM 的整体外观特征以及模型对象显示格式。具体操作步骤如下：

① 打开显示参数设置窗口

选择 CDM 模型，单击 Tools →Display Preferences 菜单，打开显示参数设置窗口。

② Relationship 显示参数设置

在显示参数设置窗口中，单击 Relationship 子节点，在 Content 选项卡中设置联系的显示参数。显示参数包括联系的名称（Name）和基数（Cardinality）；单击 Format 选项卡，打开联系显示格式设置窗口，单击 Modify 按钮，打开 Symbol Format 窗口，接着选择 Font 选项卡，设置字体参数，将全部图形符号显示字体设置为 Times New Roman；字号（Size）设置为 9 磅。

③ Entity 显示参数设置

在显示参数设置窗口中，单击 Entity 子节点，在 Content 选项卡设置实体的显示参数。显示参数包括实体属性（All attributes）、类型（Data types）和标识符（Identifiers）；单击 Format 选项卡，打开实体显示格式设置窗口，单击 Modify 按钮，打开 Symbol Format 窗口，选择 Fill 选项卡，设置填充颜色，将填充颜色设置为白色；选择 Font 选项卡，设置字体参数，将全部图形符号显示字体设置为 Times New Roman；字号（Size）设置为 9 磅。

2. 设计 CDM 模型对象

在“图书管理系统”CDM 模型中，涉及的模型对象主要包括域、实体、联系等。

（1）创建域

域（Domain）是一组具有相同数据类型的值的集合，定义后可被多个实体属性共享。“图书管理系统”中包括的域如表 11.3 所示。

表 11.3　域清单

序号	域名称	类型	约束	备注
1	性别	Char（2）	“男”，“女”	在 Standard Checks 选项卡中设置
2	民族	Char（20）	汉族、回族等	在 Standard Checks 选项卡中设置
3	政治面貌	Char（20）	中共党员、共青团员等	在 Standard Checks 选项卡中设置
4	日期	date	介于 1950-1-1 和当前日期之间	在 Standard Checks 选项卡中设置
5	职称	Char（20）	教授、讲师等	在 Standard Checks 选项卡中设置

域的具体定义步骤如下：

① 选择 Model→Domains 菜单项，打开域列表窗口，如图 11.11 所示。在该窗口中定义域的基本信息，包括：Name（域名称）、Code（域代码）、Data Type（数据类型）、Length（类型长度）、Precision（小数位数）。

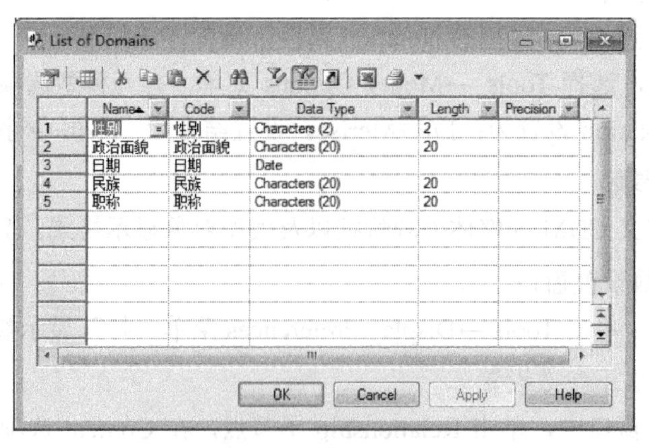

图 11.11　域列表窗口

② 选择需要进行属性设置的域，单击域列表窗口左上角的 Properties 工具，或者右键

单击正在编辑的域，在快捷菜单中选择 Properties，打开域属性窗口，设置域属性。

a. 在 General 选项卡中设置该域的基本信息。

b. 在 Standard Checks 选项卡中设置域的标准检查性约束，如图 11.12 所示。设置了性别域的标准检查性约束，在值列表中定义了性别域的取值，包括“男”和“女”两个值。

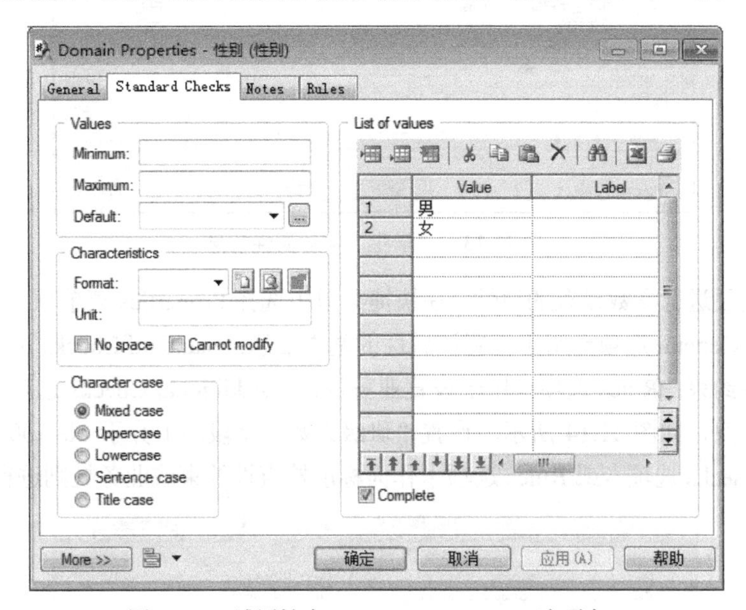

图 11.12　域属性窗口（Standard Checks 选项卡）

c. 在 Additional Checks 选项卡中设置域的附加检查性约束。

d. 在 Rules 选项卡中设置域的业务规则。

③ 采用上述方法，定义“图书管理系统”中的全部域。然后，单击域列表窗口中的 OK 按钮，结束域的定义。

（2）定义实体

创建实体首先要定义实体对象，然后设置实体属性，具体步骤如下：

① 选择工具箱上的 Entity 实体工具选项，在图形设计工作区适当位置单击鼠标左键放置各实体。

② 设置实体基本属性。

双击实体图形符号，打开实体属性窗口，在 General 选项卡中输入实体名称。

③ 设置实体属性列。

单击实体属性窗口的 Attributes 选项卡，打开属性定义窗口，如图 11.13 所示。在该窗口中输入该实体包括的全部属性信息。

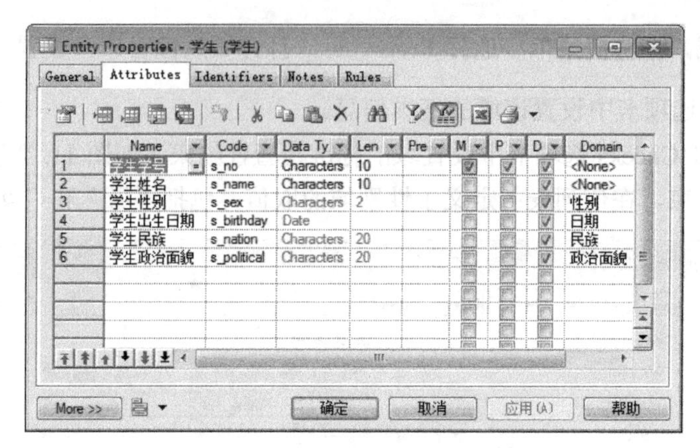

图 11.13 “学生”实体属性信息

右键单击需要进行参数设置的属性，在快捷菜单中选择 Properties 菜单项，打开属性参数设置窗口。其中，General 选项卡用于设置该属性的基本信息；Standard Checks 选项卡用于设置属性的标准检查性约束；Rules 选项卡用于设置业务规则；Additional Checks 选项卡用于设置属性的附加检查性约束，如图 11.14 所示，设置“班级人数”字段的值介于 10~100。该约束也可以采用 Standard Checks 选项卡或 Rules 选项卡作为标准检查性约束或业务规则进行设置。

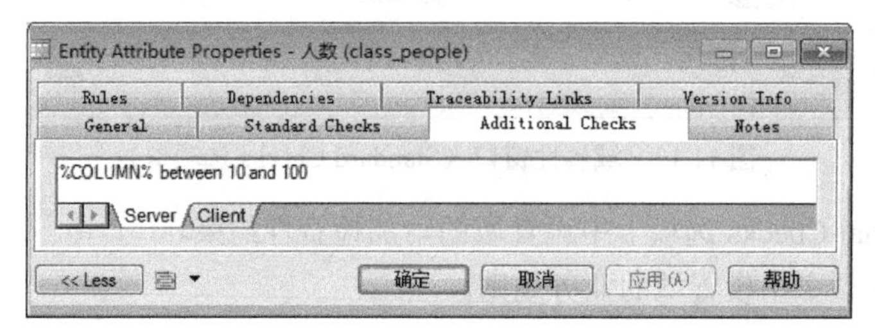

图 11.14 实体属性设置窗口（Additional Checks 选项卡）

④ 设置实体标识符。

单击实体属性窗口的 Identifiers 选项卡，打开标识符定义窗口，如图 11.15 所示。在该窗口中定义实体的主标识符与次标识符。其中，P 表示主标识符，一个实体只能有一个主标识符，可以有多个次标识符。

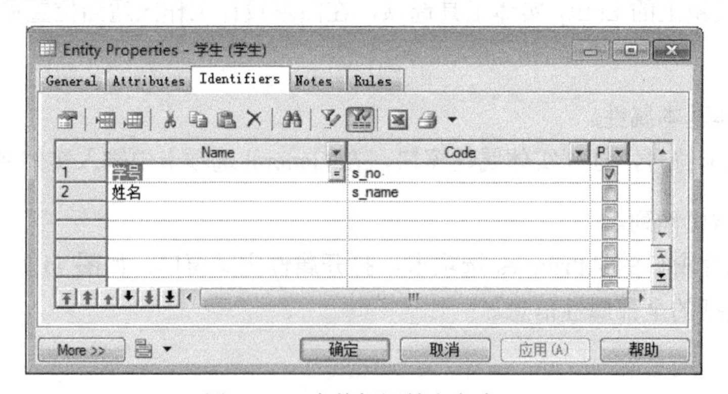

图 11.15 实体标识符定义窗口

其中，学号为主标识符，姓名为次标识符。

注意：定义次标识符后需要指定属性，方法如下：

a. 选择需要编辑的标识符行，单击 Properties 工具，打开标识符属性设置窗口，选择 Attributes 选项卡，单击 Add Attributes 工具，从中选择所需属性；然后，单击 OK 按钮，返回标识符属性窗口，如图 11.16 所示。

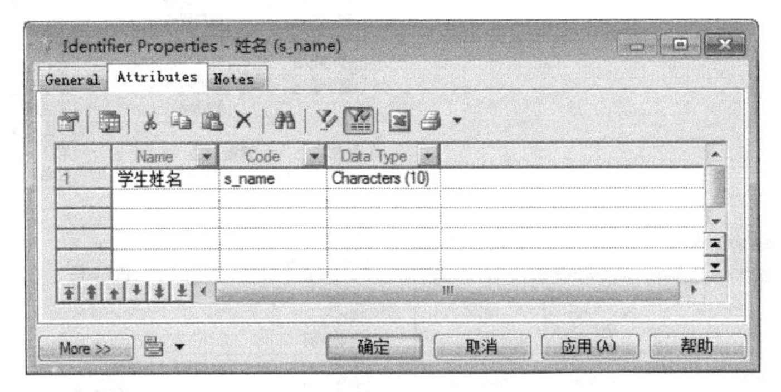

图 11.16　标识符属性窗口（Attributes 选项卡）

b. 单击“确定”按钮，结束标识符定义。

（3）定义联系

“图书管理系统”中存在“1：1”、“1：n”、“m：n”联系，具体定义方法如下：

单击工具箱上的 Relationship 工具，在一个实体上单击鼠标左键，并拖曳至另一个实体，这样就在两个实体之间创建了一个联系；然后鼠标双击联系图形符号，打开联系属性设置窗口，设置联系属性。

① General 选项卡用于设置联系的基本信息，如图 11.17 所示，设置“部门”和“教师”之间的联系。

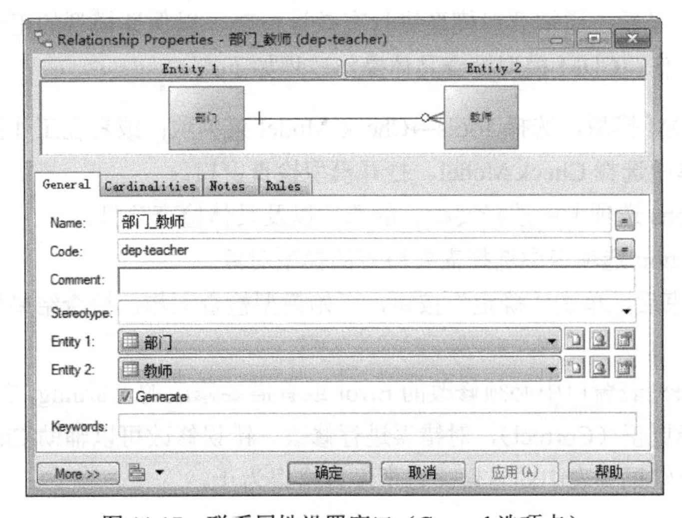

图 11.17　联系属性设置窗口（General 选项卡）

② Cardinalities 选项卡用于设置联系基数信息，如图 11.18 所示，设置“部门”和“教师”之间的联系为“1:n”。

③ 采用上述方法设计“图书管理系统”中的全部联系，结果如图 11.19 所示。

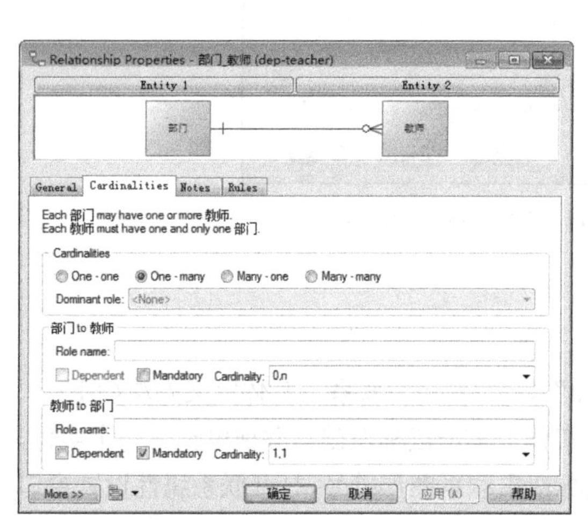

图 11.18　联系属性设置窗口（Cardinalities 选项卡）

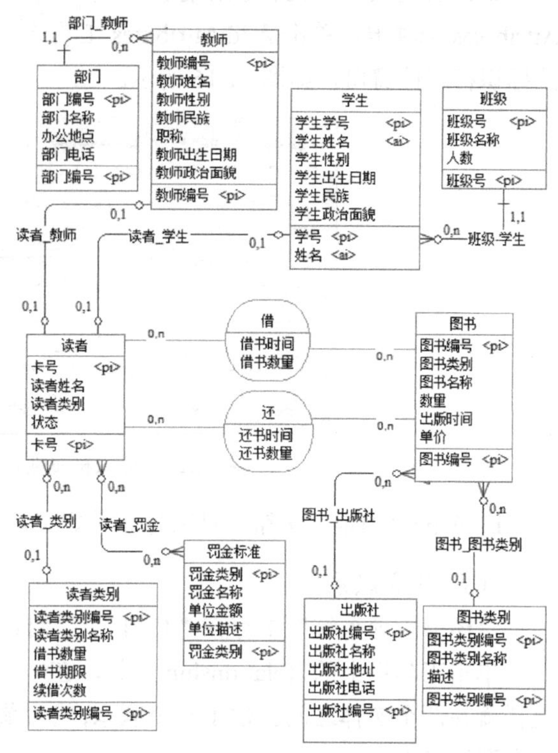

图 11.19　“图书管理系统”CDM

3. 检查模型有效性

模型设计结束以后，通常要对模型进行有效性检查，以保证模型的正确、合理、有效，然后进行下一步工作，CDM 模型检查具体操作过程如下：

（1）打开 CDM 模型，选择 Tools→Check Model 菜单项；或者在工作区空白处单击鼠标右键，在快捷菜单中选择 Check Model，打开模型检查窗口。

（2）在 Options 选项卡中选择要检查的选项以及具体检查项目。

（3）在 Selection 选项卡中选择需要检查的模型对象。

（4）设置结束后，单击“确定”按钮，开始模型检查工作，检查结果显示在结果列表窗口中。

（5）选择结果列表窗口中必须修改的 Error 或者需要修改的 Warning，右键单击该项错误，在快捷菜单中选择更正（Correct），对错误进行修改。错误修改可以辅助 Check 工具栏中的工具完成。逐项修改结果列表中的错误，直至没有错误为止。

11.6 创建逻辑数据模型

设计好 CDM 模型后，可以直接由 CDM 生成 LDM 模型，LDM 模型不是建模必需的阶段，但 LDM 模型较 CDM 模型更易于理解。

由 CDM 生成 LDM 的过程如下：

（1）打开 CDM 模型，如图 11.19 所示。

（2）选择 Tools→Generate Logical Data Model 菜单项，打开生成 LDM 模型窗口。

（3）设置各选项卡参数。可采用默认值。

（4）单击“确定”按钮生成 LDM 模型，由图 11.19 生成的 LDM 如图 11.20 所示。

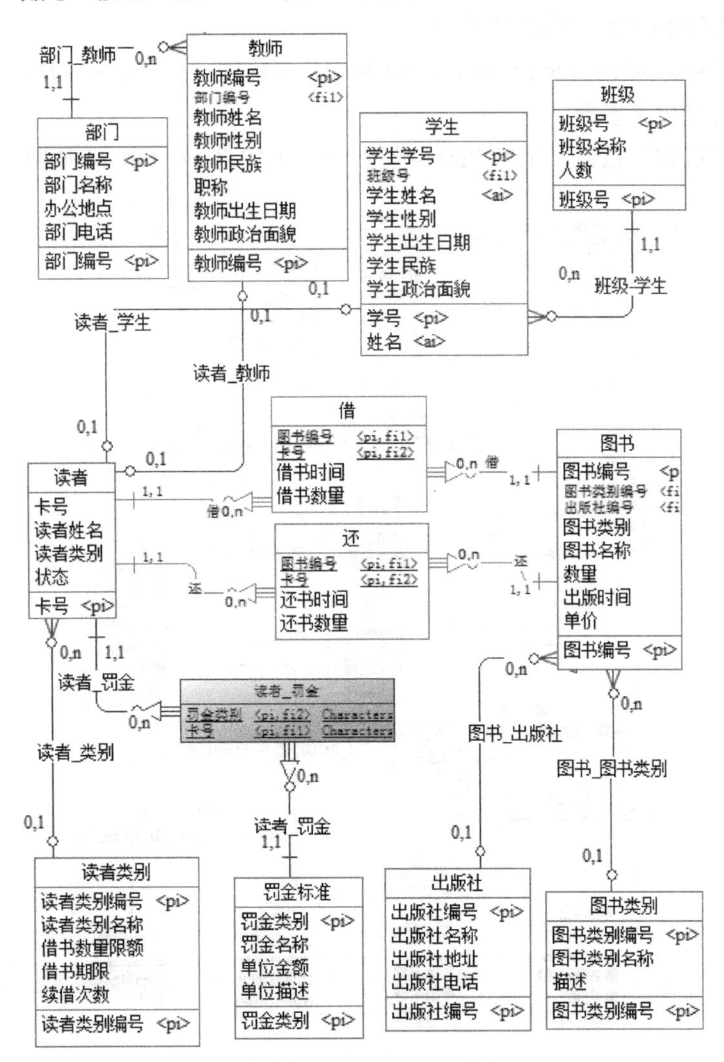

图 11.20　生成的 LDM 模型

由 CDM 向 LDM 转换主要依据“E-R”图向关系模式转换的原则。

11.7 创建物理数据模型

设计好 CDM 模型后，可以直接由 CDM 生成 PDM 模型，也可以由 LDM 生成 PDM。

1. 生成 PDM

具体过程如下：

（1）打开 CDM 模型，如图 11.19 所示。

（2）选择 Tools→Generate Physical Data Model 菜单项，打开生成 PDM 模型窗口。

（3）设置各选项卡参数。

（4）单击“确定”按钮，生成 PDM 模型。图 11.19 生成的 PDM 如图 11.21 所示。

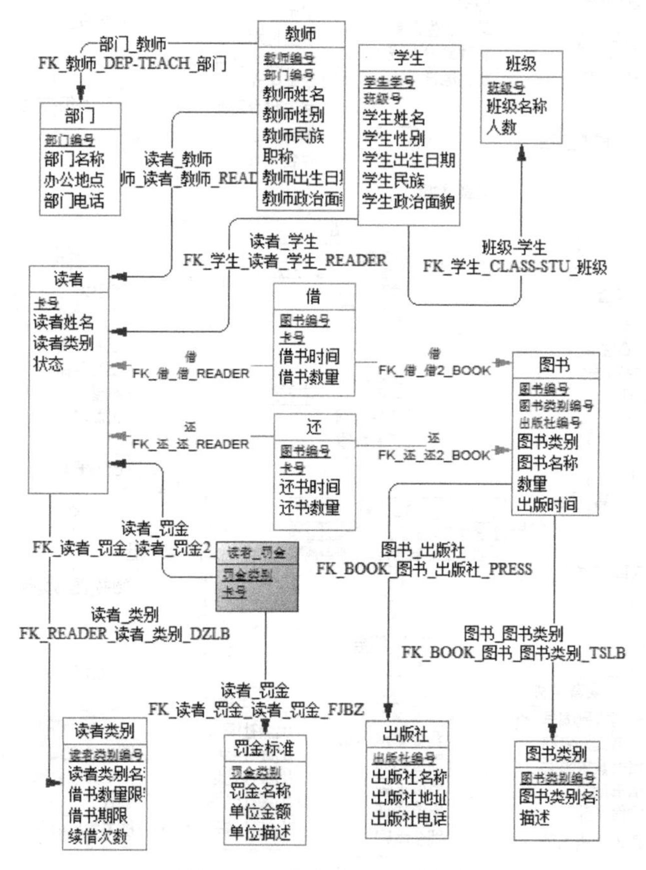

图 11.21　生成的 PDM 模型

2. PDM 模型检查与优化

生成 PDM 模型后，需要对模型进行检查与优化。主要检查表、字段、类型、参照信息等是否与需求一致，是否满足要求等等，并根据检查结果修改模型。另外，根据需求，在 PDM 模型中还可以建立存储过程、存储函数、触发器、视图、索引、序列等数据库对象。

11.8 创建数据库

创建 PDM 后，就可以将 PDM 生成到数据库中，从而完成数据库实施工作。将 PDM 生成到数据库，首先要创建数据库，并配置 ODBC 数据源，然后将 PDM 生成到数据库中。

将 PDM 生成到数据库的具体操作过程如下：

1. 连接数据库

在 PowerDesigner 中选择 Database→ Connect 菜单项，打开连接数据库窗口，如图 11.22 所示。

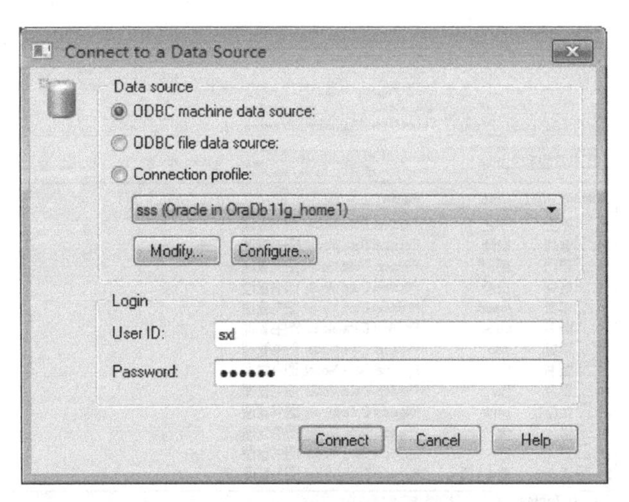

图 11.22　连接数据库窗口

选择第一种连接方式，然后在下拉列表框中选择配置好的 ODBC 数据源“sss”，并且输入用户名和密码，最后单击“Connect”按钮，连接数据库。

2. 生成数据库

在 PowerDesigner 中选择 Database→ Generate Database 菜单项，打开生成数据库窗口，设置生成数据库参数。

（1）在 General 选项卡中定义基本生成信息，如图 11.23 所示。设置生成数据库脚本路径以及文件名称；生成数据库时要对 PDM 模型进行检查，同时自动归档生成过程。

图 11.23 生成数据库（General 选项卡）

（2）在 Options 选项卡中定义数据库对象的生成选项。采用默认设置。

（3）在 Format 选项卡中定义数据库脚本的生成格式。采用默认设置。

（4）在 Selection 选项卡中选择数据库生成对象，如图 11.24 所示。默认选择所有模型选项。

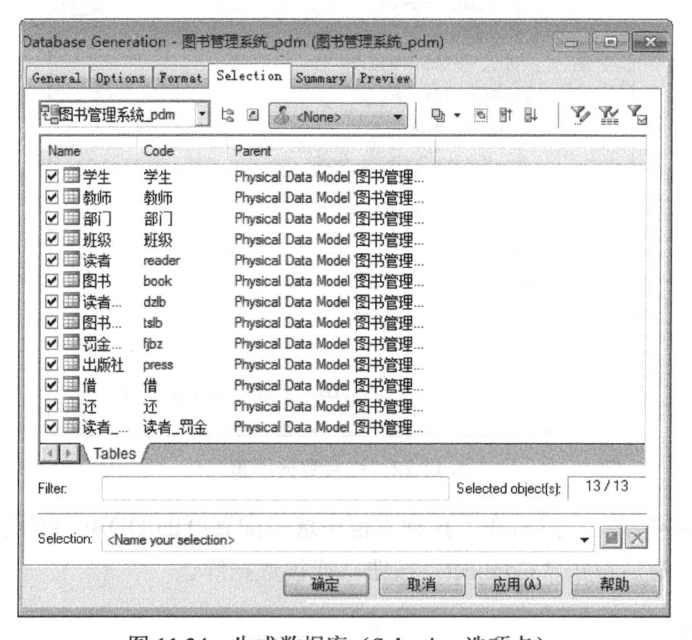

图 11.24 生成数据库（Selection 选项卡）

（5）单击“确定”按钮，生成数据库和脚本。

11.9 创建面向对象模型并生成应用程序代码

创建 CDM 或 PDM 后，可以将 CDM 或 PDM 转换为 OOM，从而生成应用程序代码。下面介绍由 PDM 转换为 OOM 以及生成应用程序代码的具体操作过程。

1. 生成 OOM

由 PDM 生成 OOM 的具体操作过程如下：

（1）打开 PDM 模型，如图 11.21 所示。

（2）选择 Tools→ Generate Object Oriented Model 菜单项，打开生成 OOM 模型窗口。

（3）设置各选项卡参数。

① 在 General 选项卡中设置面向对象模型的名称、代码以及目标语言等，如图 11.25 所示，生成“图书管理系统 OOM”，目标语言为 Java。

图 11.25　OOM 生成选项（General 选项卡）

② 在 Detail 选项卡中设置模型生成选项；在 Selection 选项卡中选择生成对象。全部采用默认设置。

（4）单击“确定”按钮，生成 OOM 模型。图 11.21 所示 PDM 模型生成的 OOM 模型如图 11.26 所示。

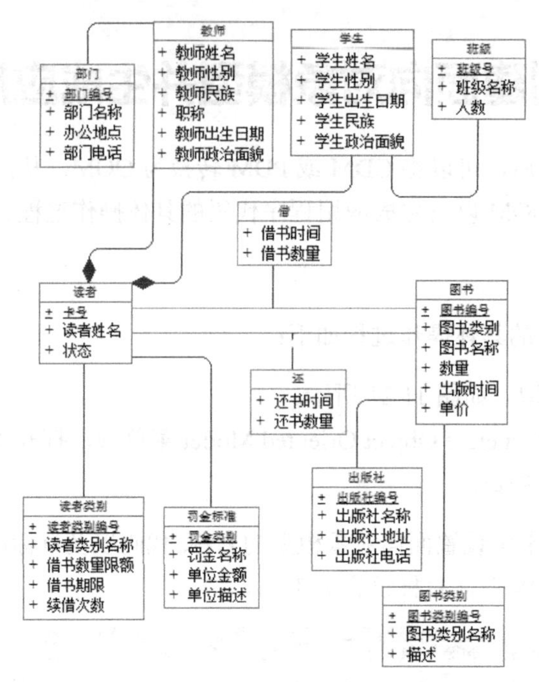

图 11.26　生成的 OOM 模型

2. 生成应用程序代码

创建 OOM 模型之后，就可以由 OOM 生成程序代码。由上述 OOM 生成 Java 文件的具体操作过程如下：

（1）打开 OOM 模型，如图 11.26 所示。

（2）选择 Language→ Generate Java Code 菜单项，打开 Generation 窗口，设置生成选项，如图 11.27 所示。

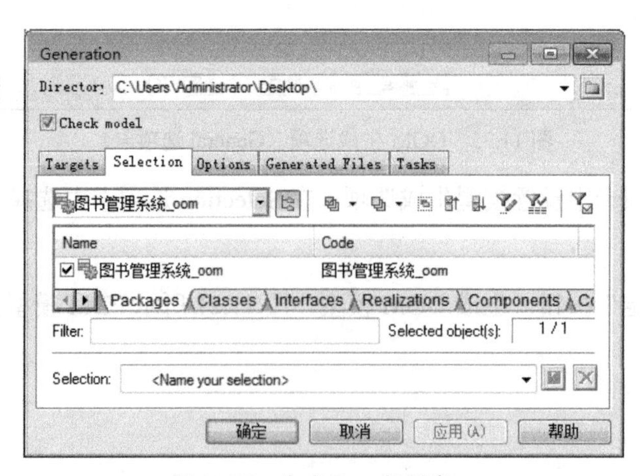

图 11.27　生成 Java 代码窗口

在 Directory 文本框中输入 Java 文件路径；在 Selection 选项卡中选择生成对象，例如在

Classes 标签页中选择类；在 Options 选项卡中定义 Java 源代码生成选项；在 Tasks 选项卡中定义 Java 源代码生成任务选项。

（3）单击“确定”按钮，生成 Java 源代码。

（4）生成后，显示 Generated Files 窗口，如图 11.28 所示，单击“Edit”按钮，查看代码生成情况。

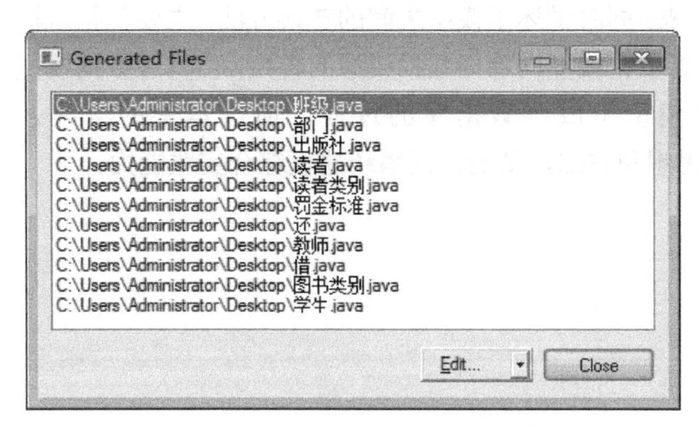

图 11.28　生成的 Java 文件

11.10 创建模型报告

模型报告以文档的形式描述模型，能够为软件系统提供详尽的文档资料；并且可以将所有模型组织到一起，从而起到总揽全局的作用。因此，在创建模型后，通常创建面向全局的模型报告。具体操作步骤如下：

步骤 01　打开需要生成报告的多个模型中的任何一个模型。

步骤 02　选择 File→New Model 菜单项，打开新建模型窗口，选择 Multi-Model Report，并输入模型报告名称。

步骤 03　单击 OK 按钮，打开多模型报告编辑窗口。

步骤 04　加入新模型。

① 选择 Report→Add Section…菜单项，增加新模型。

② 单击 OK 按钮，返回多模型报告编辑窗口。

③ 在新增节中设置相应模型报告内容。

步骤 05　利用报告工具栏预览、打印或生成文档。

步骤 06　保存多模型报告，多模型报告文件扩展名为.mmr。

11.11 本章小结

本章以图书管理系统为例，介绍了采用 PowerDesigner 完成系统建模的全过程，主要包括：需求模型、业务处理模型、概念数据模型、逻辑数据模型、物理数据模型、面向对象模型的建立以及程序代码的生成；同时讲述了模型之间的转换方法，主要包括从概念数据模型到逻辑数据模型的转换，由概念数据模型向物理数据模型的转换，由物理数据模型向面向对象模型的转换以及将物理数据模型生成到数据库的过程。通过本章的学习，读者能够全面掌握 PowerDesigner 建模思想和方法，从而提高系统建模综合实践能力。

第 12 章

实践操作

本章对应前面各章讲解的内容，设计了 9 节实践操作课的内容，读者或者教师可以根据学习进度安排本章各节的操作练习，以巩固所有的内容。

12.1 PowerDesigner 的基本操作

1. 目的与要求

（1）熟悉 PowerDesigner 建模环境。

（2）掌握利用 PowerDesigner 进行模型设计的过程以及模型对象基本操作方法。

2. 实践准备

（1）了解安装 PowerDesigner 及其相关软件的计算机系统环境要求。

（2）了解安装 PowerDesigner 的方法。

（3）了解 PowerDesigner 建模环境。

（4）了解 PowerDesigner 模型类型以及设计过程。

3. 实践内容

（1）PowerDesigner 的安装

检查计算机系统软、硬件资源是否达到 PowerDesigner 的安装要求，参考第 2 章内容完成安装过程，从而熟悉 PowerDesigner 的安装方法。

（2）PowerDesigner 建模环境

① 启动 PowerDesigner

选择开始→所有程序→Sybase→PowerDesigner 16→PowerDesigner 菜单项启动 PowerDesigner，启动后的初始工作界面如图 12.1 所示。

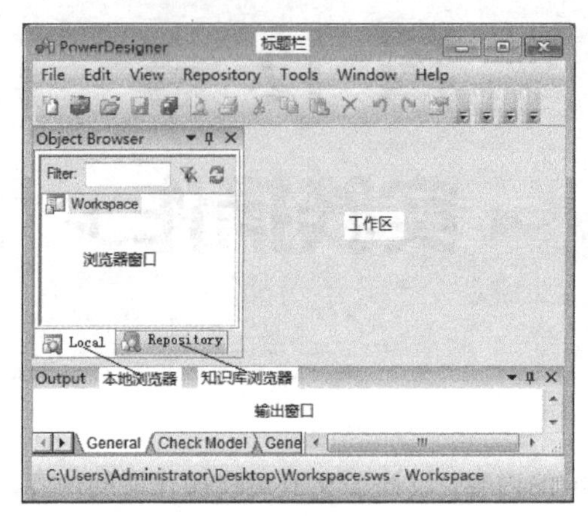

图 12.1 PowerDesigner 初始工作界面

② 熟悉 PowerDesigner 初始界面的组成及功能。主要包括：浏览器窗口、图形设计工作区、工具栏、菜单栏、输出窗口等。

（3）建立模型

① 选择 File→New Model 菜单项或单击标准工具条中的 New Model 工具选项，打开新建模型窗口，如图 12.2 所示。

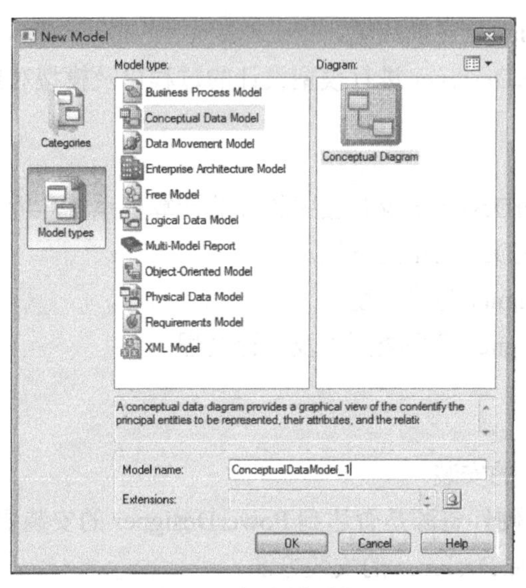

图 12.2 新建模型窗口

② 了解 PowerDesigner 模型类型。主要包括：业务流程模型（BPM）、概念数据模型（CDM）、数据移动模型（DMM）、企业架构模型（EAM）、自由模型（FEM）、逻辑数据模型（LDM）、多模型报告（MMR）、面向对象模型（OOM）、物理数据模型（PDM）、需求模型（RQM）、XML 模型。

③ 输入模型名称，然后单击 OK 按钮，在浏览器窗口中将出现新建模型，如图 12.3 所示，该模型采用系统提供的默认模型名称“ConceptualDataModel_1”。同时，打开 CDM 工具箱，

辅助完成 CDM 模型设计。

模型不同，工具箱中的选项不同。

思考与练习：如果工具箱不慎关闭，如何打开？

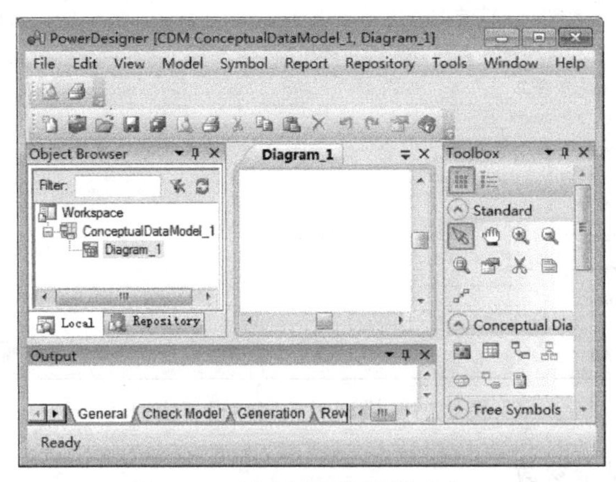

图 12.3　新建概念数据模型窗口

（4）模型设计

① 选择图形符号

单击工具箱中所需工具选项（图形符号），当指针形状变为所选图形符号时，表示选中。

② 放置图形符号

选中图形符号后，在工作区合适位置单击鼠标左键放置图形符号，如图 12.4 所示，放置了 3 个实体图形符号，分别为 Entity_1、Entity_2、Entity_3。

思考与练习：如何连续放置多个图形符号？

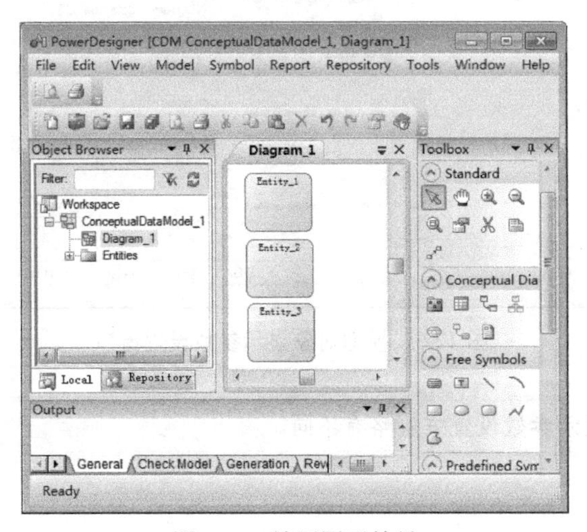

图 12.4　放置图形符号

③ 设置模型对象属性

双击图形符号打开模型对象属性设置窗口，如图 12.5 所示。不同的模型对象，其属性设置窗口中包括的参数不同。

思考与练习：如何修改模型对象的名称和代码？

图 12.5　模型对象属性设置窗口

④ 设置模型对象显示参数

显示参数主要用于定义模型的整体外观特征以及每个对象的显示格式。

选择 Tools→Display Preferences，打开显示参数设置窗口，如图 12.6 所示，设置模型显示参数。

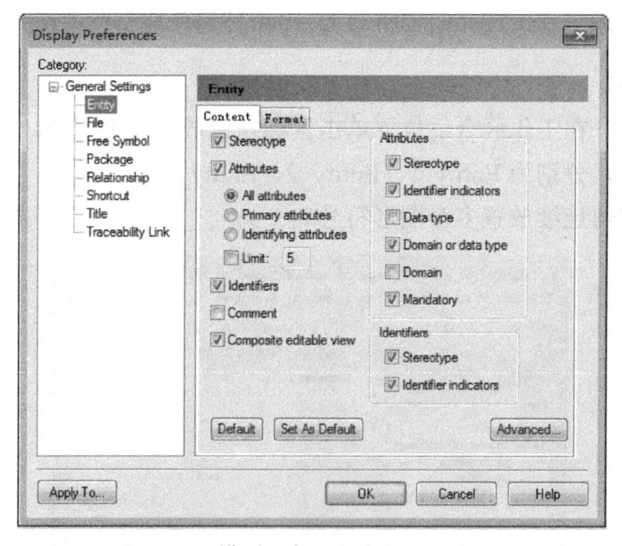

图 12.6　模型对象显示参数设置窗口

不同模型的显示参数设置方法略有不同。

思考与练习：

- 以 CDM 模型为例，如何设置模型对象的显示字体、字号和图形符号填充颜色？
- 任意选择其他 PowerDesigner 模型熟悉建模过程，并记录各种模型文件的扩展名。

12.2 需求模型

1. 目的与要求

（1）熟悉需求模型相关术语。

（2）熟练掌握创建需求模型的方法和具体实现过程。

（3）了解需求模型常用参数含义。

2. 实践准备

（1）了解需求模型相关术语。

（2）了解创建需求模型的方法。

（3）了解需求模型与 Word 文档信息交换的方法。

3. 实践内容

（1）创建 RQM 模型

选择 File→New Model 菜单项，打开新建模型窗口，在新建模型窗口中选择 Requirement Model，在 Model Name 处输入模型名称“教学管理系统 RQM”，然后单击 OK 按钮，创建 RQM 模型。

（2）定义用户

① 选择 Model→Users 菜单项，打开用户列表窗口，输入用户名称。

② 单击 Properties 工具，打开用户属性窗口，如图 12.7 所示，设置用户属性的详细信息。

图 12.7　用户属性窗口

③ 单击“确定”按钮，完成定义。

④ 采用同样方法定义其他用户。

（3）定义用户组

① 选择 Model→Groups 菜单项，打开用户组列表窗口，输入用户组名称。

② 单击 Properties 工具，打开用户组属性窗口，如图 12.8 所示，设置用户组属性的详细信息。

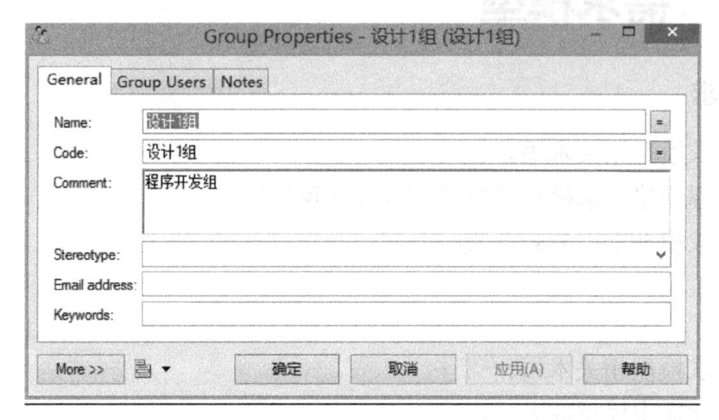

图 12.8　用户组属性窗口（General 选项卡）

③ 单击 Group Users 选项卡，单击 Add Objects 工具，打开添加对象窗口，如图 12.9 所示。从中选择要添加的用户对象，为用户组分配具体成员，单击 OK 按钮，退回 Group Users 选项卡。

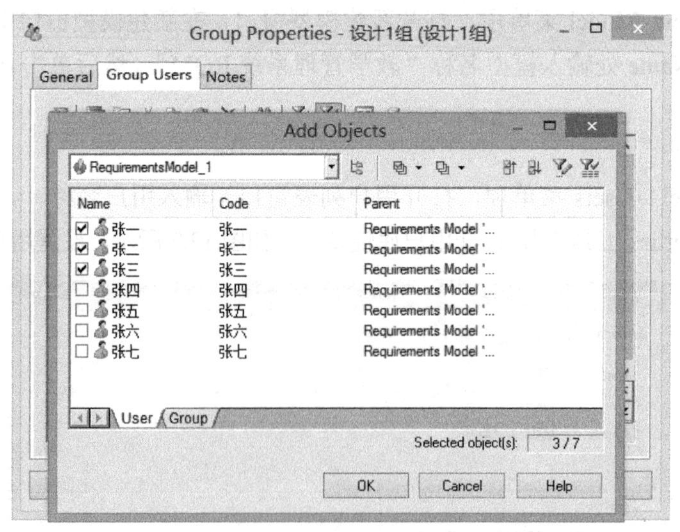

图 12.9　添加对象窗口

④ 单击“确定”按钮，完成定义。

⑤ 采用同样方法定义其他用户组，并指派用户。

（4）定义业务规则

① 选择 Model→Business Rules 菜单项，打开业务规则列表窗口，输入业务规则名称。

② 选择要编辑的业务规则，单击 Properties 工具，打开业务规则属性窗口，设置业务规则的详细内容，如图 12.10、图 12.11 所示。

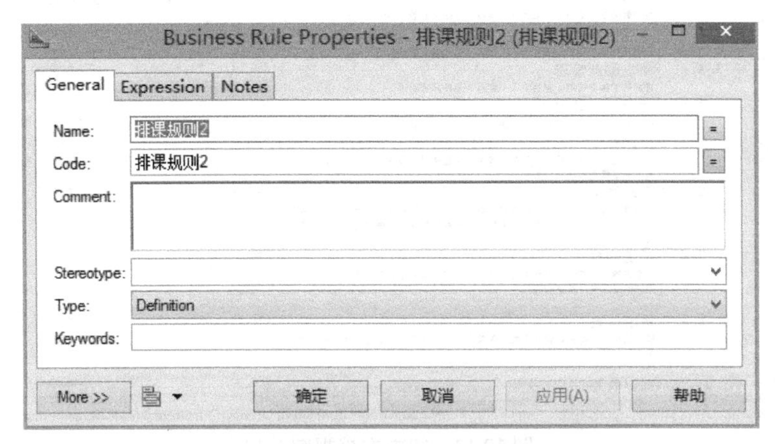

图 12.10　业务规则属性窗口（General 选项卡）

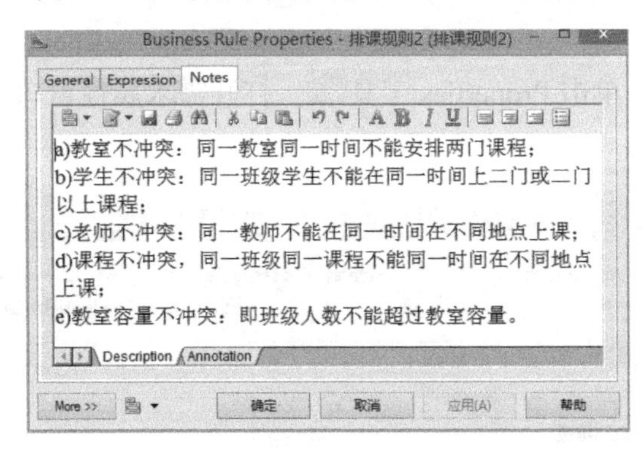

图 12.11　业务规则属性窗口（Notes 选项卡）

③ 单击“确定”按钮，完成定义。

④ 采用同样方法定义其他业务规则。

思考与练习：

- 默认情况下，Model 菜单中没有 Business Rules 菜单项，如何进行激活？
- 如果定义的业务规则是表达式形式，如何进行定义？

（5）编辑需求文档视图

① 增加需求

打开需求文档视图窗口，单击 Insert a Row 工具或单击需求文档视图空白区，增加新的需求；单击 Insert Sub-Object 工具增加子需求；单击 Promote 工具、Demote 工具可以提升或降低子需求的需求层次，如图 12.12 所示。

图 12.12　需求文档视图窗口

② 设置需求属性

选择要设置的需求，单击 Properties 工具，打开需求属性窗口，如图 12.13 所示，设置需求的一般信息。

图 12.13　需求属性窗口（General 选项卡）

- 单击 Detail 选项卡，如图 12.14 所示，设置需求的优先级、工作量等信息。

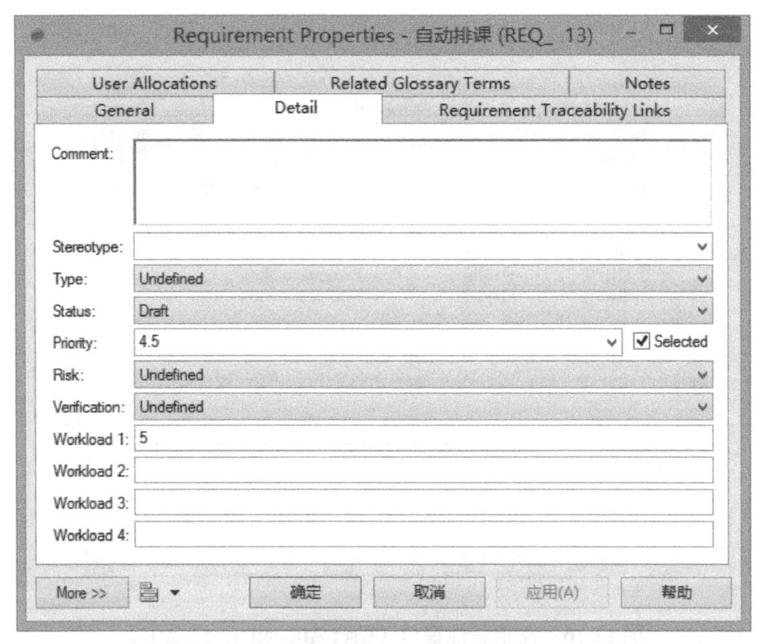

图 12.14　需求属性窗口（Detail 选项卡）

● 单击 Requirement Traceability Links 选项卡，如图 12.15 所示，用于进一步扩大需求的范围，为当前需求提供更详细的依据及参考。

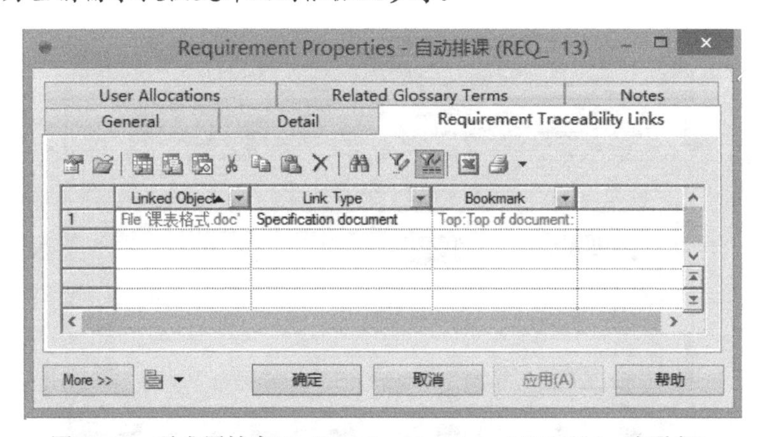

图 12.15　需求属性窗口（Requirement Traceability Links 选项卡）

● 单击 User Allocation 选项卡，单击 Add Objects 工具，打开对象选择窗口，如图 12.16 所示，选定用户或组，用于把需求指定到某个用户或用户组上。

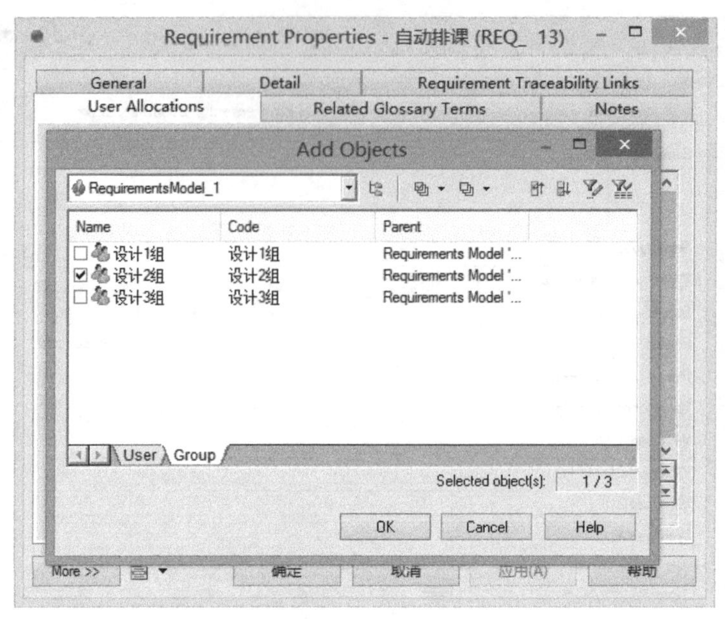

图 12.16　需求属性窗口（User Allocations 选项卡）

③ 单击“More>>”按钮，单击 Rules 选项卡，单击 Add Objects 工具，打开选择业务规则窗口，选择所需的业务规则，单击 OK 按钮，如图 12.17 所示，用于将业务规则指定到当前需求上。

图 12.17　需求属性窗口（Rules 选项卡）

④ 单击“确定”按钮，完成当前需求的属性设置。

（6）采用上述方法完成“教学管理系统”中全部需求的设置。

（7）把 RQM 导出到 Word 文档。

① 打开 RQM 模型，选择 Tools→Export as Word Document 菜单项。

② 选择空白文档，单击“确定”按钮，打开文件保存窗口，在“文件名”文本框中输入要导出的 Word 文档的名称，单击“保存”按钮，打开导出样式窗口。

③ 选择 Export Composite requirements as headings and sub-headings，单击 OK 按钮，开始导出过程。导出过程完成后，生成一个 Word 文档。

思考与练习：

- 在 PowerDesigner 中没有找到 Tools→Export as Word Document 菜单，如何解决？
- 在 RQM 与 Word 文档之间进行信息交换时，RQM 和 Word 文档之间建立了一种连接关系，如何解除这种连接关系？

12.3 业务处理模型

1. 目的与要求

（1）熟悉业务处理模型相关术语。
（2）熟练掌握创建业务处理模型的方法和具体实现过程。
（3）了解业务处理模型常用参数含义。

2. 实践准备

（1）了解业务处理模型相关术语。
（2）了解创建业务处理模型的方法。

3. 实践内容

（1）建立 BPM 模型

选择 File→New Model 菜单项，打开新建模型窗口，在新建模型窗口中选择 Business Process Model，即业务处理模型（BPM）。在 Model Name 处输入模型名称“教学管理系统”，然后单击 OK 按钮，创建 BPM 模型。

（2）定义业务流程图

选择 View→Diagram→New Diagram→Business Process Diagram 菜单项，定义新的业务流程图，在 Name 处输入流程图名称“教学管理系统”，然后单击 OK 按钮，创建 BPD。

（3）定义起点

① 选择工具箱上的 Start 图标，在图形设计工作区适当位置单击鼠标左键放置起点。

② 设置起点属性。

双击起点图形符号，打开起点属性窗口，如图 12.18 所示，设置起点名称和代码为“开始”。

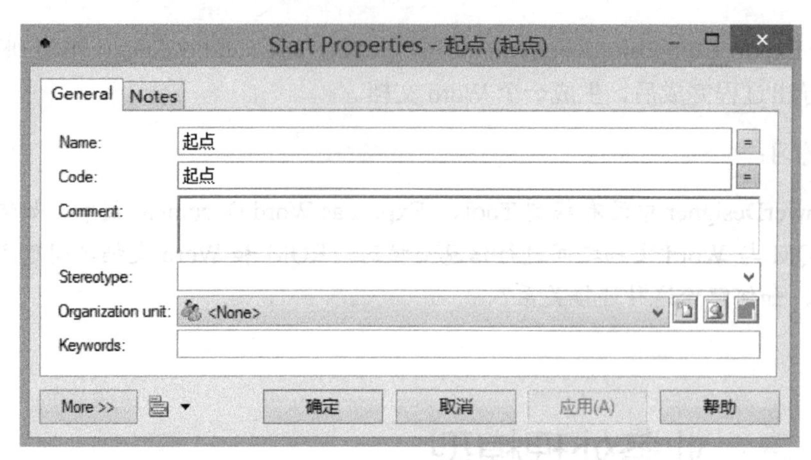

图 12.18　起点属性窗口

③ 单击“确定”按钮，完成定义。

思考与练习：如何显示起点的名称？

（4）定义处理过程

① 选择工具箱上的 Process 图标，在图形设计工作区适当位置单击鼠标左键放置处理过程。

② 设置处理过程属性。

- 双击处理过程图形符号，打开处理过程属性窗口，如图 12.19 所示，设置处理过程的常规信息。

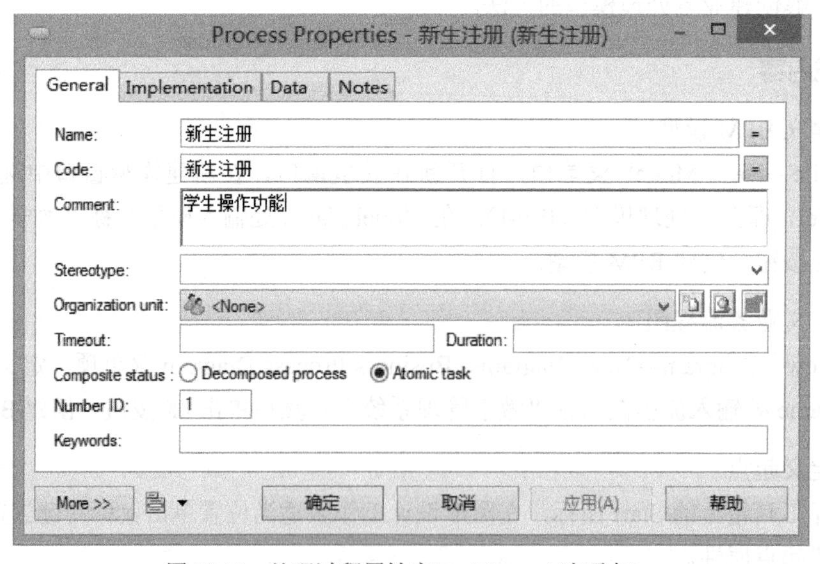

图 12.19　处理过程属性窗口（General 选项卡）

- 单击 Implementation 选项卡，如图 12.20 所示，定义处理过程的执行过程。

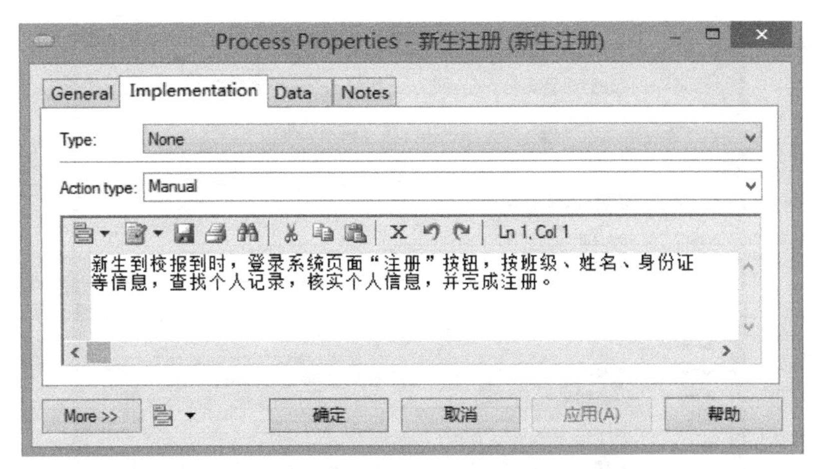

图 12.20　处理过程属性窗口（Implementation 选项卡）

- 单击 Data 选项卡，如图 12.21 所示，定义与处理过程有关的数据对象，可以单击 Add Objects 工具，从打开的选择数据对象窗口中选择已存在的数据对象，或单击 Create an Object 工具进行新的数据对象。

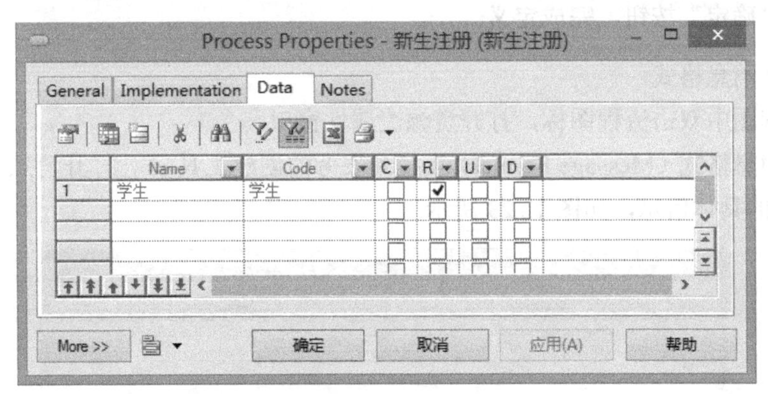

图 12.21　处理过程属性窗口（Data 选项卡）

③ 单击“确定”按钮，完成定义。

（5）定义流程

① 选择工具箱上的 Flow 图标，在图形设计工作区选定要设定流程的两个模型对象，在第一个模型对象内单击鼠标并拖动鼠标至第二个模型对象，两个对象间会增加一个流程的图标。

② 设置流程属性

双击流程图形符号，打开流程属性窗口，如图 12.22 所示，设置流程属性信息。

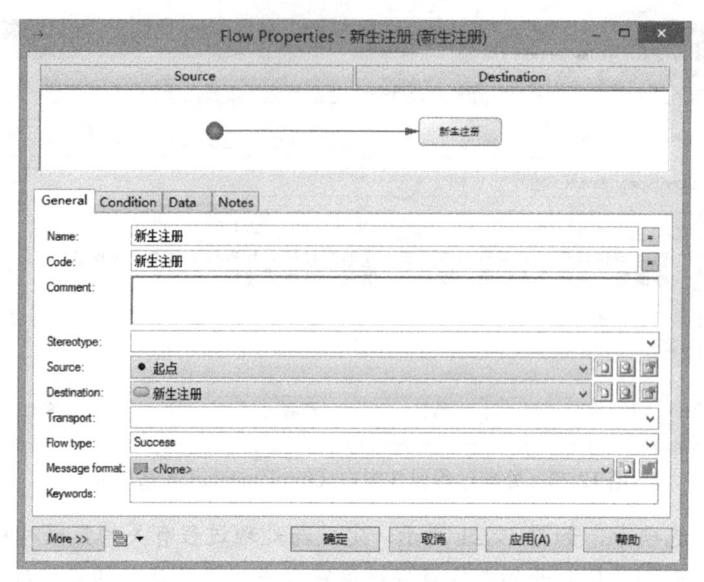

图 12.22　流程属性窗口

③ 单击“确定”按钮，完成定义。

（6）定义消息格式

① 在流程图中双击流程图标，打开资源流属性窗口。

② 单击消息格式（Message Format）下拉列表旁的创建工具，打开消息格式属性窗口，定义消息格式的具体信息，如图 12.23 所示。

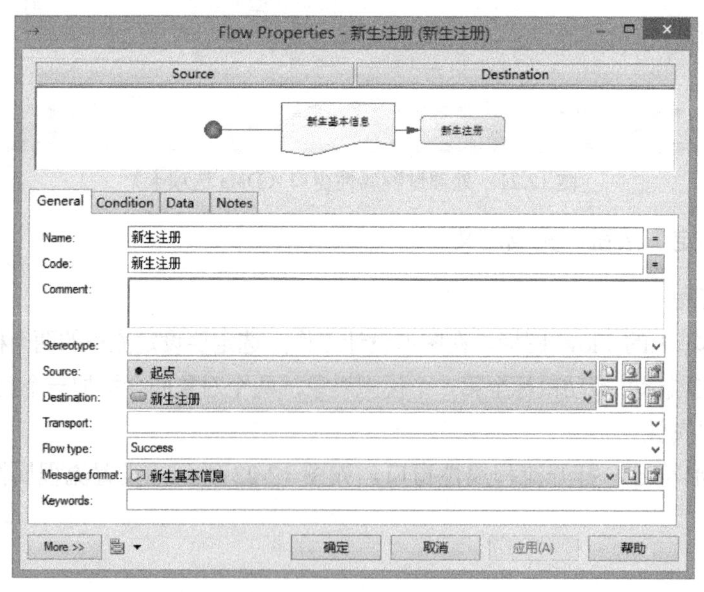

图 12.23　流程属性窗口

③ 单击“确定”按钮，完成定义。

思考与练习：要用的消息格式已存在，如何处理？

（7）定义组织单元

① 选择工具箱上的 Organization Unit 图标，在图形设计工作区适当位置单击鼠标左键放置。

② 双击组织单元图形符号，打开组织单元属性窗口，如图 12.24 所示，定义组织单元信息。

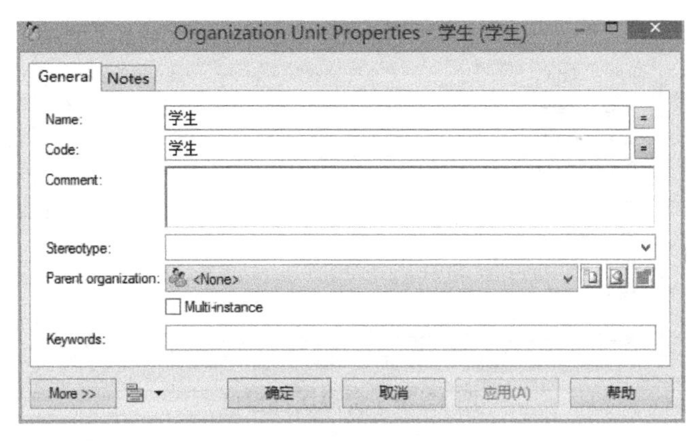

图 12.24　组织单元属性窗口

③ 单击“确定”按钮，完成定义。

思考与练习：如果 Organization Unit 图标为不可用，如何使它变为可用？

（8）定义角色关联

① 选择工具箱上的 Role Association 图标，在图形设计工作区选定要设定角色关联的两个模型对象，在第一个模型对象内单击鼠标并拖动鼠标至第二个模型对象，两个对象间会增加一个角色关联的图标。

② 双击角色关联图形符号，打开角色关联属性窗口，如图 12.25 所示，设置角色关联的属性信息。

图 12.25　角色关联属性窗口

③ 单击“确定”按钮，完成定义。

（9）定义资源

① 选择工具箱上的 Resource 图标，在图形设计工作区适当位置单击鼠标左键放置。

② 双击资源图形符号，打开资源属性窗口，如图 12.26 所示，设置资源的属性信息。

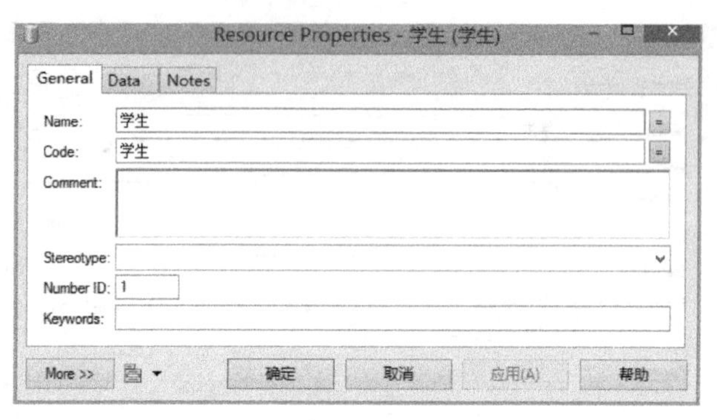

图 12.26　资源属性窗口

③ 单击“确定”按钮，完成定义。

10. 定义资源流

① 选择工具箱上的 Resource Flow 图标，在图形设计工作区选定要设定资源流的两个模型对象，在第一个模型对象内单击鼠标并拖动鼠标至第二个模型对象，两个对象间会增加一个资源流的图标。

② 双击资源流图形符号，打开资源流属性窗口，如图 12.27 所示，设置资源流的属性信息。

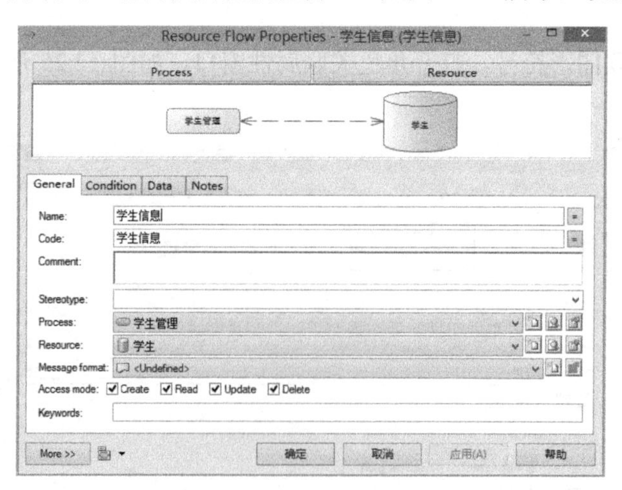

图 12.27　资源流属性窗口

③ 单击“确定”按钮，完成定义。

11. 定义终点

① 选择工具箱上的 End 图标，在图形设计工作区适当位置单击鼠标左键放置。

② 双击终点图形符号，打开终点属性窗口，如图 12.28 所示，设置终点的属性信息。

图 12.28　终点属性窗口

③ 单击“确定”按钮，完成定义。

思考与练习：如何显示终点的名称？

采用上述方法完成“教学管理系统”整体业务流程图。

思考与练习：除上述使用到的对象外，常用的对象还有 Package、Decision、Organization Unit Swimlane 等，了解它们的含义、作用及使用场合。

12.4 概念数据模型

1. 目的与要求

（1）熟悉 CDM 相关术语。

（2）熟练掌握创建 CDM 的方法和具体实现过程。

（3）熟悉 CDM 常用参数含义。

（4）了解 CDM 模型有效性检查的方法和过程。

2. 实践准备

（1）了解概念数据模型相关术语。

（2）了解创建概念数据模型的方法。

3. 实践内容

（1）建立 CDM 模型

选择 File→New Model 菜单项，打开新建模型窗口，在新建模型窗口中选择 Conceptual Data Model，即概念数据模型（CDM）。在 Model Name 处输入模型名称“教学管理系统”，然后单击 OK 按钮，创建 CDM 模型。

（2）定义实体

① 放置实体

选择工具箱上的 Entity 图标，在图形设计工作区适当位置单击鼠标左键放置实体。

② 设置实体属性

双击实体图形符号，打开实体属性窗口，如图 12.29 所示，设置实体名称和代码为“学生”。

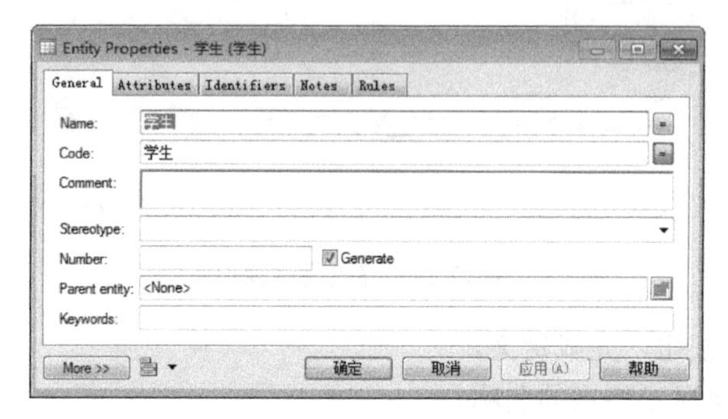

图 12.29　实体属性窗口（General 选项卡）

③ 设置实体属性列

- 单击实体属性窗口的 Attributes 选项卡，打开属性定义窗口，如图 12.30 所示。在该窗口中输入实体包括的全部属性信息。

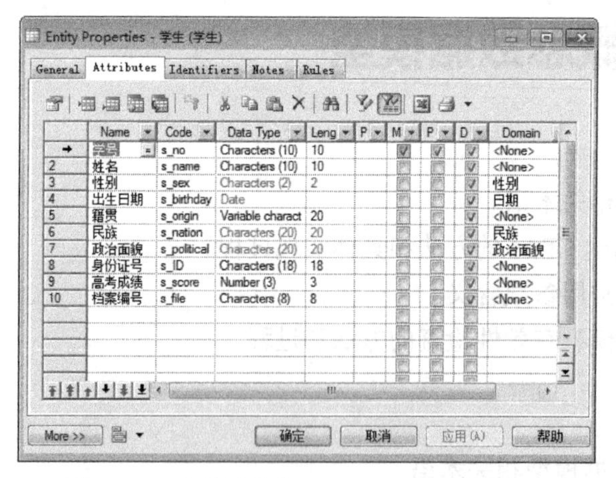

	Name	Code	Data Type	Leng	P	M	P	D	Domain
→	学号	s_no	Characters (10)	10		☑	☑	☑	<None>
2	姓名	s_name	Characters (10)	10				☑	<None>
3	性别	s_sex	Characters (2)	2				☑	性别
4	出生日期	s_birthday	Date					☑	日期
5	籍贯	s_origin	Variable charact	20				☑	<None>
6	民族	s_nation	Characters (20)	20				☑	民族
7	政治面貌	s_political	Characters (20)	20				☑	政治面貌
8	身份证号	s_ID	Characters (18)	18				☑	<None>
9	高考成绩	s_score	Number (3)	3				☑	<None>
10	档案编号	s_file	Characters (8)	8				☑	<None>

图 12.30　实体属性窗口（Attributes 选项卡）

思考与练习：如何定义域？如何在定义属性时应用域？

- 右键单击需要进行参数设置的属性，在快捷菜单中选择 Properties 菜单项，打开属性参数设置窗口。如图 12.31 所示，设置属性参数。

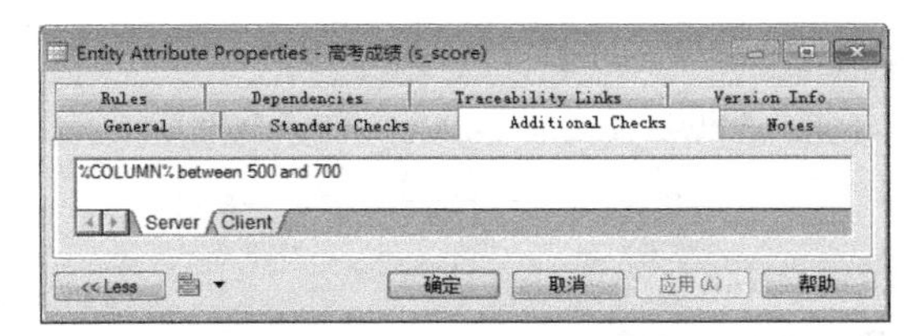

图 12.31　属性参数设置窗口（Additional Checks 选项卡）

思考与练习：在 Standard 选项卡中设置“性别”属性的取值为“男”或者“女”。

④ 设置实体标识符

单击实体属性窗口的 Identifiers 选项卡，打开标识符定义窗口，如图 12.32 所示。在该窗口中定义实体的主标识符与次标识符。

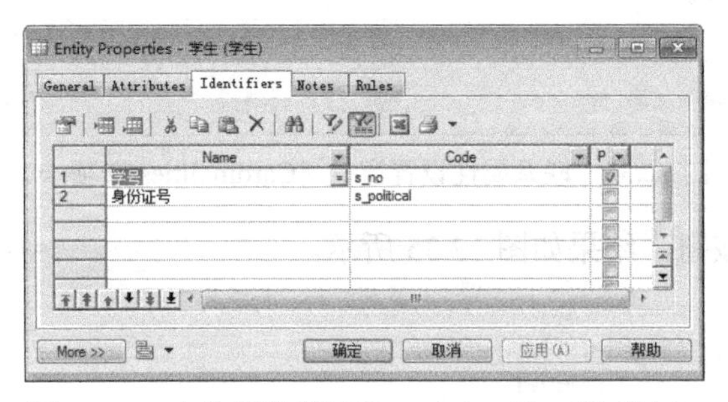

图 12.32　实体属性设置窗口（Identifiers 选项卡）

思考与练习：如何设置实体次标识符？

（3）定义联系

① 单击工具箱上的 Relationship 工具选项，在需要设置联系的两个实体中的一个实体图形符号上单击鼠标左键，并在保持按键的情况下将鼠标拖曳到另一个实体上，然后释放鼠标左键，这样就在两个实体之间创建了一个联系。

② 鼠标双击联系图形符号，打开联系属性设置窗口，如图 12.33 和 12.34 所示。分别设置联系的基本信息和基数信息。

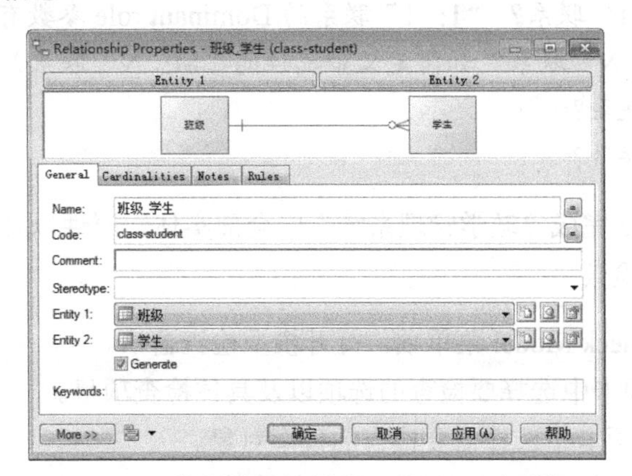

图 12.33　联系属性设置窗口（General 选项卡）

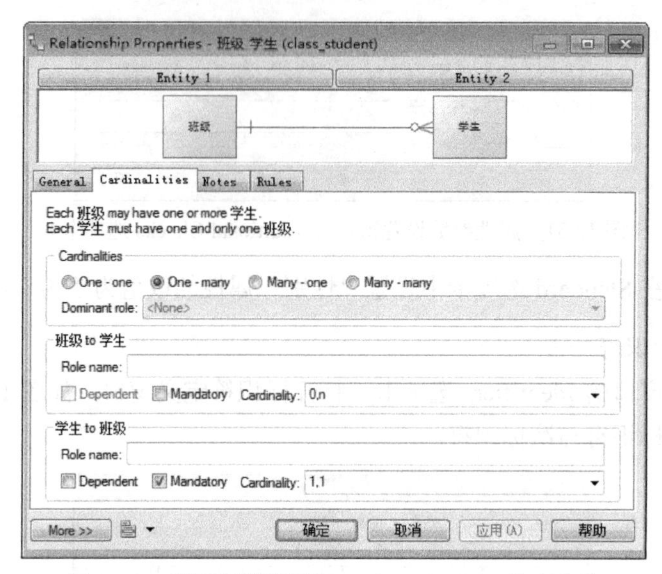

图 12.34　联系属性设置窗口（Cardinalities 选项卡）

③ 单击"确定"按钮，结果如图 12.35 所示。

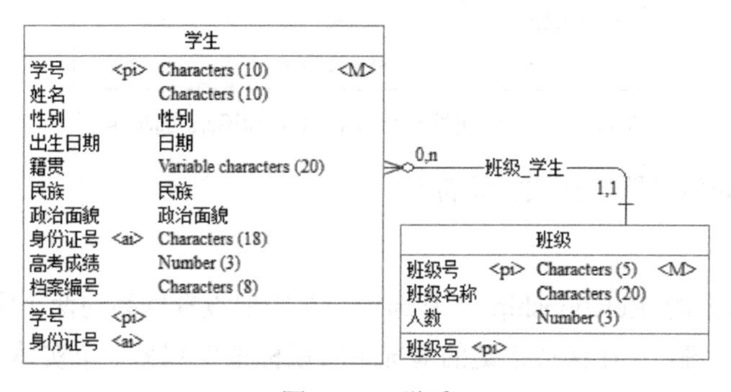

图 12.35　联系

思考与练习：

- 如何定义"1：1"联系？"1：1"联系的 Dominant role 参数有何作用？
- 如何定义"M：N"联系？如何定义带属性的"M：N"联系？
- 如何定义继承联系？
- 如何定义多元联系？

（4）采用上述方法完成"教学管理系统"中全部实体、属性以及联系的定义。

（5）模型有效性检查

① 选择 Tools→Check Model 菜单项，打开模型检查窗口。

② 在 Options 选项卡中选择要检查的选项以及具体检查项目。

③ 在 Selection 选项卡中选择需要检查的模型对象。

④ 设置结束后，单击"确定"按钮，开始检查模型。

⑤ 更正错误。

12.5 逻辑数据模型

1. 目的与要求

（1）了解逻辑数据模型与概念数据模型和物理数据模型之间的关系。
（2）掌握创建逻辑数据模型的方法和具体实现过程。

2. 实践准备

（1）了解逻辑数据模型的作用。
（2）了解创建逻辑数据模型的方法。
（3）了解逻辑数据模型与概念数据模型的转换方法。

3. 实践内容

（1）建立 LDM 模型

选择 File→New Model 菜单项，打开新建模型窗口，在新建模型窗口中选择 Logical Data Model，即逻辑数据模型（LDM）。在 Model Name 处输入模型名称“教学管理系统”，然后单击 OK 按钮，创建 LDM 模型。

（2）定义实体

① 选择工具箱上的 Entity 图标，在图形设计工作区适当位置单击鼠标左键放置实体。
② 双击实体符号，打开实体属性窗口，设置实体属性。

- 在 General 选项卡中设置实体的名称、代码和注释等信息。
- 在 Attributes 选项卡中设置属性信息。
- 在 Identifiers 选项卡中设置主标识符信息。

上述设置方法与 CDM 相同。
采用上述方法定义“教学管理系统”全部实体。

（3）定义联系

① 单击工具箱上的 Relationship 工具选项，在两个实体之间创建联系。
② 鼠标双击联系图形符号，打开联系属性窗口。

- 在 General 选项卡中设置联系的基本信息。
- 在 Cardinalities 选项卡中设置联系基数信息。
- 在 Joins 选项卡中设置联系两端实体属性链接信息，如图 12.36 所示。

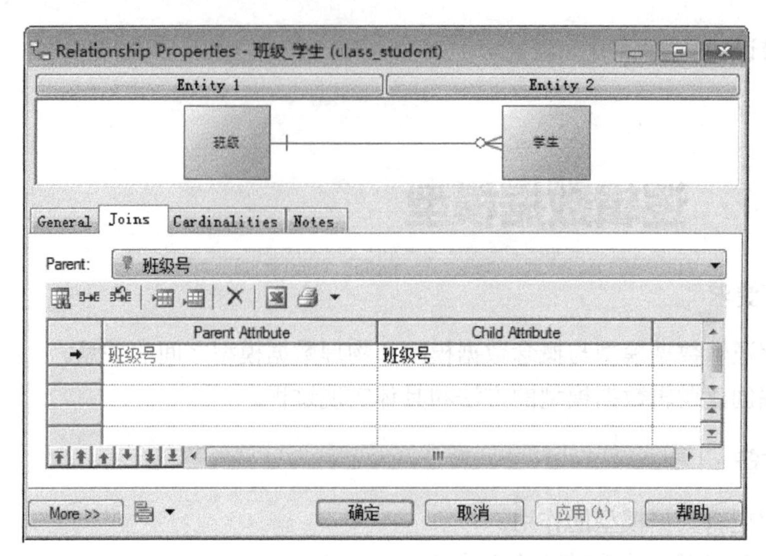

图 12.36　LDM 联系属性设置窗口（Joins 选项卡）

思考与练习：如何建立“m:n”联系？

采用上述方法创建“教学管理系统”全部联系。

（4）由 CDM 生成 LDM

① 打开 CDM 模型，选择 Tools→Generate Logical Data Model 菜单项，打开生成 LDM 模型窗口。

② 设置生成选项参数，设置结束后单击“确定”按钮生成 LDM 模型。

思考与练习：由 CDM 生成 LDM 的转换规则是什么？

12.6 物理数据模型

1. 目的与要求

（1）熟悉物理数据模型相关术语。

（2）掌握创建物理数据模型的方法。

（3）了解物理数据模型常用参数含义。

（4）了解物理数据模型与其他模型的转换方法。

（5）掌握由物理数据模型生成数据库或 SQL 脚本的方法。

2. 实践准备

（1）了解物理数据模型相关术语。

（2）熟悉创建物理数据模型的方法。

（3）了解物理数据模型生成数据库或 SQL 脚本的方法。

3. 实践内容

（1）创建 PDM

选择 File→New Model 菜单项，打开新建模型窗口，在新建模型窗口中选择 Physical Data Model，即物理数据模型（PDM），然后输入模型名称“教学管理系统”并选择数据库管理系统，最后单击 OK 按钮，创建 PDM 模型。

（2）定义表

① 选择工具箱上的 Table 工具选项，在图形设计工作区适当位置单击鼠标左键放置表。

② 双击表的图形符号，打开表属性窗口，设置表属性。

③ 定义列。

单击表属性窗口的 Columns 选项卡，打开列定义窗口，如图 12.37 所示。在该窗口中定义列的基本信息。主要包括列名称、代码、数据类型、长度、精度等。

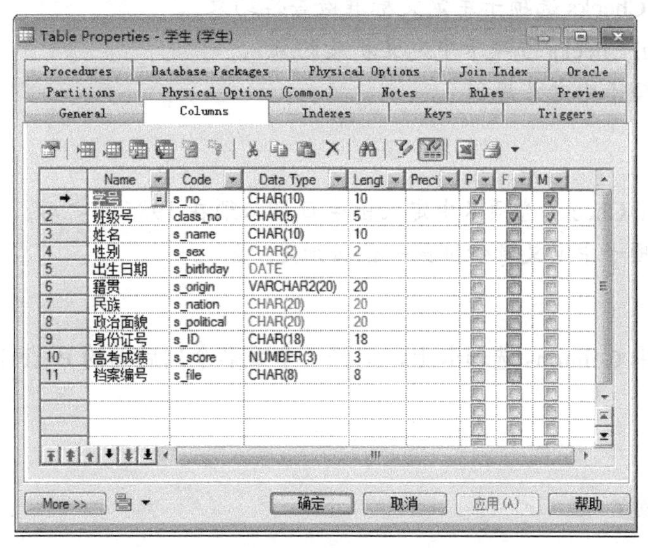

图 12.37　表属性定义窗口（Columns 选项卡）

列属性设置：

单击列定义窗口中的 Properties 工具，或者在列定义窗口中右键单击要进行属性设置的列，在快捷菜单中选择 Properties，打开列属性设置窗口。

- 定义列的基本属性

在列属性窗口中选择 General 选项卡，打开列基本信息设置窗口，如图 12.38 所示。

图 12.38　列属性窗口（General 选项卡）

- 定义列的约束
- 在 Standard Checks 选项卡中定义标准检查性约束。
- 在 Additional Checks 选项卡中定义扩展约束。
- 在 Rules 选项卡中定义规则。

思考与练习：

- 在 Additional Checks 选项卡中定义出生日期必须在 1985 年之后。
- 在 Rules 选项卡中定义身份证第一位必须是“2”。

④ 定义主键

在表属性窗口中 Columns 选项卡上，选择一个或多个列后面的 P（Primary Key）复选框，定义主键。

思考与练习：

如何定义候选键？

（3）定义参照及参照完整性

① 单击工具箱上的 References 工具选项，在子表图形符号上单击鼠标左键，并在保持按键的情况下将鼠标拖曳到父表上，然后释放鼠标左键。这样就在两个表之间创建了一个参照。

② 鼠标双击参照图形符号，打开参照属性设置窗口，如图 12.39 所示。

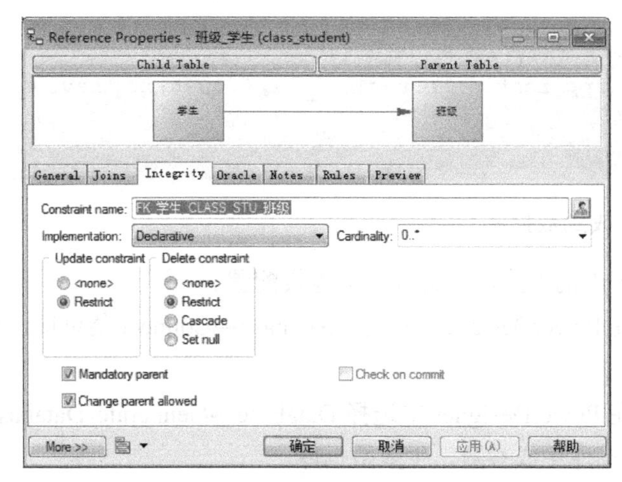

图 12.39　参照属性定义窗口（Integrity 选项卡）

思考与练习：

- 如何设置参照基本属性？
- 如何设置参照链接属性？
- 在实践中体会更新或删除参照完整性中 Restrict、Cascade 等参数含义。

（4）定义视图

① 选择工具箱上的 View 图标，在图形设计工作区适当位置单击鼠标左键放置视图。

② 双击视图图形符号，打开视图属性窗口，设置视图属性。

思考与练习：定义视图“班级课程表”，包括课程名称、教师名称、上课地点和上课时间。

（5）定义存储过程

① 选择工具箱上的 Procedure 工具选项，在图形设计工作区适当位置单击鼠标左键放置存储过程。

② 双击存储过程图形符号，打开存储过程属性窗口，设置存储过程属性。

- 选择模板
- 定义存储过程体

思考与练习：定义存储过程“计算绩点”，功能是计算指定班级、课程的成绩绩点。

（6）定义触发器

① 双击需要建立触发器的表，打开表属性窗口，并选择 Triggers 选项卡，单击空白行，输入新触发器的名称和代码。

② 单击 Properties 工具，打开触发器属性窗口，设置触发器基本信息以及触发器主体。

思考与练习：创建下面触发器

```
Create trigger t_student
Before insert or update or delete On 学生
```

```
Begin
        If user not in ('SXL') then
           Raise_application_error(-20001,'You do not have access to modify this
table.');
        End if;
End;
```

（7）将 PDM 生成到数据库

① 选择连接数据库的方式，并进行相应连接配置。

② 连接数据库在 PowerDesigner 中选择 Database→Connect 菜单项，打开连接数据库窗口，设置连接参数。

③ 生成数据库在 PowerDesigner 中选择 Database→Gennerate Database 菜单项，打开生成数据库窗口，设置数据库生成参数，生成数据库。

（8）由 CDM 生成 PDM

① 打开 CDM 模型，选择 Tools→Generate Physical Data Model 菜单项，打开生成 PDM 模型窗口。

② 设置生成选项参数，设置结束后单击“确定”按钮生成 PDM 模型。

思考与练习

- 如何定义及应用域？
- 如何定义及应用序列？
- 如何定义索引？
- 如何生成测试数据？

12.7 数据库逆向工程

1. 目的与要求

（1）了解数据库逆向工程意义。

（2）掌握数据库逆向工程方法。

2. 实践准备

（1）了解数据库系统以及 SQL 脚本基本知识。

（2）了解数据库逆向工程方法。

3. 实践内容

（1）数据库逆向工程

① 选择 File→Reverse Engineer→Databasc 菜单项，打开数据库逆向工程新建 PDM 模型窗

口，如图 12.40 所示，输入 PDM 模型名称，并选择 DBMS。

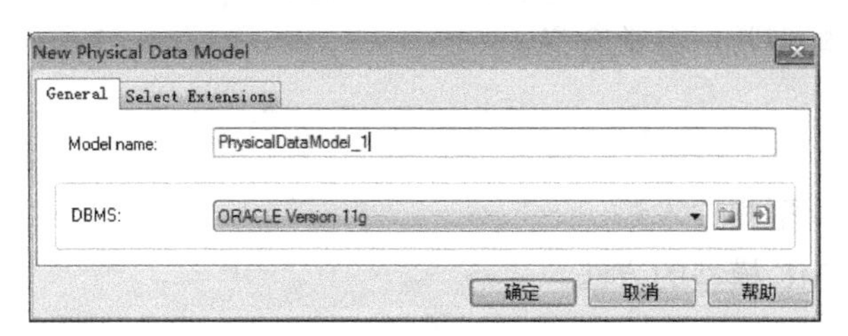

图 12.40　逆向工程新建 PDM 模型窗口

② 单击“确定”按钮，打开数据库逆向工程选项窗口，如图 12.41 所示，采用 SQL 脚本生成 PDM。

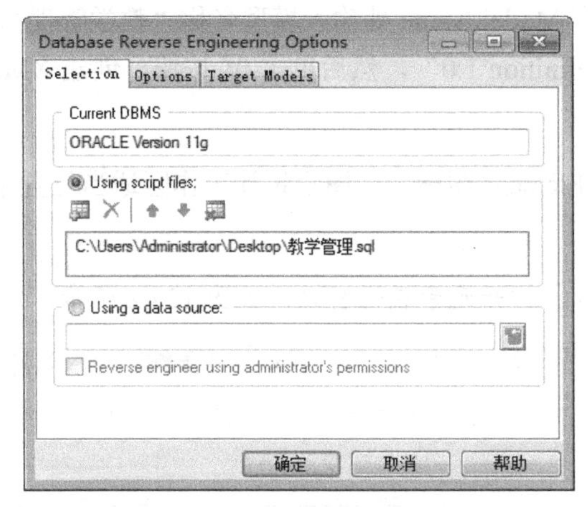

图 12.41　数据库逆向工程选项窗口

③ 单击“确定”按钮，生成 PDM。

思考与练习：如何根据已经存在的数据库生成 PDM？

（2）由 PDM 生成 CDM

① 打开 PDM 模型，选择 Tools→Generate Conceptual Data Model 菜单项，打开生成 CDM 模型窗口。

② 设置生成选项参数，设置结束后单击“确定”按钮生成 CDM 模型。

思考与练习：在实践中体会 PDM 模型与 CDM 模型的不同。

12.8 XML 模型

1. 目的与要求

（1）熟悉 XML 模型相关术语。

（2）熟练掌握创建 XML 模型的方法和具体实现过程。

（3）了解 XML 模型常用参数含义。

2. 实践准备

（1）了解 XML 模型相关术语。

（2）了解创建 XML 模型的方法。

- 实践内容
- 建立 XML 模型

选择 File→New Model 菜单项，打开新建模型窗口，在新建模型窗口中选择 XML Model，即面向对象模型 XML。在 Model Name 处输入模型名称“教学管理系统”，在 XML Language 处选择“XML Schema Definition 1.0”，然后单击 OK 按钮，创建 XML 模型。

（3）定义元素

① 选择工具箱上的 Element 图标，在图形设计工作区适当位置单击鼠标左键即可。

② 设置元素属性

- 双击元素图形符号，打开元素属性窗口，如图 12.42 所示，定义元素的常规属性。

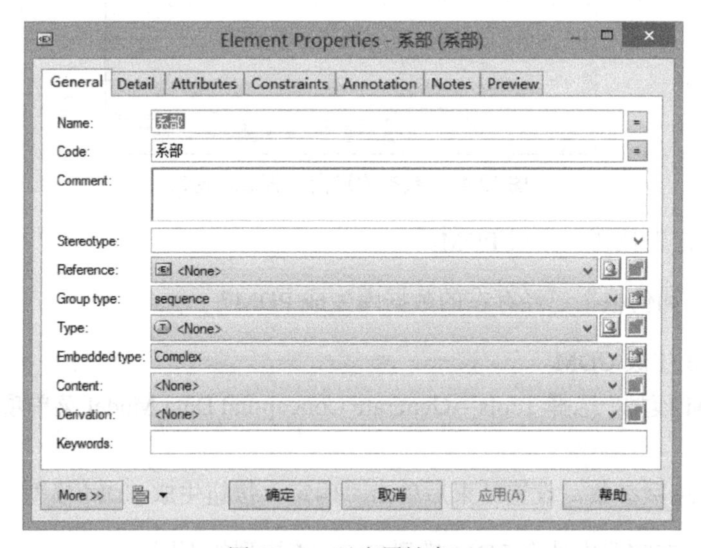

图 12.42　元素属性窗口

- 单击 Detail 选项卡，如图 12.43 所示，用于设置元素的出现次数及默认值等属性。

图 12.43 元素属性窗口（Detail 选项卡）

- 单击 Attributes 选项卡，如图 12.44 所示，定义元素的属性。

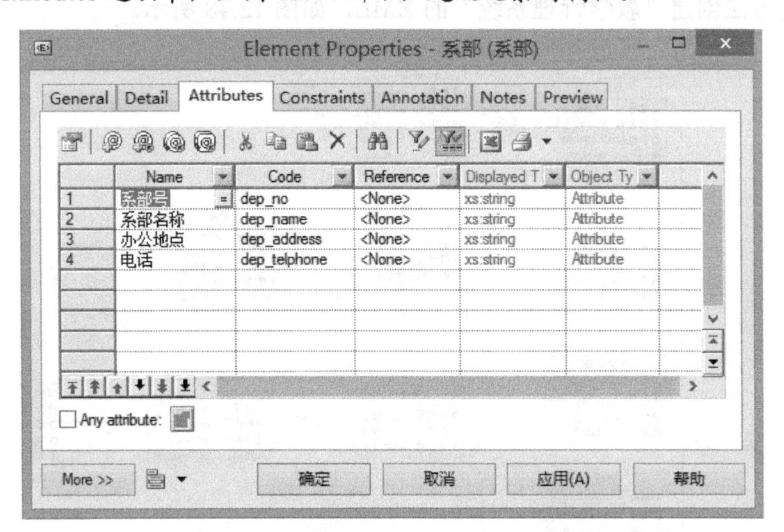

图 12.44 元素属性窗口（Attributes 选项卡）

③ 单击“确定”按钮，完成定义，如图 12.45 所示。

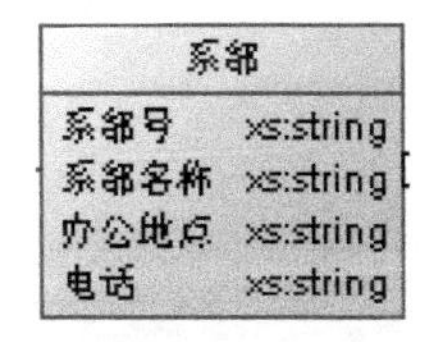

12.45 系部元素

（4）定义对象的连接

要把子对象连接到元素上，首先单击工具箱上的子对象工具，然后，在图形窗口单击元素符号，系统将自动在两个对象之间产生连接。在工具箱上选择 Element 图标，在系部元素对象上单击一下，即可创建系部元素的子元素，如图 12.46 所示。

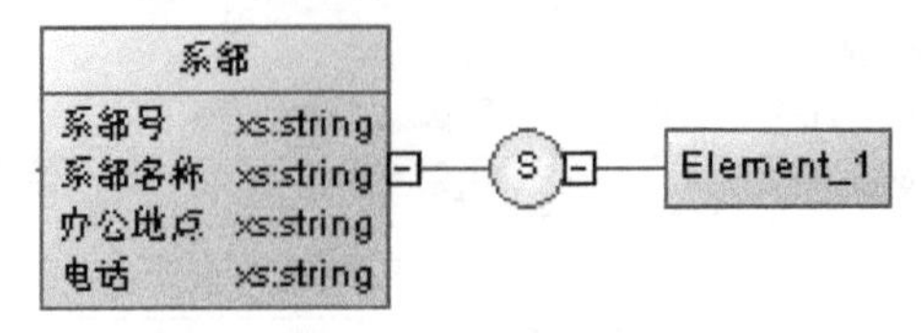

图 12.46　对象的连接

按照步骤（2）的操作定义 Element_1 的具体信息，如图 12.47 所示。

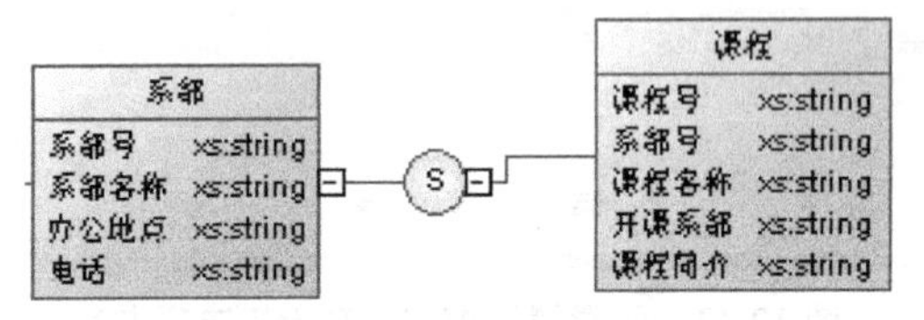

图 12.47　课程与系部的连接

采用上述方法创建“教学管理系统”的 XML，如图 12.48 所示。

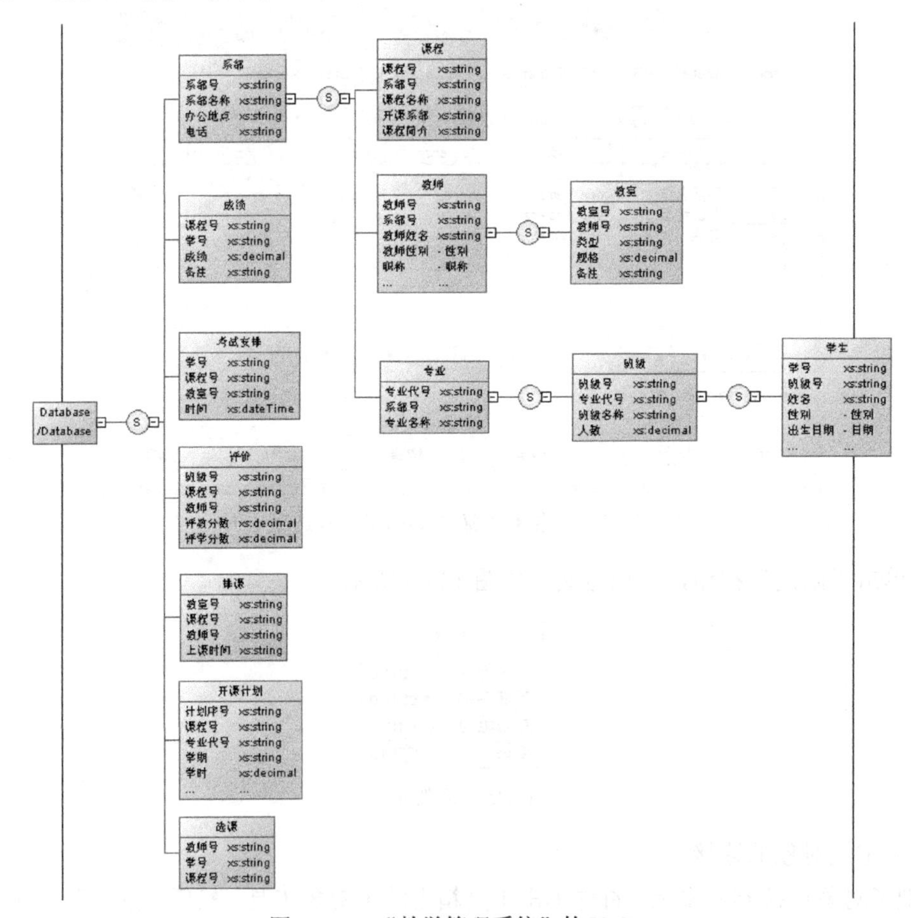

图 12.48　“教学管理系统”的 XML

思考与练习：如何完成 XML 三种文档类型之间的转换？

12.9 面向对象模型

1. 目的与要求

（1）熟悉面向对象模型相关术语。

（2）熟练掌握创建面向对象模型的方法和具体实现过程。

（3）了解面向对象模型常用参数含义。

2. 实践准备

（1）了解面向对象模型相关术语。

（2）了解创建面向对象模型的方法。

（3）了解生成 Java 代码的方法。

3. 实践内容

（1）建立 OOM 模型

选择 File→New Model 菜单项，打开新建模型窗口，在新建模型窗口中选择 Object-Oriented Model，即面向对象模型 OOM。在 Model Name 处输入模型名称“教学管理系统”，然后单击 OK 按钮，创建 OOM 模型。

（2）定义用例图

① 新建用例图

在浏览器窗口找到新建的 OOM 模型，单击鼠标右键，从快捷菜单中选择 New→Use Case Diagram，打开用例图属性窗口，在 Name 处输入用例图名称“教学管理系统”，然后单击“确定”按钮。

② 定义用例

步骤 01　选择工具箱上的 Use Case 图标，在图形设计工作区适当位置单击鼠标左键放置用例。

步骤 02　设置用例属性。

- 双击用例图形符号，打开用例属性窗口，如图 12.49 所示，设置用例属性信息。

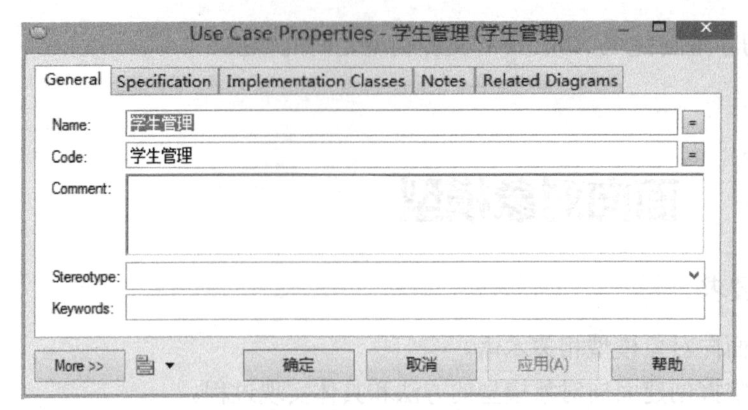

图 12.49　用例属性窗口（General 选项卡）

- 单击 Specification 选项卡，如图 12.50 所示，用于定义用例的操作规则。

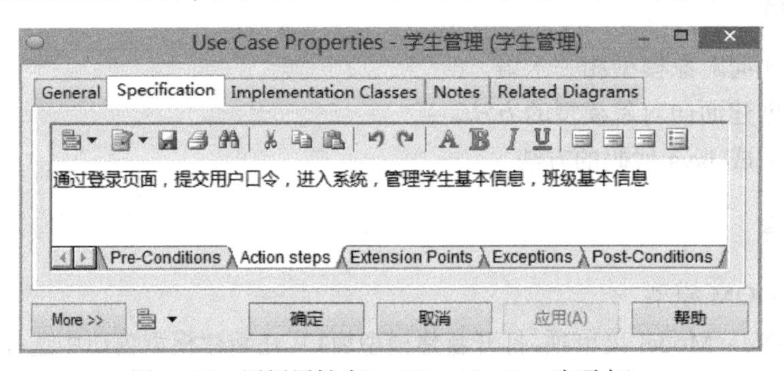

图 12.50　用例属性窗口（Specification 选项卡）

- 单击 Implementation Classes 选项卡，如图 12.51 所示，用于定义用例实现过程中用到的类或接口。使用 Add Objects 工具可以引用已经定义好的类或接口，Create a New Class 工具可以新定义一个类，Create a New Interface 工具可以新定义一个接口。

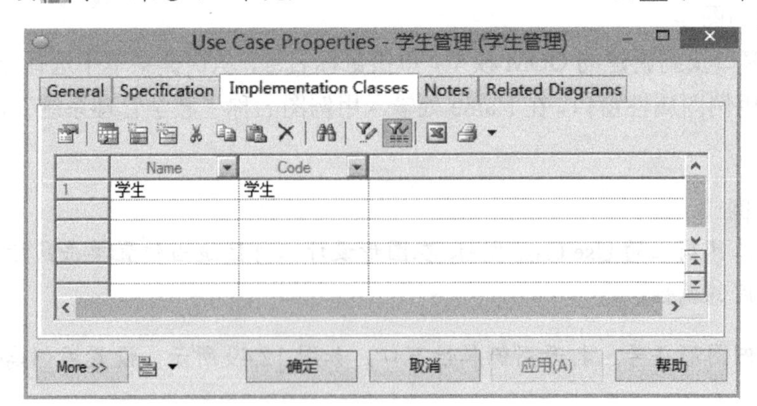

图 12.51　用例属性窗口（Implementation Classes 选项卡）

步骤 03　单击"确定"按钮，完成定义。

③ 定义参与者

步骤01　选择工具箱上的 Actor 图标，在图形设计工作区适当位置单击鼠标左键放置参与者。

步骤02　设置参与者属性。

双击参与者图形符号，打开参与者属性窗口，如图 12.52 所示，定义参与者的属性信息。

图 12.52　参与者属性窗口

步骤03　单击“确定”按钮，完成定义。

④ 定义参与者和用例之间的关系

步骤01　选择工具箱上的 Association 图标，在图形设计工作区选定要关联参与者与用例，在参与者对象内单击鼠标并拖动鼠标至用例，两个对象间会增加一个关联的图标。

步骤02　设置关联属性。

双击关联图形符号，打开关联属性窗口，如图 12.53 所示，定义关联的属性信息。

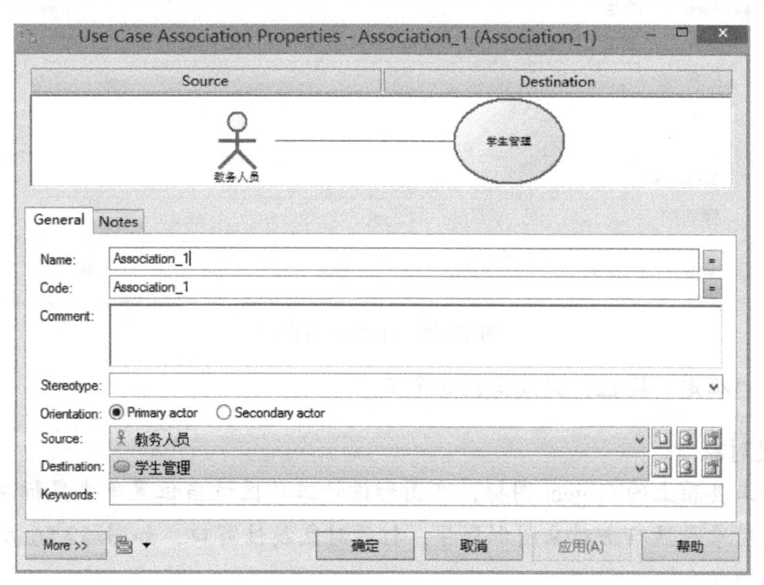

图 12.53　关联属性窗口

步骤03　单击“确定”按钮，完成定义，如图 12.54 所示。

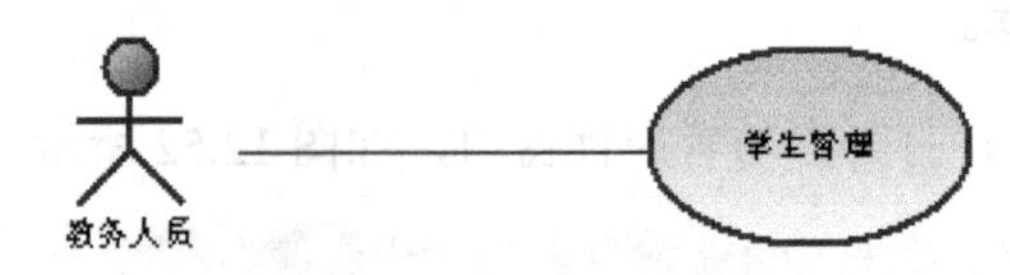

图 12.54　学生管理用例图

采用上述方法完成“教学管理系统”的其他用例图。

思考与练习：用例与用例之间的关系有几种？如何实现用例之间的扩展（Extend）、包括（Include）关联？

（3）定义时序图

① 新建时序图

在浏览器窗口找到已有的 OOM 模型，单击鼠标右键，从快捷菜单中选择 New→Sequence Diagram，打开时序图属性窗口，在 Name 处输入用例图名称“教学管理系统”，然后单击“确定”按钮。

② 定义角色

步骤01　选择工具箱上的 Actor 图标，在图形设计工作区适当位置单击鼠标左键放置角色。

步骤02　设置角色属性。

双击角色图形符号，打开角色属性窗口，如图 12.55 所示，定义角色的属性信息。

图 12.55　角色属性窗口

步骤03　单击“确定”按钮，完成角色的定义。

（4）定义对象

步骤01　选择工具箱上的 Object 图标，在图形设计工作区适当位置单击鼠标左键放置对象。

步骤02　设置对象属性双击对象图形符号，打开对象属性窗口，如图 12.56 所示，定义对象的属性信息。

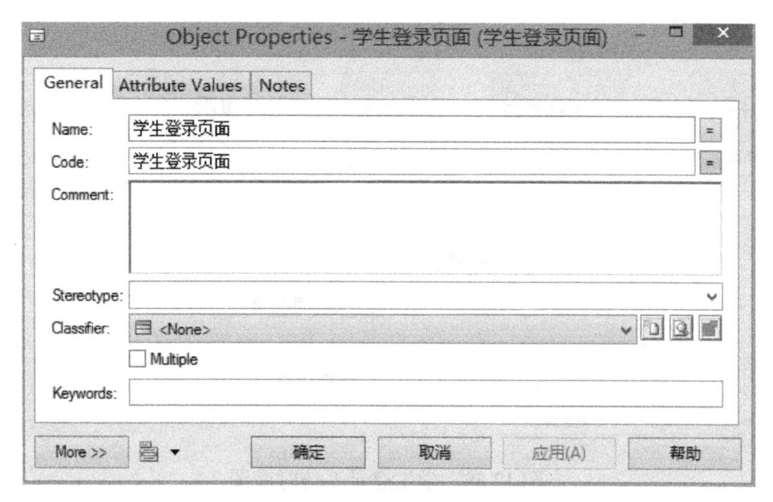

图 12.56　对象属性窗口

步骤 03　单击“确定”按钮，完成对象的定义。

思考与练习：如果对象要关联类的话，如何实现？

（5）定义消息

① 选择工具箱上的 Message 图标，在图形设计工作区选定对象下方的虚线处单击鼠标，拖动鼠标至另一个对象下方的虚线释放鼠标，即可在两个对象之间建立消息。

② 设置消息属性双击消息图形符号，打开消息属性窗口，如图 12.57 所示，定义消息的属性信息。

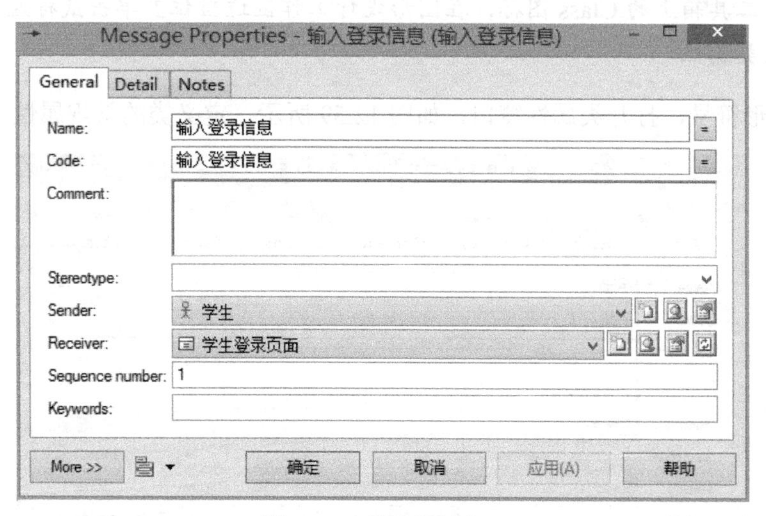

图 12.57　消息属性窗口

③ 单击“确定”按钮，完成消息的定义。

用同样方法，添加其他消息，完成学生登录系统的时序图，如图 12.58 所示。

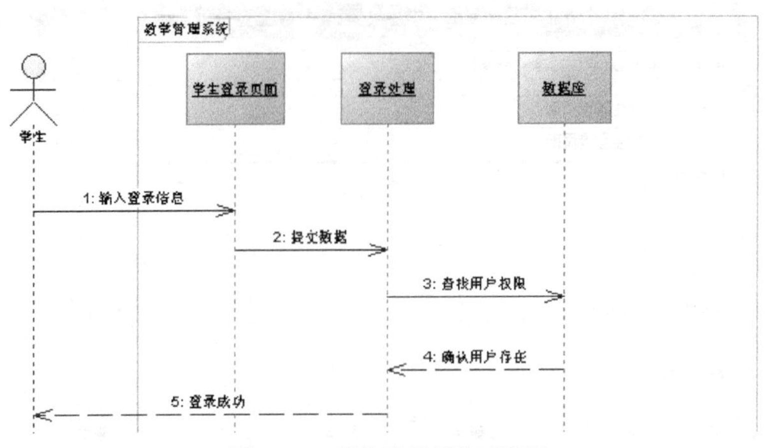

图 12.58　学生登录系统时序图

采用上述方法完成“教学管理系统”的其他时序图。

（6）定义类图

① 新建类图

在浏览器窗口找到已有的 OOM 模型，单击鼠标右键，从快捷菜单中选择 New→Class Diagram，打开类图属性窗口，在 Name 处输入用例图名称“教学管理系统”，然后单击“确定”按钮。

② 定义类

步骤 01　选择工具箱上的 Class 图标，在图形设计工作区适当位置单击鼠标左键放置类。

步骤 02　设置类属性。

双击类图形符号，打开类属性窗口，如图 12.59 所示，定义类的常规属性。

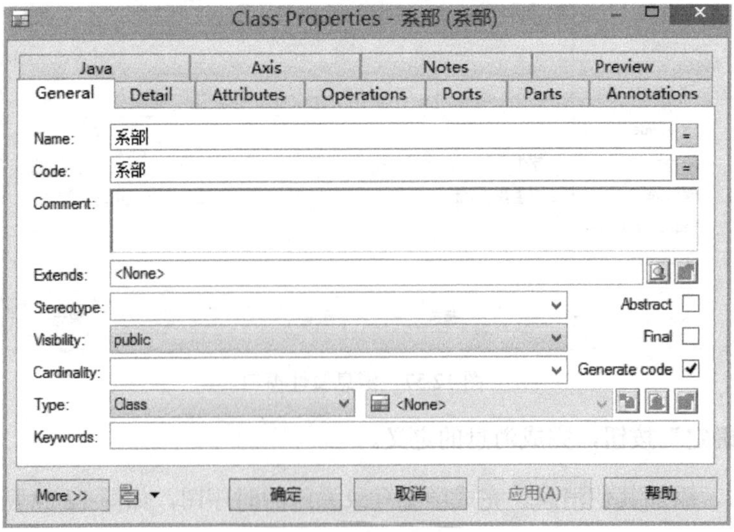

图 12.59　类属性窗口

步骤 03　定义属性。

单击 Attributes 选项卡，如图 12.60 所示，定义类包含的属性，可以单击 Insert a Row 工具或 Add a Row 工具，创建新的属性；也可以单击 Add Attributes 工具，打开 Selection 窗口，从其他类中已建好的属性中选择。

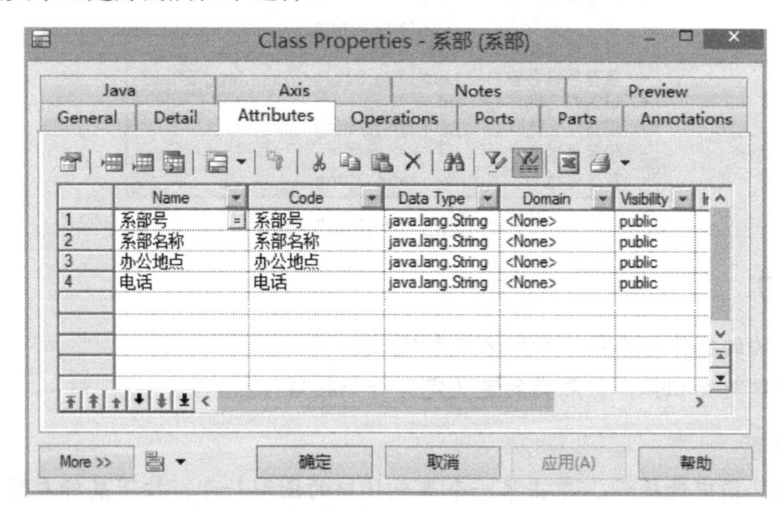

图 12.60　类属性窗口（Attributes 选项卡）

步骤 04　定义操作。

单击 Operation 选项卡，打开操作属性窗口，如图 12.61 所示，输入操作名称及返回值类型。

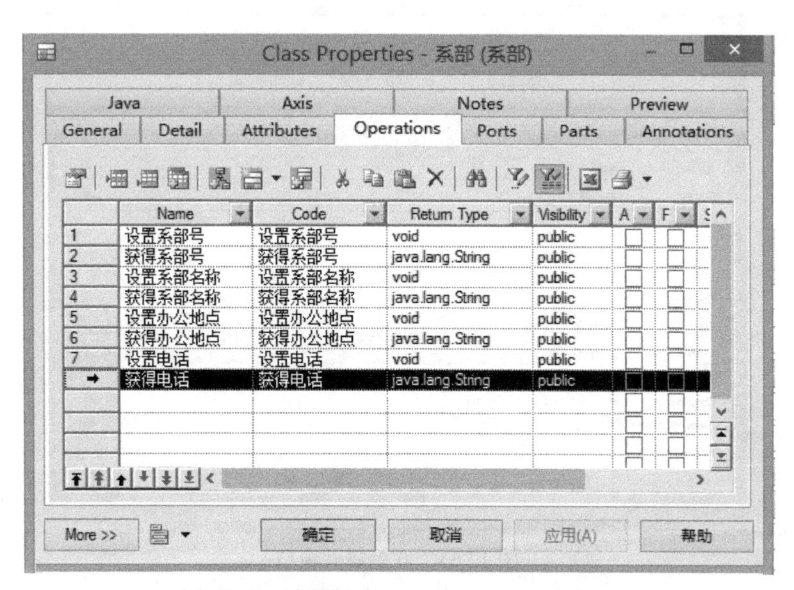

图 12.61　类属性窗口（Operation 选项卡）

步骤 05　单击“确定”按钮，完成类的定义，如图 12.62 所示。

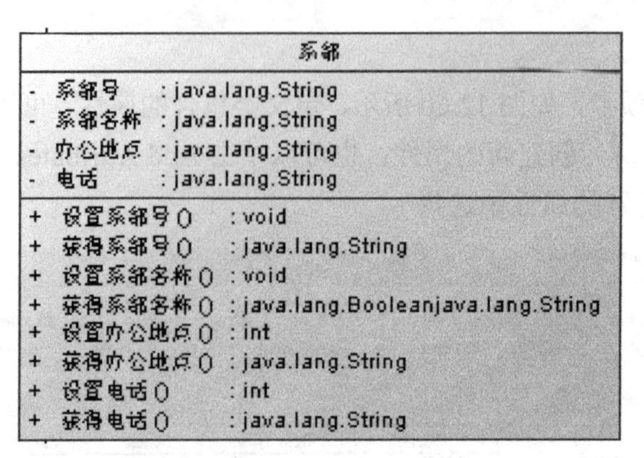

图 12.62 “系部”类

思考与练习：

- 如果定义的操作有参数，如何来进行定义？
- 定义接口与类相似，仿照类的定义定义一个接口。

③ 定义联系

步骤 01 在工具箱中选择，单击第一个类或接口的图形符号，按下鼠标左键并将光标拖曳到另外一个类或接口上，释放鼠标，在类之间或类与接口之间就会产生一个关联。

步骤 02 双击关联，打开关联属性窗口，如图 12.63 所示，定义联系的常规属性。

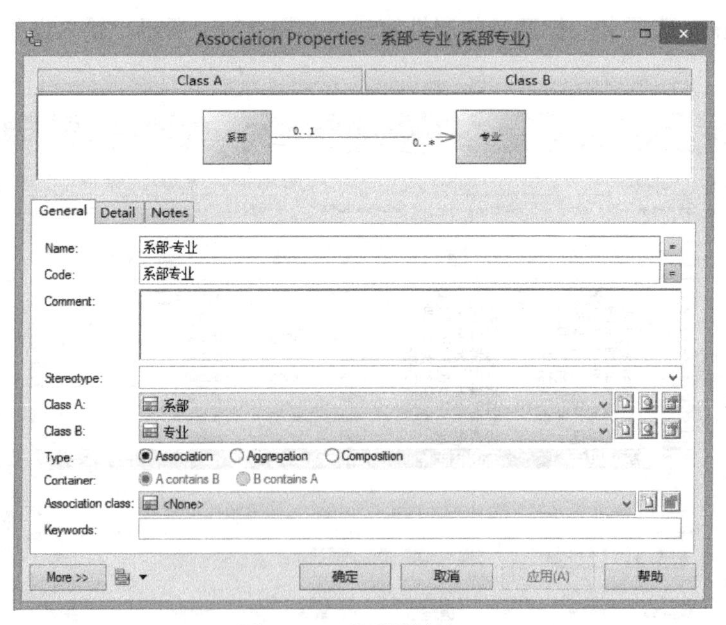

图 12.63 联系属性窗口

步骤 03 单击 Detail 选项卡，如图 12.64 所示，定义联系属性的详细信息。

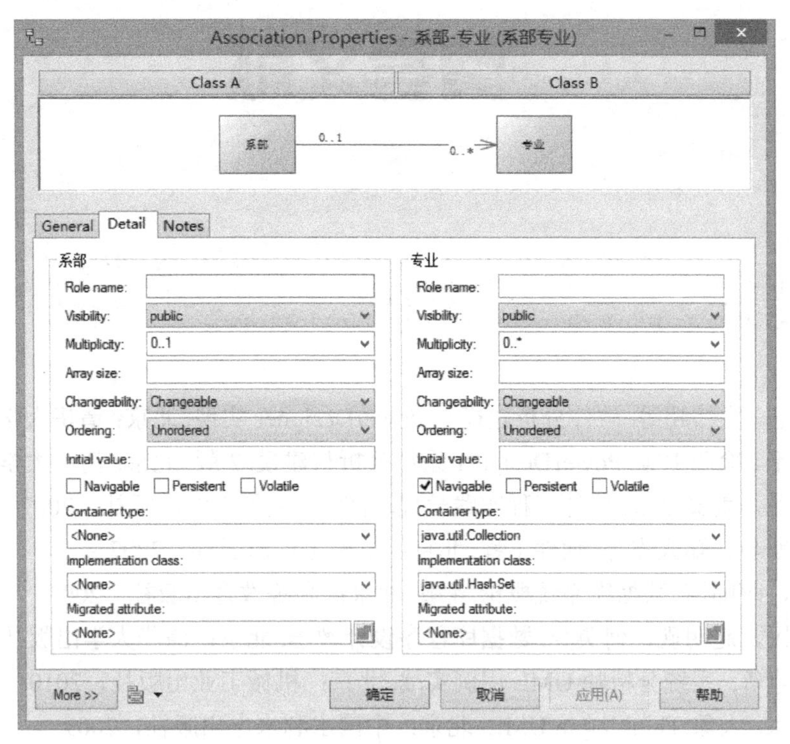

图 12.64　联系属性窗口（Detail 选项卡）

步骤 04　单击“确定”按钮，完成定义，如图 12.65 所示。

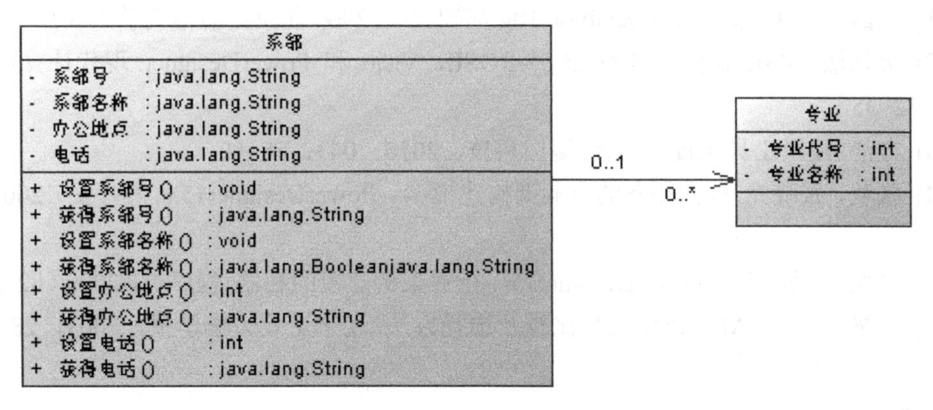

图 12.65　系部与专业

思考与练习：联系的类型有多少种？各举一例实现。

采用上述方法完成“教学管理系统”中的类图。

参考文献

[1] 白尚旺，党伟超等. 软件分析建模与 PowerDesigner 实现. 北京：清华大学出版社，2010

[2] 赵韶平，徐茂生等. PowerDesigner 系统分析与建模. 2 版. 北京：清华大学出版社，2010

[3] 赵池龙，姜义平等. 软件工程实践教程. 北京：电子工业出版社，2007

[4] 普雷斯曼，郑人杰等. 软件工程. 北京：机械工业出版社，2007

[5] 王珊，萨师煊. 数据库系统概论. 4 版. 北京：高等教育出版社，2006

[6] 单世民，赵明砚，何英昊. 数据库程序设计教程. 北京：清华大学出版社，2010

[7] 邱郁惠等. 系统分析师 UML 用例实战. 北京：机械工业出版社，2010

[8] 谭云杰. 大象:Thinking in UML. 北京：中国水利水电出版社，2009

[9] 孔梦荣，韩玉民. XML 基础教程. 北京：清华大学出版社，2008

[10] 王瑛，张玉花. Oracle 数据库基础教程. 北京：人民邮电出版社，2008

[11] 闪四清，杨强. Oracle Database 10g 基础教程. 2 版. 北京：清华大学出版社，2007

[12] 吴伟敏. UML 建模工具的比较—ROSE，Visio 和 PowerDesigner. 现代计算机，2006（06）：32~35

[13] 方清. 建模工具比较与选择. 厦门科技，2010（04）：56~60

[14] 张秋，张晓光. 面向服务的企业架构建模——PowerDesigner15.0. 程序员，2009（03）：73~73

[15] 俞兆安，张晓光. PowerDesigner15—企业架构建模的利器. 程序员，2009（02）：38~38

[16] 李懋. 主流 UML 建模工具比较及选择方法. 辽宁工业大学学报，2008，28（06）：380~383